자동차 안전기준과 검사

주동우 · 김덕환 공저

도서출판 명진

차 례

Chapter 01

자동차 검사 개요

차 례

Chapter 02

자동차의 동일성 확인

Chapter 03

제원측정

차 례

차 례

차 례

제1장 자동차 검사 개요

1. 자동차 검사의 목적

현대 생활에서 자동차는 일상의 필수품으로 인식되어 온지 오래고 국내에도 이미 자동차 등록 대수가 2,000만대를 넘어 계속 증가 추세에 있다. 하지만 자동차 대수의 증가로 인해 교통사고가 늘어나고 소음공해, 배기가스 등으로 인한 환경 문제가 대두되며 자동차를 이용한 범죄의 발생 등으로 자동차의 관리는 개인적인 문제일 뿐만 아니라 국가적인 관리대상이 되고 있다. 이에 국가에서는 자동차 검사제도를 도입하여 자동차의 동일성 여부를 확인하고 불법개조 및 불법구조 변경된 자동차를 색출하는 등 자동차를 관리하고 있고, 일정기간 마다 자동차를 검사하여 안전기준에 적합한 지를 확인하여 자동차의 고장으로 인한 교통사고 등으로부터 국민의 재산과 생명을 보호하며, 배출가스의 억제와 소음의 감소 등으로 환경오염을 막는다. 따라서 자동차 소유자는 관련법규에 의하여 자동차의 검사 대행자 및 지정 정비 사업자가 시설 장비 기술인력 및 자동차 검사시설을 갖춘 곳에서 검사를 받아 항상 안전운행이 될 수 있도록 해야 한다.

2. 자동차 검사 법규

자동차의 검사는 법규로 규정하여 국가에서 관리하고 있으며 관련되는 법은 자동차 관리법과 대기환경보존법 그리고 소음진동규제법 등이 있다.

자동차관리법 제43조 (자동차의 검사)에 의하면 자동차 소유자는 국토교통부령이 정하는 바에 의하여 국토교통부장관이 실시하는 자동차 검사를 받아야 한다. 만약 자동차 소유자가 천재 · 지변 기타 부득이한 사유로 인하여 검사를 받을 수 없다고 인정될 때에는 국토교통부령이 정하는 바에 의하여 그 기간을 연장하거나 자동차의 검사를 유예할 수 있다.

대기환경보전법 제62조 (운행차의 배출가스 정기검사)에 의하면 자동차의 소유자는 일정 기간마다 그 자동차에서 나오는 배출가스가 운행차배출허용기준에 맞는지를 검사하는 운행차 배출가스 정기검사를 받아야 한다. 다만, 저공해자동차 중 환경부령으로 정하는 자동차와 제63조에 따른 정밀검사 대상 자동차의 경우에는 해당 연도의 배출가스 정기검사 대상에서 제외한다. 검사방법, 검사대상항목, 검사기관의 검사능력 등에 관하여 필요한 사항은 환경부령으로 정한다고 명시되어 있다.

소음·진동관리법 제37조 (운행차의 정기검사)에 의하면 자동차의 소유자는 정기검사를 받을 때에 해당 자동차에서 배출되는 소음이 운행차소음허용기준에 적합한지의 여부와 소음기 또는 소음덮개를 떼어 버렸는지의 여부 및 경음기를 추가로 부착하였는지의 여부에 대하여도 검사를 받아야 한다. 검사의 방법·대상항목 및 검사기관의 시설·장비 등에 관하여 필요한 사항은 환경부령으로 정한다.

3. 자동차 검사의 종류

자동차 검사의 종류에는 자동차 관리법에서 정하고 있는 신규검사, 정기검사, 튜닝검사, 임시검사, 수리검사와 택시미터검정 등이 있고, 대기환경보전법에 따른 운행차 배출가스 정밀검사와 정기검사를 통합하여 실시하는 자동차 종합검사가 있다.

3-1 신규 검사

자동차를 신규등록을 하고자 할 때 실시하는 검사로 신규검사를 받고자 하면 신규 검사 신청서에 자동차 제원표를 첨부하여 자동차 검사 대행자에게 제출하고 해당 자동차를 그 자동차의 출처를 증명하는 서류와 함께 제시하여야 한다. 이미 자기인증된 자동차와 같은 제원의 자동차인 경우에는 제원표를 첨부하지 아니 할 수 있다.

3-2 정기검사

신규등록 후 일정기간마다 정기적으로 실시하는 검사로, 정기검사를 받고자 하면 자동차 등록증과 보험 등의 가입증명서를 자동차 검사대행자 또는 지정 정비사업자에게 제출하고 해당 자동차를 제시하여야 한다. 정기검사의 기간은 검사유효기간 만료일(검사유효기간을 연장 또는 유예한 경우에는 그 만료일) 전·

후 각각 31일 이내로 하며 이 기간 내에 정기검사에서 적합 판정을 받은 경우에는 검사유효기간 만료일에 정기 검사를 받은 것으로 본다. 시 · 도지사는 등록된 자동차 중 정기검사기간이 지난 자동차를 조사하여 그 기간이 경과한 날부터 10일 이내와 20일 이내에 각각 그 소유자에게 정기검사기간이 지난 사실, 정기검사기간의 유예 가능한 사유와 신청방법 그리고 정기검사를 받지 아니하는 경우에 부과되는 과태료의 금액 및 근거 법규에 대해 통지하여야 한다.

3-3 튜닝검사

자동차소유자가 국토교통부령으로 정하는 항목에 대하여 튜닝을 하려는 경우에는 시장·군수·구청장의 승인을 받고, 튜닝 승인을 받은 자는 자동차정비업자 또는 국토교통부령으로 정하는 자동차제작자등으로부터 튜닝 작업을 받아야 한다. 자동차를 튜닝한 경우에는 튜닝검사를 받아야 한다.

(1) 튜닝검사의 신청

튜닝검사를 받으려는 자는 자동차검사신청서에 다음 각 호의 서류를 첨부하여 자동차검사대행자에게 제출하고 해당 자동차를 제시하여야 한다.

① 자동차등록증
② 튜닝승인서
③ 튜닝 전 · 후의 주요 제원 대비표
④ 튜닝 전 · 후의 자동차외관도(외관의 변경이 있는 경우에 한한다)
⑤ 튜닝하려는 구조 · 장치의 설계도

(2) 튜닝 승인 대상

범퍼의 외관변경 등 국토교통부장관이 정하여 고시하는 경미한 구조·장치를 제외한 튜닝 승인 대상은 다음과 같다.

① 길이 · 너비 및 높이와 관련된 자동차의 구조
② 총중량과 관련된 자동차의 구조
③ 원동기(동력발생장치) 및 동력전달장치
④ 주행장치(차축에 한한다.)
⑤ 조향장치
⑥ 제동장치

⑦ 연료장치
⑧ 차체 및 차대
⑨ 연결장치 및 견인장치
⑩ 승차장치 및 물품적재장치
⑪ 소음방지장치
⑫ 배기가스발산방지장치
⑬ 전조등 · 번호등 · 후미등 · 제동등 · 차폭등 · 후퇴등 기타 등화장치
⑭ 내압용기 및 그 부속장치
⑮ 기타 자동차의 안전운행에 필요한 장치로서 국토교통부령이 정하는 장치

(3) 튜닝 승인 세부 기준

구조 및 장치	세부기준(주요사례)
원동기 변경	• 변경하고자 하는 원동기의 출력이 변경전보다 같거나 증가 되어야 함
휘발유 · LPG 겸용	•「액화석유가스의 안전관리 및 사업법 시행규칙」 제53조 준용
연료탱크 추가 설치	• 연료탱크를 추가로 설치할 경우에는 차량중량의 허용범위 이내에서 1개를 추가로 설치가능
차대 및 차체	• 차대 변경 없이 기본 차대를 유지하여야 함. • 자동차 외관변경은 차명이 변경되지 않아야 함. 다만, 엔진형식을 분류하기 위한 차명 끝부분 부호만 달리하는 장치(예 : SM520 = SM520V)는 제외
승차장치 변경	• 좌석은 균등하게 배열되어야 함. 다만, 접이식은 제외함 • 장애인휠체어의 승차인원 적용은 인증된 휠체어 고정장치 4개소이상 및 좌석 안전띠가 설치된 경우에 한함
물품적재장치	• 차체 높이가 동형동급 또는 기존 차량의 높이 보다 높은 경우에는 최대안전경사각도를 측정하여 적합하여야 함

(4) 튜닝승인을 받지 아니하여도 되는 경미한 구조·장치

구분	경미한 구조 · 장치
길이 · 너비 및 높이	• 포장탑, 화물자동차 바람막이, 적재함 전면 지지대(차체높이300mm 까지), 포장보관대
원동기(동력발생장치) 및 동력전달장치	• 시동리모콘, 흡기 및 배기다기관, 에어크리너, 스노클 등 원동기(동력발생장치) 및 동력전달장치의 부품교환 등 변경 다만, 원동기형식이 변경되는 경우는 제외 • 클러치디스크 및 압력판 등 변속기의 변경. 다만, 변속기 종류(수동↔자동)의 변경은 제외
주행장치	• 제원의 허용차 범위 이내의 코일스프링, 쇽업쇼버, 스트럿바 등 주행장치의 변경

소음방지장치	• 배기관 팁(소음기의 변경이 되지 않는 경우에 한함)
조향장치	• 직경이 동일한 핸들, 핸들손잡이, 레버손잡이 등 조향장치의 변경
제동장치	• 브레이크 자동잠금 및 해제장치, 정속주행 장치, ABS보조장치 및 캘리퍼 실린더 변경(자동차관리법에 따라 인증된 부품에 한함) • 보조브레이크 페달, 가속 및 브레이크 페달, 브레이크 디스크 및 패드
연료장치 및 전기 · 전자장치	• 연료절감장치의 장착
차체 및 차대	• 범퍼, 에어스포일러, 에어댐, 휀더스커트, 후드/윈도우 프렉터, 후드스쿠프, 선바이져, 롤바, 루프캐리어, 런링보드, 수하물운반구, 탈부착 하는 자전거캐리어, 스키캐리어, 범퍼가드, 그릴가드, 휀더커버, 썬루프, 루프탑바이져, 안테나, 차간거리경보장치, 컨버터블탑용롤바, 에어컨 등 실내에 설치하는 장치, 벤형 화물자동차 적재장치의 창유리, 유리지지대, 공구함, 러닝보드(보조발판), 루프탑 텐트, 어닝, 교통단속용 적외선 조명장치 • 기본 차체의 크기 등을 변경하지 않는 차체 및 차대의 수리
연결 및 견인장치	• 단순한 전기식 윈치만 설치
등화장치	• 자동차관리법에 따라 인증을 하거나 인증을 받은 등화장치(전조등 제외)의 변경 • LED 번호등

[비고] 경미한 구조 · 장치는 안전기준에 적합하게 설치되어야 하며 안전운행에 지장이 없어야 한다.

(5) 튜닝 승인불가 대상

자동차관리법의 안전기준에 적합하여야 튜닝이 가능하며 다음의 경우 튜닝 승인을 하여서는 아니 된다.

① 총중량이 증가되는 튜닝

② 승차정원 또는 최대적재량의 증가를 가져오는 승차장치 또는 물품적재장치의 튜닝. 다만, 다음 각 목의 어느 하나에 해당하는 경우를 제외한다.

(가) 승차정원 또는 최대적재량을 감소시켰던 자동차를 원상회복하는 경우

(나) 동일한 형식으로 자기인증되어 제원이 통보된 차종의 승차정원 또는 최대 적재량의 범위안에서 승차정원 또는 최대적재량을 증가시키는 경우

(다) 차대 또는 차체가 동일한 승용자동차 · 승합자동차의 승차정원중 가장 많은 것의 범위안에서 해당 자동차의 승차정원을 증가시키는 경우

③ 자동차의 종류가 변경되는 튜닝

④ 튜닝전보다 성능 또는 안전도가 저하될 우려가 있는 경우의 튜닝

3-4 임시검사

자동차관리법에 의한 명령이나 자동차소유자의 신청에 의하여 비정기적으로 실시하는 검사로 임시검사를 받고자 하는 자는 자동차 검사 신청서에 다음의 각 서류를 첨부하여 자동차 검사대행자에게 제출하고 당해 자동차를 제시하여야 한다.

① 자동차 등록증

② 자동차 정비·점검 또는 원상복구 명령서

3-5 수리검사

전손 처리 자동차를 수리한 후 운행하려는 경우에 실시하는 검사

3-6 택시미터 검정

택시요금미터를 제작·수리·수입 또는 사용하는 자는 그 택시미터에 대하여 국토교통부령으로 정하는 바에 따라 국토교통부장관의 검정을 받아야 한다. 국토교통부장관은 필요하다고 인정하면 국토교통부령으로 정하는 바에 따라 택시미터를 검정할 수 있는 전문검정기관을 지정하여 검정을 대행하게 할 수 있다.

3-7 자동차 검사의 확인

자동차의 구조 및 장치가 국토교통부령이 정하는 자동차검사기준에 적합한 지의 여부와 차대번호 및 원동기 형식이 자동차등록증에 기재된 것과 동일한지의 여부를 확인한 후 자동차 검사에 합격한 자동차 대해 다음과 같이 확인을 받을 수 있다.

① 신규검사 : 신규 검사 증명서의 발급

② 정기검사 : 자동차등록증에 검사유효기간 기재

③ 튜닝검사 : 자동차등록증에 튜닝사항 및 튜닝작업 정비업체 기재. 튜닝검사증명서 발급

④ 임시검사 : 자동차등록증에 검사적합여부를 기재

검사결과 부적합판정을 받은 자동차의 소유자가 재검사를 받고자 하는 경우에는 재검사기간 내에 당해 자동차를 검사한 자동차검사대행자 또는 지정정비사업자에게 자동차검사부적합통지서 또는 자동차기능종합진단서와 자동차등록증 및 자동차를 제시하여야 한다.

재검사기간은 신규검사・튜닝검사 및 임시검사는 자동차검사부적합통지서를 교부받은 날부터 10일이내, 정기검사는 검사기간 만료 후 5일이내. 다만, 검사기간 경과 후에 정기검사를 신청한 경우에는 자동차검사부적합통지서를 교부받은 날의 다음 날부터 10일이내이다. 재검사의 신청을 받은 자동차검사대행자 또는 지정정비사업자는 부적합한 항목에 대하여 다시 검사를 실시하여야 한다. 재검사기간 내에 적합판정을 받은 경우에는 자동차검사부적합통지서 또는 자동차기능종합진단서를 교부받은 날에 검사를 받은 것으로 본다.

3-8 자동차 종합 검사

「대기환경보전법」 제63조 제1항에 따른 운행차 배출가스 정밀검사 시행지역에 등록한 자동차 소유자 및 「수도권 대기환경개선에 관한 특별법」 제25조제1항에 따른 특정경유자동차 소유자는 정기검사와 「대기환경보전법」 제63조 제1항에 따라 실시하는 배출가스 정밀검사(이하 "정밀검사"라 한다) 또는 「수도권 대기환경개선에 관한 특별법」 제25조제2항에 따른 특정경유자동차 배출가스 검사(이하 "특정경유자동차검사"라 한다)를 통합하여 국토교통부장관과 환경부장관이 공동으로 다음 각 호에 대하여 실시하는 자동차종합검사(이하 "종합검사"라 한다)를 받아야 한다. 종합검사를 받은 경우에는 정기검사, 정밀검사 및 특정경유자동차검사를 받은 것으로 본다.

① 자동차의 동일성 확인 및 배출가스 관련 장치 등의 작동 상태 확인을 관능검사(관능검사, 사람의 감각기관으로 자동차의 상태를 확인하는 검사) 및 기능검사로 하는 공통 분야
② 자동차 안전검사 분야
③ 자동차 배출가스 정밀검사 분야

종합검사의 검사 절차, 검사 대상, 검사 유효기간 및 검사 유예 등에 관하여 필요한 사항은 국토교통부와 환경부의 공동부령(이하 "공동부령"이라 한다)으로 정한다.

4. 자동차 검사의 유효기간

자동차는 신규검사 후 일정기간 마다 정기검사를 받아야 하는 데 일정기간이라 함은 신규검사 당시의 차종・용도 및 차령을 기준으로 구분하는 기간으로 이

를 검사유효기간이라 한다. 검사유효기간은 신규등록을 하는 자동차의 경우에는 신규등록일부터 기산하고, 정기검사를 받는 자동차의 경우에는 정기검사를 받은 날의 다음날부터 기산한다. 정기검사 기간 중에 정기 검사를 받아 합격한 자동차의 검사유효기간은 종전 검사 유효기간 만료일의 다음 날부터 기산한다. 검사의 유효기간을 산정함에 있어 튜닝 등으로 규모별 세부기준이 변경된 자동차의 경우에는 신규등록한 때의 규모를 기준으로 한다. 자동차의 검사 유효기간은 다음과 같다.

[표 1-1] 자동차 검사 유효기간

구 분	차령별	유효기간
비사업용 승용자동차 및 피견인자동차	최초검사 유효기간	4년
	최초검사 이후	2년
사업용 승용자동차	최초검사 유효기간	2년
	최초검사 이후	1년
경형 및 소형의 승합 및 화물자동차		1년
사업용 대형 화물자동차	차령이 2년 이하인 경우	1년
	차령이 2년 초과된 경우	6월
그 밖의 자동차	차령이 5년 이하인 경우	1년
	차령이 5년 초과된 경우	6월

최초검사유효기간은 신조차로서 자동차관리법 제43조제5항의 규정에 의하여 신규검사로 보는 확인검사를 받아 신규등록을 하는 자동차의 검사유효기간을 말한다.

자동차 검사 유효기간을 연장하거나 유예하고자 하는 때에는 다음의 사유에 해당되는 경우이다.

① 전시·사변 또는 이에 준하는 비상사태로 인하여 관할 지역 안에서 자동차의 검사 업무를 수행할 수 없다고 판단되는 때에는 검사를 유예하고 대상 자동차, 유예기간 및 대상지역 등을 공고하여야 한다.

② 자동차의 도난, 사고 발생의 경우나 압류된 경우 또는 장기간의 정비 기타 부득이한 사유가 인정되는 경우에는 자동차 소유자의 신청에 의하여 필요하다고 인정되는 기간동안 당해 자동차의 검사 유효기간을 연장하거나 그 검사를 유예할 것.

③ 섬지역의 출장검사인 경우에는 자동차검사대행자의 요청에 의하여 필요하다고 인정되는 기간 동안 당해 자동차의 검사유효기간을 연장할 것

④ 매매용 자동차가 사업자에 제시된 경우 신고된 매매용 자동차의 검사유효기간 만료일이 도래하는 경우에는 매매용 자동차가 팔린 경우 또는 매매용 자동차가 팔리지 아니하고 그 소유자에게 반환된 경우에 따른 신고전까지 해당 자동차의 검사유효기간을 연장할 것

5. 자동차의 종류

자동차는 구조나 형식, 용도 등에 따라 여러 가지로 분류할 수 있으나 자동차 검사에 있어 자동차의 종류는 자동차 관련 법규마다 법을 적용하는 기준에 의해 자동차를 구별하고 있으므로 이를 정확히 이해하고 올바른 법규를 적용하여야 한다.

5-1 자동차 관리법에 의한 자동차의 종류

자동차관리법에 의한 자동차의 종류는 다음과 같이 구분한다.

① 승용자동차 : 10인이하를 운송하기에 적합하게 제작된 자동차

② 승합자동차 : 11인이상을 운송하기에 적합하게 제작된 자동차. 다만, 다음에 해당하는 자동차는 그 승차인원에 관계없이 이를 승합자동차로 본다.

가) 내부의 특수한 설비로 인하여 승차인원이 10인이하로 된 자동차

나) 국토교통부령으로 정하는 경형자동차로서 승차인원이 10인이하인 전방조종자동차

다) 캠핑용자동차 또는 캠핑용트레일러

③ 화물자동차: 화물을 운송하기에 적합한 화물적재공간을 갖추고, 화물적재공간의 총적재화물의 무게가 운전자를 제외한 승객이 승차공간에 모두 탑승했을 때의 승객의 무게보다 많은 자동차

④ 특수자동차: 다른 자동차를 견인하거나 구난작업 또는 특수한 작업을 수행하기에 적합하게 제작된 자동차로서 승용자동차 · 승합자동차 또는 화물자동차가 아닌 자동차

⑤ 이륜자동차: 총배기량 또는 정격출력의 크기와 관계없이 1인 또는 2인의 사람을 운송하기에 적합하게 제작된 이륜의 자동차 및 그와 유사한 구조로 되어 있는 자동차

(1) 규모별 세분 기준

종류	경형	소형	중형	대형
승용 자동차	배기량이 1000cc미만으로서 길이 3.6미터·너비 1.6미터·높이 2.0미터 이하인 것	배기량이 1,600cc미만인 것으로서 길이 4.7미터·너비 1.7미터·높이 2.0미터 이하인 것	배기량이 1,600cc이상 2,000cc미만이거나 길이·너비·높이 중 어느 하나라도 소형을 초과하는 것	배기량이 2,000cc이상이거나, 길이·너비·높이 모두 소형을 초과 하는 것
승합 자동차	배기량이 1000cc 미만으로서 길이 3.6미터·너비 1.6미터·높이 2.0미터 이하인 것	승차정원이 15인이하인 것으로서 길이 4.7미터·너비 1.7미터·높이 2.0미터 이하인 것	승차정원이 16인이상 35인 이하이거나, 길이·너비·높이중 어느하나라도 소형을 초과하여 길이가 9미터 미만인 것	승차정원이 36인이상이거나, 길이·너비·높이 모두가 소형을 초과하여 길이가 9미터 이상인 것
화물 자동차	배기량이 1000cc 미만으로서 길이 3.6미터·너비 1.6미터·높이 2.0미터 이하인 것	최대적재량이 1톤이하인 것으로서, 총중량이 3.5톤 이하인 것	최대적재량이 1톤초과 5톤 미만이거나, 총중량이 3.5톤 초과 10톤 미만인 것	최대적재량이 5톤 이상이거나, 총중량이 10톤 이상인 것
특수 자동차	배기량이 1,000cc미만으로서 길이 3.6미터·너비1.6미터·높이 2.0미터 이하인 것	총중량이 3.5톤 이하인 것	총중량이 3.5톤 초과 10톤 미만인 것	총중량이 10톤 이상인 것
이륜 자동차	배기량이 50cc미만(최고정격출력 4킬로와트 이하)인 것	배기량이 100cc 이하(최고정격출력 11킬로와트 이하)인 것으로 최대적재량(기타형에만 해당한다)이 60킬로그램 이하인 것	배기량이 100cc 초과 260cc 이하(최고정격출력 11킬로와트 초과 15킬로와트 이하)인 것으로 최대적재량이 60킬로그램 초과 100킬로그램 이하인 것	배기량이 260cc (최고정격출력 15킬로와트)를 초과하는 것

(2) 유형별 세부 기준

종 류	유 형 별	세 부 기 준
승용 자동차	일 반 형	2개 내지 4개의 문이 있고, 전후 2열 또는 3열의 좌석을 구비한 유선형인 것
	승용겸화물형	차실안에 화물을 적재하도록 장치된 것
	다 목 적 형	후레임형이거나 4륜구동장치 또는 차동제한장치를 갖추는 등 험로운행이 용이한 구조로 설계된 자동차로서 일반형 및 승용겸화물형이 아닌 것
	기 타 형	위 어느 형에도 속하지 아니하는 승용자동차인 것
승합 자동차	일 반 형	주목적이 여객운송용인 것
	특 수 형	특정한 용도(장의 · 헌혈 · 구급 · 보도 · 캠핑 등)를 가진 것
화물 자동차	일 반 형	보통의 화물운송용인 것
	덤 프 형	적재함을 원동기의 힘으로 기울여 적재물을 중력에 의하여 쉽게 미끄러뜨리는 구조의 화물운송용인 것
	밴 형	지붕구조의 덮개가 있는 화물운송용인 것
	특수용도형	특정한 용도를 위하여 특수한 구조로 하거나, 기구를 장치한 것으로서 위 어느 형에도 속하지 아니하는 화물운송용인 것
특수 자동차	견 인 형	피견인차의 견인을 전용으로 하는 구조인 것
	구 난 형	고장 · 사고 등으로 운행이 곤란한 자동차를 구난 · 견인할 수 있는 구조인 것
	특수작업형	위 어느 형에도 속하지 아니하는 특수작업용인 것
이륜 자동차	일 반 형	자전거로부터 진화한 구조로서 사람 또는 소량의 화물을 운송하기 위한 것
	특 수 형	경주 · 오락 또는 운전을 즐기기 위한 경쾌한 구조인 것
	기 타 형	3륜 이상인 것으로서 최대적재량이 100kg 이하인 것

[비고]

1. 위 표 제1호 및 제2호에 따른 화물자동차 및 이륜자동차의 범위는 다음 각 목의 기준에 따른다.

가. 화물자동차 : 화물을 운송하기 적합하게 바닥 면적이 최소 2제곱미터 이상(소형·경형화물자동차로서 이동용 음식판매 용도인 경우에는 0.5제곱미터 이상, 그 밖에 특수용도형의 경형화물자동차는 1제곱미터 이상을 말한다)인 화물적재공간을 갖춘 자동차로서 다음 각 호의 1에 해당하는 자동차

1) 승차공간과 화물적재공간이 분리되어 있는 자동차로서 화물적재공간의 윗부분이 개방된 구조의 자동차, 유류·가스 등을 운반하기 위한 적재함을 설치한 자동차 및 화물을 싣고 내리는 문을 갖춘 적재함이 설치된 자동차(구조·장치의 변경을 통하여 화물적재공간에 덮개가 설치된 자동차를 포함한다)

2) 승차공간과 화물적재공간이 동일 차실내에 있으면서 화물의 이동을 방지하기 위해 격벽을 설치한 자동차로서 화물적재공간의 바닥면적이 승차공간의 바닥면적(운전석이 있는 열의 바닥면적을 포함한다)보다 넓은 자동차

3) 화물을 운송하는 기능을 갖추고 자체적하 기타 작업을 수행할 수 있는 설비를 함께 갖춘 자동차

나. 이륜자동차(법 제3조제1항 제5호)의 "그와 유사한 구조로 되어 있는 자동차" : 다음 각 호의 1에 해당하는 자동차를 포함한다.

1) 이륜인 자동차에 측차를 붙인 자동차

2) 조향장치의 조작방식, 동력전달방식 또는 원동기 냉각방식 등이 이륜의 자동차와 유사한 구조로 되어 있는 삼륜 또는 사륜의 자동차로서 승용자동차에 해당하지 아니하는 자동차

2. 위 표 제1호에 따른 규모별 세부기준에 대하여는 다음 각 목의 기준을 적용한다.

가. 사용연료의 종류가 전기인 자동차의 경우에는 복수 기준 중 길이·너비·높이에 따라 규모를 구분하고, 「환경친화적자동차의 개발 및 보급촉진에 관한 법률」 제2조제5호에 따른 하이브리드자동차는 복수 기준 중 배기량과 길이·너비·높이에 따라 규모를 구분한다.

나. 복수의 기준중 하나가 작은 규모에 해당되고 다른 하나가 큰 규모에 해당되면 큰 규모로 구분한다.

다. 이륜자동차의 최고정격출력(maximum continuous rated power)은 구동전동기의 최대의 부하(負荷, load)상태에서 측정된 출력을 말한다.

5-2 소음 · 진동관리법에 의한 자동차의 종류

(1) 1999년 12월 31일까지 제작되는 자동차

종 류	정 의	규 모
경자동차	주로 적은 수의 사람 또는 화물을 운송하기 적합하게 제작된 것	엔진배기량 800cc미만
승용자동차	주로 사람을 운송하기 적합하게 제작된 것	엔진배기량 800cc이상 및 차량 총중량 3톤미만
소형화물자동차	주로 화물을 운송하기 적합하게 제작된 것	엔진배기량 800cc이상 및 차량 총중량 3톤미만
중량자동차	주로 많은 사람 및 화물을 운송하기 적합하게 제작된 것	총중량 3톤이상
이륜자동차	주로 1인 또는 2인정도의 사람을 운송하기 적합하게 제작된 것	엔진배기량 50cc이상 및 빈차 중량 0.5톤미만

[참고]

1. 승용자동차에는 승용자동차에서 생겨난 웨곤(WAGON)등을 포함한다.
2. 소형화물자동차에는 지프(JEEP) · 코우치(COACH) 및 밴(VAN)등을 포함한다.
3. 중량자동차에 해당되는 건설기계의 종류는 환경부장관이 정하여 고시한다.
4. 이륜자동차에는 옆 차붙이 이륜자동차를 포함하며, 경자동차 · 승용자동차 및 소형화물자동차를 제외한다.
5. 전기를 주동력으로 사용하는 자동차에 대한 종류의 구분은 위 표중 규모란의 차량 총중량에 의하되, 차량 총중량이 1.5톤미만에 해당되는 경우에는 경자동차로 구분한다.

(2) 2000년 1월 1일부터 제작되는 자동차

종 류	정 의	규 모	
경자동차	주로 적은 수의 사람 또는 화물을 운송하기 적합하게 제작된 것	엔진배기량 800cc미만	
승용 자동차	주로 사람을 운송하기 적합하게 제작된 것	승용 1	엔진배기량 800cc이상 및 9인승이하
		승용 2	엔진배기량 800cc이상, 10인승이상및 차량 총중량 2톤이하
		승용 3	엔진배기량 800cc이상, 10인승이상 및 차량 총중량 2톤초과 3.5톤이하
		승용 4	엔진배기량 800cc이상, 10인승이상 및 차량 총중량 3.5톤초과
화물 자동차	주로 화물을 운송하기 적합하게 제작된 것	화물 1	엔진배기량 800cc이상 및 차량 총중량 2톤이하
		화물 2	엔진배기량 800cc이상 및 차량 총중량 2톤초과 3.5톤이하
		화물 3	엔진배기량 800cc이상 및 차량 총중량 3.5톤 초과
이륜 자동차	주로 1인 또는 2인 정도의 사람을 운송하기 적합하게 제작된 것	엔진배기량 50cc이상 및 빈차 중량 0.5톤 미만	

[참고]

1. 승용자동차에는 지프(JEEP) · 웨곤(WAGON) 및 승합차를 포함한다.
2. 화물자동차에는 밴(VAN)을 포함한다.
3. 화물자동차에 해당되는 건설기계의 종류는 환경부장관이 정하여 고시한다.
4. 이륜자동차에는 옆차 붙이 이륜자동차를 포함하며, 공차중량이 0.5톤 이상인 이륜자동차는 경자동차로 분류한다.
5. 전기를 주동력으로 사용하는 자동차에 대한 종류의 구분은 위 표중규모란의 차량 총중량에 의하되, 차량 총중량이 1.5톤미만에 해당되는 경우에는 경자동차로 구분한다.

(3) 2006년 1월 1일부터 제작되는 자동차

종류	정의	규모	
경자동차	주로 적은 수의 사람 또는 화물을 운송하기에 적합하게 제작된 것	엔진배기량 800cc 미만	
승용 자동차	주로 사람을 운송하기에 적합하게 제작된 것	소형	엔진배기량 800cc 이상 및 9인승 이하
		중형	엔진배기량 800cc 이상, 10인승 이상 및 차량 총중량 2톤 이하
		중대형	엔진배기량 800cc 이상, 10인승 이상 및 차량 총중량 2톤 초과 3.5톤 이하
		대형	엔진배기량 800cc 이상, 10인승 이상 및 차량 총중량 3.5톤 초과
화물 자동차	주로 화물을 운송하기에 적합하게 제작된 것	소형	엔진배기량 800cc이상 및 차량 총중량 2톤 이하
		중형	엔진배기량 800cc 이상 및 차량 총중량 2톤 초과 3.5톤 이하
		대형	엔진배기량 800cc 이상 및 차량 총중량 3.5톤 초과
이륜 자동차	주로 1명 또는 2명 정도의 사람을 운송하기에 적합하게 제작된 것	엔진배기량 50cc 이상 및 빈 차 중량 0.5톤 미만	

[참고]

1. 승용자동차에는 지프(JEEP)·왜건(WAGON) 및 승합차를 포함한다.
2. 화물자동차에는 밴(VAN)을 포함한다.
3. 화물자동차에 해당되는 건설기계의 종류는 환경부장관이 정하여 고시한다.
4. 이륜자동차에는 옆 차붙이 이륜자동차 및 이륜차에서 파생된 3륜 이상의 최고속도 50㎞/h를 초과하는 이륜자동차를 포함하며, 빈 차 중량이 0.5톤 이상인 이륜자동차는 경자동차로 분류한다.
5. 전기를 주동력으로 사용하는 자동차에 대한 종류의 구분은 위 표 중 규모란의 차량총중량에 의하되, 차량총중량이 1.5톤 미만에 해당되는 경우에는 경자동차로 구분한다.

(4) 2015년 12월 8일 이후

종류	정의	규모	
경자동차	사람이나 화물을 운송하기 적합하게 제작된 것	엔진배기량이 1,000cc 미만	
승용자동차	사람을 운송하기 적합하게 제작된 것	소형	엔진배기량이 1,000cc 이상이고, 승차인원이 9인승 이하
		중형	엔진배기량이 1,000cc 이상이고, 차량총중량이 2톤 이하이며, 승차인원이 10인승 이상
		중대형	엔진배기량이 1,000cc이상이고, 차량총중량이 2톤 초과 3.5톤 이하이며, 승차인원이 10인승 이상
		대형	엔진배기량이 1,000cc이상이고, 차량 총중량이 3.5톤 초과이며, 승차인원이 10인승 이상
화물자동차	화물을 운송하기 적합하게 제작된 것	소형	엔진배기량이 1,000cc 이상이고, 차량총중량이 2톤 이하
		중형	엔진배기량이 1,000cc 이상이고, 차량총중량이 2톤 초과 3.5톤 이하
		대형	엔진배기량이 1,000cc 이상이고, 차량총중량이 3.5톤 초과
이륜자동차	자전거로부터 진화한 구조로서 사람 또는 소량의 화물을 운송하기 위한 것	차량총중량이 1천킬로그램을 초과하지 않는 것	

[참고]

1. 승용차에는 지프(JEEP), 왜건(WAGON) 및 승합차를 포함한다.
2. 화물자동차에는 밴(VAN)을 포함한다.
3. 화물자동차에 해당되는 건설기계의 종류는 환경부장관이 정하여 고시한다.
4. 이륜자동차는 측차를 붙인 이륜자동차와 이륜자동차에서 파생된 삼륜 이상의 최고속도 50㎞/h를 초과하는 이륜자동차를 포함한다.
5. 전기를 주동력으로 사용하는 자동차에 대한 종류의 구분은 위 표 중 규모란의 차량총중량에 따르되, 차량총중량이 1.5톤 미만에 해당되는 경우에는 경자동차로 분류한다.

5-3 대기환경보전법에 의한 자동차의 종류

(1) 2000년 12월 31일까지

종 류	정 의	규 모
경자동차	적은 수의 사람 또는 화물을 운송하기 적합하게 제작된 것	엔진배기량 800cc 미만
승용자동차	사람을 운송하기 적합하게 제작된 것	엔진배기량 800cc 이상 및 차량총중량 2.5톤 미만
소형화물자동차	사람 또는 화물을 운송하기 적합하게 제작된 것	엔진배기량 800cc 이상 및 차량총중량 3.5톤 미만
중량자동차	많은 사람 또는 화물을 운송하기 적합하게 제작된 것	차량총중량 3.5톤 이상
이륜자동차	1인 또는 2인 정도의 사람을 운송하기 적합하게 제작된 것	공차중량 0.5톤 미만

(2) 2001년 1월 1일부터 2002년 6월 30일까지

종 류	정 의	규 모
경자동차	적은 수의 사람 또는 화물을 운송하기 적합하게 제작된 것	엔진배기량 800cc 미만
승용자동차	사람을 운송하기 적합하게 제작된 것	엔진배기량 800cc 이상 및 차량총중량 2.5톤 미만
다목적자동차	주로 사람을 운송하면서 다양한 용도로 사용하기 적합하게 제작된 것	엔진배기량 800cc 이상 및 차량총중량 2.5톤 미만
중형자동차	사람 또는 화물을 운송하기 적합하게 제작된 것	엔진배기량 800cc 이상 및 차량총중량 3.5톤 미만
대형자동차	많은 사람 또는 화물을 운송하기 적합하게 제작된 것	차량총중량 3.5톤 이상
이륜자동차	1인 또는 2인 정도의 사람을 운송하기 적합하게 제작된 것	공차중량 0.5톤 미만

(3) 2002년 7월 1일 이후

종 류	정 의	규 모	
경자동차	사람 또는 화물을 운송하기 적합하게 제작된 것	엔진배기량 800cc 미만	
승 용 자 동 차	사람을 운송하기 적합하게 제작된 것	승용1	엔진배기량 800cc 이상, 차량총중량 3.5톤 미만, 승차인원 8인 이하 및 차량너비 2,000㎜, 높이 1,800㎜ 미만
		승용2	엔진배기량 800cc 이상 및 차량총중량 3.5톤 미만의 다목적형 승용자동차
		승용3	엔진배기량 800cc 이상, 차량총중량 3.5톤 미만 및 승차인원 15인 이하 (승용1에 해당하지 아니하는 자동차에 한한다)
		승용4	차량총중량 3.5톤 이상
화 물 자 동 차	화물을 운송하기 적합하게 제작된 것	화물1	엔진배기량 800cc 이상, 차량총중량 2톤 미만
		화물2	엔진배기량 800cc 이상 및 차량총중량 2톤 이상 3.5톤 미만
		화물3	차량총중량 3.5톤 이상
이 륜 자 동 차	1인 또는 2인 정도의 사람을 운송하기 적합하게 제작된 것	공차중량 0.5톤 미만	

(4) 2006년 1월 1일 이후

종 류	정 의	규 모	
경자동차	사람이나 화물을 운송하기 적합하게 제작된 것	엔진배기량이 800cc 미만	
승 용 자 동 차	사람을 운송하기 적합하게 제작된 것	소 형	엔진배기량이 800cc 이상이고, 차량 총중량이 3.5톤 미만이며, 승차인원이 8명 이하
		중 형	엔진배기량이 800cc 이상이고, 차량 총중량이 3.5톤 미만이며, 승차인원이 9명인 이상 15명 이하
		대 형	차량 총중량이 3.5톤 이상 12톤 미만
		초대형	차량 총중량이 12톤 이상
화 물 자 동 차	화물을 운송하기 적합하게 제작된 것	소형	엔진배기량이 800cc 이상이고, 차량 총중량이 2톤 미만
		중형	엔진배기량이 800cc 이상이고, 차량 총중량이 2톤 이상 3.5톤 미만
		대형	차량 총중량이 3.5톤 이상 12톤 미만
		초대형	차량 총중량이 12톤 이상
이 륜 자 동 사	1명 또는 2명 정도의 사람을 운송하기 적합하게 제작된 것	공차 중량이 0.5톤 미만	
건 설 기 계	건설공사에 사용하기 적합하게 제작된 것	원동기 정격출력이 19㎾ 이상 560㎾ 미만	

(5) 2009년 1월 1일 이후

종 류	정 의	규 모	
경자동차	사람이나 화물을 운송하기 적합하게 제작된 것	엔진배기량이 1,000cc 미만	
승 용 자 동 차	사람을 운송하기 적합하게 제작된 것	소 형	엔진배기량이 1,000cc 이상이고, 차량총중량이 3.5톤 미만이며, 승차인원이 8명 이하
		중 형	엔진배기량이 1,000cc 이상이고, 차량총중량이 3.5톤 미만이며, 승차인원이 9명 이상
		대 형	차량총중량이 3.5톤 이상 15톤 미만
		초대형	차량총중량이 15톤 이상
화 물 자 동 차	화물을 운송하기 적합하게 제작된 것	소형	엔진배기량이 1,000cc 이상이고, 차량총중량이 2톤 미만
		중형	엔진배기량이 1,000cc 이상이고, 차량총중량이 2톤 이상 3.5톤 미만
		대형	차량 총중량이 3.5톤 이상 15톤 미만
		초대형	차량 총중량이 15톤 이상
이 륜 자 동 차	1명 또는 2명 정도의 사람을 운송하기 적합하게 제작된 것	공차 중량이 0.5톤 미만	
건 설 기 계	건설공사에 사용하기 적합하게 제작된 것	원동기 정격출력이 19kw 이상 560kw 미만	

(6) 2015년 12월 10일 이후

종류	정의	규모	
경자동차	사람이나 화물을 운송하기 적합하게 제작된 것	엔진배기량이 1,000cc 미만	
승용자동차	사람을 운송하기 적합하게 제작된 것	소형	엔진배기량이 1,000cc 이상이고, 차량총중량이 3.5톤 미만이며, 승차인원이 8명 이하
		중형	엔진배기량이 1,000cc 이상이고, 차량총중량이 3.5톤 미만이며, 승차인원이 9명 이상
		대형	차량총중량이 3.5톤 이상 15톤 미만
		초대형	차량총중량이 15톤 이상

화물자동차	화물을 운송하기 적합하게 제작된 것	소형	엔진배기량이 1,000cc 이상이고, 차량총중량이 2톤 미만
		중형	엔진배기량이 1,000cc 이상이고, 차량총중량이 2톤 이상 3.5톤 미만
		대형	차량총중량이 3.5톤 이상 15톤 미만
		초대형	차량총중량이 15톤 이상
이륜자동차	자전거로부터 진화한 구조로서 사람 또는 소량의 화물을 운송하기 위한 것	차량총중량이 1천킬로그램을 초과하지 않는 것	

[비고]

1. 가목의 승용자동차 및 나목의 다목적자동차는 다목적형 승용자동차와 승차인원이 8명 이하인 승합차(차량의 너비가 2,000㎜미만이고 차량의 높이가 1,800㎜ 미만인 승합차만 해당한다)를 포함한다.
2. 가목의 소형화물자동차는 엔진배기량이 800cc 이상인 밴(VAN)과, 승용자동차에 해당되지 아니하는 승차인원이 9명 이상인 승합차를 포함한다.
3. 가목의 중량자동차 및 나목의 대형자동차는 덤프트럭, 콘크리트믹서트럭 및 콘크리트펌프트럭 그 밖에 환경부장관이 고시하는 건설기계를 포함한다.
4. 나목의 중형자동차는 승용자동차 또는 다목적자동차에 해당되지 아니하는 승차인원이 15명 이하인 승합차와 엔진배기량이 800cc 이상인 밴(VAN)을 포함한다.
5. 다목의 화물2는 엔진배기량이 800cc 이상인 밴(VAN)을 포함하고, 화물3은 덤프트럭, 콘크리트믹서트럭 및 콘크리트펌프트럭을 포함한다.
6. 이륜자동차는 측차를 붙인 이륜자동차와 이륜자동차에서 파생된 삼륜 이상의 자동차를 포함한다

6의2. 가목부터 마목까지의 이륜자동차의 경우 차량 자체의 중량이 0.5톤 이상인 이륜자동차는 경자동차로 분류한다.

7. 엔진배기량이 50cc 미만인 이륜자동차(바목은 제외한다)는 모페드형(스쿠터형을 포함한다)만 이륜자동차에 포함한다.
8. 다목적형 승용자동차·승합차 및 밴(VAN)의 구분에 대한 세부 기준은 환경부장관이 정하여 고시한다.
9. 다목 및 라목에서 건설기계의 종류는 환경부장관이 정하여 고시한다.
10. 라목의 화물자동차는 엔진배기량이 800cc 이상인 밴(VAN)과 덤프트럭, 콘크리트믹서트럭 및 콘크리트펌프트럭을 포함한다.
11. 별표 17 제1호마목 비고의 제6호 및 같은 표 제2호마목 비고의 제6호에 따라 인증 당시의 배출허용기준을 적용받는 자동차는 다목의 자동차의 종류를 적용한다.
12. 별표 17 제1호바목 비고의 제18호 및 같은 표 제2호바목 비고의 제5호부터 제7호까지에 따라 인증 당시의 배출허용기준을 적용받는 자동차는 라목의 자동차의 종류를 적용한다.
13. 마목 및 바목의 화물자동차는 엔진배기량이 1,000cc 이상인 밴(VAN)과 덤프트럭·콘크리트믹스트럭 및 콘크리트펌프트럭을 포함한다.

14. 전기만을 동력으로 사용하는 자동차는 1회 충전 주행거리에 따라 다음과 같이 구분한다.

구분	1회 충전 주행거리
제1종	80㎞ 미만
제2종	80㎞ 이상 160㎞ 미만
제3종	160㎞ 이상

15. 수소를 연료로 사용하는 자동차는 수소연료전지차로 구분한다.

6. 검사시설능력과 기술인력

6-1 자동차검사시설별 연간검사능력대수

검 사 시 설	진 로 수	연간검사능력
1. 자동제어방식 검사기기(모든 검사기기가 자동제어방식인 경우)	1개진로마다	4만대이하
2. 반자동제어방식 검사기기(전조등시험 기가 반자동 또는 수동인 경우)	1개진로마다	2만5천대이하

[주] 다음 각호의 경우에는 연간검사능력대수를 초과하여 검사능력을 산정할 수 있다.

1. 1일 근무시간이 8시간을 초과한 때
2. 별표 16 제3호의 검사진로당 검사원수를 초과한 때
3. 국토교통부장관이 성능이 우월하다고 인정하는 검사기기를 설치한 때

6-2 검사 기술인력의 구분·자격 및 직무

구 분	자 격	직 무
검사 책임자	1. 자동차 검사 주무로 4년 이상 근무 경력이 있는 자 2. 국가 또는 지방자치단체의 6급 이상 기계직 공무원으로서 자동차 검사 및 정비 업무에 5년 이상 근무 경력이 있는 자	자동차 검사소의 검사업무 총괄
검사 주무	1. 자동차정비기사의 국가기술자격을 가진 자로서 자동차 검사업무에 4년 이상 근무한 경력이 있는 자 2. 자동차정비산업기사 이상의 국가기술자격을 가진 자로서 자동차 검사업무에 5년 이상 근무한 경력이 있는 자	가. 자동차 검사 진로의 검사 업무관리 및 적합 여부 판정 나. 자동차 검사의 실시 및 적합 여부 판정 다. 검사 시설 관리
검사원	1. 자동차정비산업기사 이상의 국가기술자격을 가진 사람 2. 자동차정비기능사의 국가기술자격을 가진 사람으로서 자동차검사 또는 정비업무에 3년 이상 근무한 경력이 있는 사람 3. 가스산업기사 이상의 국가기술 자격을 가진 사람(내압용기재검사 분야만 해당한다)	가. 자동차검사의 실시 및 적합여부 판정 나. 검사시설의 관리 다. 내압용기재검사의 실시 및 적합여부 판정

[주]

1. 검사업무에 근무한 경력이라 함은 자동차검사소・정비업체 또는 자동차제작 회사에서 자동차의 점검 또는 검사업무에 종사하거나 자동차정비 및 검사용 기계・기구정밀도검사 업무에 종사한 기간을 말한다.
2. 기술인력이 검사책임자가 되기 위하여 필요한 검사주무 경력에는 다음과 같이 해당 기술인력의 검사원 경력을 포함한다. 다만, 검사주무 경력으로 볼 수 있는 경력은 2년 6개월을 초과할 수 없다.
   (1) 자동차정비기사 이상의 기술인력인 경우 검사원 경력에서 3년을 뺀 나머지 경력의 2분의 1을 검사주무 경력으로 본다.
   (2) 자동차정비산업기사인 기술인력인 경우 검사원 경력에서 5년을 뺀 나머지 경력의 2분의 1을 검사주무 경력으로 본다.
3. 자동차정비기능사의 국가기술자격을 가진 검사원이 자동차정비산업기사 또는 자동차정비기사의 자격을 신규 취득한 경우에는 해당 자격 취득 전의 검사 근무경력을 다음과 같이 인정한다.
   (1) 자동차정비기사자격을 신규 취득한 경우: 근무경력의 5분의 4를 검사기사로서 근무한 경력으로 본다.
   (2) 자동차정비산업기사자격을 신규 취득한 경우: 검사원으로서 근무한 경력 의 7분의 5를 자동차정비산업기사로서 근무한 경력으로 본다.
4. 자동차정비산업기사의 국가기술자격을 가진 검사원이 자동차정비기사의 국가기술자격을 신규 취득한 경우에는 해당 자격 취득 전 근무경력의 5분의 4를 정비기사로서 근무한 경력으로 본다.

7. 자동차 검사업무의 수행

자동차 검사는 교통안전공단법에 의하여 설립된 교통안전공단 및 제 30조 규정에 의하여 형식승인을 얻은 제작자 등을 자동차의 검사를 대행하는 자로 지정하여 자동차 검사를 대행하게 할 수 있다. 자동차 검사대행자로 지정 받은 자를 자동차 검사대행자라 한다. 그리고 정기검사의 효율적인 수행을 위하여 필요하다고 인정할 때에는 자동차정비업자 중 일정한 시설과 기술인력을 확보한 자를 지정정비사업자로 지정하여 정기검사 업무를 수행하게 할 수 있다.

7-1 자동차 검사대행자 검사시설과 기술인력

(1) 검사시설

① 용지는 충분히 활용될 수 있는 모양으로 하되, 본검사소는 1,000㎡ 이상, 소규모검사소는 330㎡ 이상 확보하여야 한다.

② 용지 중 수검차량의 진입·진출로 및 주차장은 시멘트 또는 아스팔트 등으로 견고하게 포장되어야 한다.

③ 검차장은 1검사진로 당 65㎡ 이상 확보하여야 한다.

④ 사무실은 수검자의 불편이 없도록 충분히 확보하여야 한다.

(2) 검사장비

품명	비고
가. 사이드슬립측정기 나. 제동시험기 다. 속도계시험기 라. 전조등시험기 마. 소음측정기 바. 매연측정기 사. 일산화탄소측정기 아. 탄화수소측정기 자. 가스누출감지기 차. 공기과잉률측정기 카. 영상촬영용사진기 타. 전자장치진단기	1) 사이드슬립측정기, 제동시험기, 속도계시험기, 전조등시험기, 매연측정기, 일산화탄소측정기, 탄화수소측정기, 공기과잉률측정기, 전자장치진단기는 제80조제1항 단서에 따른 전산정보처리조직과 실시간 통신 및 측정결과가 자동 입력되는 기능이 있어야 한다. 2) 1개의 검사기기로 2 이상의 품명에 대한 검사를 할 수 있는 때에는 다른 품명의 검사기기를 갖추지 아니할 수 있다. 3) 영상촬영용 사진기는 촬영된 검사장면이 제80조제1항 단서에 따른 전산정보처리조직에 실시간 전송되는 기능이 있어야 한다. 4) 전자장치진단기는 원동기부분전자제어장치 및 섀시(동력전달장치 포함), 에어백(Air Bag) 등에 관련된 센서를 진단할 수 있어야 한다. 5) 기타 하체유격검출기, 완충장치(쇼크업소버)측정기, 하체영상촬영장치 등을 갖추어 검사에 활용할 수 있다.

[주] 각 호의 검사장비는 1대 이상 확보하여야 한다.

(3) 검사기술인력

① 검사책임자 : 검사소당 1인(검사책임자는 검사진로 당 검사원수에 포함한다)

② 검사원

검사진로당 연간 검사대수	검사진로당 검사원 수
(가) 7천대미만	1인이상
(나) 7천대이상 1만5천대미만	2인이상
(다) 1만5천대이상 2만5천대미만	3인이상
(라) 2만5천대이상	4인이상

[주]

1. 자동차종합검사 시행지역은 종합검사대행자의 기술인력 기준을 적용하고, 가목 및 나목의 검사기술인력을 중복하여 갖추지 아니할 수 있다.
2. 출장검사를 행하는 검사소의 경우에는 다음 산식에 의한 검사원을 가산(소수점 이하는 1인으로 산정)하되, 출장검사업무를 수행하지 아니하는 일수는 본검사소의 검사진로 당 검사인원으로 산정한다.

   1주당 출장검사횟수/6
3. 검사진로 당 연간 검사대수(출장검사 대수를 제외한다)에는 자동차관리법령에 의하여 수행하는 모든 검사업무의 실적을 합산하되, 차대번호 등의 표기, 안전검사, 신규검사, 구조변경승인 및 구조변경검사의 실적은 1대를 2대로 환산하여 적용한다.

7-2 지정정비사업자의 검사시설과 기술인력

(1) 검사업무의 범위 및 시설기준

<table>
<tr><th colspan="3" rowspan="2">검사업무의 범위</th><th>자동차종합정비업자</th><th>소형자동차종합정비업자</th></tr>
<tr><th>모든 자동차에 대한 정기검사</th><th>승용자동차와 경형 및 소형의 승합·화물·특수자동차에 대한 정기검사</th></tr>
<tr><td rowspan="9">검차장 시설</td><td colspan="2">면적</td><td>65㎡ 이상</td><td>36㎡ 이상</td></tr>
<tr><td rowspan="3">검사 진로</td><td>길이</td><td>13m 이상</td><td>9m 이상</td></tr>
<tr><td>너비</td><td>5m 이상</td><td>4m 이상</td></tr>
<tr><td>높이</td><td>4m 이상</td><td>2.5m 이상</td></tr>
<tr><td rowspan="3">핏트</td><td>길이</td><td>8m 이상</td><td>5m 이상</td></tr>
<tr><td>깊이</td><td>1.5m 이상</td><td>1.5m 이상</td></tr>
<tr><td>너비</td><td>0.8m 이상</td><td>0.75m 이상</td></tr>
<tr><td colspan="2">진입·진출로</td><td>대형자동차(연결자동차를 포함한다)의 진입·진출에 지장이 없어야 한다.</td><td>승용자동차와 경형 및 소형의 승합·화물·특수자동차의 진입·진출에 지장이 없어야 한다.</td></tr>
<tr><td colspan="2"></td><td></td><td></td></tr>
<tr><td rowspan="11">검사용 기계 · 기구</td><td colspan="2">사이드슬립측정기</td><td>허용축중 10,000kgf 이상의 것 1대 이상</td><td>허용축중 1,500kgf 이상의 것 1대 이상</td></tr>
<tr><td colspan="2">제동시험기</td><td>허용축중 10,000kgf 이상의 것 1대 이상</td><td>허용축중 1,500kgf 이상의 것 1대 이상</td></tr>
<tr><td colspan="2">속도계시험기</td><td>허용축중 10,000kgf 이상의 것 1대 이상</td><td>허용축중 1,500kgf 이상의 것 1대 이상</td></tr>
<tr><td colspan="2">전조등시험기</td><td colspan="2">1대 이상</td></tr>
<tr><td colspan="2">전자장치진단기</td><td colspan="2">1대 이상</td></tr>
<tr><td colspan="2">배기가스(Co/Hc)·공기과잉률측정기</td><td colspan="2">각 1대 이상(겸용의 경우에는 이를 갖춘 것으로 본다)</td></tr>
<tr><td colspan="2">매연측정기</td><td colspan="2">1대 이상</td></tr>
<tr><td colspan="2">가스누출감지기</td><td colspan="2">1대 이상</td></tr>
<tr><td colspan="2">소음측정기</td><td colspan="2">보통소음계 또는 정밀소음계 1대 이상</td></tr>
<tr><td colspan="2">영상촬영용사진기</td><td colspan="2">1대 이상</td></tr>
<tr><td colspan="2">기타</td><td colspan="2">표준가스 및 매연표준지(검·교정용품), 영상보관용단말기</td></tr>
<tr><td>택시미터 사용 검정기기</td><td colspan="2">주행검사기</td><td colspan="2">거리의 오차를 측정할 수 있는 기기 1대 이상</td></tr>
<tr><td>사무실</td><td colspan="2">면적</td><td colspan="2">10㎡ 이상(다른 사무실 겸용가능)</td></tr>
</table>

[주]

1. 검사전용진로는 1개에 한한다.
2. 검차장에 별도의 진출로가 없는 자동차종합정비업자의 경우에는 승합·화물·특수자동차 중 대형자동차를 검사할 수 없고, 검차장에 별도의 진출로가 없는 소형자동차종합정비업자의 경우에는 길이 7미터 이상의 자동차를 검사할 수 없으며, 검차장에 별도의 진출로가 없는 자동차종합정비업자 및 소형자동차종합정비업자는 연간 9천600대를 초과하여 검사할 수 없다.
3. 검사용 기계·기구 중 사이드슬립측정기·제동시험기·속도계시험기는 순차진행에 의하여 검사

결과가 자동으로 판정·기록되고 경형자동차를 측정할 수 있는 구조이어야 한다. 이 경우 제동시험기는 자동차축중을 자동으로 설정하는 구조이어야 한다.

4. 사이드슬립측정기·제동시험기·속도계시험기 및 전조등시험기의 전(前)방향 8미터 이상(소형자동차종합정비업자의 경우에는 5미터 이상)은 수평을 유지하여야 한다.
5. 택시미터주행검사기는 주롤러의 원주길이가 500밀리미터 이상이고, 회전수를 검출하는 검출기는 1회전당 1펄스 또는 1회전을 검출하는 구조이어야 한다.
6. 위 표 중 승용자동차에는 10인 이하를 운송하기에 적합하게 제작된 자동차(제2조제1항제2호가목부터 다목까지에 해당하는 자동차를 제외한다)로서 2000년 12월 31일 이전에 등록된 승합자동차를 포함한다.
7. 사이드슬립측정기, 제동력시험기, 속도계시험기, 전조등시험기, 전자장치진단기, 배출가스·공기과잉률측정기 및 매연측정기, 영상촬영용사진기는 제80조제1항 단서에 따른 전산정보처리조직과 실시간 통신 및 측정결과가 자동 입력되는 기능이 있어야 한다.
8. 지정정비사업자는 그밖에도 하체유격검출기, 완충장치(쇼크업소버)측정기, 하체영상촬영장치 등을 갖추어 검사에 활용할 수 있다.

(2) 검사능력별 기술인력 확보기준

진로당 월간검사대수	검사진로당 최소인원수
(가) 800대 이하	1인
(나) 800대 초과 1천500대 이하	2인
(다) 1천500대 초과	3인

[주]

1. 진로당 월간검사대수는 자동제어방식 검사기기(모든 검사기기가 자동제어 방식인 경우를 말한다)의 경우에는 2천600대를 초과할 수 없고, 반자동 제어방식 검사기기(전조등시험기가 반자동 또는 수동인 경우를 말한다)의 경우에는 2천대를 초과할 수 없다.
2. 지정정비사업자의 검사원은 검사책임자 및 검사주무를 대신할 수 있으며, 검사원이 2인 이상인 경우에는 검사산업기사 이상 인자가 포함되어야 한다.

8. 자동차 검사기준 및 방법

(1) 일반기준 및 방법

① 자동차의 검사항목 중 제원측정은 공차상태에서 시행하며 그 이외의 항목은 공차상태에서 운전자 1명이 승차하여 시행한다. 다만, 긴급자동차등 부득이한 사유가 있는 경우에는 적차상태에서 검사를 시행할 수 있다.

② 자동차의 검사는 다음 표에서 정하는 검사방법에 따라 검사기기·계측기·관능 또는 서류확인 등에 의하여 시행하여야 한다. 다만, 자동차의 상태

등을 감안하여 관능 · 서류 등으로 식별하는 것이 적합하다고 판단되는 다음의 경우에는 검사기기 또는 계측기에 의한 검사를 생략할 수 있다.

가) 자동차의 제원측정 시 구조 및 제원이 자동차등록증, 자기인증(제원표) 또는 튜닝승인 내용과 변동이 없는 경우

나) 타이어요철형 무늬의 깊이, 배기관의 열림방향, 경적음, 배기소음 및 타이어공기압이 안전기준에 적합하다고 인정되는 경우

다) 자동차의 전조등이 4등식일 때 좌우 각 1개씩 주행빔의 광도, 광축을 측정한 때 나머지 전조등의 경우

라) 소방기본법·계량에 관한 법률 그 밖의 다른 법령의 적용을 받는 부분에 대하여 관계서류를 제시할 때 그 항목을 확인하는 경우

마) 검사시설이 없는 지역에의 출장검사인 경우

바) 특수한 구조로 검차장의 출입이나 검사기기로 측정이 곤란한 자동차인 경우

사) 전자제어장치 등의 장치가 없거나 전자장치진단기와 통신이 되지 아니하여 각종 센서를 진단할 수 없는 경우

(2) 신규검사 및 정기검사

① 비사업용 자동차

항목	검사기준	검사방법
1) 동일성 확인	자동차의 표기와 등록번호판이 자동차등록증에 기재된 차대번호 · 원동기형식 및 등록번호가 일치하고, 등록번호판 및 봉인의 상태가 양호할 것	자동차의 차대번호 및 원동기 형식의 표기 확인 등록번호판 및 봉인상태 확인
2) 제원측정	제원표에 기재된 제원과 동일하고, 제원이 안전기준에 적합할 것	길이 · 너비 · 높이 · 최저지상고, 뒤 오우버행(뒤차축중심부터 차체후단까지의 거리) 및 중량을 계측기로 측정하고 제원허용차의 초과 여부 확인
3) 원동기	가) 시동상태에서 심한 진동 및 이상음이 없을 것	공회전 또는 무부하 급가속상태에서 진동 · 소음 확인
	나) 원동기의 설치상태가 확실할 것	원동기 설치상태 확인
	다) 점화 · 충전 · 시동장치의 작동에 이상이 없을 것	점화 · 충전 · 시동장치의 작동상태 확인

	라) 윤활유 계통에서 윤활유의 누출이 없고, 유량이 적정할 것	윤활유 계통의 누유 및 유량 확인
	마) 팬벨트 및 방열기 등 냉각 계통의 손상이 없고 냉각수의 누출이 없을 것	냉각계통의 손상 여부 및 냉각수의 누출 여부 확인
4) 동력전달장치	가) 손상·변형 및 누유가 없을 것	변속기의 작동 및 누유 여부 확인 추진축 및 연결부의 손상·변형 여부 확인
	나) 클러치 페달 유격이 적정하고, 자동변속기 선택레버의 작동상태 및 현재 위치와 표시가 일치할 것	클러치 페달 유격 적정 여부, 자동변속기 선택레버의 작동상태 및 위치표시 확인
5) 주행장치	가) 차축의 외관, 휠 및 타이어의 손상·변형 및 돌출이 없고, 수나사 및 암나사가 견고하게 조여 있을 것	차축의 외관, 휠 및 타이어의 손상·변형 및 돌출 여부 확인 수나사·암나사의 조임 상태 확인
	나) 타이어 요철형 무늬의 깊이는 안전기준에 적합하여야 하며, 타이어 공기압이 적정할 것	타이어 요철형 무늬의 깊이 및 공기압을 계측기로 확인
	다) 흙받이 및 휠하우스가 정상적으로 설치되어 있을 것	흙받이 및 휠하우스 설치상태 확인
	라) 가변축 승강조작장치 및 압력조절장치의 설치위치는 안전기준에 적합할 것	가변축 승강조작장치 및 압력 조절장치의 설치위치 및 상태 확인
6) 조종장치	조종장치의 작동상태가 정상일 것	시동·가속·클러치·변속·제동·등화·경음·창닦이기·세정액분사장치 등 조종장치의 작동 확인
7) 조향장치	가) 조향바퀴 옆미끄럼량은 1미터 주행에 5밀리미터 이내일 것	조향핸들에 힘을 가하지 아니한 상태에서 사이드슬립측정기의 답판 위를 직진할 때 조향바퀴의 옆미끄럼량을 사이드슬립측정기로 측정
	나) 조향 계통의 변형·느슨함 및 누유가 없을 것	기어박스·로드암·파워실린더·너클 등의 설치상태 및 누유 여부 확인
	다) 동력조향 작동유의 유량이 적정할 것	동력조향 작동유의 유량 확인
8) 제동장치	가) 제동력 (1) 모든 축의 제동력의 합이 공차중량의 50퍼센트 이상이고 각축의 제동력은 해당 축중의 50퍼센트(뒤축의 제동력은 해당 축중의 20퍼센트) 이상일 것 (2) 동일 차축의 좌·우 차바퀴 제동력의 차이는 해당 축중의 8퍼센트 이내일 것 (3) 주차제동력의 합은 차량 중량의 20퍼센트 이상일 것	주제동장치 및 주차제동장치의 제동력을 제동시험기로 측정
	나) 제동계통 장치의 설치상태가 견고하여야 하고, 손상 및 마멸된 부위가 없어야 하며, 오일이 누출되지 아니하고 유량이 적정할 것	제동계통 장치의 설치상태 및 오일 등의 누출 여부 및 브레이크 오일량이 적정한지 여부 확인
	다) 제동력 복원상태는 3초 이내에 해당 축중의 20퍼센트 이하로 감소될 것	주제동장치의 복원상태를 제동시험기로 측정

	라) 피견인자동차 중 안전기준에서 정하고 있는 자동차는 제동장치 분리 시 자동으로 정지가 되어야 하며, 주차브레이크 및 비상브레이크 작동상태 및 설치상태가 정상일 것	피견인자동차의 제동공기라인 분리 시 자동 정지 여부, 주차 및 비상브레이크 작동 및 설치상태 등 확인
9) 완충장치	균열·절손 및 오일 등의 누출이 없을 것	스프링·쇽업쇼버의 손상 및 오일 등의 누출 여부 확인
10) 연료장치	작동상태가 원활하고 파이프·호스의 손상·변형 및 연료누출이 없을 것	가) 연료장치의 작동상태, 손상·변형 및 조속기 봉인상태 확인 나) 가스를 연료로 사용하는 자동차는 가스누출감지기로 연료누출 여부를 확인 다) 연료의 누출 여부 확인(연료탱크의 주입구 및 가스배출구로의 자동차의 움직임에 의한 연료누출 여부 포함)
11) 전기 및 전자장치	가) 전기장치 (1) 축전지의 접속·절연 및 설치상태가 양호할 것 (2) 자동차 구동 축전지는 차실과 벽 또는 보호판으로 격리되는 구조일 것 (3) 전기배선의 손상이 없고 설치상태가 양호할 것 (4) 차실 내 및 차체 외부에 노출되는 고전원전기장치 간 전기배선은 금속 또는 플라스틱 재질의 보호 기구를 설치할 것 (5) 「자동차 및 자동차부품의 성능과 기준에 관한 규칙」 별표 5 제1호가목에 따른 고전원전기장치 활선도체부의 보호기구는 공구를 사용하지 아니하면 개방·분해 및 제거되지 않는 구조일 것 (6) 고전원전기장치의 외부 또는 보호기구에는 「자동차 및 자동차부품의 성능과 기준에 관한 규칙」 별표 5 제4호에 따른 경고표시가 되어 있을 것 (7) 고전원전기장치 간 전기배선(보호기구 내부에 위치하는 경우는 제외한다)의 피복은 주황색일 것	가) 접속·손상·절연 및 설치상태 확인 나) 구동 축전지의 차실과의 격리상태 확인 다) 고전원전기장치의 전기배선 보호기구 설치상태 확인 라) 고전원전기장치 활선도체부 보호기구의 구조 상태를 육안으로 확인 마) 고전원전기장치 외부 또는 보호기구의 경고표시의 모양 및 식별가능성 등을 육안으로 확인 바) 고전원전기장치 간 전기배선의 색상을 육안으로 확인
	나) 전자장치 (1) 원동기 전자제어 장치가 정상적으로 작동할 것 (2) 바퀴잠김방지식 제동장치, 구동력제어장치, 전자식차동제한장치, 차체자세제어장치, 에어백 및 순항제어장치 등 안전운전 보조 장치가 정상적으로 작동할 것	전자장치진단기로 각종 센서의 정상 작동 여부를 확인

12) 차체 및 차대	가) 차체 및 차대의 부식·절손 등으로 차체 및 차대의 변형이 없을 것	차체 및 차대의 부식 및 부착물의 설치상태 확인
	나) 후부안전판 및 측면보호대의 손상·변형이 없을 것	후부안전판 및 측면보호대의 설치상태 확인
	다) 최대적재량의 표시가 자동차등록증에 기재되어 있는 것과 일치할 것	최대적재량(탱크로리는 최대적재량·최대적재용량 및 적재품명) 표시 확인
	라) 차체에는 예리하게 각이 지거나 돌출된 부분이 없을 것	차체의 외관 확인
	마) 어린이운송용 승합자동차의 색상 및 보호표지는 안전기준에 적합할 것	차체의 색상 및 보호표지 설치 상태 확인
13) 연결장치 및 견인장치	가) 변형 및 손상이 없을 것	커플러 및 킹핀의 변형 여부 확인
	나) 차량 총중량 0.75톤 이하 피견인자동차의 보조연결장치가 견고하게 설치되어 있을 것	보조연결장치 설치상태 확인
14) 승차장치	가) 안전기준에서 정하고 있는 좌석·승강구·조명·통로·좌석안전띠 및 비상구 등의 설치상태가 견고하고, 파손되어 있지 아니하며 좌석수의 증감이 없을 것	좌석·승강구·조명·통로·좌석안전띠 및 비상구 등의 설치상태와 비상탈출용 장비의 설치상태 확인
	나) 머리지지대가 설치되어 있을 것	승용자동차 및 경형·소형 승합자동차의 앞좌석(중간좌석 제외)에 머리지지대의 설치 여부 확인
	다) 어린이운송용 승합자동차의 승강구가 안전기준에 적합할 것	승강구 설치상태 및 규격 확인
15) 물품적재 장치	가) 적재함 바닥면의 부식으로 인한 변형이 없을 것 나) 적재량의 증가를 위한 적재함의 개조가 없을 것 다) 물품적재장치의 안전잠금장치가 견고할 것 라) 청소용자동차 등 안전기준에서 정하고 있는 차량에는 덮개가 설치되어 있어야 하고, 설치상태가 양호할 것	물품의 적재장치 및 안전시설 상태 확인 (변경된 경우 계측기 등으로 측정)
16) 창유리	접합유리 및 안전유리로 표시된 것일 것	유리(접합·안전)규격품 사용 여부 확인
17) 배기가스 발산방지 및 소음방지장치	가) 배기소음 및 배기가스농도는 운행차 허용기준에 적합할 것	배기소음 및 배기가스농도를 측정기로 측정
	나) 배기관·소음기·촉매장치의 손상·변형·부식이 없을 것	배기관·촉매장치·소음기의 변형 및 배기계통에서의 배기가스누출 여부 확인
	다) 측정결과에 영향을 줄 수 있는 구조가 아닐 것	측정결과에 영향을 줄 수 있는 장치의 훼손 또는 조작 여부 확인

<table>
<tr><td rowspan="6">18) 등화장치</td><td>가) 광도(최고속도가 매시 25킬로미터 이하인 자동차는 제외한다)는 다음 기준에 적합할 것
(1) 2등식: 1만 5천칸델라 이상
(2) 4등식: 1만 2천칸델라 이상</td><td rowspan="2">좌·우측 전조등의 광도와 주광축의 진폭을 전조등시험기로 측정</td></tr>
<tr><td>나) 주광축의 진폭은 10미터 위치에서 다음 수치 이내일 것
(단위: 센티미터)<table><tr><td>구분</td><td>상</td><td>하</td><td>좌</td><td>우</td></tr><tr><td>좌측</td><td>10</td><td>30</td><td>15</td><td>30</td></tr><tr><td>우측</td><td>10</td><td>30</td><td>30</td><td>30</td></tr></table></td></tr>
<tr><td>다) 정위치에 견고히 부착되어 작동에 이상이 없고, 손상이 없어야 하며, 등광색이 안전 기준에 적합할 것</td><td>전조등·방향지시등·번호등·제동등·후퇴등·차폭등·후미등·안개등·비상점멸표시등과 그 밖의 등화장치의 점등·등광색 및 설치상태 확인</td></tr>
<tr><td>라) 후부반사기 및 후부반사판의 설치상태가 안전기준에 적합할 것</td><td>후부반사기 및 후부반사판의 설치상태 확인</td></tr>
<tr><td>마) 어린이운송용 승합자동차에 설치된 표시등이 안전기준에 적합할 것</td><td>표시등 설치 및 작동상태 확인</td></tr>
<tr><td>바) 안전기준에서 정하지 아니한 등화 및 금지등화가 없을 것</td><td>안전기준에 위배되는 등화설치 여부 확인</td></tr>
<tr><td>19) 경음기 및 경보장치</td><td>경음기의 음색이 동일하고, 경적음·싸이렌음의 크기는 안전기준상 허용기준 범위 이내일 것</td><td>경적음이 동일한 음색인지 확인
경적음 및 싸이렌음의 크기를 소음측정기로 확인(경보장치는 신규검사로 한정함)</td></tr>
<tr><td rowspan="3">20) 시야확보장치</td><td>가) 후사경은 좌·우 및 뒤쪽의 상황을 확인할 수 있고, 돌출거리가 안전기준에 적합할 것</td><td>후사경 설치상태 확인</td></tr>
<tr><td>나) 창닦이기 및 세정액 분사장치는 기능이 정상적일 것</td><td>창닦이기 및 세정액 분사장치의 작동 및 설치상태 확인</td></tr>
<tr><td>다) 어린이운송용 승합자동차에는 광각 실외후사경이 설치되어 있을 것</td><td>광각 실외후사경 설치 여부 확인</td></tr>
<tr><td rowspan="3">21) 계기장치</td><td>가) 모든 계기가 설치되어 있을 것</td><td>계기장치의 설치 여부 확인</td></tr>
<tr><td>나) 속도계의 지시오차는 정 25퍼센트, 부 10퍼센트 이내일 것</td><td>매시 40킬로미터의 속도에서 자동차 속도계의 지시오차를 속도계시험기로 측정</td></tr>
<tr><td>다) 최고속도제한장치, 운행기록장치 및 주행기록계의 설치 및 작동상태가 양호할 것</td><td>최고속도제한장치, 운행기록장치 및 주행기록계의 설치상태 및 정상작동 여부 확인</td></tr>
<tr><td>22) 소화기 및 방화장치</td><td>소화기가 설치위치에 설치되어 있을 것</td><td>소화기의 설치 여부 확인</td></tr>
</table>

23) 내압용기	용기 등이 관련 법령에 적합하고 견고하게 설치되어 있으며, 용기의 변형이 없고 사용연한 이내 일 것	용기 등이 「자동차관리법」에 따른 합격품인지 여부, 설치상태 및 변형·손상 여부 및 사용연한 확인
24) 기타	어린이운송용 승합자동차의 색상 및 보호표지 등 그 밖의 구조 및 장치가 안전기준 및 국토교통부장관이 정하는 기준에 적합할 것	그 밖의 구조 및 장치가 안전기준 및 국토교통부장관이 정하는 기준에 적합한지를 확인

② 사업용자동차

항목	검사기준	검사방법
1) 동일성 확인	자동차의 표기와 등록번호판이 자동차등록증에 기재된 차대번호·원동기형식 및 등록번호가 일치하고, 등록번호판 및 봉인의 상태가 양호할 것	자동차의 차대번호 및 원동기 형식의 표기 확인 등록번호판 및 봉인상태 확인
2) 제원측정	제원표에 기재된 제원과 동일하고, 제원이 안전기준에 적합할 것	길이·너비·높이·최저지상고, 뒤 오우버행(뒤차축중심부터 차체후단까지의 거리) 및 중량을 계측기로 측정하고 제원허용차의 초과 여부 확인
3) 원동기	가) 시동상태에서 심한 진동 및 이상음이 없을 것	공회전 또는 무부하 급가속상태에서 진동·소음 확인
	나) 원동기의 설치상태가 확실할 것	원동기 설치상태 확인
	다) 점화·충전·시동장치의 작동에 이상이 없을 것	점화·충전·시동장치의 작동상태 확인
	라) 윤활유 계통에서 윤활유의 누출이 없고, 유량이 적정할 것	윤활유 계통의 누유 및 유량 확인
	마) 팬벨트 및 방열기 등 냉각 계통의 손상이 없고 냉각수의 누출이 없을 것	냉각 계통의 손상 여부 및 냉각수의 누출 여부 확인
4) 동력전달장치	가) 손상·변형 및 누유가 없을 것	변속기의 작동 및 누유 여부 확인 추진축 및 연결부의 손상·변형 여부 확인
	나) 클러치 페달 유격이 적정하고, 자동변속기 선택레버의 작동상태 및 현재 위치와 표시가 일치할 것	클러치 페달 유격 적정 여부, 자동변속기 선택레버의 작동상태 및 위치표시 확인

5) 주행장치	가) 차축의 외관, 휠 및 타이어의 손상·변형 및 돌출이 없고, 수나사 및 암나사가 견고하게 조여 있을 것	차축의 외관, 휠 및 타이어의 손상·변형 및 돌출 여부 확인 수나사·암나사의 조임 상태 확인
	나) 타이어 요철형 무늬의 깊이는 안전기준에 적합하여야 하며, 타이어 공기압이 적정할 것	타이어 요철형 무늬 깊이 및 공기압을 계측기로 확인
	다) 흙받이 및 휠하우스가 정상적으로 설치되어 있을 것	흙받이 및 휠하우스 설치상태 확인
	라) 가변축 승강조작장치 및 압력조절장치의 설치위치는 안전기준에 적합할 것	가변축 승강조작장치 및 압력 조절장치의 설치위치 및 상태 확인
	마) 여객자동차운송사업용 버스의 앞바퀴에는 재생타이어를 사용하지 아니할 것	재생타이어 장착 여부 확인
	바) 시외우등고속버스, 시외고속버스 및 시외직행버스의 앞바퀴는 튜브가 없는 타이어(Tubeless Tire)를 사용할 것	튜브가 없는 타이어(Tubeless Tire)의 장착 여부 확인
6) 조종장치	조종장치의 작동상태가 정상일 것	시동·가속·클러치·변속·제동·등화·경음·창닦이기·세정액분사장치 등 조종장치의 작동 확인
7) 조향장치	가) 조향바퀴 옆미끄럼량은 1미터 주행에 5밀리미터 이내일 것	조향핸들에 힘을 가하지 아니한 상태에서 사이드슬립측정기의 답판 위를 직진할 때 조향바퀴의 옆미끄럼량을 사이드슬립측정기로 측정
	나) 조향계통의 변형·느슨함 및 누유가 없을 것	기어박스·로드암·파워실린더·너클 등의 설치상태 및 누유 여부 확인
	다) 동력조향 작동유의 유량이 적정할 것	동력조향 작동유의 유량 확인
8) 제동장치	가) 제동력 (1) 모든 축의 제동력의 합이 공차중량의 50퍼센트 이상이고 각축의 제동력은 해당 축중의 50퍼센트(뒤축의 제동력은 해당 축중의 20퍼센트) 이상일 것 (2) 동일 차축의 좌·우 차바퀴 제동력의 차이는 해당 축중의 8퍼센트 이내일 것 (3) 주차제동력의 합은 차량 중량의 20퍼센트 이상일 것	주제동장치 및 주차제동장치의 제동력을 제동시험기로 측정
	나) 제동계통 장치의 설치상태가 견고하여야 하고, 손상 및 마멸된 부위가 없어야 하며, 오일이 누출되지 아니하고 유량이 적정할 것	제동계통 장치의 설치상태 및 오일 등의 누출 여부 및 브레이크 오일량이 적정한지 여부 확인

	다) 제동력 복원상태는 3초 이내에 해당 축중의 20퍼센트 이하로 감소될 것	주제동장치의 복원상태를 제동시험기로 측정
	라) 피견인자동차 중 안전기준에서 정하고 있는 자동차는 제동장치 분리 시 자동으로 정지가 되어야 하며, 주차브레이크 및 비상브레이크 작동상태 및 설치상태가 정상일 것	피견인자동차의 제동공기라인 분리 시 자동 정지 여부, 주차 및 비상브레이크 작동 및 설치상태 등 확인
	마) 드럼과 라이닝(또는 디스크와 패드)의 간격 및 마모상태가 정상일 것	점검구 등을 통하여 확인. 다만, 점검구 또는 관능으로 드럼과 라이닝(또는 디스크와 패드)의 간격 및 마모상태 확인이 곤란한 차량의 경우에는 제동력 검사로 갈음할 수 있다.
9) 완충장치	균열·절손 및 오일 등의 누출이 없을 것	스프링·쇽업쇼버의 손상 및 오일 등의 누출 여부 확인
10) 연료장치	작동상태가 원활하고 파이프·호스의 손상·변형 및 연료누출이 없을 것	가) 연료장치의 작동상태, 손상·변형 및 조속기 봉인상태 확인 나) 가스를 연료로 사용하는 자동차는 가스누출감지기로 연료누출 여부를 확인 다) 연료의 누출 여부 확인(연료탱크의 주입구 및 가스배출구로의 자동차의 움직임에 의한 연료누출 여부 포함)
11) 전기 및 전자장치	가) 전기장치 (1) 축전지의 접속·절연 및 설치상태가 양호할 것 (2) 자동차 구동 축전지는 차실과 벽 또는 보호판으로 격리되는 구조일 것 (3) 전기배선의 손상이 없고 설치상태가 양호할 것 (4) 차실 내 및 차체 외부에 노출되는 고전원전기장치 간 전기배선은 금속 또는 플라스틱 재질의 보호 기구를 설치할 것 (5) 「자동차 및 자동차부품의 성능과 기준에 관한 규칙」 별표 5 제1호가목에 따른 고전원전기장치 활선도체부의 보호기구는 공구를 사용하지 아니하면 개방·분해 및 제거되지 않는 구조일 것 (6) 고전원전기장치의 외부 또는 보호기구에는 「자동차 및 자동차부품의 성능과 기준에 관한 규칙」 별표 5 제4호에 따른 경고표시가 되어 있을 것 (7) 고전원전기장치 간 전기배선(보호기구 내부에 위치하는 경우는 제외한다)의 피복은 주황색일 것	가) 접속·손상·절연 및 설치상태 확인 나) 구동 축전지의 차실과의 격리상태 확인 다) 고전원전기장치의 전기배선 보호기구 설치상태 확인 라) 고전원전기장치 활선도체부 보호기구의 구조 상태를 육안으로 확인 마) 고전원전기장치 외부 또는 보호기구의 경고표시의 모양 및 식별가능성 등을 육안으로 확인 바) 고전원전기장치 간 전기배선의 색상을 육안으로 확인

11) 전기 및 전자장치	가) 전기장치 (1) 축전지의 접속·절연 및 설치상태가 양호할 것 (2) 자동차 구동 축전지는 차실과 벽 또는 보호판으로 격리되는 구조일 것 (3) 전기배선의 손상이 없고 설치상태가 양호할 것 (4) 차실 내 및 차체 외부에 노출되는 고전원전기장치 간 전기배선은 금속 또는 플라스틱 재질의 보호 기구를 설치할 것 (5) 「자동차 및 자동차부품의 성능과 기준에 관한 규칙」 별표 5 제1호가목에 따른 고전원전기장치 활선도체부의 보호기구는 공구를 사용하지 아니하면 개방·분해 및 제거되지 않는 구조일 것 (6) 고전원전기장치의 외부 또는 보호기구에는 「자동차 및 자동차부품의 성능과 기준에 관한 규칙」 별표 5 제4호에 따른 경고표시가 되어 있을 것 (7) 고전원전기장치 간 전기배선(보호기구 내부에 위치하는 경우는 제외한다)의 피복은 주황색일 것	가) 접속·손상·절연 및 설치상태 확인 나) 구동 축전지의 차실과의 격리상태 확인 다) 고전원전기장치의 전기배선 보호기구 설치상태 확인 라) 고전원전기장치 활선도체부 보호기구의 구조 상태를 육안으로 확인 마) 고전원전기장치 외부 또는 보호기구의 경고표시의 모양 및 식별가능성 등을 육안으로 확인 바) 고전원전기장치 간 전기배선의 색상을 육안으로 확인
	나) 전자장치 (1) 원동기 전자제어 장치가 정상적으로 작동할 것 (2) 바퀴잠김방지식 제동장치, 구동력제어장치, 전자식차동제한장치, 차체자세제어장치, 에어백 및 순항제어장치 등 안전운전 보조 장치가 정상적으로 작동할 것	전자장치진단기로 각종 센서의 정상 작동 여부를 확인
12) 차체 및 차대	가) 차체 및 차대의 부식·절손 등으로 차체 및 차대의 변형이 없을 것	차체 및 차대의 부식 및 부착물의 설치상태 확인
	나) 후부안전판 및 측면보호대의 손상·변형이 없을 것	후부안전판 및 측면보호대의 설치상태 확인
	다) 최대적재량의 표시가 자동차등록증에 기재되어 있는 것과 일치할 것	최대적재량(탱크로리는 최대적재량·최대적재용량 및 적재품명)표시 확인
	라) 차체에는 예리하게 각이 지거나 돌출된 부분이 없을 것	차체의 외관 확인
	마) 어린이운송용 승합자동차의 색상 및 보호표지는 안전기준에 적합할 것	차체의 색상 및 보호표지 설치 상태 확인

13) 연결장치 및 견인장치	가) 변형 및 손상이 없을 것	커플러 및 킹핀의 변형 여부 확인
	나) 차량 총중량 0.75톤 이하 피견인자동차의 보조연결장치가 견고하게 설치되어 있을 것	보조연결장치 설치상태 확인
14) 승차장치	가) 안전기준에서 정하고 있는 좌석 · 승강구 · 조명 · 통로 · 좌석안전띠 및 비상구 등의 설치상태가 견고하고, 파손되어 있지 아니하며 좌석수의 증감이 없을 것	좌석 · 승강구 · 조명 · 통로 · 좌석안전띠 및 비상구 등의 설치상태와 비상탈출용 장비의 설치상태 확인
	나) 머리지지대가 설치되어 있을 것	승용자동차 및 경형 · 소형승합자동차의 앞좌석(중간좌석 제외)에 머리지지대의 설치 여부 확인
	다) 어린이운송용 승합자동차의 승강구가 안전기준에 적합할 것	승강구 설치상태 및 규격 확인
	라) 입석손잡이가 규정대로 설치되어 있고 손상이 없을 것	입석손잡이 설치상태 확인
	마) 일반시외, 시내, 마을, 농어촌 버스의 승강구 안전장치 및 가속페달잠금장치의 작동이 정상적으로 작동할 것	일반시외, 시내, 마을, 농어촌 버스의 승강구 안전장치 및 가속페달잠금장치의 작동이 정상적으로 작동하는지 확인
	바) 승합자동차(15인 이하 제외)의 운전자의 좌석 뒤에는 승객석과 분리될 수 있는 보호봉 또는 격벽시설을 설치되어 있을 것	승합자동차(15인 이하 제외)의 운전자의 좌석 뒤에는 승객석과 분리될 수 있는 보호봉 또는 격벽시설을 설치되어 있는지 확인
15) 물품적재 장 치	가) 적재함 바닥면의 부식으로인한 변형이 없을 것 나) 적재량의 증가를 위한 적재함의 개조가 없을 것 다) 물품적재장치의 안전잠금장치가 견고할 것 라) 청소용자동차 등 안전기준에서 정하고 있는 차량에는 덮개가 설치되어 있어야 하고, 설치상태가 양호할 것	물품의 적재장치 및 안전시설 상태 확인(변경이 된 경우에는 계측기 등으로 측정)
16) 창유리	접합유리 및 안전유리로 표시된 것일 것	유리(접합 · 안전)규격품 사용 여부 확인
17) 배기가스 발산방지 및 소음방지장치	가) 배기소음 및 배기가스농도는 운행차 허용기준에 적합할 것	배기소음 및 배기가스농도를 측정기로 측정
	나) 배기관 · 소음기 · 촉매장치의 손상 · 변형 · 부식이 없을 것	배기관 · 촉매장치 · 소음기의 변형 및 배기계통에서의 배기가스누출 여부 확인
	다) 측정결과에 영향을 줄 수 있는 구조가 아닐 것	측정결과에 영향을 줄 수 있는 장치의 훼손 또는 조작 여부확인

<table>
<tr><td rowspan="7">18)</td><td>가) 광도(최고속도가 매시 25킬로미터 이하인 자동차를 제외한다)는 다음 기준에 적합할 것
(1) 2등식: 1만 5천칸델라 이상
(2) 4등식: 1만 2천칸델라 이상</td><td rowspan="2">좌·우측 전조등의 광도와 주광축의 진폭을 전조등시험기로 측정</td></tr>
<tr><td>나) 주광축의 진폭은 10미터 위치에서 다음 수치 이내일 것
(단위: 센티미터)<table><tr><th>구분</th><th>상</th><th>하</th><th>좌</th><th>우</th></tr><tr><td>좌측</td><td>10</td><td>30</td><td>15</td><td>30</td></tr><tr><td>우측</td><td>10</td><td>30</td><td>30</td><td>30</td></tr></table></td></tr>
<tr><td>다) 정위치에 견고히 부착되어 작동에 이상이 없고, 손상이 없어야 하며, 등광색이 안전 기준에 적합할 것</td><td>전조등·방향지시등·번호등·제동등·후퇴등·차폭등·후미등·안개등·비상점멸표시등과 그 밖의 등화장치의 점등·등광색 및 설치상태 확인</td></tr>
<tr><td>라) 후부반사기 및 후부반사판의 설치상태가 안전기준에 적합할 것</td><td>후부반사기 및 후부반사판의 설치상태 확인</td></tr>
<tr><td>마) 어린이운송용 승합자동차에 설치된 표시등이 안전기준에 적합할 것</td><td>표시등 설치 및 작동상태 확인</td></tr>
<tr><td>바) 택시의 윗부분에 설치된 택시 안내등이 정상적으로 작동할 것</td><td>택시의 윗부분에 설치된 택시 안내등이 정상적으로 작동하는지 확인</td></tr>
<tr><td>사) 안전기준에서 정하지 아니한 등화 및 금지등화가 없을 것</td><td>안전기준에 위배되는 등화설치 여부 확인</td></tr>
<tr><td>19) 경음기 및 경보장치</td><td>경음기의 음색이 동일하고, 경적음·싸이렌음의 크기는 안전기준상 허용기준 범위 이내일 것</td><td>경적음이 동일한 음색인지 확인
경적음 및 싸이렌음의 크기를 소음측정기로 확인(경보장치는 신규검사로 한정함)</td></tr>
<tr><td rowspan="3">20) 시야확보 장치</td><td>가) 후사경은 좌·우 및 뒤쪽의 상황을 확인할 수 있고, 돌출거리가 안전기준에 적합할 것</td><td>후사경 설치상태 확인</td></tr>
<tr><td>나) 창닦이기 및 세정액 분사장치는 기능이 정상적일 것</td><td>창닦이기 및 세정액 분사장치의 작동 및 설치상태 확인</td></tr>
<tr><td>다) 어린이운송용 승합자동차에는 광각 실외후사경이 설치되어 있을 것</td><td>광각 실외후사경 설치 여부 확인</td></tr>
<tr><td rowspan="3">21) 계기장치</td><td>가) 모든 계기가 설치되어 있을 것</td><td>계기장치의 설치 여부 확인</td></tr>
<tr><td>나) 속도계의 지시오차는 정 25퍼센트, 부 10퍼센트 이내일 것</td><td>매시 40킬로미터 속도에서 자동차속도계의 지시오차를 속도계시험기로 측정</td></tr>
<tr><td>다) 최고속도제한장치, 운행기록장치 및 주행기록계의 설치 및 작동상태가 양호할 것</td><td>최고속도제한장치, 운행기록장치 및 주행기록계의 설치상태 및 정상작동 여부 확인</td></tr>
<tr><td>22) 소화기 및 방화장치</td><td>소화기가 설치위치에 설치되어 있을 것</td><td>소화기의 설치 여부 확인</td></tr>
</table>

23) 내압용기	용기 등이 관련 법령에 적합하고 견고하게 설치되어 있으며, 용기의 변형이 없고 사용연한 이내일 것	용기 등이 「자동차관리법」에 따른 합격품인지 여부, 설치상태 및 변형·손상 여부 및 사용연한 확인
24) 기타	어린이운송용 승합자동차의 색상 및 보호표지 등 그 밖의 구조 및 장치가 안전기준 및 국토교통부장관이 정하는 기준에 적합할 것	그 밖의 구조 및 장치가 안전기준 및 국토교통부장관이 정하는 기준에 적합한지를 확인

(3) 튜닝검사

자동차 튜닝과 관련된 검사항목(튜닝승인 내용대로 변경하였는지 등)은 신규검사의 기준 및 방법에 따라 실시한다. 다만, 「자동차안전기준에 관한 규칙」 제6조 및 제8조에 따른 자동차의 중량 측정 및 최대안전경사각도의 측정은 필요한 경우만 실시한다.

법 제2조제4호의2에 따른 내압용기 중 천연가스를 사용하는 내압용기로 교체하는 경우에는 국토교통부장관이 정하는 바에 따라 내압용기장착검사를 추가로 시행한다.

(4) 임시검사

법 제37조에 따른 정비명령 사항과 관련된 검사항목에 대하여 신규검사의 기준 및 방법에 따라 실시한다.

(5) 환경관련항목 검사

정기검사 중 환경 관련 항목에 대하여는 「대기환경보전법 시행규칙」 제78조 및 제87조와 「소음·진동관리법 시행규칙」 제40조 및 제44조에 따른 기준 및 방법에 따라 실시한다.

제2장 자동차의 동일성 확인

자동차의 불법 개조를 방지하고 국가적인 자동차 관리를 위하여 자동차 검사 시에 자동차의 동일성 여부를 확인하여야 한다. 따라서 자동차 검사를 실시할 때에는 당해 자동차의 구조 및 장치가 안전기준에 적합한 지의 여부와 다음의 항목들에 대해 동일성 여부를 반드시 확인하여야 한다.

① 자동차 등록 번호판

② 등록번호판의 봉인장치

③ 차대번호 및 원동기 형식

④ 자동차의 종별 및 유형

⑤ 자동차의 용도

1. 자동차 등록 번호판

자동차에는 국토교통부령이 정하는 바에 의하여 자동차등록번호판을 붙이고 봉인을 하여야 하며 시・도지사의 허가를 받은 경우와 다른 법률에 특별한 규정이 있는 경우를 제외하고는 이를 떼지 못한다. 등록번호판을 부착 및 봉인을 하지 아니한 자동차는 운행하지 못하며 임시운행허가번호판을 붙여 운행 할 수 있다. 등록번호판은 가리거나 알아보기 곤란하게 하여서는 아니 되며 그러한 자동차를 운행하여서는 아니 된다.

1-1 등록 번호판 부착 방법

자동차 등록번호판은 자동차의 앞쪽과 뒤쪽에 다음 기준에 적합하게 부착하여야 한다. 다만, 피견인 자동차의 앞쪽에는 등록번호판을 부착하지 아니할 수 있다.

① 차량 중심선을 기준으로 등록번호판의 좌우가 대칭이 될 것. 다만 자동차의 구조 및 성능 상 차량 중심선에 부착하는 것이 곤란한 경우에는 그러하지 아니하다.

② 자동차의 앞쪽과 뒤쪽에서 볼 때에 차체의 다른 부분이나 장치 등에 의해 등록번호판이 가리워지지 않을 것.

③ 뒤쪽 등록번호판의 부착위치는 차체의 뒤쪽 끝으로부터 65cm 이내일 것, 다만, 자동차의 구조 및 성능 상 차체의 뒤쪽 끝으로부터 65cm 이내로 설치하는 것이 곤란한 자동차의 경우에는 그러하지 아니하다.

④ 자동차의 앞쪽에 부착하는 등록번호판의 접합부분은 볼트로만 체결할 것

1-2 번호판의 종류

(1) 등록번호판

① 대형등록번호판 : 대형승합자동차, 최대적재량 4톤 이상의 화물 및 총중량 4톤 이상의 특수자동차에 부착하는 번호판

② 보통등록번호판 : 그 외의 자동차에 부착하는 번호판

(2) 이륜자동차번호판 : 이륜자동차에 부착하는 번호판

(3) 임시운행허가번호판 : 임시운행허가를 받은 자동차에 부착하는 번호판

1-3 번호판의 재질 및 규격

(1) 번호판의 재질은 알루미늄 제판으로 하되 두께는 1mm의 KS D6701 A1050P "0"에 표면막의 두께가 10±1㎛가 되도록 산화처리하여야 한다. 다만 임시운행의 허가기간이 10일 이내인 임시운행허가번호판(단기임시운행허가판이라 한다)의 경우에는 두께 2.5mm 이상의 목재판으로 한다.

(2) 번호판에는 관할관청, 용도, 차종, 한글일련번호 및 일련번호를 표시한다.

(3) 임시운행허가번호판에는 임시운행임을 나타내는 표시 또는 기간, 발행관청명을 표시한다.

(4) 번호판에 표시하는 관할관청, 용도, 차종 및 일련번호의 모든 문자는 1.3mm~1.6mm로 양각되어야 하며, 세부기준으로 정한 문자 획의 너비는 +1mm 이내의 허용차를 인정한다. 다만, 단기임시운행허가번호판의 경우는 양각되지 아니할 수 있다.

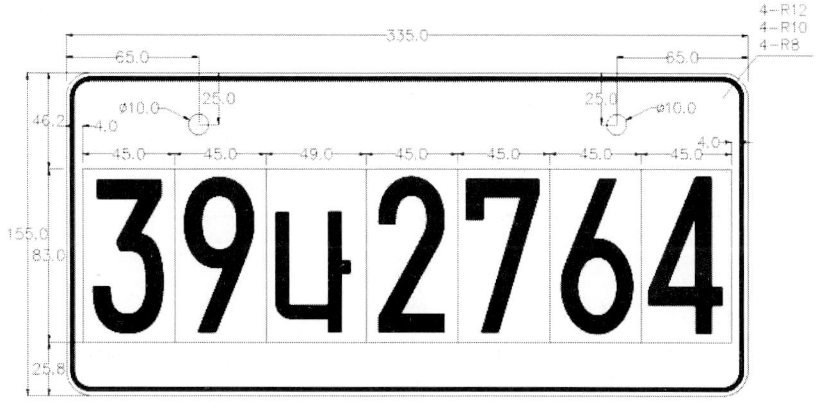

가로 335mm× 세로 155mm(허용 범위 : ±0.5mm)

[그림 2-1] 비사업용 보통 등록 번호판(335mm×155mm)

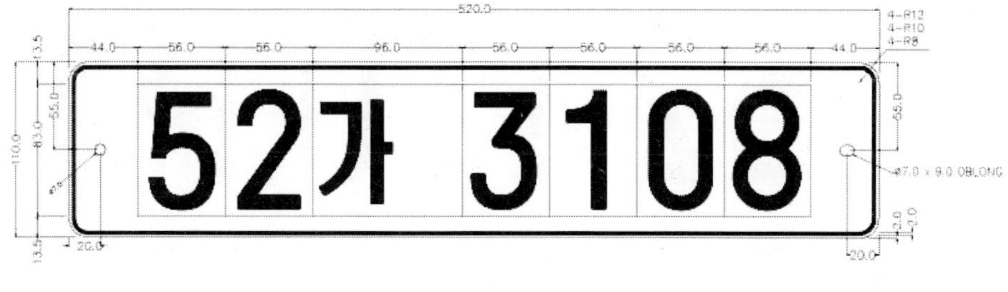

가로 520mm× 세로 110mm(허용 범위 : ±0.5mm)

[그림 2-2] 비사업용 보통 등록 번호판(520mm×110mm)

가로 335mm× 세로 170mm(허용 범위 : ±0.5mm)

[그림 2-3] 자동차 운수 사업용 보통 등록 번호판(335mm×170mm)

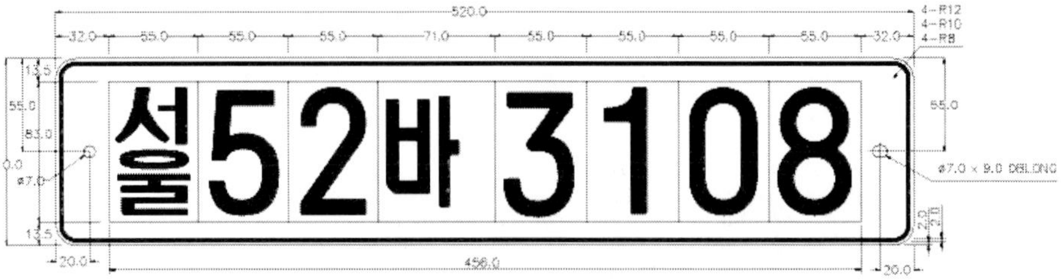

가로520mm× 세로 110mm(허용 범위 : ±0.5mm)

[그림 2-4] 자동차 운수 사업용 보통 등록 번호판(520mm×110mm)

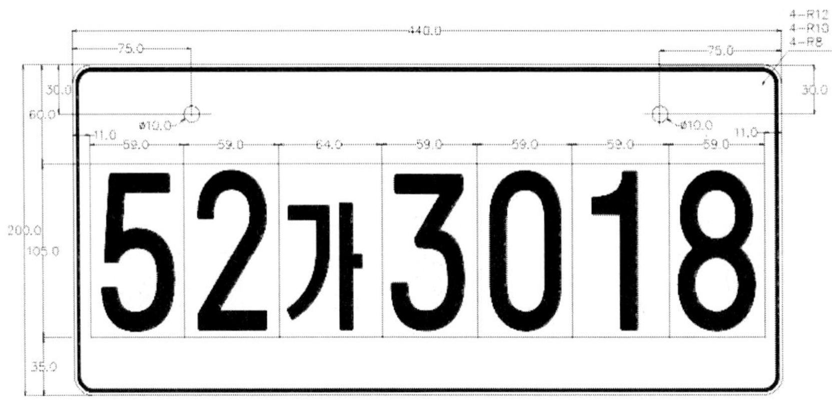

가로 440mm× 세로 200mm(허용 범위 : ±0.5mm)

[그림 2-5] 비사업용 대형 등록 번호판(440mm×200mm)

가로 440mm× 세로 200mm(허용 범위 : ±0.5mm)

[그림 2-6] 자동차 운수 사업용 대형 등록 번호판(440mm×200mm))

가로 335mm× 세로 155mm(허용 범위 : ±0.5mm)

[그림 2-7] 주한·외교공관·공관원 자동차 번호판(335mm×155mm)

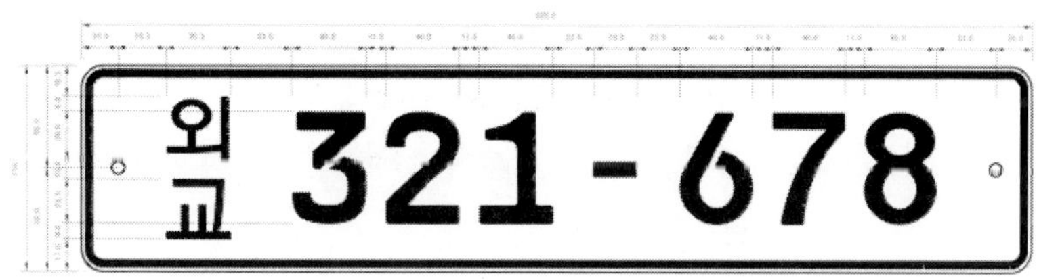

가로 520mm× 세로 110mm(허용 범위 : ±0.5mm)

[그림 2-8] 주한 · 외교공관·공관원 자동차 번호판(520mm×110mm)

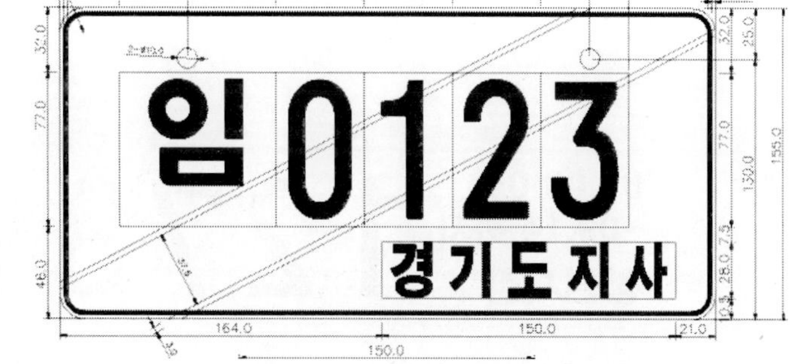

가로 335mm× 세로 155mm(허용 범위 : ±0.5mm)

[그림 2-9] 허가기간이 11일 이상인 임시운행 허가번호판(335mm×155mm)

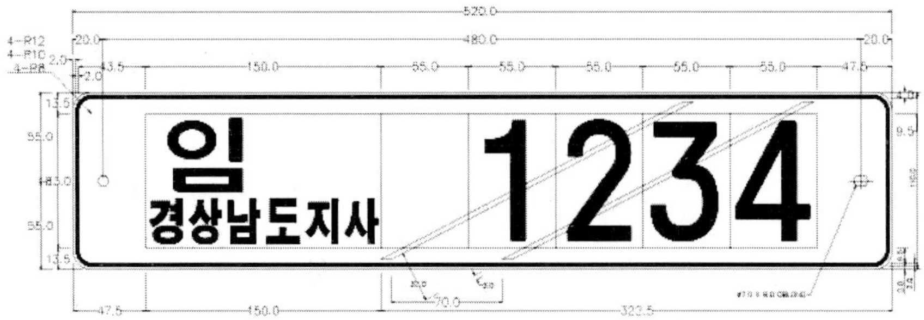

가로 520mm× 세로 110mm(허용 범위 : ±0.5mm)

[그림 2-10] 허가기간이 11일 이상인 임시운행 허가번호판(520mm×110mm)

가로 335mm× 세로 170mm

[그림 2-11] 허가기간이 10일 이하인 임시운행 허가번호판(335mm×170mm)

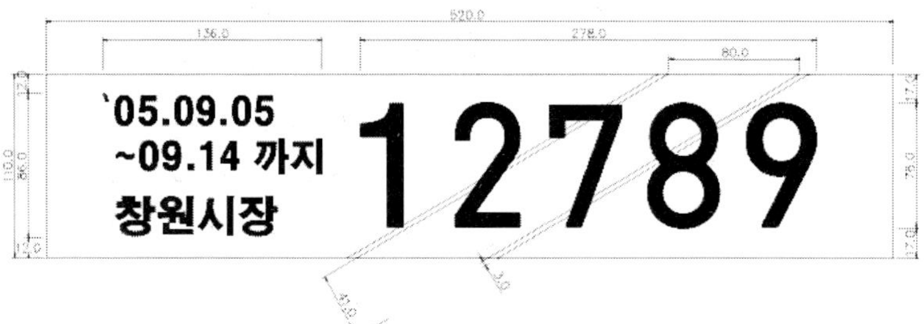

가로 520mm× 세로 110mm

[그림 2-12] 허가기간이 10일 이하인 임시운행 허가번호판(520mm×110mm)

가로 210mm× 세로 115mm(허용 범위 : ±0.5mm)

[그림 2-13] 이륜자동차 번호판(사·군·구 명칭이 한 자리인 경우)

가로 210mm× 세로 115mm(허용 범위 : ±0.5mm)

[그림 2-14] 이륜자동차 번호판(사·군·구 명칭이 두 자리인 경우)

가로 210mm× 세로 115mm(허용 범위 : ±0.5mm)

[그림 2-15] 이륜자동차 번호판(사·군·구 명칭이 세 자리인 경우)

가로 210mm× 세로 115mm(허용 범위 : ±0.5mm)

[그림 2-16] 이륜자동차 임시운행 허가 번호판(210mm×115mm)

1-4 번호판의 색상

(1) **비사업용**

① 일반용(SOFA자동차, 대여사업용 자동차 포함) : 분홍빛 흰색바탕에 보랏빛 검정색 문자

② 외교용(외교, 영사, 준외, 준영, 국기, 협정, 대표) : 감청색 바탕에 흰색 문자

(2) **자동차 운수 사업용** : 황색지에 검정색문자

(3) **이륜자동차번호판** : 흰색바탕에 청색문자

(4) **임시운행허가번호판** : 흰색바탕에 검정색문자로 하고 3mm 폭의 적색 사선을 긋는다.

1-5 등록번호판의 차종 및 용도별 분류기호

(1) 자동차등록번호판의 차종 및 용도별 분류 기호

구 분		분 류	기 호
차 종 별		승용 자동차	01~69
		승합 자동차	70–79
		화물 자동차	80–97
		특수 자동차	98, 99
용도별	비사업용 (SOFA 자동차 포함)	자 가 용 (관용 포함)	가, 나, 다, 라, 마, 거 , 너, 더, 러, 머 버, 서, 어, 저, 고, 노, 도, 로 , 모, 보, 소, 오, 조, 구, 누, 두, 루, 무, 부, 수, 우, 주
	사업용	일 반 용	바, 사, 아, 자, 배
		대여 사업용	허, 하, 호
	외교용	외 교 관 용	외교
		영 사 용	영사
		준외교관용	준외
		준 영 사 용	준영
		국제 기구용	국기
		기타 외교용	협정, 대표

(2) 이륜자동차는 가·나·다·라·마·바·사·아·자·차·카·타·파·하를 용도별 기호로서 표시한다.

(3) 관할관청의 기호표시

관할관청의 기호표시는 다음과 같이 한다. 다만, 비사업용 및 대여사업용 자동차에 부착하는 등록번호판에는 관할 관청의 기호표시를 하지 아니하며, 이륜자동차번호판에는 관할 시·군 또는 구의 명칭을 함께 표시한다.

관할관청	기호	관할관청	기호
서울특별시	서울	부산광역시	부산
경기도	경기	강원도	강원
충청북도	충북	충청남도	충남
전라북도	전북	전라남도	전남
경상북도	경북	경상남도	경남
제주도	제주	대구광역시	대구
인천광역시	인천	광주광역시	광주
대전광역시	대전	울산광역시	울산
		세종특별자치시	세종

1-6 등록 번호판의 봉인장치

(1) 봉인은 다음과 같이 표시한다.

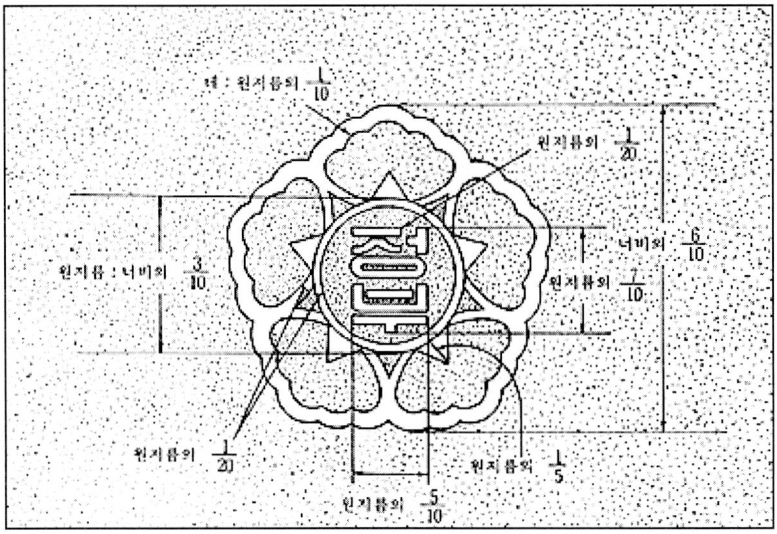

[그림 2-17] 봉인의 규격

(2) 봉인장치는 봉인 후 떼어낼 경우 재사용할 수 없도록 만들어진 구조여야 한다.

(3) 봉인의 위치 : 자동차의 뒷면에 붙인 등록번호판의 왼쪽의 접합부분에 하여야 한다.

(4) 봉인장치의 규격

구 분	번호판의 규격	
	520mm×110mm	기 타
봉인의 지름	10mm 내지 12mm	20mm 내지 25mm
봉인의 높이	6mm 내지 8mm	7mm 내지 10mm

(5) 봉인장치의 볼트 또는 축이 재질은 강재(한국공업규격 일반구조용 압연강재 SS34 또는 SS41)이어야 한다.

(6) 시·도지사는 봉인장치의 기준적합여부, 사용·관리실태등을 연 1회 이상 점검하여야 한다.

[2-18] 등록번호판의 봉인장치

2. 차대번호 및 원동기 형식

차대번호란 자동차의 동일성 확인을 목적으로 규정된 방법에 따라 차대 또는 차체가 일체구조인 경우에는 차체에 표기한 아라비아숫자 및 알파벳 글자를 말한다. 원동기형식이라 함은 연료의 종류, 배기량, 기통 수, 출력 등과 같은 특징으로 정의된 동력원의 형식을 말한다. 자동차에는 국토교통부령으로 정하는 바에 따라 차대번호와 원동기형식의 표기를 하여야 한다. 자동차나 원동기를 제작·조립하는 것을 업으로 하는 자와 국토교통부장관이 지정하는 자가 아니면 자동차의 차대번호 또는 원동기형식의 표기를 하여서는 아니 된다.

누구든지 자동차의 차대번호 또는 원동기형식의 표기를 지우거나 그 밖에 이를 알아보기 곤란하게 하는 행위를 하여서는 아니 된다. 다만, 부득이한 사유로 국토교통부장관의 인정을 받은 경우와 자동차가 다음의 어느 하나에 해당되는 경우에는 그 소유자에게 차대번호 또는 원동기형식의 표기를 지우거나 표기를 받을 것을 명할 수 있다.

① 자동차에 차대번호 또는 원동기형식의 표기가 없거나 그 표기 방법 및 체계 등이 적합하지 아니한 경우
② 자동차의 차대번호 또는 원동기형식의 표기가 다른 자동차와 유사한 경우
③ 차대번호 또는 원동기형식의 표기가 지워져 있거나 알아보기 곤란한 경우

차대번호 또는 원동기형식의 표기를 하는 자 중 자동차 또는 원동기의 제작·조립을 업으로 하는 자를 표기시행자라 하고, 차대번호 또는 원동기형식의 표기를 하는 자 중 국토교통부 장관이 지정한 자를 지정표기시행자라 하며 교통안전공단이 지정표기시행자가 될 수 있다.

2-1 차대번호 및 원동기 형식 표기 방법

(1) 차대번호표기부호를 배정받은 자는 배정 받은 차대번호표기부호를 포함하여 그가 제작·조립하는 자동차의 특성 및 제작일련번호가 나타나도록 표기할 것

(2) 지정표기시행자는 국토교통부장관이 고시하는 국가공통 차대번호표기부호(이하 "국가공통부호"라 한다)를 포함하여 자동차의 특성 및 제작자등록번호, 제작일련번호가 나타나도록 표기할 것

(3) 원동기의 경우에는 그 형식이 나타나도록 표기할 것

(4) 차대번호 또는 원동기형식은 순차적으로 연결된 숫자 또는 알파벳으로 표기하되, 누구든지 쉽게 알아 볼 수 있는 위치에 표기하고 쉽게 지우거나 고칠 수 없게 할 것. 다만, 지정표기시행자가 이륜자동차에 차대번호 또는 원동기형식을 표기하는 경우에는 차대 또는 차체에 명판 등 적절한 방법으로 표기할 수 있다.

(5) 자동차 또는 원동기의 제작·조립을 업으로 하는 자, 즉 표기시행자가 차대번호 및 원동기형식의 표기를 하는 때에는 표기위치를 자동차취급설명서에 기재하여야 한다.

(6) 차대번호 또는 원동기형식의 세부내용 및 표기방법 등 표기시행에 관하여 필요한 사항은 국토교통부장관이 정하여 고시한다.

2-2 표기시행자의 표기방식

표기시행자가 제작·조립하는 자동차 또는 원동기의 특성·제작회사 및 제작일련번호(원동기인 경우를 제외)가 나타나도록 차대번호 또는 원동기 형식을 표기한다.

(1) 차대번호의 표기

① 표기시행자가 시행하는 자동차의 차대번호의 표기는 제작회사군(3자리),

자동차특성군 (6자리) 및 제작일련번호군(8자리)의 3개군, 17개자리로 구성한다.

② 각군별 자릿수와 각 자리에는 숫자 또는 I, O, Q를 제외한 알파벳으로 구성한다.

③ 제작자등이 차대번호 등을 표기할 경우에는 각 자리 사이에 공백이 없도록 한 줄 또는 두 줄로 표시하되 처음과 끝이 명확히 구분 되도록 하여야 하며, 이를 위하여 고유 각인을 표기할 수 있다.

가) 군별·자리별 표기부호

표기군별	자리번호	사용부호	표 시 내 용	세 부 내 용
제작회사군	1	B	자동차 제작사 및 자동차 종별구분	국토교통부장관이 자동차의 종별등에 따라 제작자에게 배정한 부호
	2	B		
	3	B		
자동차특성군	4	B	차종(차량의 기본형식 기준)	제작자가 일괄하여 표기신고시에 선택한 각자리 세부부호를 표시 * 제작자는 생산차량관리에 필요한 경우 6개자리 상호간에 그 표시내용을 변경하여 표기할 수 있음
	5	B	차체 형상	
	6	B	세부차종(승용차는 등급, 기타는 용도별로 구분)	
	7	B	○안전벨트의 고정개소(승용차의 경우) ○제동장치의 형식(공기식, 유압식등) : 승용차 이외의 경우 ○기타 특성	
	8	B	원동기(배기량별로 구분)	
	9	B	타각의 이상유무 확인 표시	
제작일련번호	10	B	모델연도	별표1의 제2호에 규정된 부호를 표시
	11	B	제작공장의 위치	제작자가 표기신고시에 선택한 세부부호를 표시
	12 13 14 15 16 17	B B N N N N	제작일련번호	차종별, 형식일련번호를 표시

[주] 1. 사용부호란의 B는 I,O,Q를 제외한 알파벳 또는 아라비아숫자를, N은 아라비아숫자를 표시한다.

2. 국내에 수입된 자동차인 경우 모델연도 부호가 없는 경우 수입면장 · 모델형식 등을 확인하여 연도를 표기하여야 한다.

3. 국내에서 생산된 자동차의 경우 10자리 모델연도 부호는 1월 1일을 한 번 포함한 2년 이내에 한하여 동일 모델연도 부호를 표시할 수 있다.

나) 모델연도별 표기부호

연도	부호	연도	부호	연도	부호	연도	부호
1980	A	1991	M	2001	1	2011	B
1981	B	1992	N	2002	2	2012	C
1982	C	1993	P	2003	3	2013	D
1983	D	1994	R	2004	4	2014	E
1984	E	1995	S	2005	5	2015	F
1985	F	1996	T	2006	6	2016	G
1986	G	1997	V	2007	7	2017	H
1987	H	1998	W	2008	8	2018	J
1988	J	1999	X	2009	9	2019	K
1989	K	2000	Y	2010	A	2020	L
1990	L						

[주] 연도별 표기부호는 1980년 이전 또는 2010년 이후에 제작된 경우에는 순차적으로 환산하여 적용한다,

[예] 현대자동차 차대번호 표기(엑센트)

	제작회사군			자동차 특성군						제작 일련 번호군							
자리	1	2	3	4	5	6	7	8	9	10	11	12	13	14	15	16	17
부호	K	M	H	V	F	1	1	N	P	Y	U	1	2	3	4	5	6

- K : 국적표시 (K:한국)
- M : 제작사 (M:현대자동차)
- H : 자동차종별구분 (H:승용차)
- V : 차종(B:쏘나타(Y2), C:쏘나타Ⅱ(Y3), J:엘란트라, M:뉴그랜저, N:그랜저, S:스텔라, V:엑셀, 엑셀밴, 스쿠프, 엑센트(X-3))
- F : 차체형상(A: 5도어세단, D:3도어세단, F:4도어세단, K:3도어밴, W:5도어웨건)
- 1 : 세부차종(1:스탠다드, 2:디럭스, 3:슈퍼 디럭스)
- 1 : 안전벨트(0:미장착, 1:3점지지벨트장착)
- N : 엔진형식(N:1500cc 가솔린차량, M:1300cc 가솔린차량)
- P : 확인란-운전석방향(P:LHD, R:RHD, 수출차 이외에는 항상 P를 타각)
- Y : 제작년도(J:1988, K:1989, L:1990, M:1991, N:1992, P:1993, R:1994, S:1995, T:1996, V:1997, W:1998, X:1999, Y:2000, 1:2001, 2:2002,

3:2003)

· U : 공장기호(U:울산공장)

· 123456 : 차량생산일련번호(000001~999999)

[예] 대우자동차 차대번호 표기(레간자)

	제작회사군			자동차 특성군						제작 일련 번호군							
자리	1	2	3	4	5	6	7	8	9	10	11	12	13	14	15	16	17
부호	K	L	A	V	F	6	9	Z	D	V	B	0	1	2	3	4	5

· K : 제작국가 (K:한국)

· L : 제작회사 (L:대우자동차)

· A : 자동차 종별구분(A: 승용차 내수용)

· V : 차종구분(V:레간자)

· F : 변속기 형식(F:전륜구동수동변속기, A:전륜구동자동변속기)

· 69 : 차체형상(69:4도어노치백)

· Z : 원동기 형식(8:1.8SOHC, 3:1.8DOHC, W:2.0SOHC, Z:2.0DOHC)

· D :용도별 구분(D:내수용)

· V : 제작년도(T:1996, V:1997, W:1998)

· B : 제작공장(B:부평공장)

· 012345 : 제작일련번호

[예] 기아자동차 차대번호 표기(캐피탈)

	제작회사군			자동차 특성군						제작 일련 번호군							
자리	1	2	3	4	5	6	7	8	9	10	11	12	13	14	15	16	17
부호	K	N	A	G	B	2	2	2	3	T	A	1	2	3	4	5	6

· K : 국적표시 (K:한국)

· N : 제작사 (N:기아자동차)

· A : 자동차종별구분 (A:승용차)

· GB : 차종(DA:프라이드, DT:프라이드밴, FA:세피아, GA:콩코드, GB:캐

피탈, JA:스포티지, LA:포텐샤)

- 22: 차체형상(22:4도어세단)
- 2 : 엔진형식(2:1498cc가솔린엔진)
- 3 : 변속기 형식(1:4단수동변속기, 2:5단수종변속기, 3:자동변속기)
- T : 제작년도(J:1988, K:1989, L:1990, M:1991, N:1992, P:1993, R:1994, S:1995, T:1996,V:1997, W:1998, X:1999, Y:2000)
- A : 공장기호(S:소하리, A:아산)
- 123456 : 차량생산일련번호

(2) 원동기 형식의 표기

① 표기시행자가 시행하는 원동기형식의 표기형식은 알파벳 또는 아라비아 숫자로 정하되 18자를 초과할 수 없다.

② 표기에는 원동기의 형식 및 제작일련번호(필요한 경우에는 제작회사 및 제작년도등을 포함할 수 있다)를 나타낸다.

[예] 현대 자동차(쏘나타Ⅲ용 엔진)

G	4	A	D	S	1	2	3	4	5	6

- G : 엔진의 사용연료(G:가솔린, L:LPG)
- 4 : 엔진분류(4:4싸이클 4실린더)
- A : 엔진개발순서(A~Z)
- D : 엔진형식(D:1796cc가솔린차량, F:1997cc가솔린차량, L:1997cc LPG차량, M:1796cc LPG차량)
- S : 제작년도(S:1995, T:1996, V:1997, W:1998, X:1999, Y:2000, 1:2001, 2:2002)
- 123456 : 엔진생산 일련번호(000001~999999)

[예] 대우자동차(레간자용 엔진)

C	1	8	S	E	D	0	1	2

- C : 배출가스 규제형식(C: 카탈리틱 컨버터)
- 18 : 배기량(18:1.8L, 20:2.0L)
- S : 캠형식(L:8.5~9.0, N:9.0~9.5, S:9.5~10.0, X:〉11.5)
- E : 연료분사형식(E:MPI, L:LPG)
- D : 대우자동차
- 012 : 일련번호

2-3 지정표기시행자에 의한 표기방식

차대번호 또는 원동기형식의 표기를 하는 자 중 국토교통부장관이 지정한 자를 지정표기시행자라 하고 국토교통부장관이 고시하는 국가공통 차대번호표기부호(이하 “국가공통부호”라 한다)를 포함하여 자동차의 특성 및 제작자등록번호, 제작일련번호가 나타나도록 표기하며 원동기의 경우에는 그 형식이 나타나도록 표기하여야 한다. 국토교통부장관은 교통안전공단법에 의한 교통안전공단을 지정표기시행자로 지정하여 차대번호 또는 원동기형식의 표기를 하게 할 수 있다.

교통안전공단은 다음의 경우에 의하여 표기를 지우게 하거나 표기를 받게 할 수 있다.

(1) 다음의 사유로 인하여 표기부분의 식별이 곤란하거나, 표기부분의 정비가 불가피하게 된 경우. 다만, 차대(차대가 없는 경우에는 차체를 말한다. 이하 같다)를 교환하는 경우를 제외한다.
   ① 자동차의 파손 또는 부식
   ② 규정에 의한 승인을 얻어 행하는 튜닝
(2) 표기시행자가 차대번호 또는 원동기형식을 잘못 표기한 자동차를 판매한 경우
(3) 자동차관리법 제23조제2항 각호의 1에 해당하는 경우
   ① 자동차에 차대번호 또는 원동기형식의 표기가 없거나 그 표기 방법 및 체계 등이 적합하지 아니한 경우
   ② 자동차의 차대번호 또는 원동기형식의 표기가 다른 자동차와 유사한 경우
   ③ 차대번호 또는 원동기형식의 표기가 지워져 있거나 알아보기 곤란한 경우

(4) 법원의 판결 또는 결정 등에 의하여 공매된 자동차의 차대번호가 손상되어 있는 경우

2-3-1 WMI 미배정자 및 교통안전공단 표기 내용

① 군별, 자리별 표기부

<table>
<tr><th>표기
군별</th><th>자리
번호</th><th>사용
부호</th><th>표 시 내 용</th><th colspan="3">세 부 내 용</th></tr>
<tr><td rowspan="3">제작회사군</td><td>1</td><td>B</td><td rowspan="3">자동차의 종별</td><td rowspan="3" colspan="3">제4조에 의하여 국토교통부장관이 자동차 종별 등에 따라 정하는 부호
승용자동차 : KL9 특수자동차 : KP9
승합자동차 : KM9 이륜자동차 : KR9
화물자동차 : KN9</td></tr>
<tr><td>2</td><td>B</td></tr>
<tr><td>3</td><td>B</td></tr>
<tr><td rowspan="6">자동차특성군</td><td>4</td><td>B</td><td>자동차 용도별 분류</td><td colspan="3">별표2의 제2호에 규정된 부호를 표기</td></tr>
<tr><td>5</td><td>B</td><td>차체 형상별 분류</td><td colspan="3">별표2의 제3호에 규정된 부호를 표기</td></tr>
<tr><td>6</td><td>B</td><td>차량총중량별 분류</td><td colspan="3">별표2의 제4호에 규정된 부호를 표기</td></tr>
<tr><td>7</td><td>B</td><td>변속기별 분류</td><td colspan="3">별표2의 제5호에 규정된 부호를 표기</td></tr>
<tr><td>8</td><td>B</td><td>원동기 총배기량별 분류</td><td colspan="3">별표2의 제6호에 규정된 부호를 표기</td></tr>
<tr><td>9</td><td>B</td><td>사용연료별 분류</td><td colspan="3">별표2의 제7호에 규정된 부호를 표기</td></tr>
<tr><td rowspan="10">제작일련번호</td><td rowspan="2" colspan="3"></td><td colspan="2">WMI 미배정자</td><td rowspan="2">교통안전공단

(이삿짐 등 제작자 등록번호가 없는 경우 시행)</td></tr>
<tr><td>안전검사시설을 갖춘 자

(제작자가 표기)</td><td>안전검사시설을 갖추지 못한 자
(교통안전공단이 표기)</td></tr>
<tr><td>10</td><td>B</td><td>모델연도</td><td colspan="3">모델연도에 해당하는 별표 1의 제2호에 규정된 부호를 표시</td></tr>
<tr><td>11</td><td>B</td><td>제작공장 또는 표기시행 검사소 위치 부호</td><td colspan="2">제작공장 위치에 해당하는 제8호에 규정된 부호 표기</td><td>교통안전공단 검사소 위치에 해당하는 별표2의 제8호에 규정된 부호 표기</td></tr>
<tr><td>12</td><td>B</td><td>제작자등록번호 또는 지정표기시행자 고유부호</td><td rowspan="3" colspan="2">국토교통부장관이 부여한 '제작자등록번호' 표기</td><td>지정표기시행자 고유부호 'Z' 표기</td></tr>
<tr><td>13</td><td>B</td><td rowspan="2">제작자등록번호 또는 각자시행 일련번호</td><td rowspan="3">각자시행 연도별 일련번호</td></tr>
<tr><td>14</td><td>B</td></tr>
<tr><td>15
16
17</td><td>N
N
N</td><td>각자시행 연도별 일련번호</td><td>각자시행 연도별 일련번호</td><td>각자시행 일련번호</td></tr>
</table>

[주] 1. 사용부호란의 B는 I,O,Q를 제외한 알파벳 또는 아라비아숫자를, N은 아라비아숫자를 표시한다.

2. 국내에 수입된 자동차인 경우 모델연도 부호가 없는 경우 수입면장 · 모델형식 등을 확인

하여 연도를 표기하여야 한다.

3. 국내에서 생산된 자동차의 경우 10자리 모델연도 부호는 1월 1일을 한 번 포함한 2년 이내에 한하여 동일 모델연도 부호를 표시할 수 있다.

② 자동차용도별 표기부호

<table>
<tr><th>부호</th><th>용 도</th><th>예 시</th><th>부호</th><th>용 도</th><th>예 시</th></tr>
<tr><td>1</td><td>전문수송용
자동차류</td><td>차량수송트럭류
셀프로더류
세이프티로더류
보틀케리어
원목수송용차
장의차
기타 전문수송용자동차</td><td>7</td><td>통신, 광고 관련
자동차류</td><td>방송중계차류
무선중계차류
촬영 및 촬영보조차류
광고용 자동차류
기타 통신관련 자동차류</td></tr>
<tr><td rowspan="3">2</td><td rowspan="3">환경 관련
자동차류</td><td rowspan="3">압축진개차류
암롤트럭류
롤온트럭류
진개덤프류
바큠탱크로리류
도로청소차류
진공흡입차
하수도청소차
기타 환경관련차</td><td>8</td><td>일반수송용
자동차류</td><td>일반카고트럭
풀 카고 트럭류
풀카고트레일러류
파워게이트류
덤프트럭류
기타 일반수송용자동차류</td></tr>
<tr><td>9</td><td>레저, 사무용
자동차류</td><td>캠핑용자동차류
이동집무차류
이동검진차류
기타</td></tr>
<tr><td>0</td><td>일반자동차</td><td>일반 승용자동차
일반 승합자동차
일반 화물자동차
이륜자동차</td></tr>
<tr><td rowspan="3">3</td><td rowspan="3">사다리, 구급
및 소방관련
자동차류</td><td rowspan="3">물탱크소방차류
소방펌프자동차류
화학소방자동차류
내폭화학소방차류
배연차류
고가사다리차류
굴절사다리소방차류
조명차류
구조공작차류
구급차류
기타 소방차류</td><td>A</td><td>탱크 트레일러류</td><td>각종 탱크트레일러</td></tr>
<tr><td>B</td><td>벌크 트레일러류</td><td>각종 벌크트레일러</td></tr>
<tr><td>C</td><td>평판 트레일러류</td><td>각종 평판트레일러</td></tr>
<tr><td rowspan="2">4</td><td rowspan="2">탑 차 류</td><td rowspan="2">냉동탑차류
냉장탑차류
보냉탑차류
내장탑차류
윙바디 트럭류
자동하역탑차
이삿짐운반탑차
기타 탑차류</td><td>D</td><td>콘테이너샤시
트레일러류</td><td>각종 콘테이너 샤시류</td></tr>
<tr><td>E</td><td>저상식
트레일러류</td><td>각종 저상식트레일러 류</td></tr>
</table>

5	크 레 인 자동차류	렉커트럭류 직진식 카고크레인류 굴절식 카고크레인류 고소작업차 절연고소작업차 기타 크레인자동차류	F	덤프 트레일러류	각종 덤프트레일러류
			G	특수 트레일러류	기타 특수트레일러류
6	탱크로리류	유류 탱크로리류 급수차류 이동주유차류 알루미늄 탱크로리류 가스수송용 탱크로리류 벌크트럭 벌크 탱크차류 써스탱크로리류 기타 탱크로리류	Z	기타 자동차	위 분류에 포함되지 않는 자동차

③ 차체 형상별 표기부호

구	분	부호	구	분	부호
승용자동차	세 단 형	A	화물, 특수자동차	캡오버형	J
	해치백형	B		본 닛 형	K
	쿠 페 형	C		픽 업 형	L
	리무진형	D		밴 형	M
	왜 건 형	E		특 수 형	N
	기 타 형	F			
승합자동차	일 반 형	G	이륜자동차	일 반 형	P
	특 수 형	H		특 수 형	R

④ 차량총중량별 표기부호

부호	차량총중량	부호	차량총중량	부호	차량총중량
1	500 kg 이하	8	12,500 kg 초과 15,000 kg 이하	E	30,000 kg 초과 32,500 kg 이하
2	500 kg 초과 1,000 kg 이하	9	15,000 kg 초과 17,500 kg 이하	F	32,500 kg 초과 35,000 kg 이하
3	1,000 kg 초과 2,500 kg 이하	0	17,500 kg 초과 20,000 kg 이하	G	35,000 kg 초과 37,500 kg 이하
4	2,500 kg 초과 5,000 kg 이하	A	20,000 kg 초과 22,500 kg 이하	H	37,500 kg 초과 40,000 kg 이하
5	5,000 kg 초과 7,500 kg 이하	B	22,500 kg 초과 25,000 kg 이하		
6	7,500 kg 초과 10,000 kg 이하	C	25,000 kg 초과 27,500 kg 이하		
7	10,000 kg 초과 12,500 kg 이하	D	27,500 kg 초과 30,000 kg 이하		

⑤ 변속기 종류별 표기부호

부 호	M	A	S	C	X	Z
변속기분류	수동변속기	자동변속기	반자동변속기	무단변속기	기타	변속기 없음

⑥ 원동기 총배기량별 표기부호

부호	배 기 량	전동기 정격출력	부호	배 기 량	전동기 정격출력	부호	배 기 량	전동기 정격출력
1	50cc이하	1 kW이하	0	1,300cc초과 1,500cc이하	60 kW초과 70 kW이하	J	6,000cc초과 7,000cc이하	350 kW초과 400 kW이하
2	50cc초과 125cc이하	1 kW초과 1.5 kW이하	A	1,500cc초과 1,800cc이하	70 kW초과 80 kW이하	K	7,000cc초과 8,000cc이하	400 kW초과 450 kW이하
3	125cc초과 250cc이하	1.5 kW초과 5 kW이하	B	1,800cc초과 2,000cc이하	80 kW초과 90 kW이하	L	8,000cc초과 9,000cc이하	450 kW초과 500 kW이하
4	250cc초과 400cc이하	5 kW초과 10 kW이하	C	2,000cc초과 2,500cc이하	90 kW초과 100 kW이하	M	9,000cc초과 10,000cc이하	500 kW초과 550 kW이하
5	400cc초과 600cc이하	10 kW초과 20 kW이하	D	2,500cc초과 3,000cc이하	100 kW초과 150 kW이하	N	10,000cc초과 12,000cc이하	550 kW초과 600 kW이하
6	600cc초과 750cc이하	20 kW초과 30 kW이하	E	3,000cc초과 3,500cc이하	150 kW초과 200 kW이하	P	12,000cc초과 13,000cc이하	600 kW초과 650 kW이하
7	750cc초과 900cc이하	30 kW초과 40 kW이하	F	3,500cc초과 4,000cc이하	200 kW초과 250 kW이하	R	13,000cc초과 15,000cc이하	650 kW초과 700 kW이하
8	900cc초과 1,100cc이하	40 kW초과 50 kW이하	G	4,000cc초과 5,000cc이하	250 kW초과 300 kW이하	S	15,000cc초과	700 kW초과
9	1,100cc초과 1,300cc이하	50 kW초과 60 kW이하	H	5,000cc초과 6,000cc이하	300 kW초과 350 kW이하	T	원동기 없음	전동기 없음

⑦ 사용연료 종류별 표기부호

부 호	A	B	C	D	E	G	H	L	S	Z
사용연료	LNG	연료 전지	CNG	경유	전기	휘발유	하이 브리드	LPG	태양열	기 타

⑧ 제작공장(지정표기시행자 검사소) 위치별 표기부호

부호	지 역	부호	지 역	부호	지 역
S	서 울	U	울 산	P	경 북
B	부 산	K	경 기	N	경 남
H	인 천	E	충 북	M	강 원
T	대 구	C	충 남	L	제 주
G	광 주	A	전 북	Z	기 타
D	대 전	J	전 남		

2-4 표기의 위치

(1) 차대 표기 : 운전석에서 전방을 향하여 우측의 차대에 표시
(2) 원동기 형식 : 실린더 블록

표기시행자는 자동차의 특수한 구조로 인하여 위치가 부적합할 경우 교통안전공단과 협의하여 표기위치를 정하여야 한다.

〈아토스〉

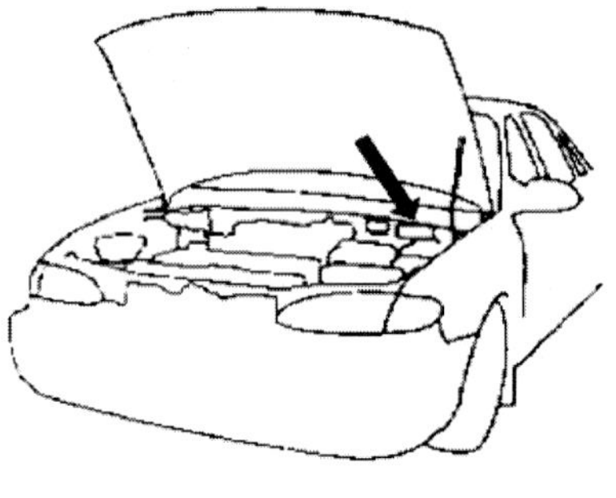

〈엑센트〉

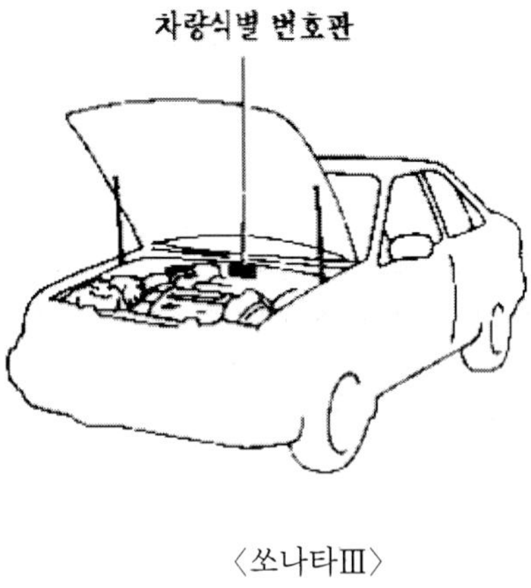

〈쏘나타III〉

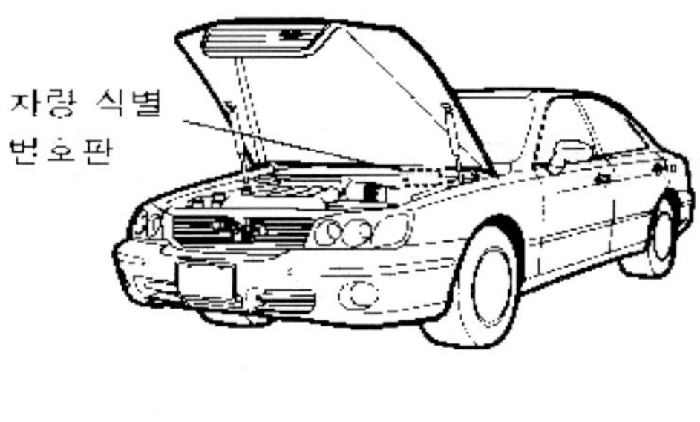

〈그랜저XG〉

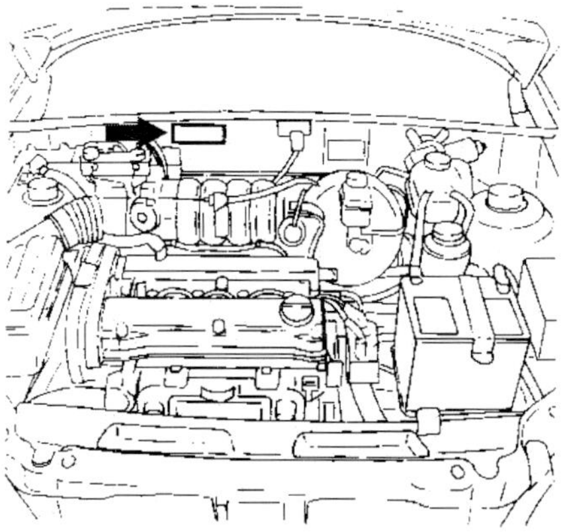

〈라노스〉

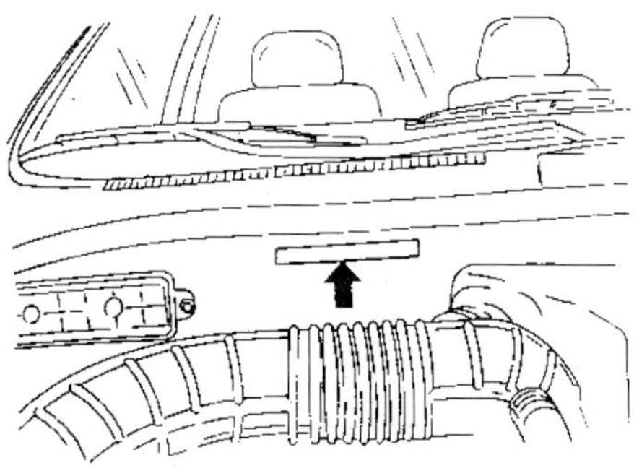

〈레간자〉

〈프라이드〉

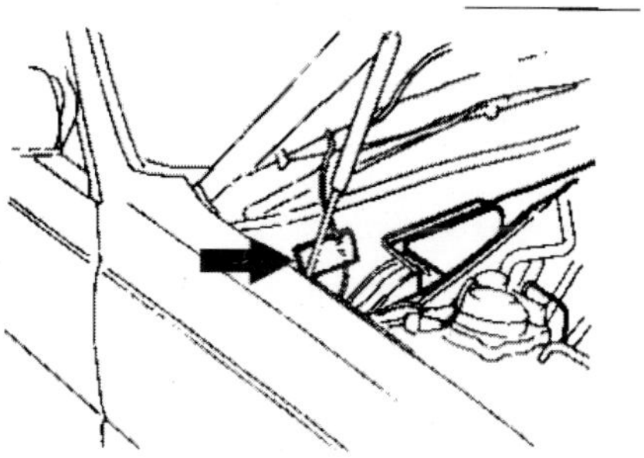

〈포텐샤〉

[그림 2-19] 차대번호의 표기위치

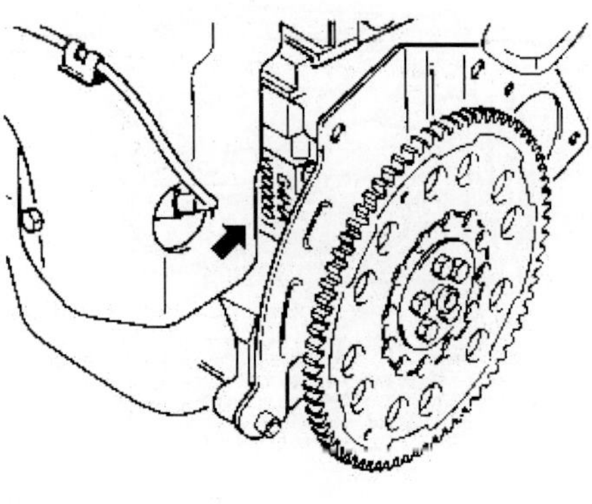

<아토스 엔진〉

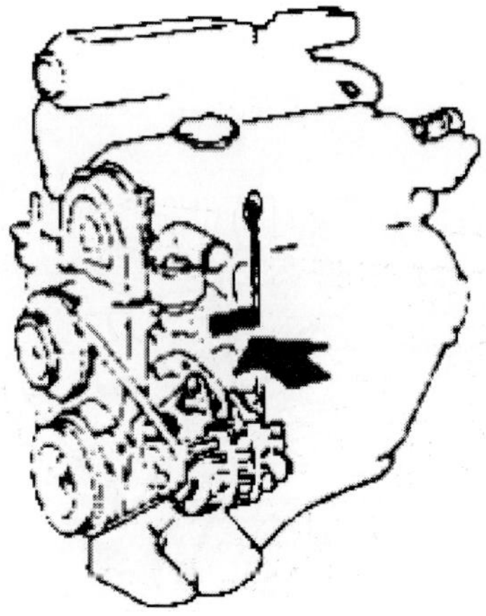

〈엑센트 엔진〉

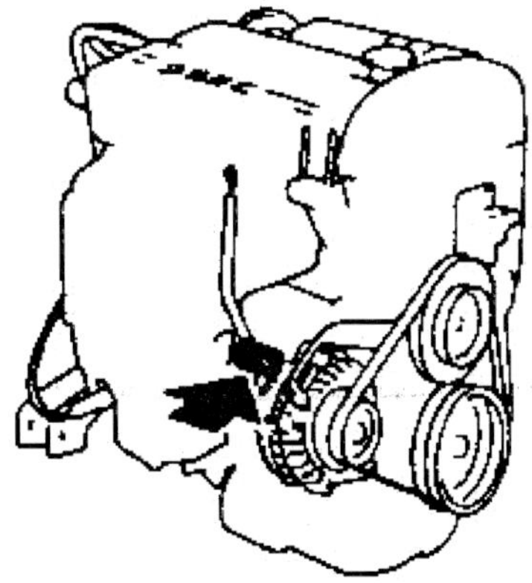

〈쏘나타Ⅲ DOHC엔진〉

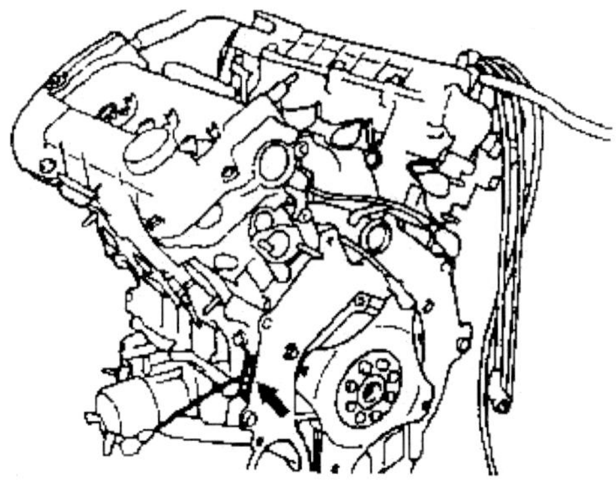

〈그랜저XG 2.0/2.5엔진〉

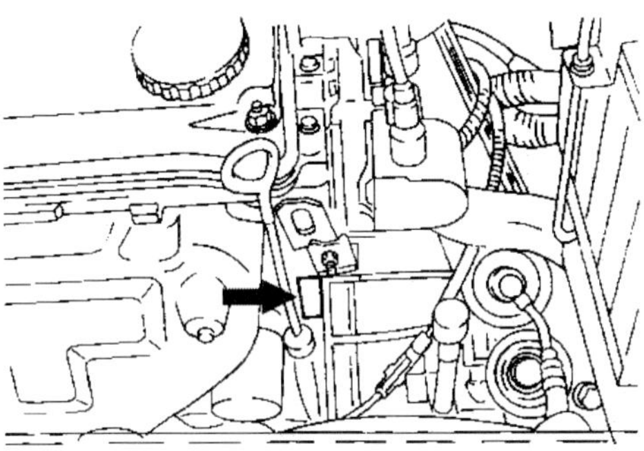

〈라노스 SOHC엔진〉

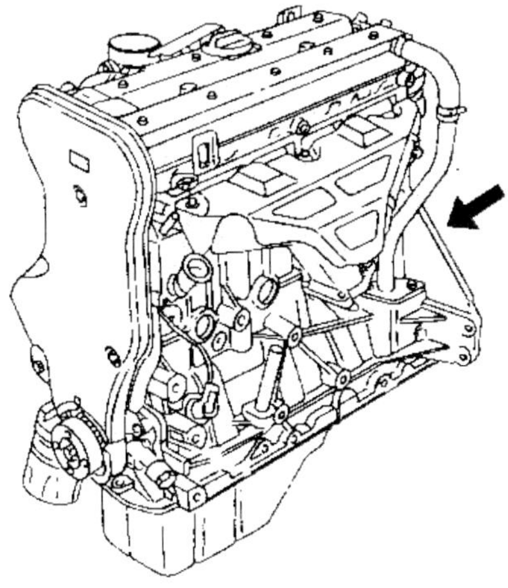

〈레간자 엔진〉

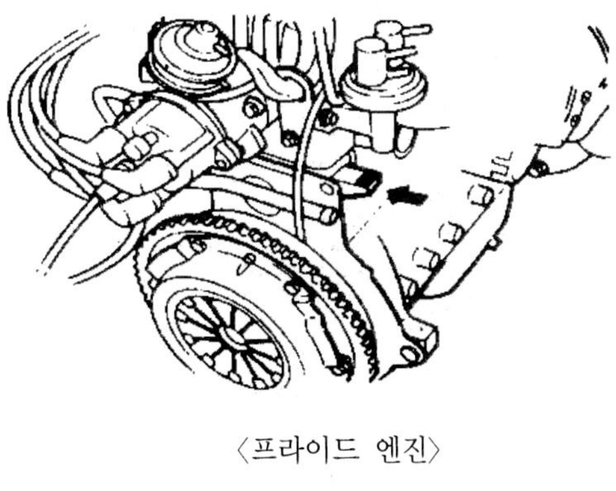

〈프라이드 엔진〉

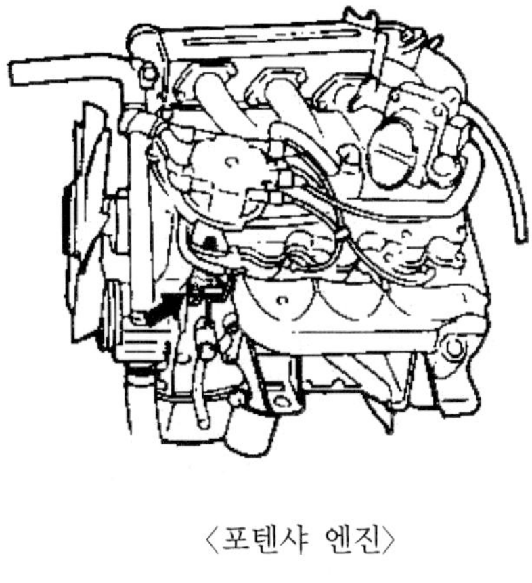

〈포텐샤 엔진〉

[그림 2-20] 원동기형식의 표기위치

제 3 장 제원측정

자동차의 제원측정은 신규 자동차에 한하여 검사를 실시하고, 제원표에 기재된 제원과 동일한 지를 자동차 안전기준에 맞게 검사하여야 한다. 시험품은 완성차 1대를 원칙으로 한다.

1. 제원측정 개요

1-1 용어 정의

(1) 공차 상태

자동차에 사람이 승차하지 아니하고 물품(예비부분품 및 공구 기타 휴대 물품을 포함한다)을 적재하지 아니한 상태에서 연료·냉각수 및 윤활유를 만재하고 예비타이어(예비타이어를 장착한 자동차만 해당한다)를 설치하여 운행할 수 있는 상태를 말한다.

(2) 적차 상태

공차상태의 자동차에 승차정원의 인원이 승차하고 최대적재량의 물품이 적재된 상태를 말한다. 이 경우 승차정원 1인(13세미만의 자는 1.5인을 승차정원 1인으로 본다)의 중량은 65킬로그램으로 계산하고, 좌석정원의 인원은 정위치에, 입석정원의 인원은 입석에 균등하게 승차시키며, 물품은 물품적재장치에 균등하게 적재시킨 상태이어야 한다.

(3) 축중(축하중)

자동차가 수평상태에 있을 때에 1개의 차축에 연결된 모든 바퀴의 윤중을 합한 것을 말한다.

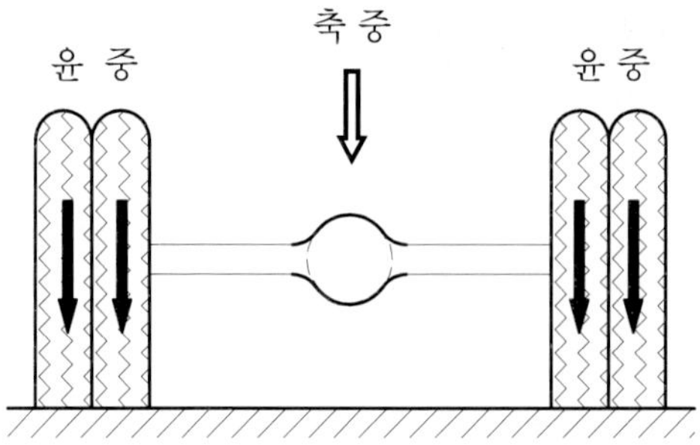

[그림 3-1] 축중과 윤중

(4) 윤중(윤하중)

자동차가 수평상태에 있을 때에 1개의 바퀴가 수직으로 지면을 누르는 중량을 말한다.

(5) 차량 중심선

직진상태의 자동차가 수평상태에 있을 때에 가장 앞의 차축의 중심점(앞차축이 설치되지 아니한 3륜자동차의 경우에는 앞 바퀴의 접지부분 중심점을 앞차축의 중심점으로 본다)과 가장 뒤의 차축의 중심점을 통과하는 직선을 말하며, 이륜자동차(축차를 붙인 이륜자동차를 포함한다)에 있어서는 앞.뒤바퀴(축차를 붙인 이륜자동차의 경우에는 축차를 제외한다)의 타이어 접지부분을 중심점을 통과하는 직선을 말한다.

(6) 차량 중량

공차상태의 자동차의 중량을 말한다.

(7) 차량 총중량

적차상태의 자동차의 중량을 말한다.

(8) 풀트레일러

자동차 및 적재물 중량의 대부분 해당 자동차의 차축만으로 지지하는 구조의 피견인자동차를 말한다.

(9) 저상 트레일러

중량물의 운송에 적합하고 세미트레일러의 구조를 갖춘 것으로서, 대부분의 상면지상고가 1,100mm 이하이며 견인자동차의 커플러 상부높이보다 낮게 제작된 피견인자동차를 말한다.

(10) 세미 트레일러

그 일부가 견인자동차의 상부에 실리고, 해당 자동차 및 적재물 중량의 상당 부분을 견인자동차에 분담시키는 구조의 피견인자동차를 말한다.

(11) 센터차축 트레일러

균등하게 적재한 상태에서의 무게중심이 차량축 중심의 앞쪽에 있고, 견인자동차와의 연결장치가 수직방향으로 굴절되지 아니하며, 차량총중량의 10% 또는 1,000kg 보다 작은 하중을 견인자동차에 분담시키는 구조로서 1개 이상의 축을 가진 피견인자동차를 말한다.

(12) 모듈 트레일러

초대형 중량물의 운송을 위하여 단독으로 또는 2대 이상을 조합하여 운행할 수 있도록 되어 있는 구조로서 하중을 골고루 분산하기 위한 장치를 갖춘 피견인자동차를 말한다.

(13) 연결 자동차

견인자동차와 피견인자동차를 연결한 상태의 자동차를 말한다.

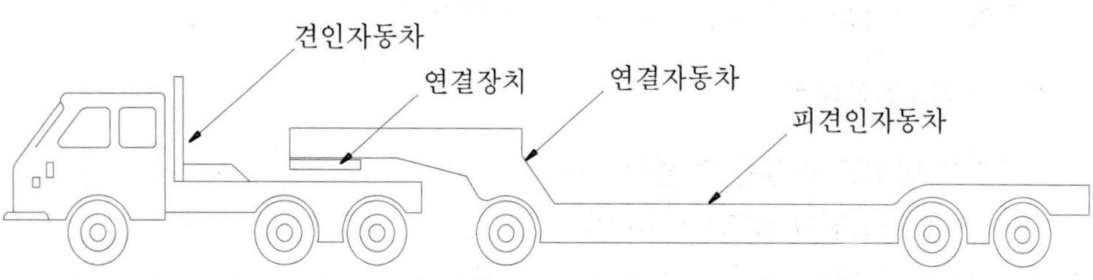

[그림 3-2] 연결자동차

(14) 접지 부분

적정 공기압의 상태에서 타이어가 지면과 접촉되는 부분을 말한다.

(15) 조향비

조향핸들의 회전각도와 조향바퀴의 조향각도와의 비율을 말한다.

(16) 승차 정원

자동차에 승차할 수 있도록 허용된 최대인원(운전자를 포함한다)을 말한다.

(17) 최대 적재량

자동차에 적재할 수 있도록 허용된 물품의 최대중량을 말한다.

(18) 유효 조광면적

등화렌즈의 바깥둘레를 기준으로 산정한 면적에서 반사기렌즈의 면적과 등화부착용 나사머리부의 면적등을 제외한 면적을 말한다.

(19) 단일 배율 후사경

반사면으로부터 동일한 거리에 있는 물체는 반사면상에 동일한 크기와 모양으로 나타나는 후사경을 말한다.

(20) 조향 기둥

조향 핸들축을 둘러싸고 있는 외장부분을 말한다.

(21) 조향 핸들축

조향 회전력을 조향핸들에서 조향기어로 전달하는 축을 말한다.

(22) 머리충격부위

좌석을 앞뒤로 조절할 수 있는 경우에는 착석기준점 및 착석기준점 앞 127mm의 지점(조절범위가 127mm이하인 경우에는 그 최대치)에서 위로 19mm지점에서, 좌석을 앞뒤로 조절할 수 없는 경우에는 착석기준점에서 지름이 165mm인 구형의 머리모형을 지닌 측정장치의 머리모형의 가장 윗부분을 600mm에서 838mm까지 조절할 때에 그 머리모형이 정적으로 접할 수 있는 표면중 유리면외의 차실안의 표면을 말한다.

(23) 착석 기준점

좌석(좌석을 앞뒤로 조절할 수 있는 경우에는 가장 뒤의 위치의 좌석을, 좌석을 위.아래로 조절할 수 있는 경우에는 가장 낮은 위치의 좌석을, 좌석의 등받이를 조절할 수 있는 경우에는 표준설계 각도로 조절한 상태의 좌석을 말한다)에 착석시킨 인체모형의 상체와 골반사이의 회전중심점 또는 제작자동차등이 정하는 이에 상당하는 표준설계위치를 말한다.

(24) 골반충격부위

착석기준점에서 위로 178mm, 아래로 102mm, 앞으로 204mm, 뒤로 51mm로 결정되는 지면과 수직인 직사각형을 좌우로 이동할 경우 포함되는 부분을 말한다.

(25) 전방조종 자동차

자동차의 가장 앞부분과 조향핸들 중심점까지의 거리가 자동차 길이의 4분의 1이내인 자동차를 말한다.

(26) 어린이보호용 좌석부착장치

어린이보호용 좌석을 자동차의 차체 또는 좌석 등에 고정시킬 수 있도록 되어 있는 장치를 말한다.

(27) 바퀴잠김방지식 제동장치

바퀴의 회전량을 감지 · 분석하여 바퀴의 제동력을 조절하여 줌으로써 제동시 바퀴의 미끄러짐량을 자동적으로 조절하여 주는 장치를 말한다.

(28) 주제동장치

주행 중에 주로 사용하는 제동장치를 말한다.

(29) 비상제동장치

주행 중에 주제동장치의 계통 중 하나의 계통에서 고장이 발생하는 경우 운전자가 자동차를 정지시키기 위하여 사용할 수 있는 제동장치를 말한다.

(30) 자동제어제동

운전자의 제동장치 조작과는 관계없이 전자제어시스템에 의하여 자동차의 속도를 감소시키는 제동을 말한다.

(31) 선택적 제동

운전자의 제동장치 조작과는 관계없이 전자제어시스템에 의하여 자동차의 균형을 유지시키는 제동을 말한다.

(32) 긴급제동 신호장치

자동차의 주행 중 급제동 시 제동 감속도에 따라 자동으로 경고를 주는 장치 또는 그러한 기능을 갖춘 것을 말한다.

(33) 자동차안정성제어장치

자동차의 주행 중 각 바퀴의 브레이크 압력과 원동기 출력 등을 자동으로 제어하여 자동차의 자세를 유지시킴으로써 안정된 주행성능을 확보할 수 있도록 하는 장치를 말한다.

(34) 제동력 지원장치

급제동시 제동페달에 가하여지는 힘이나 속도를 감지하여 제동력을 최대로 증가시키는 장치를 말한다.

(35) 천연 가스

탄화수소가스와 증기의 혼합물로서 주로 메탄이 가스형태로 구성되어 있는 자동차용 연료를 말한다.

(36) 천연가스용기

자동차에 부착되어 자동차의 연료로 사용되는 천연가스를 저장하는 용기를 말한다.

(37) 천연가스 연료장치

천연가스를 저장하는 용기와 엔진에 연료를 공급하기 위한 모든 장치를 말한다.

(38) 천연가스연료장치의 고압부분

압축천연가스용기부터 첫번째 압력조정기까지의 부분 중 첫번째 압력조정기를 제외한 부분을 말한다.

(39) 어린이운송용 승합자동차

유치원· 초등학교· 특수학교, 영·유아보육법에 의한 보육시설이나 학원의 설립·운영에관한 법률에 의하여 설립된 학원에서 어린이(13세미만을 말한다)를 운송할 목적으로 운행하는 승합자동차를 말한다.

(40) 하이브리드 자동차

환경친화적자동차의 개발 및 보급촉진에 관한 법률」 제2조제5호의 규정에 의한 하이브리드자동차를 말한다.

(41) 2층 대형 승합용 자동치

환경친화적자동차의 개발 및 보급촉진에 관한 법률」 제2조제5호의 규정에 의한 하이브리드자동차를 말한다.

(42) 굴절버스

각각 독립적인 차실을 갖춘 견인자동차와 피견인자동차를 연결하여 굴절이 되는 자동차로서 승객이 차실 사이를 자유롭게 이동할 수 있고, 연결부분이 쉽게 분리되지 아니하도록 되어 있는 자동차를 말한다.

(43) 보조제동장치

주제동장치의 부하를 감소시키기 위한 장치로서 장시간에 걸쳐 제동의 효과를 유지할 수 있는 리타더 및 배기제동장치 등을 말한다. 다만, 연동제동장치를 갖춘 이륜자동차의 경우에는 연동제동장치와 별도로 작동되는 주제동장치를 말한다.

(44) 연동제동장치

이륜자동차의 모든 바퀴의 브레이크가 하나이 조정장치에 의하어 작동뇌는 수제동장치를 말한다.

(45) 분할제동장치

이륜자동차의 주제동장치 내의 둘 이상의 계통 중 하나의 계통에 고장이 발생하더라도 다른 계통의 작동에 영향을 주지 아니하는 주제동장치로서, 하나의 조종장치로 모든 바퀴의 브레이크를 작동시키는 주제동장치를 말한다.

(46) 보행자머리모형

보행자보호를 위한 시험에 사용되는 성인머리모형 및 어린이머리모형을 말한다.

(47) 보행자다리모형

보행자보호를 위한 시험에 사용되는 상부다리모형 및 하부다리모형을 말한다.

(48) 보행자머리충격부위

횡단경계선 1,000mm부터 1,700mm까지와 좌・우 측면기준선이 경계가 되는 어린이머리모형충격부위 및 횡단경계선 1,700mm부터 2,100mm와 좌・우 측면기준선이 경계가 되는 성인머리모형충격부위로 구성된 자동차 앞면 구조물 표면(창유리는 제외한다)을 말한다.

(49) 보행자다리충격부위

보행자의 다리가 충격하는 자동차앞면에 설치된 범퍼시험영역을 말한다.

(50) 횡단경계선

줄자의 한쪽 끝을 범퍼 앞면에서 수직한 지면에 놓고 다른 한쪽 끝을 자동차 앞면 구조물 표면에 놓은 상태로 후드와 범퍼를 따라 좌우로 움직일 때 앞면 구조물 표면에 발생하는 접점의 연장선을 말한다.

(51) 측면기준선

직선자를 자동차의 너비방향면에 평행하고 지면에 수직하게 하여 자동차의 측면방향으로 45도 기울여서 자동차 측면표면과 접촉을 시킨 상태로 자동차의 측면을 따라 앞뒤로 움직일 때 직선자와 자동차구조물간의 가장 높은 접점의 연장선을 말한다.

(52) 범퍼모서리

자동차의 길이방향면과 60도의 각도를 이루는 수직면이 범퍼의 외부표면에 접촉하는 지점을 말한다.

(53) 범퍼시험영역

양쪽 두개의 범퍼모서리에서 자동차 중심방향으로 자동차너비방향과 평행하게 66mm 이동한 지점과 자동차 수직종단면이 교차하는 지점에 의하여 경계가 되는 점퍼의 앞면표면을 말한다.

(54) 범퍼하부기준선높이

직선자를 자동차 길이방향면에 평행하고 지면에 수직하게 하여 직선자를 자동차길이방향 뒤쪽으로 25도 기울여 지면 및 범퍼표면과 접촉시킨 상태로 자동차의 앞면을 따라 좌우로 움직일 때 직선자와 범퍼간의 가장 낮은 접점이 연장선을 말한다.

(55) 전기자동차

「환경친화적자동차의 개발 및 보급촉진에 관한 법률」 제2조제3호에 따른 전기자동차를 말한다.

(56) 전기회생제동장치

자동차를 감속시킬 때 발생하는 운동에너지를 전기에너지로 변환할 수 있는 제동장치를 말한다.

(57) 고전원전기장치

구동축전지, 전력변환장치, 구동전동기 등 작동전압이 직류 60볼트 또는 교류 25볼트(실효치를 말한다)를 초과하는 전기장치를 말한다.

(58) 구동축전지

자동차의 구동을 목적으로 전기에너지를 저장하는 축전지 또는 이와 유사한 기능을 하는 전기에너지 저장매체를 말한다.

(59) 구동전동기

자동차의 구동을 목적으로 전기에너지를 회전운동하는 기계적 에너지로 변환하는 장치를 말한다.

(60) 활선도체부

통상 사용상태에서 전기적으로 통전(통전)되는 도체(도체) 또는 도전성(도전성)부위를 말한다.

(61) 타이어 공기압 경고장치

자동차에 장착된 타이어 공기압의 저하를 감지하여 운전자에게 타이어 공기압의 상태를 알려주는 장치를 말한다.

(62) 수륙양용자동차

수상에서 항행할 수 있는 구조와 장치 등을 갖춘 자동차를 말한다.

(63) 연료전지자동차

수소를 사용하여 발생시킨 전기에너지를 동력원으로 사용하는 자동차를 말한다.

(64) 연료전지

수소를 사용하여 전기에너지를 발생시키는 장치를 말한다.

1-2 제원측정 조건

(1) 자동차는 공차상태로 하고, 직진 상태로 수평한 수평면(이하"기준면")에 놓여진 상태로 한다.

(2) 타이어의 공기압력은 본통의 주행에 필요한 표준공기압(압력범위가 있는 경우에는 그 중간값, 표준공기압이 없는 경우에는 제작사가 제시한 공기압력)으로 한다.

(3) 자동차의 고정 탑재장치는 탑재된 상태로 하며 접을 수 있는 장치(사다리, 크레인 등)는 접은 상태로 한다.

(4) 외개식의 창, 환기장치 등은 닫은 상태로 휩식 안테나, 후사경(브라켓룰 포함) 등은 제거한 상태로 하며 포올안테나는 최저의 상태로 한다.

(5) 좌석의 위치가 전・후 또는 상・하로 이동할 수 있는 구조의 좌석은 각 좌석의 기준 위치에 고정한 상태로 한다. 다만, 좌석을 기준위치에 고정할 수 없는 경우에는 상방 또는 전방으로 고정할 수 있는 가장 가까운 위치로 한다.

(6) 좌석등받이의 부착각도를 조정할 수 있는 구조의 경우에는 기준위치에 고정 상태로한다.

(7) 견인장치를 부착한 경우에는 드로아이의 중심축이 연직인 상태에서 측정한다.

(8) 측정단위는 mm로 한다.

(9) 피견인 자동차의 경우, 높이에 관계되는 항목의 측정은 제원표 상의 명시된 형식의 연결 트랙터에 연결된 상태로 한다.

(10) 분리하여 운반할 수 없는 물품을 운송하기 위하여 트레일러 차체의 길이 및 너비를 조절할 수 있거나 적재화물이 트레일러 차체 역할을 하는 가변차체 트레일러의 경우에는 차체의 길이 및 너비가 가장 짧은 공차상태에서 측정한다.

1-3 제원의 허용차

국토교통부 장관은 제작 자동차의 각종 구조 및 장치의 제원이 자동차 안전기준에 관한 규칙에 의한 기준과 다른 경우 제원의 허용차에서 정하는 범위 안에서 안전기준에 적합한 것으로 인정할 수 있다.

[표 3-1] 제원의 허용차

제원 / 종별	길이(mm)	너비(mm)	높이(mm)	윤거(mm)	축거(mm)	오우버행(mm)	객실 및 하대(mm)			차량중량 (kg)
							길이	너비	높이	
경형 및 소형자동차	±40	±30	±50	±30	±30	±30	±30	±30	±30	±60
중형 및 대형자동차	±50	±40	±60	±40	±30	±40	±50	±30	±30	중형자동차 :±100 대형자동차 :±3%

[주]

1. 제4조, 제6조, 제38조, 제38조의2부터 제38조의5까지, 제39조, 제40조, 제40조의2, 제41조부터 제44조까지, 제44조의2, 제45조, 제46조, 제49조, 제59조, 제60조 및 제75조부터 제80조까지의 규정에 따른 기준을 초과하는 자동차에 적용함에 있어서는 "+"의 허용차를 인정하지 아니한다. 다만, 별표 7의2 제11호의 순번 제3호에 따른 보조제동장치를 장착한 승합자동차의 구동축 축중의 경우에는 3% 이하의 범위에서 "+"의 허용차를 인정 한다.
2. 자동차 등화장치의 부착위치 허용차는 제원 중 길이·너비 및 높이의 허용차를 준용한다.

3. 승용자동차와 이륜자동차의 제원 및 등화장치의 허용차는 경형 및 소형자동차의 허용차를 적용한다.

2. 제원 측정

2-1 길이

(1) 안전기준

13m(연결자동차의 경우는 16.7m)를 초과하지 않아야 한다.

(2) 측정방법

자동차의 최전단(세미트레일러인 경우 연결장치의 연결부위 중심)과 최후단을 기준면에 투영시켜 차량중심선에 평행한 방향의 최대거리를 측정한다.

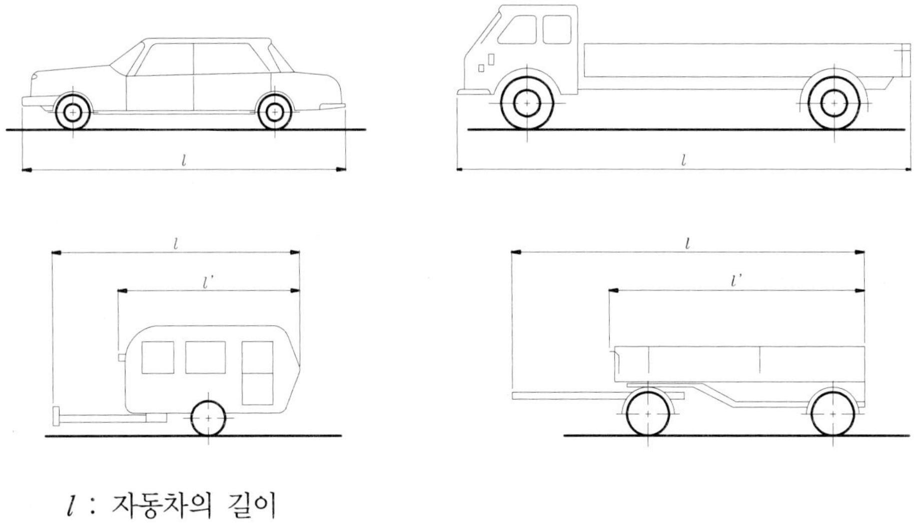

l : 자동차의 길이

l': 견인장치의 길이를 포함하지 않는 자동차의길이

[그림 3-3] 자동차의 길이

2-2 너비

(1) 안전기준

2.5m를 초과하지 않아야 한다.(후사경 · 환기장치 또는 밖으로 열리는 창의 경우 이들 장치의 너비는 승용자동차에 있어서는 25cm, 기타의 자동차에 있어서는 30cm. 다만, 피견인자동차의 너비가 견인자동차의 너비보다 넓은 경우 그 견인자동차의 후사경에 한하여 피견인자동차의 가장 바깥쪽으로 10cm를 초과할 수 없다)

(2) 측정방법

자동차의 전면 또는 후면을 투영시켜 차량중심선에 직각인 방향의 최대거리를 측정한다. 다만, 측면보조방향지시등 및 옆면표시등은 측정 시 제외한다.

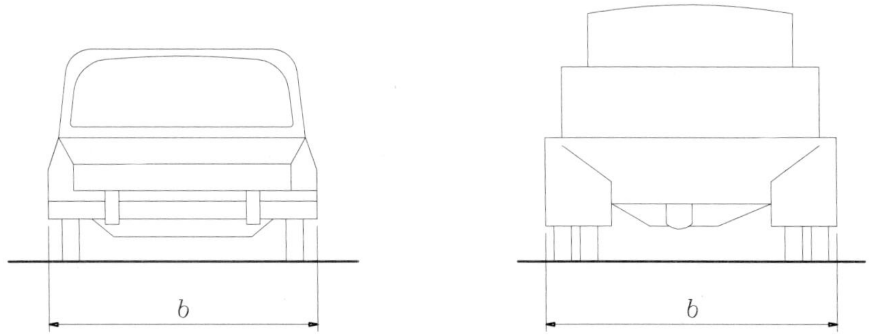

b : 자동차의 너비

[그림 3-4] 자동차의 너비

2-3 높이

(1) 안전기준

4m를 초과하지 않아야 한다.

(2) 측정방법

자동차의 전면, 후면 또는 측면을 투영시켜 차량중심선에 수직인 방향의 최대거리를 측정한다.

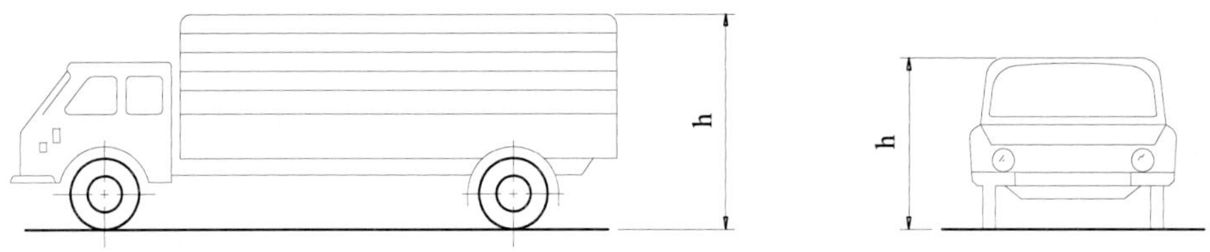

h : 자동차의 높이

[그림 3-5] 자동차의 높이

2-4 돌출부의 돌출 거리

자동차의 길이・너비・높이 이외의 돌출거리는 자동차의 길이・너비・높이의 측정점을 기준으로 정한다.

2-5 차체 및 차대의 오우버행

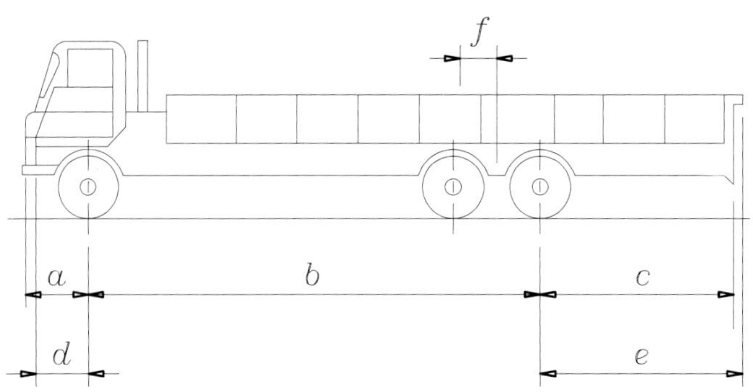

a : 앞 차체 오우버행　　b : 축간거리(제1축간거리+제2축간거리)
c : 뒤 차대 오우버행　　d : 앞 차대 오우버행
e : 뒤 차체 오우버행　　f : 하대 옵셋량

[그림 3-6] 자동차의 오우버행

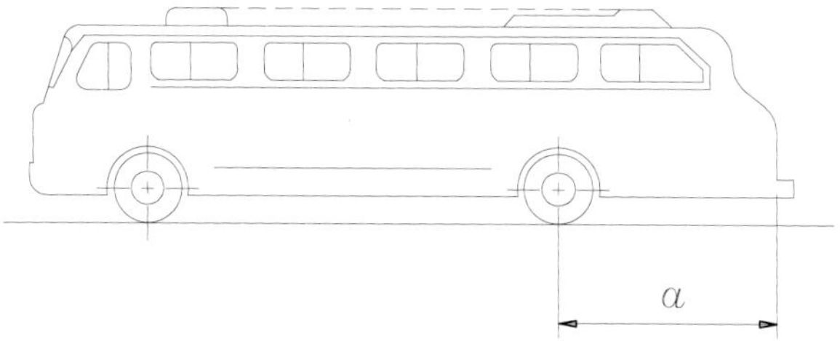

a : 범퍼, 후크, 핀 등이 포함되지 아니한 오우버행

[그림 3-7] 범퍼, 후크, 핀 등이 포함되지 아니한 오우버행

(1) 안전기준

① 차대(차대가 없는 구조의 자동차는 차체를 말한다)는 안전운행을 확보할 수 있는 견고한 구조이어야 히며, 차체는 차대에 견고하게 붙여져서 진동 또는 충격 등에 의하여 이완되지 아니하도록 할 것.

② 차체의 가연성 부분은 배기관과 접촉되지 아니하도록 할 것.

③ 뒤 오우버행의 허용 한도 : 자동차의 가장 뒤의 차축 중심에서 차체의 뒷부분 끝(범퍼 및 견인용장치등을 제외한다)까지의 수평거리

가) 경형 및 소형 자동차 : $C/L \leq 11/20$

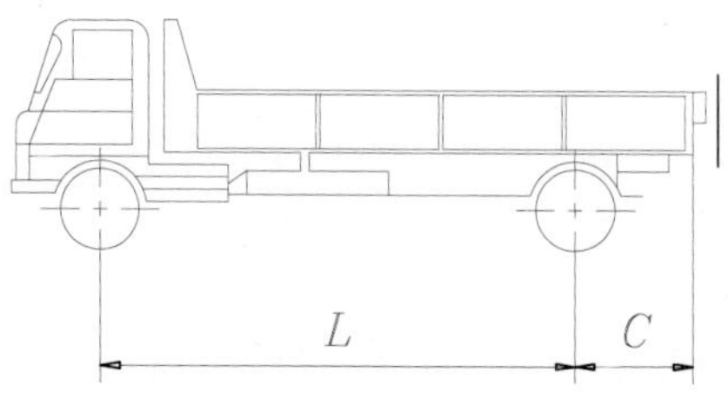

L : 축간거리　　C : 오우버행

[그림 3-8] 소형자동차의 오우버행

나) 밴형 화물자동차, 승합자동차등 화물을 밖으로 적재할 우려가 없는 자동차 :

$C/L \leq 2/3$

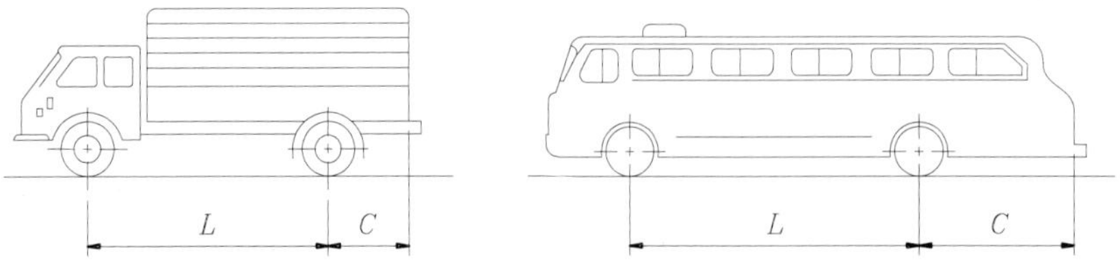

L : 축간거리 C : 오우버행

[그림 3-9] 밴형 화물자동차, 승합자동차의 오우버행

다) 기타의 자동차 : $C/L \leq 1/2$

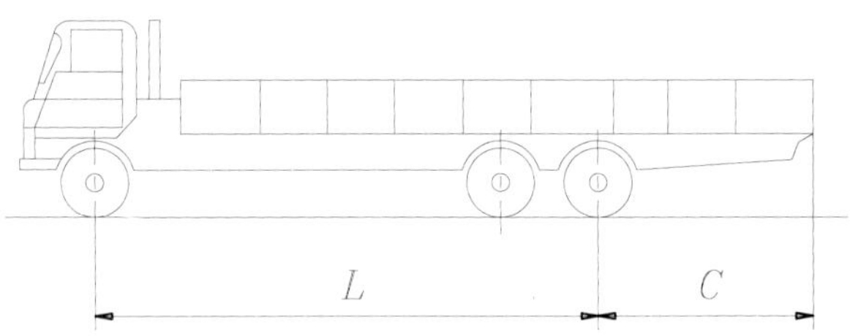

L : 축간거리(제1축간거리+제2축간거리) C : 오우버행

[그림 3-10] 기타자동차의 오우버행

(2) 측정방법

① 차체의 오우버행은 제일 앞의 차축의 중심에서 차체 전단까지와 제일 뒷차축의 중심에서 차체 후단까지의 거리를 측정한다.

② 차대의 오우버행은 제일 앞의 차축의 중심에서 차대 전단까지와 제일 뒷차축의 중심에서 차대 후단까지의 거리를 측정한다.

③ 차체의 오우버행 측정 시 범퍼·후크·핀 등은 포함되지 않은 상태로 한다.

2-6 축간거리(축거: wheel base)

① 전·후 차축 중심간의 수평거리를 측정한다.

② 3축이상의 자동차 : 앞쪽으로부터 제1·제2 축간거리 등으로 분리하여 측정하여야 한다.

③ 무한궤도형의 자동차 : 무한궤도의 접지부 길이를 측정한다.

④ 피견인자동차 : 연결부(5륜을 말한다)의 중심에서 후차축 중심까지의 수평거리를 측정한다.

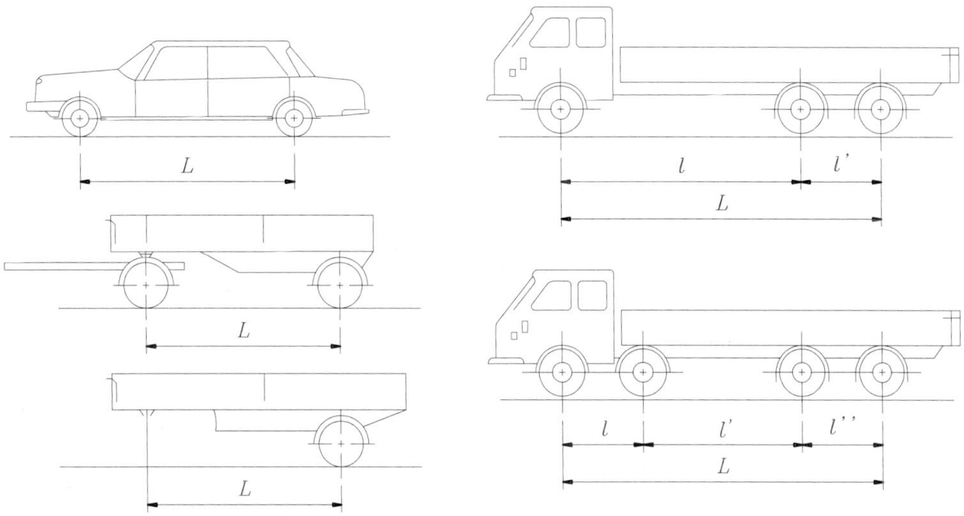

L : 축간 거리　　　　l' : 제2축간 거리

l : 제1축간 거리　　l'': 제3축간 거리

[그림 3-11] 자동차의 축간 거리

2-7 윤간거리(윤거: tread)

① 좌 · 우의 바퀴가 접하는 수평면에서 바퀴의 중심선과 직각인 바퀴중심간의 거리를 측정한다.

② 복륜의 자동차는 복륜 중심간의 거리를 측정한다.

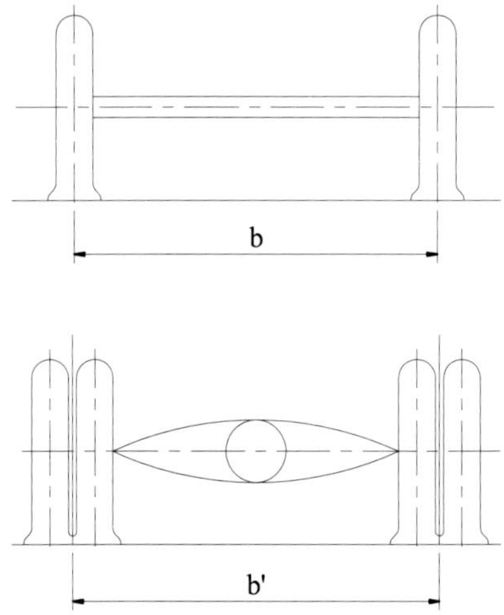

b : 단륜의 윤간 거리

b' : 복륜의 윤간 거리

[그림 3-12] 자동차의 윤간 거리

2-8 하대옵셋(offset)

하대내측 길이의 중심(하중중심이 중앙에 있지 아니한 경우에는 그 하중의 중심점)에서 후차축의 중심(후차축이 2축인 경우에는 전·후 차축의 중앙, 하중중심이 두차축의 중앙 있지 않은 경우에는 그 하중 중심점)까지의 차량중심선 방향의 수평거리를 측정한다. 다만, 탱크로리 등의 형상이 복잡한 경우에는 용적중심을 견인 자동차의 경우에는 연결부(오륜)의 중심을 하대 바닥면의 중심으로 한다.

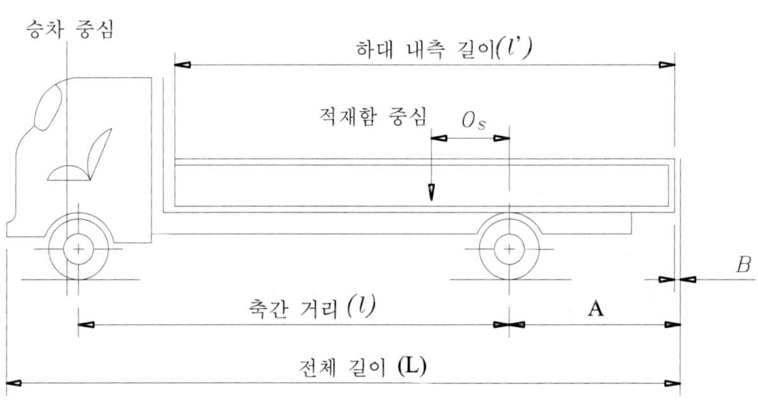

$$Os = \frac{l'}{2} - (A - B)$$

A : 뒤 차축 중심에서 차체 최하단 까지의 거리

B : 하대 내측의 뒤 끝에서 차체 최하단까지의 거리

L : 차량의 전체 길이

l : 축간거리

l' : 하대객실 내측 길이

Os : 하대옵셋

[그림 3-13] 자동차의 하대옵셋

예제

덤프트럭의 하대 내측길이가 8000mm, 오우버행의 길이가 2000mm인 자동차의 하대옵셋은?

풀이

$$\text{하대옵셋} = \frac{\text{하대내측길이}}{2} - \text{오버행 길이}$$

$$= \frac{8000}{2} - 2000 = 2000(mm)$$

2-9 최저 지상고

(1) 안전기준

공차상태의 자동차에 있어서는 접지부분외의 부분은 지면과의 사이에 12cm이상의 간격이 있어야 한다. 다만, 특수작업용자동차, 경주용자동차등 국토해해양부 장관이 당해 자동차의 제작목적상 필요하다고 인정하는 자동차의 경우에는 그러하지 아니하다.

(2) 측정방법

기준면과 자동차 중앙부분의 최하부와의 거리를 측정한다. 이 경우 중앙부분이란 차륜 내측 너비의 80%를 포함하는 너비로서 차량중심선에 좌・우가 대칭이 되는 너비를 말한다.

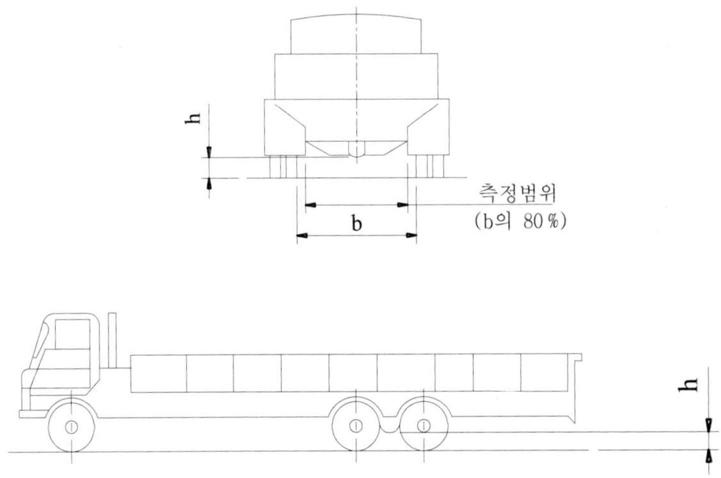

h : 최저지상고　　　　　　b : 차륜내측너비

[그림 3-14] 최저 지상고

2-10 승강구

(1) 안전기준

① 승강구(승강구를 열고 바로 탑승하도록 좌석이 설치된 구조의 승강구는 제외한다)의 유효너비는 60cm 이상, 유효높이는 160cm(대형 승합자동차의 경우 180cm) 이상 일 것. 다만, 차실안의 유효높이가 120cm 미만의 자동차, 승차정원 15인 이하의 자동차 및 어린이운송용 승합자동차의 경우에는 그러하지 아니하다.

② 대형승합자동차의 승강구 제1단 발판의 높이는 40cm 이하이고, 승강구문이 열릴 경우 발판을 밝힐 수 있는 등화장치를 갖추어야 하며, 승하차의 편의를 위한 승하차용 손잡이를 설치할 것.

③ 어린이운송용 승합자동차의 어린이 승하차를 위한 승강구는 다음 기준에 적합하여야 한다.

가) 제1단의 발판 높이는 30센티미터 이하이고, 발판 윗면은 가로의 경우 승강구 유효너비(여닫이식 승강구에 보조발판을 설치하는 경우 해당 보조발판 바로 위 발판 윗면의 유효너비)의 80% 이상, 세로의 경우 20cm 이상일 것

나) 제2단 이상 발판의 높이는 20cm 이하일 것. 다만, 15인승 이하의 자동차는 25cm 이하로 할 수 있으며, 각 단(제1단을 포함한다. 이하 같다)의 발판은 높이를 만족시키기 위하여 견고하게 설치된 구조의 보조발판 등을 사용할 수 있다.

다) 승하차 시에만 돌출되도록 작동하는 보조발판은 위에서 보아 두 모서리가 만나는 꼭짓점 부분의 곡률반경이 20mm 이상이고, 나머지 각 모서리 부분은 곡률반경이 2.5mm 이상이 되도록 둥글게 처리하고 고무 등의 부드러운 재료로 마감할 것

라) 보조발판은 자동 돌출 등 작동 시 어린이 등의 신체에 상해를 주지 아니하도록 작동되는 구조일 것

마) 각 단의 발판은 표면을 거친 면으로 하거나 미끄러지지 아니하도록 마감할 것

④ 승차정원 30인 이상 자동차의 모든 자동식 승강구는 비상 시 탈출구로 사용할 수 있도록 수동으로도 쉽게 열 수 있어야 하고, 수동작동장치의 설치위치 및 조작방법 등을 보기 쉬운 곳에 표기하여야 한다.

⑤ 2층 대형 승합자동차는 아래층에 2개의 승강구를 설치하되, 승강구 중심간의 거리는 자동차 길이의 25% 이상이거나 아래층 승객석 공간 길이의 40% 이상이어야 한다.

⑥ 중형승합자동차 및 대형승합자동차를 제외한 자동차의 승강구에는 다음의 기준에 적합하게 잠금장치를 설치하여야 한다.

가) 모든 승강구의 잠금장치는 그 조작장치를 차실 내에 설치할 것

나) 모든 승강구의 잠금장치는 잠김상태에서 바깥쪽 문걸쇠풀림장치에 의하여 승강구가 열리지 아니하도록 할 것

다) 옆면 뒤쪽 승강구의 잠금장치는 다음 각 목의 기준에 적합할 것. 다만, 옆면 뒤쪽 승강구에 승강구의 잠금장치와 연동되지 아니하고 별도로 작동하는 어린이보호 잠금장치를 갖춘 경우에는 그러하지 아니하다.

a. **잠김상태에서 안쪽 문걸쇠풀림장치에 의하여 승강구가 열리지 아니할 것**

b. **잠금장치의 조작장치와 안쪽 문걸쇠풀림장치는 구별될 것**

라) 뒷면 승강구에 안쪽 문걸쇠풀림장치를 설치한 경우 잠금장치의 조작장치는 안쪽 문걸쇠풀림장치와 구별될 것

(2) 측정방법

① 승강구 높이

승강구를 최대한 개방한 상태에서 발판의 기준면에서 상단의 요철부분 등을 포함한 상 단의 가장 낮은 부분과의 최대수직거리를 측정한다.

② 승강구 너비

승강구를 최대로 개방한 상태에서 승하차용 손잡이를 제외한 상태로 승강구 높이의 중간부분에서 최단 수평 거리를 측정한다.

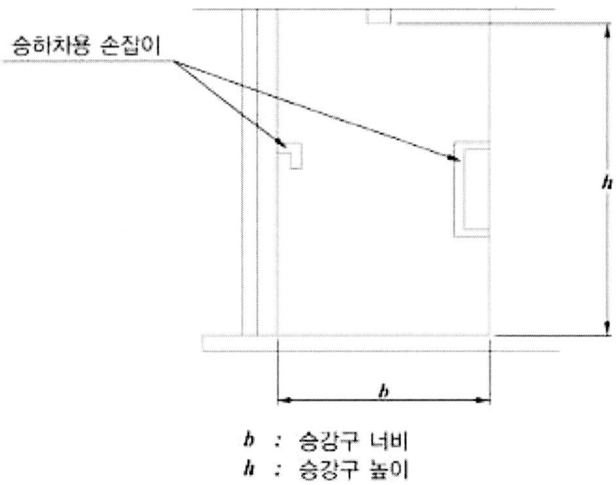

[그림 3-15] 자동차의 승강구 높이 및 너비

③ 제1단 발판높이

기준면에서 승강구 제1단 발판의 가장 높은 부분까지의 최대 수직거리를 측정한다.

2-11 비상구

(1) 안전기준

① 승차정원 16인 이상의 자동차(천정개방2층대형승합자동차의 위층은 제외한다)에는 다음 각 호의 기준에 적합한 비상구를 설치하여야 한다.

가) 비상구의 위치는 차체의 좌측면 뒤쪽 또는 뒷면으로 할 것

나) 비상구의 유효너비는 400밀리미터 이상, 유효높이는 1,200밀리미터 이상일 것

다) 비상구는 밖으로 열리는 구조로 하고, 열쇠 기타 특별한 기구를 사용하지 아니하고도 열 수 있도록 할 것

라) 비상구의 부근에는 탈출에 방해가 되는 장치가 없어야 하고, 비상구의 출구에는 단층이 생기지 아니하도록 할 것

마) 비상구의 주위에 있는 좌석은 쉽게 제거할 수 있거나 접을 수 있는 구조일 것

② 창문의 규격이 다음 각 호의 어느 하나에 해당되고 총면적이 2제곱미터 이상인 강화유리로 되어 있는 창문이 있는 자동차의 경우 비상구를 갖춘 것으로 본다.

가) 유효너비 1,200mm 이상, 유효높이 400mm 이상

나) 유효너비 400mm 이상, 유효높이 1,200mm 이상

다) 유효너비 700mm 이상, 유효높이 500mm 이상

라) 유효너비 500mm 이상, 유효높이 700mm 이상

마) 뒤쪽 창문으로서 유효너비 1,550mm 이상, 유효높이 350mm 이상

바) 뒤쪽 창문으로서 유효너비 350mm 이상, 유효높이 1,550mm 이상

③ 비상구를 설치한 자동차에는 비상구 또는 그 주위의 보기쉬운 곳에 비상구의 위치 및 문을 여는 방법을 표시하여야 한다.

④ 자동차(개폐식창문의 구조로서 그 크기가 비상구의 규격에 적합한 자동차를 제외한다)에는 탈출을 위하여 자동차의 유리를 깰 수 있는 장구를 차실 안에 4개 이상 설치하고, 탈출방법등을 기재한 표지를 각각의 장구 또는 덮개에 붙여야 한다. 이 경우 2층대형승합자동차에는 위층(천정개방2층대형승합자동차는 제외한다)과 아래층 각각의 차실 안에 해당 장구를 4개 이상 설치하여야 한다.

(2) 측정방법

비상구의 너비 및 높이는 승강구 측정기준을 준용하며, 후면창문을 제외한 옆면의 비상구 대용창의 유효 규격은 창문틀을 기준으로 측정한다.

2-12 통로의 유효너비

(1) 안전기준

① 승차정원 16인승 이상의 자동차에는 유효너비 30cm 이상의 통로를 설치하여야 한다.
다만, 승강구로부터 직접 착석할 수 있는 구조이거나, 통로에 접이식 좌석을 설치한 자동차에 있어서 당해 좌석을 접을 경우 30cm 이상의 유효너비를 확보할 수 있는 자동차인 때에는 그러하지 아니하다.

② 2층대형승합자동차는 아래층의 출입문 안쪽이나 통로에서 위층으로 연결되는 내부 통로로서 안전하게 통행할 수 있는 폭과 손잡이를 갖춘 계단식통로를 하나 이상 설치하되 승강구와의 거리는 3m 이내이어야 하고, 계단식통로의 발판을 밝힐 수 있는 등화장치를 갖추어야 한다. 이 경우 위층에 30 이상의 좌석을 갖춘 때에는 2개의 계단식통로를 설치하여야 한다.

(2) 측정방법

통로로 유효하게 이용될 수 있는 최단거리를 측정하되 통로가 좌석 사이에 있는 경우에는 좌석(접이식 좌석을 설치한 경우에는 접은 상태) 사이의 최단 거리를 측정하고 통로가 좌석과 창문 사이에 있는 경우에는 창문의 아래지점과 좌석 사이의 최단거리를 측정한다.

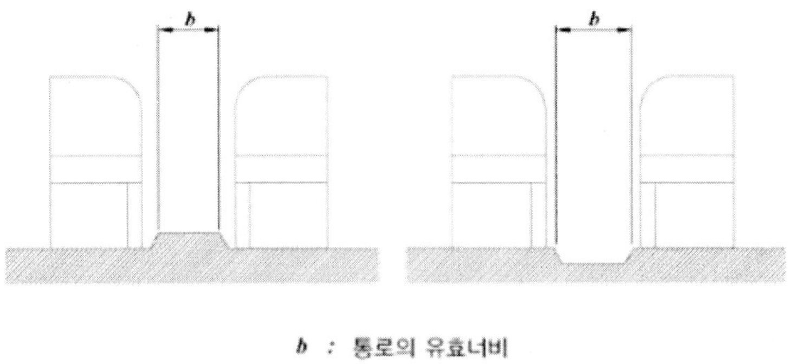

[그림 3-16] 통로와 죄석 상면과의 높이가 다른 경우의 통로 유효너비

2-13 좌석

(1) 안전기준

① 운전자의 좌석

가) 운전자의 좌석은 운전에 필요한 시야가 확보되고 승객 또는 화물 등에 의하여 운전조작에 방해가 되지 아니하는 구조이어야 한다.

나) 운전자의 좌석은 운전자가 조종장치의 원활한 조작을 할 수 있는 공간이 확보되어야 하고, 운전자의 좌석과 조향핸들의 중심과의 과도한 편차로 인하여 운전조작에 불편이 없어야 하며, 그 좌석의 규격은 가로·세로 각각 40cm 이상이어야 한다.

다) 승합자동차(입석을 할 수 없는 15인승 이하의 자동차를 제외)의 운전자의 좌석 뒤에는 승객석과 분리될 수 있는 보호봉 또는 격벽시설을 실지하여야 한다.

② 승객좌석의 규격

가) 승객좌석의 규격은 가로 · 세로 각각 40cm(22인승 이하의 승합자동차와 좌석의 수 보다 입석의 수가 많은 22인승을 초과하는 승합자동차의 좌석의 세로는 35cm) 이상, 앞좌석등받이의 뒷면과 뒷좌석등받이의 앞면간의 거리는 65cm(승합자동차에 설치되는 마주보는 좌석등받이의 앞면 간의 거리는 130cm) 이상이어야 한다. 다만, 구급자동차 · 소방자동차 및 특수구조의 자동차등 국토교통부장관이 당해 자동차의 제작목적상 좌석의 설치가 곤란하다고 인정하는 자동차의 경우에는 그러하지 아니하다.

나) 어린이운송용 승합자동차의 어린이용 좌석의 규격은 가로 · 세로 각각 27cm 이상, 앞좌석등받이의 뒷면과 뒷좌석등받이의 앞면간의 거리는 46cm 이상이어야 한다.

다) 승합자동차(15인승 이하의 승합자동차 및 어린이운송용 승합자동차를 제외한다)의 승객좌석의 높이는40cm 이상 50cm 이하이어야 한다. 다만, 자동차의 원동기부분 및 바퀴부분의 좌석 등 그 구조상 40cm 이상 50cm 이하로 좌석을 설치하기가 곤란한 부분의 좌석을 제외한다.

라) 승용자동차의 경우에는 제1열좌석(운전석을 포함한다) 외의 좌석에는 공

구를 사용하지 아니하고도 탈부착이 가능한 좌석을 설치할 수 있다. 다만, 탈부착으로 인하여 자동차의 종별 구분이 변경되어서는 아니 된다.

마) 승차정원 15인 이하인 승용자동차 및 승합자동차에는 옆면을 향한 좌석을 설치하여서는 아니 된다. 다만, 긴급자동차 및 좌석안전띠를 설치하지 아니하는 자동차는 제외한다.

③ 접이식 좌석

가) 통로에 설치하는 접이식좌석은 30인승이하의 승합자동차에 한하여 이를 설치할 수 있다. 다만, 안내원용 접이식좌석은 31인승이상의 승합자동차에도 이를 설치할 수 있다.

나) 어린이운송용 승합자동차에 접이식좌석을 설치함에 있어서는 외부에서 이를 조작할 수 있도록 하여야 한다.

(2) 측정방법

① 좌석의 가로

좌석의 앞면으로부터 20cm 위치에서 좌석 좌우간의 폭을 측정하며 팔받침이 좌석폭을 침입하는 경우는 해당폭을 좌석폭에서 제외한다. 다만 좌석상면으로부터 팔받침 아래쪽이 10cm 이상, 팔받침 위쪽이 30cm 이하의 높이로 설치된 팔받침이 좌석 내측으로 각각 5cm 이내의 폭으로 설치된 경우에는 팔받침이 없는 것으로 본다.

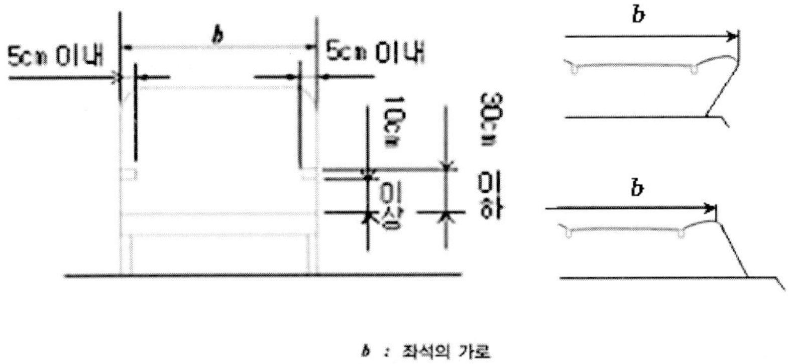

b = 40cm이상

[그림 3-17] 자동차 좌석의 가로

② 좌석의 세로

좌석의 가로폭 중앙부의 앞쪽에서부터 뒤쪽까지(좌석의 등받이가 있는 경우에는 등받이의 전면까지의 수평거리를 측정한다.

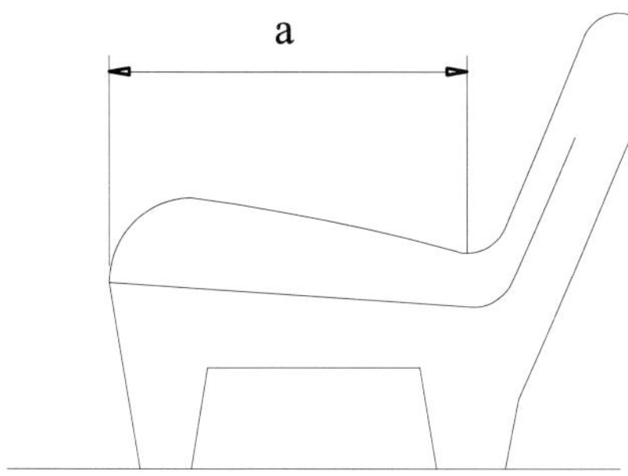

a = 40cm이상

[그림 3-18] 자동차 좌석의 세로

③ 좌석의 높이

실내 상면에서 좌석 가로부 중앙부분의 최고점까지의 수직높이를 측정한다.

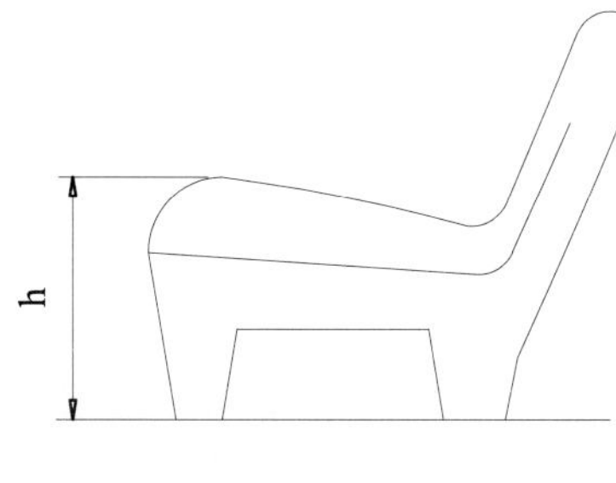

h = 40cm～45cm

[그림 3-19] 자동차 좌석의 높이

④ 좌석의 설치간격

좌석의 설치간격은 앞좌석 등받이 중앙의 뒷면과 뒷좌석 등받이 앞면 중앙과의 수평거리를 측정하고, 마주보는 좌석의 경우에는 각 좌석의 등받이 중앙 앞면에서 두 좌석간 거리의 중앙부분까지를 측정한다.

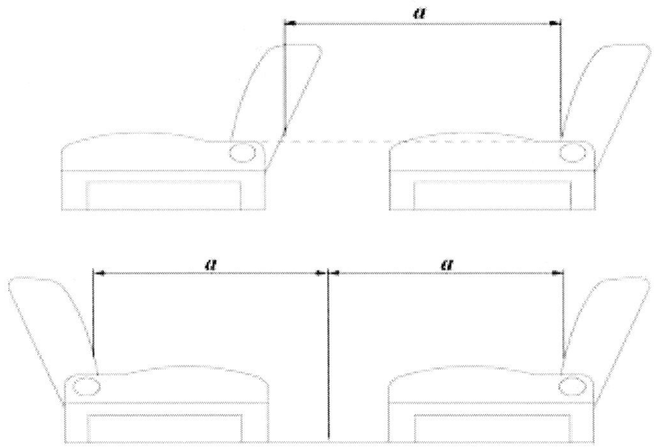

a= 65cm이상

[그림 3-20] 자동차 좌석의 설치간격

2-14 승차정원의 측정

(1) 승차정원

승차정원의 산출은 다음의 식에 의한다.

승차정원 = 좌석인원 + 입석인원 + 승무인원

(2) 연속좌석의 승차인원

연속좌석의 승차정원은 해당좌석의 너비를 40cm(어린이 좌석의 경우에는 27cm)로 나눈 정수값으로 한다.

$$\text{연속좌석정원} = \frac{\text{좌석의 너비}(cm)}{40(cm/\text{인})}$$

(3) 입석정원

입석인원의 통로유효폭 30cm를 제외한 총입석 면적을 0.14㎡로 나눈 정수값으로 한다. 단, 40×30cm 직사각형 면적이 확보되지 않는 부분의 면적은 입석면적 산출에서 제외한다.

$$\text{입석정원} = \frac{\text{입석면적}(m^2)}{0.14(m^2/1\text{인})}$$

입석인원은 자동차운수사업법에 의한 운송사업용 자동차와 국토교통부 장관이 특별히 인정한 자동차에 한하여 산정할 수 있다.

(4) 측정방법

① 좌석정원의 예

연속좌석의 승차인원은 다음과 같이 산정한다.

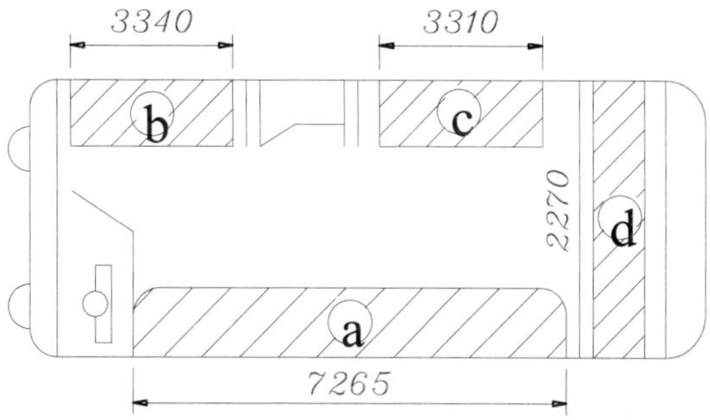

단위:mm

[그림 3-21] 연속좌석의 승차정원

ⓐ : $\frac{7,265}{400} = 18\text{인}$

ⓑ : $\frac{3,340}{400} = 8\text{인}$

ⓒ : $\frac{3,310}{400} = 8\text{인}$

ⓓ : $\frac{2,270}{400}$ = 5인

연속좌석의 승차인원 = 18인+8인+8인+5인 = 39인

② 입석정원

가) 전향좌석의 경우

a. 승강구에서 차실내로 통하는 통로폭(b) 30cm를 제외한다.
b. 뒤 연속좌석의 앞부분 25cm를 제외한다.
c. 차실의 유효높이가 180cm 이상이고 바닥면이 평탄한 부분에 한한다.

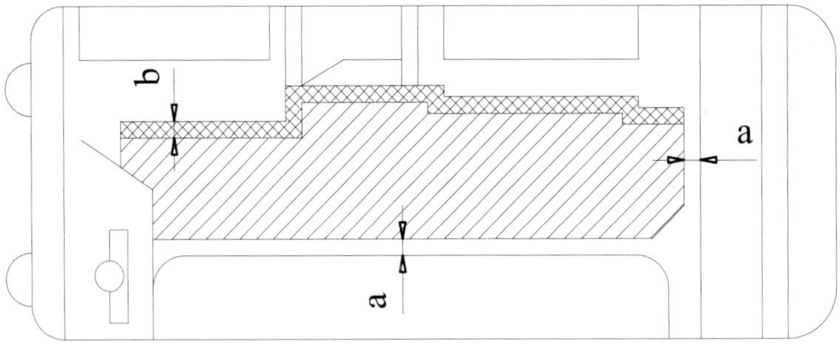

⊠ 입석산정에서 제외되는 통로
▨ 입석산정 면적
a : 25cm 이상
b : 30cm 이상

[그림 3-22] 전향좌석의 경우 입석인원

나) 연속좌석의 경우

a. 승강구의 차실 내로 통하는 통로폭(b) 30cm를 제외한다.
b. 뒤 연속좌석의 앞부분 25cm를 제외한다.
c. 차실의 유효높이가 180cm 이상이고 바닥면이 평탄한 부분에 한한다.

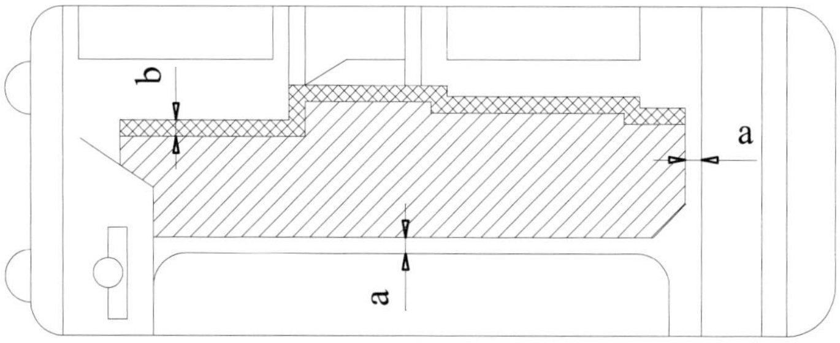

⊠ 입석산정에서 제외되는 통로

▨ 입석산정 면적

a : 25cm 이상

b : 30cm 이상

[그림 3-23] 연속좌석의 경우 입석인원

2-15 중량 측정

(1) 안전기준

① 자동차의 차량총중량은 20톤(승합차의 경우에는 30톤, 화물자동차 및 특수자동차의 경우에는 40톤), 축중은 10톤, 윤중은 5톤을 초과하여서는 아니된다.

② 차량총중량·축중 및 윤중은 연결자동차의 경우에도 또한 같다.

(2) 측정조건

① 자동차는 공차 또는 적차상태로 한다.

② 공차상태의 중량분포로서 적차상태의 중량분포를 산출하기가 어려울 때에는 공차상태와 적차상태를 각각 측정한다. 이 경우 좌석정원의 인원은 정위치에, 입석정원의 인원은 입석에 균등하게 승차하며, 물품은 물품적재장치에 균등하게 적재한 것으로 한다.

③ 연결자동차는 연결한 상태에서 측정한다.

④ 측정단위는 kg으로 하고 끝단위는 0 또는 5로 끝맺음 한다.

(3) 측정방법

① 차량중량 및 공차 시 축중

자동차를 수평 상태로 하여 각 차축마다 중량을 측정하고 그 합을 차량중량으로 한다.

② 차량 중량 및 적차 시 축중

자동차를 수평 상태로 하여 각 차축마다 중량을 측정하거나 측정한 차량중량 및 공차 시 축중을 기초로 하여 다음 산식에 의해 계산한다.

(4) 차량총중량

차량총중량 = 차량중량 + 최대적재량 + {승차정원×65kg(13세 미만의 자인 경우에는 1.5인을 승차인원 1인으로 계산한다)}

$$\text{또는 } W = wf + wr + P_1 + P_2 + \cdots\cdots + P_n$$

W : 차량총중량

wf : 공차상태의 전축중

wr : 공차상태의 후축중

$P_1, P_2, \cdots\cdot, Pn$: 적재물 또는 승차인원의 하중

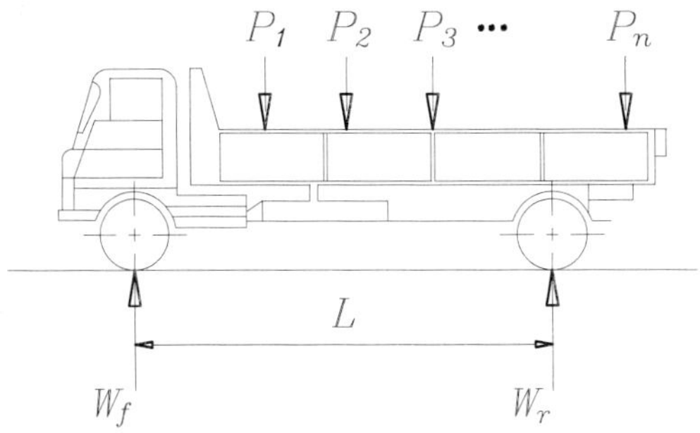

[그림 3-24] 차량총중량

(5) 2차축식

① **적차상태의 전축중 : 적차상태의 전축중은 다음 산식에 의한다.**

$$Wf = wf + \frac{P_1a_1 + P_2a_2 + P_3a_3 + \cdots\cdots + P_na_n}{L}$$

② **적차상태의 후축중 : 적차상태의 후축중은 다음 산식에 의한다.**

$$Wr = W - Wf$$

W : 차량총중량

Wf : 적차상태의 전축중

Wr : 적차상태의 후축중

wf : 공차상태이 전축준

wr : 공차상태의 후축중

$P_1, P_2, \cdots, P_n$: 적재물 또는 승차인원의 하중

$a_1, a_2, \cdots, a_n$: 하중작용점부터 후차축까지의 수평거리(후축에 대하여 전축과 반대 방향에 있을 경우에는 마이너스(부)의 값으로 함)

L : 축간거리

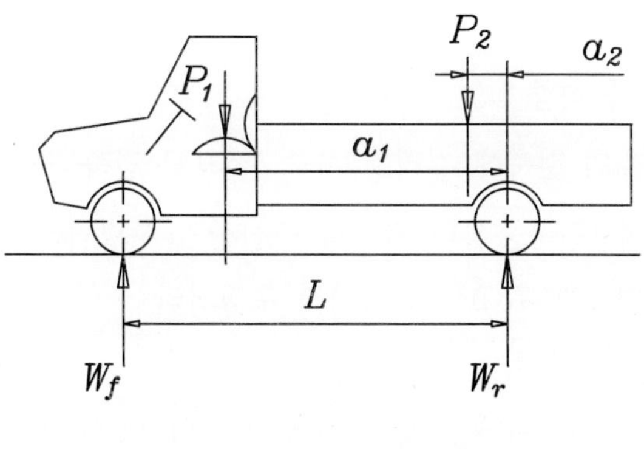

[그림 3-25] 2차축식의 하중분포

(6) 후 2차축식

① **적차상태의 전축중 : 적차상태의 전축중은 다음 산식에 의한다.**

$$Wf = wf + \frac{P_1a_1 + P_2a_2 + \cdot\cdot\cdot\cdot + P_na_n}{L - K}$$

② **적차상태의 후 전축중 : 적차상태의 후 전축중은 다음 산식에 의한다.**

$$Wrf = wrf + (P_1 + P_2 - P_f) \times \frac{l/2 + K}{l}$$

③ **적차상태의 후 후축중 : 적차상태의 후축중은 다음 산식에 의한다.**

$$Wrr = W - (Wf + Wrf)$$

W : 차량총중량

Wf : 적차상태의 전축중

wf : 공차상태의 전축중

Wrf : 적차상태의 후 전축중

Wrr : 적차상태의 후 후축중

wrf : 공차상태의 후 전축중

P_1 : 승차인원 하중

P_2 : 적재물품 하중

P_f : P1과 P2의 전축에 걸리는 하중 (적차시 전축중-공차시 전축중)

L : 축간거리 (전축중심과 뒤 2축 중심간의 수평거리)

K : 트러니언축과 뒤 2축 중심간의 수평거리

l : 후 2축간의 거리

a_1 : 승차인원 하중의 무게중심으로부터 트러니언축 중심에 이르는 수평거리

a_2 : 적재물품 하중의 무게중심으로부터 트러니언축 중심에 이르는 수평거리

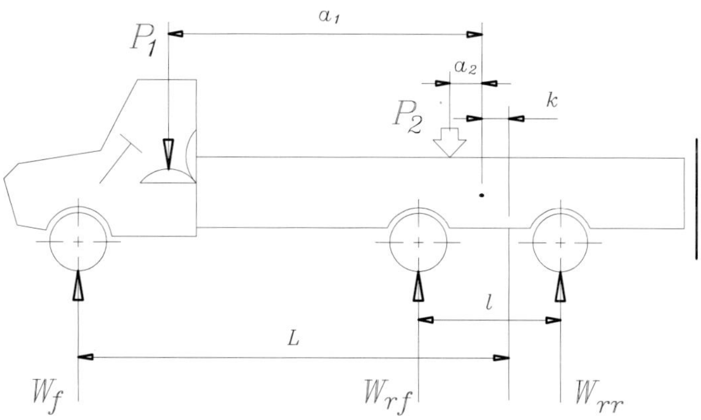

[그림 3-26] 후2차축식의 하중분포

(7) 전 2차축식

① **적차상태의 전축중 : 적차상태의 전축중은 다음 산식에 의한다.**

$$Wf = wf + \frac{l/2\,(wff - wfr)}{L} + P_f$$

② **적차상태의 후축중 : 적차상태의 후축중은 다음 산식에 의한다.**

$$Wr = W - Wf$$

③ **P1과 P2의 전축에 걸리는 하중**

$$P_f = \frac{P_1 a_1 + P_2 a_2}{L}$$

W : 차량총중량

wf : 공차상태의 전축중

wff : 공차상태의 전 전축중

wfr : 공차상태의 후 후축중

Wr : 적차상태의 후축중

P_1 : 승차인원 하중

P_2 : 적재물품 하중

P_f : P1과 P2의 전축에 걸리는 하중

L : 축간거리 (후축중심과 전 2축 중심간의 수평거리)

l : 전 2축간의 거리

a_1 : 승차인원 하중의 무게중심으로부터 후축에 이르는 수평거리

a_2 : 적재물품 하중의 무게중심으로부터 후축에 이르는 수평거리

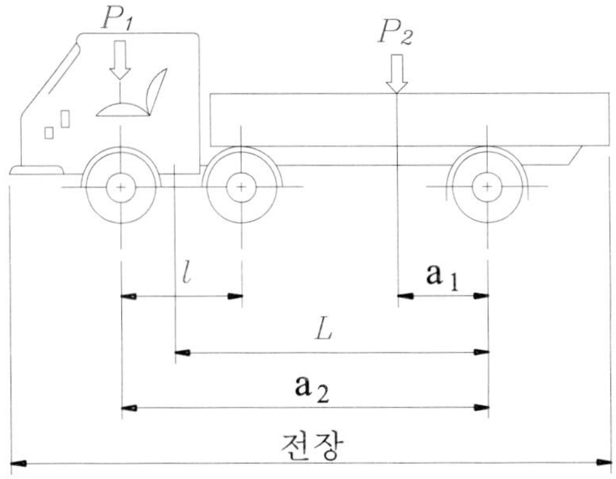

[그림 3-27] 전2차축식 하중분포

예제

차량중량이 4500kgf이고 최대적재량이 3500kgf인 자동차의 승차정원이 2명이라면 차량총중량은 몇 kgf인가?

풀이

차량총중량 = 차량중량 + 최대적재량 + 승차정원

= 4500 + 3500 + 65×2 = 8130(kgf)

예제

다음 제원을 가진 자동차에 대해 전축과 후축에 걸리는 하중은?

- 승차정원 :5명
- 최대적재량 : 1200kgf
- 공차 시 전축중 : 860kgf
- 공차 시 후축중 : 540kgf
- 하대 오프셋 : 230mm
- $L = 2380mm, \ a_1 = 1460mm, \ a_2 = 230mm$

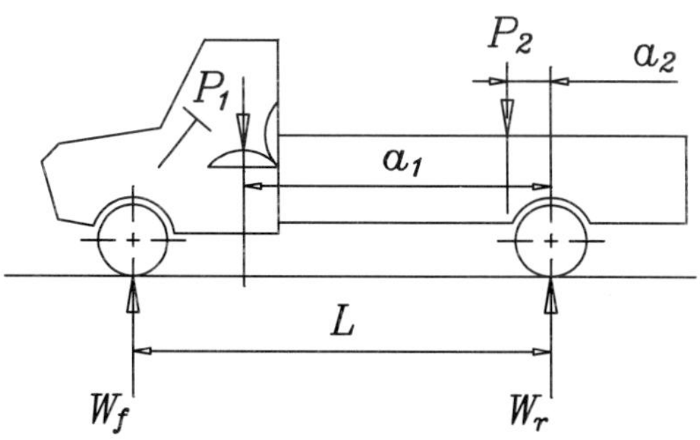

풀이

$$전축의\ 하중 = 860 + \frac{(1200 \times 230) + \ (65 \times 5 \times 1460)}{2380} = 1175.34(kgf)$$

$$후축의\ 하중 = 540 + \frac{(1200 \times 2150) + (65 \times 5 \times 920)}{2380} = 1749.66(kgf)$$

(8) 연결자동차

① 견인자동차의 차량총중량 : 견인자동차의 차량총중량은 다음 산식에 의한다.

견인자동차의 차량총중량 = 차량중량 + 적차상태 피견인자동차의 제5륜하중 +(승차정원×65kg)

② 피견인자동차의 차량총중량 : 피견인자동차의 차량총중량은 다음 산식에 의한다.

피견인자동차의 차량총중량 = 공차상태의 제5륜하중 + 공차상태의 후륜하중 + 최대적재량

(9) 피견인자동차의 중량측정

① 측정방법

㉠공차상태에서 연결자동차와 연결한 상태로 각 축중을 측정한다.

㉡피견인자동차를 분리한 상태에서 견인자동차의 각 축중을 측정한다.

② 측정산식

㉠연결자동차의 중량 = W1 + W2 +W3

㉡견인자동차의 중량 = W4 + W5

㉢피견인자동차의 중량 = 연결자동차의 중량 - 견인자동차의 중량

= (W1+W2+W3) - (W4+W5)

W1 : 연결시 견인자동차의 전축중

W2 : 연결시 견인자동차의 후축중

W3 : 연결시 피견인자동차의 후축중

W4 : 견인자동차의 전축중

W5 : 견인자동차의 후축중

W6 : 피견인자동차의 차량중량

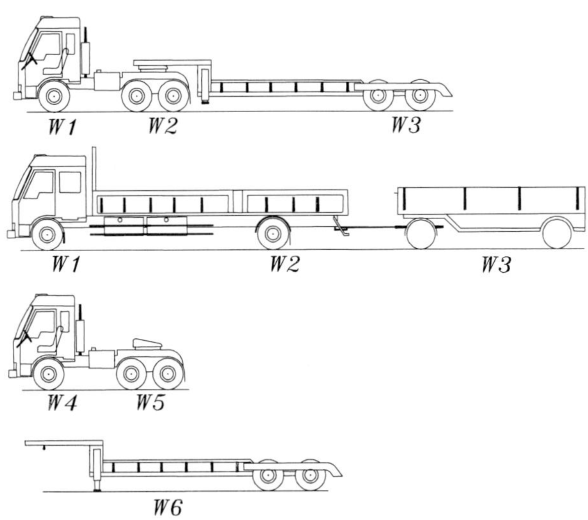

[그림 3-28] 연결자동차의 중량

2-16 타이어 부하율

타이어 부하율은 다음 산식에 의한다. 이 경우 타이어의 허용하중은 타이어 제작자가 표시한 최대허용하중(최대허용하중이 표시되지 아니한 경우에는 당해 타이어 제작국가의 공업규격에서 정한 최대허용하중을 말한다)으로 한다.

$$\text{타이어 부하율}(\%) = \frac{\text{적차(또는 공차)시 전(또는 후)륜의 분담하중}}{\text{전(또는 후)륜의 타이어 허용하중} \times \text{전(또는 후)륜의 타이어 갯수}} \times 100$$

2-17 조향륜의 하중분포

(1) 안전기준

① 자동차의 조향바퀴의 윤중의 합은 차량중량 및 차량총중량의 각각에 대하여 20퍼센트(3륜의 경형 및 소형자동차의 경우에는 18퍼센트)이상이어야 한다.

② 견인자동차는 피견인자동차(풀트레일러를 제외한다)를 연결한 상태에서 위의 기준에 적합하여야 한다.

(2) 측정방법

① 공차상태 조향륜의 하중분포

공차상태의 조향륜의 하중분포는 다음 산식에 의한다.

$$\text{공차상태 조향륜의 하중분포}(\%) = \frac{\text{공차시 조향륜의 윤중의 합}}{\text{차량중량}} \times 100$$

② 적차상태 조향륜의 하중분포

적차상태의 조향륜의 하중분포는 다음 산식에 의한다.

$$\text{적차상태 조향륜의 하중분포}(\%) = \frac{\text{적차시 조향륜의 윤중의 합}}{\text{차량총중량}} \times 100$$

예제

공차 시 차량중량이 1310kgf(전축중 780kgf, 후축중 530kgf)인 자동차에 있어서 축거가 2.23m이다. 공차 시 조향륜에 걸리는 하중비율은 얼마인가?

풀이

$$\text{공차상태 조향륜의 하중분포}(\%) = \frac{\text{공차시 조향륜의 윤중의 합}}{\text{차량중량}} \times 100$$

$$= \frac{780}{1310} \times 100 = 59.5(\%)$$

2-18 타이어 접지압

(1) 안전기준

① 접지부분은 소음의 발생이 적고 도로를 파손할 위험이 없는 구조일 것.

② 무한궤도를 장착한 자동차의 접지압력은 무한궤도 1㎠ 당 3kg을 초과하지 않을 것.

(2) 측정방법

자동차는 적차상태(공차 시 타이어에 하중이 많이 걸리는 경우에는 적차 및 공차상태)로 하고 하중은 고르게 분포되어야 하며, 측정장소는 기준면에서 측정한다.

① 실측의 경우

적차상태의 윤하중과 타이어 접지폭을 실측하여 윤하중을 접지폭으로 나눈다.

② 계산에 의한 경우

다음 산식에 의거 산출한다.

$$\text{타이어의 접지압 } (kg_f/cm) = \frac{\text{적차상태의 전(후)륜의 윤중의 합}}{\text{전(후)륜의 타이어접지폭} \times \text{전(후)륜의 타이어 갯수}}$$

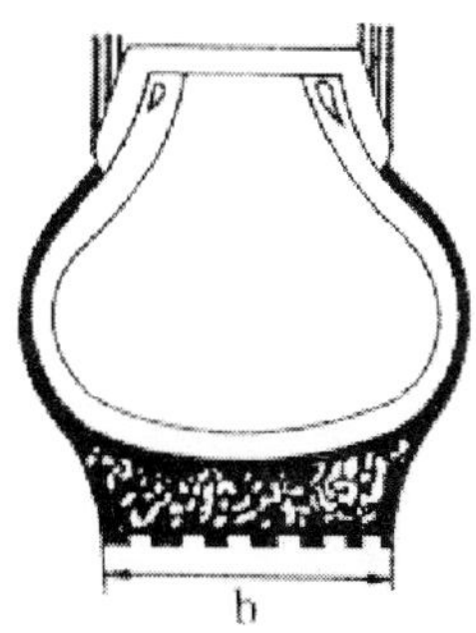

b : 타이어 접지폭

[그림 3-29] 타이어의 접지폭

③ **무한궤도식의 경우**

무한궤도식의 접지압력은 다음 산식에 의한다.

$$\text{접지 압력}(kg_f/cm^2) = \frac{\text{차량 총중량}}{\text{접지 면적 }(A)}$$

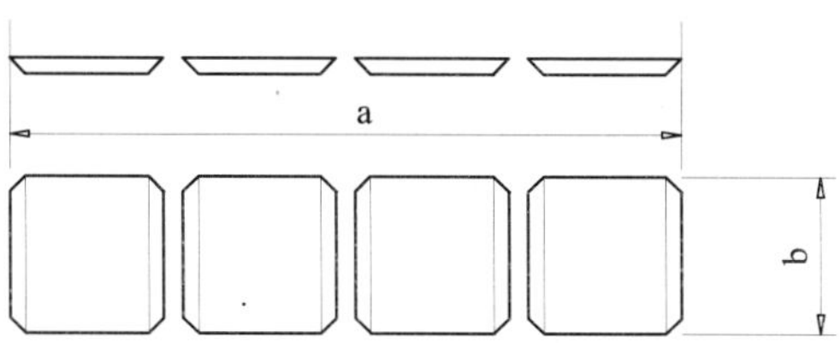

a:접지길이　b:접지너비　A(접지면적) = a×b

[그림 3-30] 무한궤도의 접지면적

2-19 최대 적재량의 산정

(1) 산출 조건

① 제5륜 하중의 산출은 최대적재량의 산출에 준한다.

② 덤프형 화물자동차는 일반적인 경우와 비중이 낮은 경량 화물을 운송하는 경우로 구분하고, 단위부피당 무게를 적용하여 최대적재량을 산출한다.

③ 탱크로리 등의 자동차는 당해 자동차의 용기와 적재물의 비중을 고려하여 최대적재량을 산출한다.

(2) 산출방법

① 덤프형 화물자동차

가) 일반적인 경우

$$소형자동차의\ 경우\ :\ \frac{최대적재량}{V} \geqq 1.3톤/m^3$$

$$기타자동차의\ 경우\ :\ \frac{최대적재량}{V} \geqq 1.5톤/m^3$$

나) 경량 화물 운송용의 경우

$$경량\ 화물\ 운송용의\ 경우\ :\ \frac{최대적재량}{V} \geqq S톤/m^3$$

비중(S) 1.0 이하의 경량 화물을 운송하기 위하여 제작된 덤프형 화물자동차(피견인형 포함)를 대상으로 하고, 비중이 0.80 이하의 적재물은 그 비중을 0.80으로, 0.80 초과 1.0 이하의 경우에는 해당 적재물의 비중을 적용한다. 적재물의 비중은 표3-2에 책정된 적재물별 비중을 적용한다.

적재함 양 옆면 및 뒷면에는 다음 각 호에 적합하게 경량 화물 운송용 차량임을 표시하여야 한다.

㉠ 표시 문구는 "경량화물운송용"으로 한다.

㉡ 글자의 너비는 옆면의 경우 한 획 당 50mm 이상, 뒷면의 경우 한 획 당 30mm 이상으로서 좌우가 적절히 배분되고 동일한 높이어야 한다.

㉢ 글자 부분의 전체길이는 적재함 옆면 및 뒷면 각각 길이의 50% 이상, 글자부분 높이는 적재함 높이의 30% 이상이어야 한다.

㉣ 표시 문구는 명확하게 보여야 하고, 야간에도 식별이 잘 되어야 한다.

$$V(m^{3)} = A \times B \times C$$

V : 하대용적

A : 하대길이

B : 하대너비

C : 하대높이

② 탱크로리 및 특수 구조의 자동차

가) 탱크로리 자동차의 최대 적재량

최대 적재량은 탱크용적에서 적재물의 비중을 곱하여 산출한다.

최대 적재량 = 탱크의 용적 × 적용물의 비중

나)용적의 산출

㉠ 원통형 탱크 : $V = \frac{\pi d^2}{4} \cdot l$

㉡ 볼록 원통형 탱크 : $V = \frac{\pi d^2}{4} \cdot \left(l + \frac{l_1 + l_2}{3} \right)$

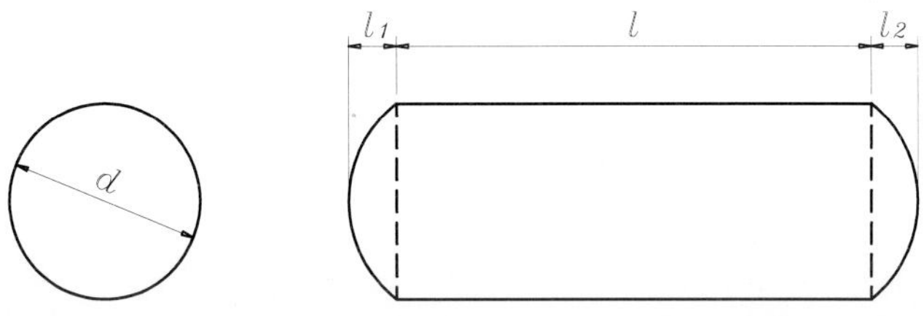

㉢ 오목 원통형 탱크 : $V = \frac{\pi d^2}{4} \cdot \left(l - \frac{l_1 + l_2}{3} \right)$

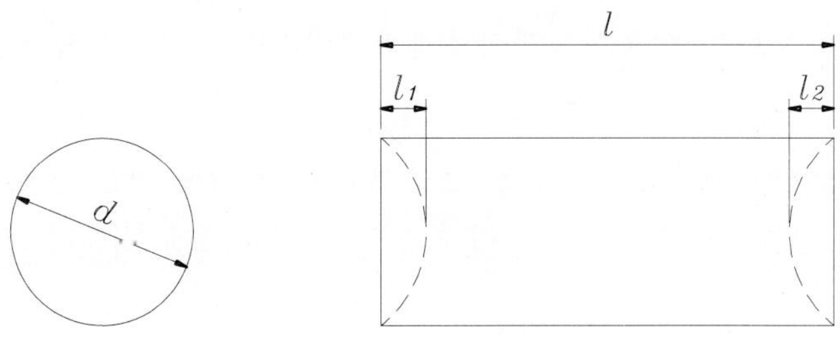

㉣ 타원형 탱크 : $V = \frac{\pi ab}{4} \cdot l$

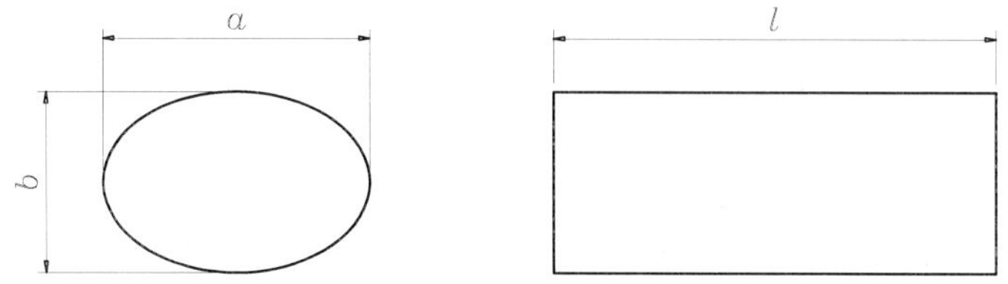

㉤볼록 타원형 탱크 : $V = \frac{\pi ab}{4} \cdot (l + \frac{l_1 + l_2}{3})$

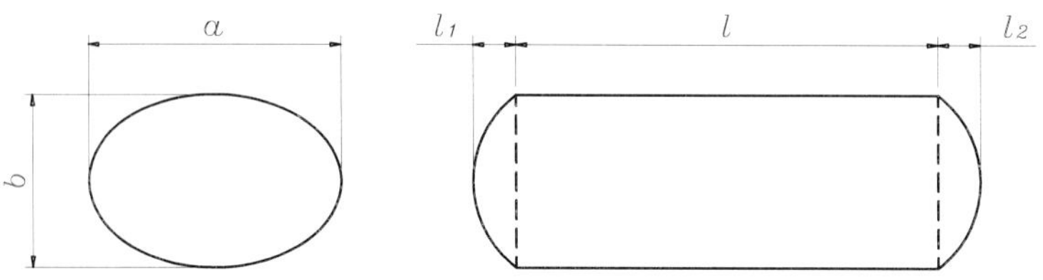

㉥ 볼록·오목 타원형 탱크 : $V = \frac{\pi ab}{4} \cdot (l + \frac{l_1 - l_2}{3})$

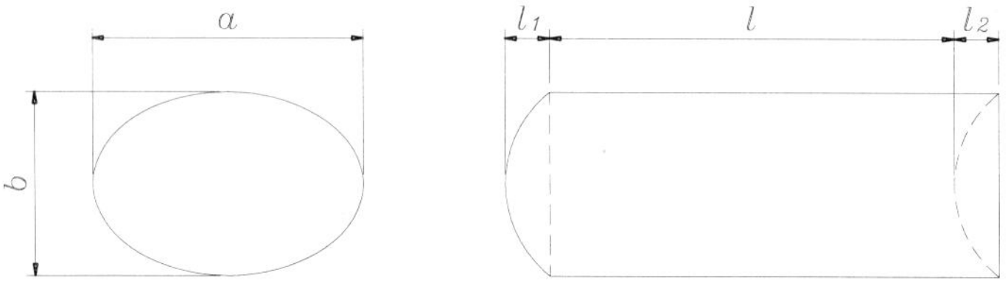

다) 적재물의 비중

적재물의 비중은 제작자등이 국가표준기본법에 따라 인정받은 시험·검사기관이 발급한 비중 관련 시험성적서 또는 시험성적서와 동등 이상으로 비중을 확인할 수 있는 자료를 성능시험대행자에게 제시하면, 성능시험대행자는 관계기관 확인 등을 거쳐 비중을 확정하고, 확정된 비중은 인터넷 사이트 등에 공지하여야 한다. 확정된 비중을 변경하는 경우에도 이와 같다. 다른 법령 등에 의해 정해진 비중이 있는 경우에는 당해 법령에 정해진 비중에 의한다.

[표 3-2] 적재물의 비중

적 재 물 명	비 중	적 재 물 명	비 중
휘발유(경질유)		소맥분	0.50
등 유(경질유)	0.80	물, 우유, 분유	1.00
경 유(경질유)		생콘크리트	2.40
중질유	0.90	압축 진개	0.52
윤활유	0.95	일반 진개	0.45
아스팔트 용액	0.90	솔벤나프타	0.95
아르곤	0.80	알콜	0.80
파라시멘트	1.00	에텔	0.713
플라이매쉬(비산회)	0.8	가성소오다(고체)	2.13
포르말린	1.05	가성소오다 50%미만(수용액)벤젠	1.54
시멘트와 골재의 혼합물	2.20		0.89
사료	0.50	곡물	0.64
비닐, 파우다	0.45	아세톤	0.792

예제

다음 그림에서 $d = 500mm$, $l = 1000mm$, $l_1 = 12mm$, $l_2 = 12mm$인 탱크의 용량은 몇 리터(l)인가?

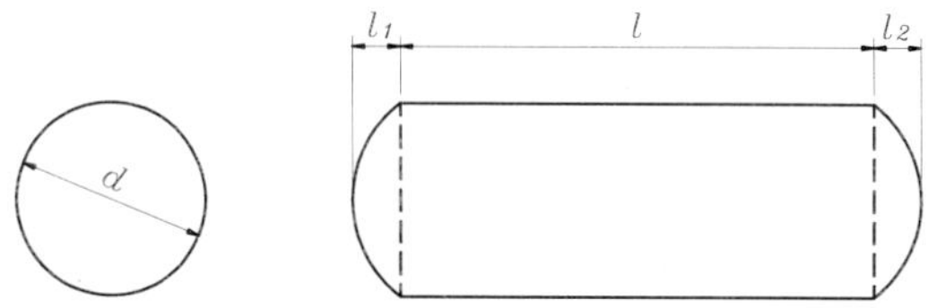

풀이

$$V = \frac{\pi d^2}{4} \cdot \left(l + \frac{l_1 + l_2}{3} \right)$$

$$= \frac{\pi \times 0.5^2}{4} \times \left(1 + \frac{0.012 + 0.012}{3}\right) = 0.198(m^3)$$

1 m^3= 1000리터(l)이므로 탱크의 용량은 198리터이다.

2-20 최소회전반경의 측정

(1) 안전기준

자동차의 최소회전반경은 바깥쪽 앞바퀴자국의 중심선을 따라 측정할 때에 12m를 초과하여서는 아니된다. 승합자동차(캠핑용트레일러를 제외한다)의 경우에는 해당 자동차가 반지름 5.3m와 12.5m의 동심원 사이를 회전하였을 때 그 차체가 각 동심원에 모두 접촉되어서는 아니된다.

(2) 측정조건

① 시험자동차는 공차상태이어야 한다.
② 시험자동차는 시험 전에 충분히 길들이기 운전을 하여야 한다.
③ 시험자동차는 시험 전 조향륜 정렬을 점검하여 조정하여야 한다.
④ 시험도로는 평탄 수평하고 건조한 포장도로이어야 한다.

(3) 측정방법

1) 승합자동차를 제외한 자동차(캠핑 트레일러 포함)

① 변속기어를 전진하는 방향으로 가장 낮은 변속 단에 두고 최대의 조향각도로 서행하며, 바깥쪽 타이어의 접지면 중심점이 이루는 궤적의 직경을 우회전 및 좌회전시켜 측정한다.
② 측정 중에 타이어가 노면에 대한 미끄러짐 상태와 조향장치의 상태를 관찰한다.
③ 좌회전과 우회전을 각각 측정하여 이 중 가장 최대값을 최소회전반경으로 한다.

2) 승합자동차

① 측정 장소에 두 개의 동심원(12.5m 반경을 가진 외측 원형과 5.3m의 반경을 가진 내측 원형)을 그린다.
② 두 동심원의 중심선에 해당 자동차의 앞면을 수평으로 정렬시키고, 자동차의 외측 면은 외측 동심원의 법선과 수평이 되게 정렬시킨다.
③ 해당 자동차를 두 동심원 사이로 진입 시킨다. 이때 〈그림 3-31〉 또는

〈그림 3-32〉와 같이 진입하는 구간에서는 자동차의 어느 부분도 지면과 수직하는 면이 외측 동심원의 법선의 바깥쪽으로 0.6m를 벗어나지 않아야 된다.

④ 두 동심원 사이에 진입한 자동차를 360° 선회시킨다.

⑤ 이때, 해당 자동차의 어느 부분(너비 측정시 제외되는 부분은 포함하지 않는다)이 2개의 동심원을 침범하는 지 확인한다.

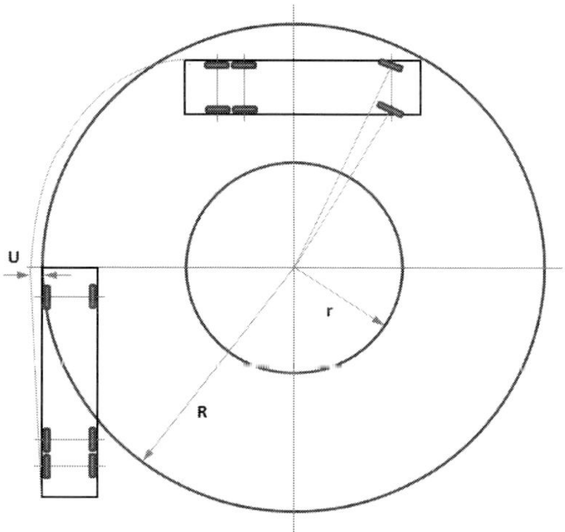

R=12.5m, r=5.3m, U=최대 0.6m

[그림 3-31]

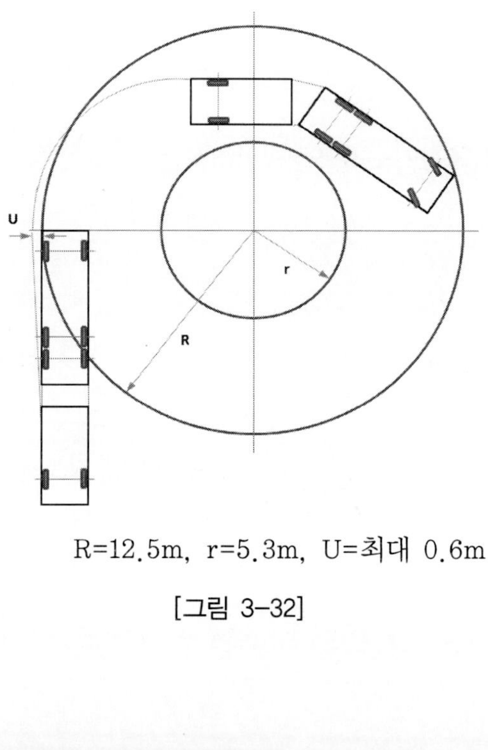

R=12.5m, r=5.3m, U=최대 0.6m

[그림 3-32]

(4) 최소회전반경의 산정

애커먼 장토식 조향기구에서는 전륜의 외측바퀴 조향각이 α, 내측바퀴 조향각 β인 자동차에서 전륜의 내외측 바퀴의 선회중심은 O점으로 일치하고 내외측 바퀴는 서로 동심원을 그리면서 회전하게 된다.

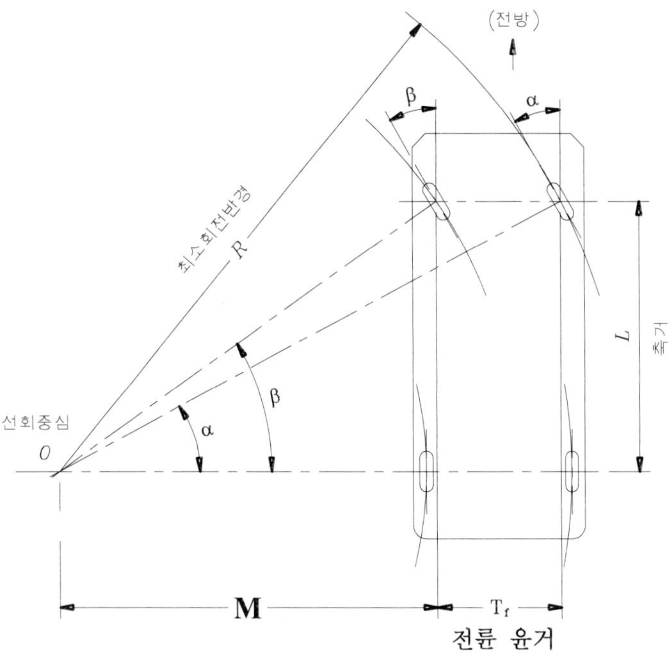

[그림 3-33] 애커먼 장토식 조향기구의 최소회전반경

애커먼 장토식 조향기구가 되기 위해서는

$$\tan\alpha = \frac{L}{M+T_f} \text{ 에서 } M = \frac{L}{\tan\alpha} - T_f \text{ 이고}$$

$$\tan\beta = \frac{L}{M} \text{ 에서 } M = \frac{L}{\tan\beta} \text{ 이 된다.}$$

따라서 $\frac{L}{\tan\alpha} - T_f = \frac{L}{\tan\beta}$ 이 되고 애커먼 장토식 기구의 성립 조건은 다음 식과 같다.

$$T_f = L\left(\frac{1}{\tan\alpha} - \frac{1}{\tan\beta}\right)$$

자동차가 극히 저속으로 주행할 때 조향장치는 애커먼 장토식 조향기구를 만족하고 전륜의 윤간거리가 $T_f \cong L\left(\frac{1}{\tan\alpha} - \frac{1}{\tan\beta}\right)$을 만족할 때 최소회전반경은 다음 식으로 구할 수 있다.

$$R = \frac{L}{\sin\alpha}$$

킹핀에서 타이어의 접지면 중심까지의 거리를 r이라 하면 최소회전반경은 위 식에 r만큼 더해 주어야 한다.

$$R = \frac{L}{\sin\alpha} + r$$

예제

어떤 자동차의 축간거리가 2.6m이고, 조향각이 30° 이다. 이 자동차의 최소회전 반지름은? (단, 바퀴의 접지면 중심과 킹핀과의 거리는 20cm이다.)

풀이

최소회전반경 $R = \frac{L}{\sin\alpha} + r = \frac{2.6}{\sin 30°} + 0.2 = 5.4(m)$

애커먼 장토식 기구를 만족하지 않는 조향기구의 경우,

즉 근사식 $T_f \cong L\left(\frac{1}{\tan\alpha} - \frac{L}{\tan\beta}\right)$가 만족하지 않는 조향기구는 전륜의 내측바퀴는 O_1점을 중심으로 조향각 α 로 선회하고 , 전륜의 외측바퀴는 O_2점을 중심으로 조향각 β 로 선회하게 된다.

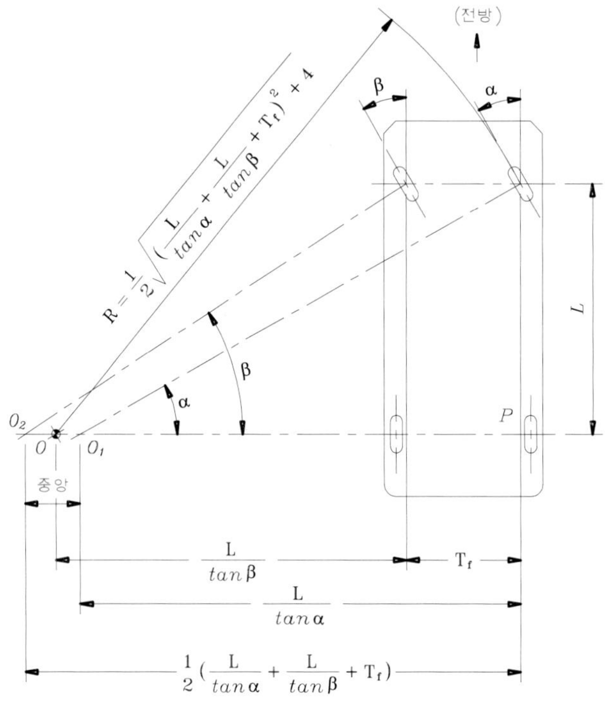

[그림 3-34] 최소회전반경

O_1점과 O_2점의 중점을 O점이라 하면 OP의 길이는 $OP = \dfrac{O_1P + O_2P}{2}$ 가 된다.

$$O_1P = \frac{L}{\tan\alpha}$$

$$O_2P = \frac{L}{\tan\beta} + T_f$$

$$OP = \frac{O_1P + O_2P}{2} = \frac{L}{2}(\frac{1}{\tan\alpha} + \frac{1}{\tan\beta} + \frac{T_f}{L})$$

$R^2 = OP^2 + L^2$ 이 성립하므로 최소회전반경 R 은 다음과 같다.

$$R = \frac{L}{2}\sqrt{(\frac{1}{\tan\alpha} + \frac{1}{\tan\beta} + \frac{T_f}{L})^2 + 4}$$

2-21 최대안전 경사각도의 측정

자동차를 경사각도측정기에 올려놓고 차륜이 미끄러지지 않도록 차륜을 차륜 정지장치로 고정하고 경사대를 들어 올린다. 경사대의 경사각도를 점점 높여갈 때 자동차의 중심이 연직방향으로 향하는 화살표와 경사대가 만나는 교차점 T가 차륜의 접지점보다 내측에 있으면 자동차는 전복되지 않고 T가 접지접보다 외측으로 나가면 자동차는 전복된다. T가 차륜의 접지점과 일치하였을 때 자동차의 전중량은 한쪽 차륜에만 지지되고 자동차가 전복되지 않으려는 경계선이 된다. 이 때 경사대의 경사각도 β 를 최대안전 경사각도라고 한다.

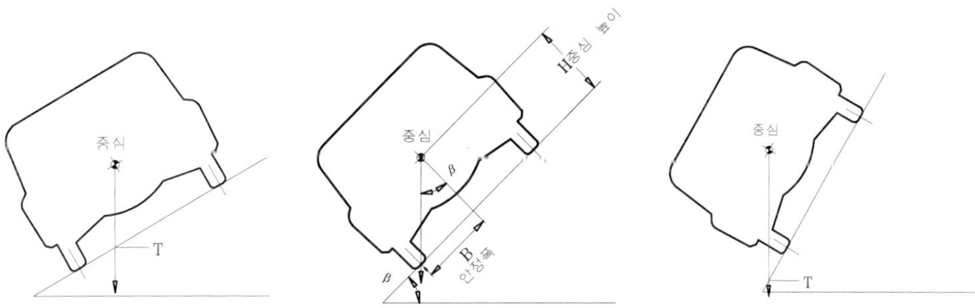

〈전복되지 않는다〉 〈전복되지 않는 경계점〉 〈전복된다〉

[그림 3-35] 자동차의 전복조건

(1) 안전기준

자동차(연결자동차를 포함한다)는 다음에 따라 좌우로 기울인 상태에서 전복되지 아니하여야 한다. 다만, 특수용도형 화물자동차 또는 특수작업형 특수자동차로서 고소작업 · 방송중계 · 진공흡입청소 등의 특정작업을 위한 구조 · 장치를 갖춘 자동차의 경우에는 그러하지 아니하다.

① 승용자동차, 화물자동차, 특수자동차 및 승차정원 10명 이하인 승합자동차 : 공차상태에서 35°(차량총중량이 차량중량의 1.2배 이하인 경우에는 30°)

② 승차정원 11명 이상인 승합자동차: 적차상태에서 28°

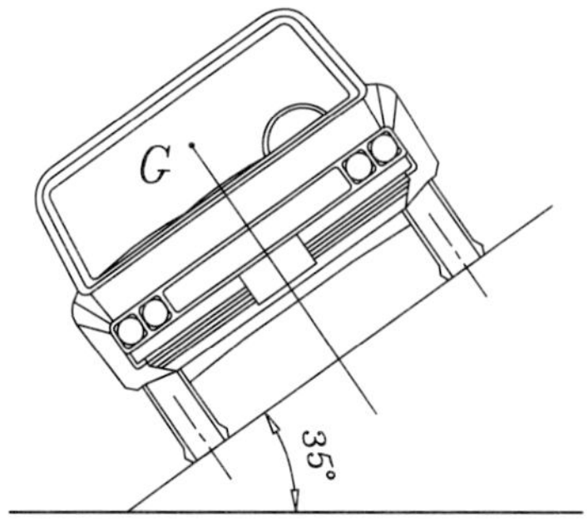

[그림 3-36] 자동차의 최대안전 경사각도

(2) 측정 조건

① 자동차는 공차상태로 하고 좌석은 정위치에 창유리 등은 닫은 상태로 한다.

② 측정단위는 도(°)로 하고 소수 첫째자리까지 측정한다.

(3) 측정 방법

경사각도 측정기를 사용하여 측정하는 경우 다음과 같은 방법으로 측정한다.

① 경사각도 측정기에 설치된 차륜 정지장치에 좌측 또는 우측의 모든 차륜을 밀착시키고 차륜 정지장치 반대측의 모든 차륜이 경사각도 측정기의 답판에서 떨어지는 순간 답판이 수평면과 이루는 각도를 좌측방향과 우측방향에 대하여 각각 측정한다. 이 경우, 공기스프링장치를 가진 자동차에 대하여는 레벨링밸브가 작동하지 않은 상태로 한다.

② 차륜 정지장치는 다음 그림 중 하나를 선택하는 것으로 한다.

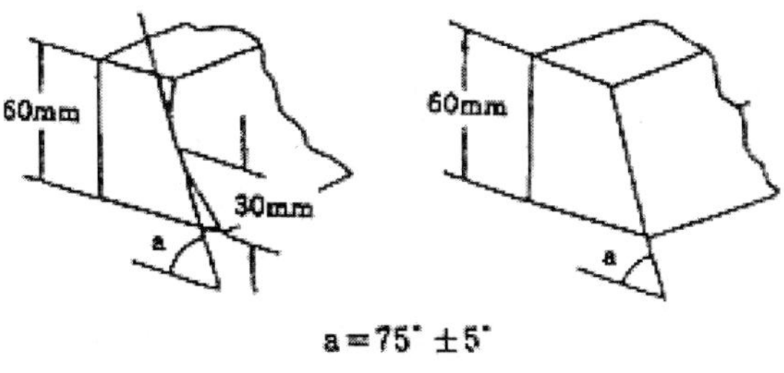

[그림 3-37] 차륜 정지 장치

(4) 최대안정 경사각도의 산정

경사각도 측정기를 사용하지 않고 계산에 의해 경사각도를 산정하기 위해서는 자동차의 무게 중심의 위치와 무게중심의 높이 및 좌우 안정폭을 구하여 좌측과 우측의 최대안정 경사각도를 계산할 수 있다. 무게중심의 높이가 H 이고 안정폭이 B 이며 최대안전 경사각도 β 이면 이들 사이에는 $\tan\beta = \frac{B}{H}$ 의 관계가 성립한다. 따라서 좌우측의 최대안정 경사각도는 다음과 같이 계산할 수 있다.

- 우측 : $\beta_r = \tan^{-1}\frac{Br}{H}$
- 좌측 : $\beta_l = \tan^{-1}\frac{B\ell}{H}$

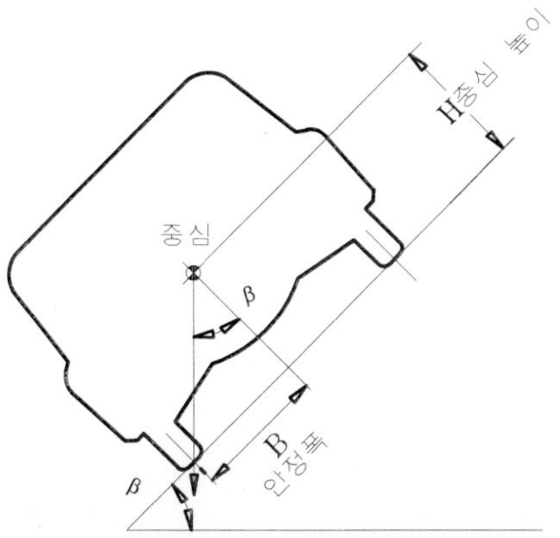

β : 최대안전 경사각도(°)　　B_r : 우측 안정폭

H : 무게중심높이　　B_l : 좌측 안정폭

예제

중심높이가 0.95m, 우측안정폭이 0.8m, 좌측안정폭이 0.85m인 자동차의 좌측최대안정경사각도?

풀이

좌측 최대안전경사각도 $\beta = \tan^{-1}\frac{B\ell}{H} = \tan^{-1}\frac{0.85}{0.95} = 41.8°$

우측 및 좌측의 안정폭은 전후의 윤거(트레드)가 같으면 쉽게 구해지지만 전후의 윤거가 같지 않으면 간단히 알아낼 수 없다. 다음이 그림과 같은 구조의 자동차에서 공차상태의 윤중을 측정할 수 있는 경우 좌측 및 우측의 안정폭을 구할 수 있다.

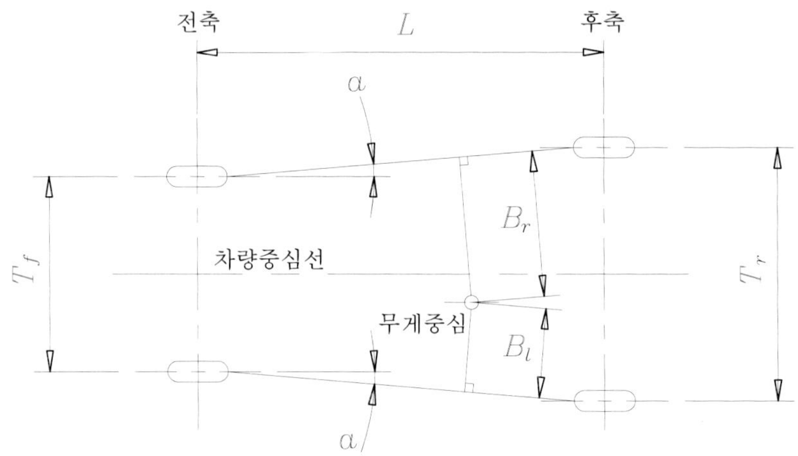

T_f : 전륜의 윤간거리　T_r : 후륜의 윤간거리　L : 축간거리
w : 차량중량(공차중량)　w_{fl} : 좌측전륜하중　w_{fr} : 우측전륜하중
w_{rr} : 좌측후륜하중　w_{rl} : 우측후륜하중

[그림 3-38] 좌우 안정폭

- 좌측 안정폭 : $B_l = \frac{(w_{fr} \cdot T_f + w_{rr} \cdot T_r)\cos α}{w}$
- 우측 안정폭 : $B_r = \frac{(w_{fl} \cdot T_f + w_{rl} \cdot T_r)\cos α}{w}$

단 ,

$$\cos \alpha = \frac{L}{\sqrt{L^2 + (\frac{T_r - T_f}{2})^2}} = \frac{1}{\sqrt{1 + (\frac{T_r - T_f}{2L})^2}} = \frac{1}{\sqrt{1 + (\tan \alpha)^2}}$$

2-22 타이어의 마모 측정

(1) 공기압 고무 타이어의 구조 기준

① 타이어에 작용되는 적차상태의 하중은 해당 타이어의 제작사가 표시하는 최대 허용하중의 범위 이내 일 것

② 타이어의 최대 허용속도는 해당 자동차의 최고 속도 이상일 것. 다만, 다음 어느 하나에 해당하는 타이어는 그러하지 아니하다.

가) 응급용 타이어

나) 겨울용 타이어

다) 험로주행 등 특수한 사용 조건하에서 성능을 발휘할 수 있도록 설계된 트레드 패턴을 가진 타이어

③ 금이 가고 갈라지거나 코드층이 노출될 정도의 손상이 없어야 하며, 트레드깊이가 1.6mm 이상 유지될 것

④ 타이어의 용도를 알 수 있는 타이어 제원에 대한 정보가 외부에서 보기 쉬운 곳에 지워지지 않도록 양각 또는 음각으로 표기되어 있을 것

(2) 측정 조건

① 자동차는 공차상태로 한다.

② 타이어의 공기압은 표준 공기압으로 한다.

(3) 측정 방법

① 타이어 접지부의 임의의 한 점에서 120° 각도가 되는 지점마다 접지부의 1/4 또는 3/4 지점 주위의 트레드 홈의 깊이를 측정한다.

② 트레드 마모표시(1.6mm로 표시된 경우에 한한다)가 되어 있는 경우에는 마모표시를 확인한다.

③ 각 측정점의 측정값을 산술평균하여 이를 트레드의 잔여 깊이로 한다.

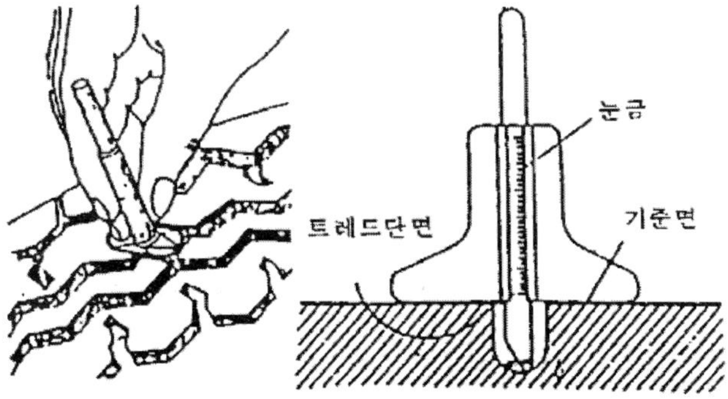

[그림 3-39] 타이어의 마모한도측정

제 4 장 자동차 검사 실무

1. 기계 · 기구의 정밀도 검사

1-1 검사 기준

(1) 제동시험기

① 형식의 구분

(가) 단순형 제동시험기 : 시험기의 롤러 위에 자동차의 바퀴를 올려놓고 롤러를 구동시킨 상태에서 자동차바퀴를 제동할 때에 발생하는 회전력의 반력을 검출하여 제동력을 측정하는 제동시험기(이하 "롤러구동형 제동시험기"라 한다)중 각 바퀴의 제동력만을 측정하는 형식

(나) 판정형 제동시험기 : 롤러구동형 제동시험기 중 각 바퀴의 제동력을 측정하여 합계 및 차이를 지시하거나 자동차의 축중 또는 차량중량에 대한 제동력의 비율로 지시하여 제동능력의 적합여부를 판정하는 형식

(다) 차륜구동형 제동시험기 : 시험기의 롤러 위에 자동차의 바퀴를 올려 놓고 바퀴의 구동에 의하여 롤러를 회전시켜 일정속도에서 제동할 때의 롤러의 감속도를 검출하여 각 바퀴의 제동력을 측정하거나 적합여부를 판정하는 형식

② 구조 · 장치의 작동상태에 대한 검사기준

(가) 지시계 : 제동력 등 각 지시값은 과도한 변동이 없는 상태일 것

(나) 롤러 : 롤러는 기준직경의 5% 이상 과도하게 손상 또는 마모된 부분이 없을 것

(다) 제동력전달장치 : 감속기와 전동기는 구동 중 심한 이상음 또는 진동이 없을 것

(라) 판정장치 : 판정형 및 차륜구동형 제동시험기의 제동력 판정장치는 작동에 이상이 없을 것

(마) 기록장치 : 자동차검사에 사용되는 기기는 기록장치의 작동에 이상이 없을 것

(바) 중량설정장치 : 판정형 제동시험기의 중량설정장치는 작동 및 기능에 이상이 없을 것

(사) **기타 장치 및 표시**

㉠ 리프트 또는 롤러고정장치 등 자동차의 입·퇴출용 장치의 작동에 이상이 없을 것

㉡ 자동차바퀴의 이탈방지장치는 손상이 없고 그 작동에 이상이 없을 것

㉢ 제동시험기의 형식, 제작번호, 허용축중(중량), 제작일자 및 제작회사가 확실하게 표시되어 있을 것

③ 정밀도에 대한 검사기준

(가) **제동력지시 및 중량설정지시의 정밀도는 설정하중에 대하여 다음의 허용오차 범위 이내일 것**

㉠ 좌우 제동력지시 : ±5% 이내(차륜구동형은 ±2% 이내)

㉡ 좌우 합계 제동력지시 : ±5% 이내

㉢ 좌우 차이 제동력지시 : ±25% 이내

㉣ 중량설정지시 : ±5%이내

(나) **판정정밀도는 축중에 대하여 다음의 허용오차 범위이내일 것**

㉠ 좌우 제동력 합계 판정 : ±5% 이내

㉡ 좌우 제동력 차이 판정 : ±2% 이내

(2) 전조등 시험기

① 형식의 구분

(가) 수동형 : 사람의 힘으로 전조등시험기를 전조등의 정면에 위치하도록 하여 광도 및 광축을 측정하는 형식

(나) 자동형 : 전조등시험기가 전조등의 광축을 스스로 추적하여 광도 및 광축을 측정하는 형식

(다) 집광식 : 전조등의 빛을 수광부 중앙의 집광렌즈로 모아 광전지에 비추어 광도 및 광축을 측정하는 방식

(라) 투영식 : 수광부 중앙의 집광렌즈와 상 · 하 · 좌 · 우 4개의 광전지를 설치하고 투영 스크린에 전조등의 모양을 비추어 광도 및 광축을 측정하는 방식

② 구조 · 장치의 작동상태에 대한 검사기준

(가) 지시계 : 광도 및 광축 지시값은 과도한 변동이 없는 상태일 것

(나) 정대장치 : 차량을 정면으로 조준하기 위한 조준기 등의 기능에 이상이 없을 것

(다) 수광부지지대 및 이동장치 : 지주는 견고하게 지지되고 좌 우로 원활하게 이동할 수 있을 것

(라) 판정장치 : 자동형기기는 판정장치의 작동에 이상이 없을 것

(마) 기록장치 : 자동차검사에 사용되는 기기는 기록장치의 작동에 이상이 없을 것

(바) 형식 등 표시 : 전조등시험기의 형식 · 제작번호 · 제작일자 및 제작회사가 확실하게 표시되어 있을 것

③ 정밀도에 대한 검사기준

전조등시험기의 광도지시 · 광축편차 및 판정정밀도는 설정값에 대하여 다음의 허용오차 범위이내일 것

(가) 광도지시 : ±15% 이내

(나) 광축편차 : ±1/6도 이내

(다) 판정정밀도

㉠ 광도 : ±1,000칸델라 이내

㉡ 광축 : ±1/6도 이내

(3) 사이드슬립 측정기

① 형식의 구분

(가) 답판 연동형 : 자동차의 조향바퀴를 연동하는 양쪽 답판 위에 통과시켜 주행에 의하여 발생되는 옆미끄럼량을 측정하는 형식

(나) 단일 답판형 : 자동차의 한쪽 조향바퀴만을 답판 위에 통과시켜 주행에 의하여 발생되는 옆미끄럼량을 측정하는 형식

(다) 단순형 : 자동차의 옆미끄럼량을 측정하여 지시 또는 지시 및 판정하는 형식

(라) 자동형 : 제동시험기 및 속도계시험기와 복합하여 자동차의 옆미끄럼량을 측정하여 지시 및 판정하는 형식

② 구조 · 장치의 작동상태에 대한 검사기준

(가) 답판 : 답판의 윗면은 자동차바퀴와의 사이에 적당한 마찰계수를 가져야 하며, 수평을 유지하여야 하고, 답판의 이동에 소요되는 작동력은 다음의 허용오차 범위이내일 것

㉠ 작동시작점 : 4kg이내

㉡ 5mm점 : 8kg이내

(나) 지시계 : 지시값의 과도한 떨림이 없이 옆미끄럼량을 내측 또는 외측으로 확실하게 나타낼 것

(다) 판정장치 : 자동형기기는 판정장치의 작동에 이상이 없을 것

(라) 기록장치 : 자동차검사에 사용되는 기기는 기록장치의 작동에 이상이 없을 것

(마) 형식 등 표시 : 사이드슬립측정기의 형식 · 제작번호 · 제작일자 및 제작회사가 확실하게 표시되어 있을 것

③ 정밀도에 대한 검사기준

미끄럼량의 지시 및 판정에 대한 정밀도는 다음의 허용오차 범위이내일 것

(가) 0점 지시 : ±0.2mm/m(m/km)이내

(나) 5밀리미터 지시 : ±0.2mm/m(m/km)이내

(다) 판정정밀도 : ±0.2mm/m(m/km)이내

(4) 속도계 시험기

① 형식의 구분

(가) 차륜구동형(표준형) : 자동차바퀴의 구동에 의하여 롤러를 회전시켜 측정하는 형식

(나) 롤러구동형(자력식) : 시험기롤러의 구동에 의하여 자동차의 바퀴를 회전시켜 측정하는 형식

(다) 단순형 : 자동차의 주행속도를 측정하여 지시 또는 지시 및 판정하는 형식

(라) 자동형 : 제동시험기 및 사이드슬립측정기와 복합하여 자동차의 주행속도를 측정하여 지시 및 판정하는 형식

② **구조 · 장치의 작동상태에 대한 검사기준**

(가) 지시계 : 속도지시값은 과도한 변동이 없는 상태일 것

(나) 롤러 : 롤러 등 회전부는 지시계가 지시하는 최고속도에 상당하는 회전수로 작동하는 경우라도 과도한 진동 및 이음이 없을 것

(다) 판정장치 : 자동형기기는 판정장치의 작동에 이상이 없을 것

(라) 기록장치 : 자동차검사에 사용되는 기기는 기록장치의 작동에 이상이 없을 것

(마) 롤러고정장치 : 자동차를 롤러에 안전하게 진입 및 퇴출시킬 수 있는 롤러고정장치의 작동상태에 이상이 없을 것

(바) 바퀴이탈방지장치 : 바퀴이탈방지장치는 손상이 없는 상태에서 이상없이 작동할 것

(사) 리프트 : 자동차의 입 · 퇴출용 리프트의 작동에 이상이 없을 것

(아) 형식 등 표시 : 속도계시험기의 형식 · 제작번호 · 허용축중(중량) · 제작일자 및 제작 회사가 확실하게 표시되어 있을 것

③ **정밀도에 대한 검사기준**

(가) 지시 : 설정속도(35km/H이상)의 ±3%이내

(나) 판정 : 판정기준값의 1km이내

(5) 택시미터 주행검사기

① **형식의 구분**

(가) 외부검출형 : 회전롤러 외부에 설치한 광화이버 센서로 회전수를 검출하여 거리를 측정하는 형식

(나) 내부검출형 : 회전롤러축에 장착된 엔코더로 회전수를 검출하여 거리를 측정하는 형식

② **구조 · 장치의 작동 및 설치상태에 대한 검사기준**

(가) 지시계 : 지시거리등 각 지시값은 과도한 변동이 없는 상태일 것

(나) 회전수검출기 : 검출센서, 연결선, 연결단자의 단선 및 파손등이상이 없을 것

(다) 보정장치 : 실제주행 거리와 주행검사기 주행거리의 오차를 보정하는 보정장치의 작동에 이상이 없을것

(라) 형식등 표시 : 택시미터주행검사기의 형식, 제작번호, 제작일자 및 제작사가 확실하게 표시되어 있을 것

③ **정밀도에 대한 검사기준**

(가) 거리지시 : 기준기의 시험펄스값에 해당하는 주행거리를 지시할것

(나) 보정치 : 롤러직경의 3%이내

(다) 판정장치 : 수리검정 또는 사용검정의 각각 거리허용차 범위에 적합하게 판정할 것

(6) 가스누출 감지기

① **형식의 구분**

(가) 접촉연소형 : 접촉연소에 의한 촉매의 온도변화를 전기저항으로 변환하여 측정하는 형식

(나) 반도체형 : 가스흡착에 의한 반도체의 전도도 변화량을 측정하는 형식

(다) 기타형식 : 접촉연소형 또는 반도체형 이외의 형식

② **구조 · 장치의 작동 및 설치상태에 대한 검사기준**

(가) 채취부 : 채취구 및 호스는 균열 및 파손등 이상이 없을 것

(나) 지시계 : 작동에 이상이 없을 것

(다) 경보장치 : 측정농도에 따른 경보기능에 이상이 없을것

(라) 형식등 표시 : 가스누출감지기의 형식, 제작번호, 제작일자 및 제작사가 확실하게 표시되어 있을 것

③ **정밀도에 대한 검사기준**

폭발하한값(LEL) 20%이내에서 가스누출을 감지하여야 한다

1-2 검사 방법

(1) 제동 시험기

① **좌 · 우 제동력**

(가) 단순형 및 판정형 제동시험기는 최대제동력 지시값의 10%이상에서 좌측 및 우측에 대하여 두가지이상의 하중을 설정하여 측정할 것

(나) 차륜구동형 제동시험기는 전 · 후 · 좌 · 우 롤러 각각에 대하여 세가지이

상의 압력을 주어 해당 제동력을 측정할 것

② **좌 · 우 합계제동력**

최대제동력 지시값의 10%이상에서 좌측 및 우측에 대하여 세가지이상의 하중을 설정하여 좌 · 우합계 지시값을 측정할 것

③ **좌 · 우 차이제동력**

최대제동력차이 지시값의 20%이상에서 좌 · 우 각각에 대하여 한가지이상의 편하중을 설정하여 측정할 것.

④ **중량설정**

자동중량설정장치가 있는 경우에는 100kg이상의 하중으로 세가지이상의 값을 설정하여 측정할 것

⑤ **합계제동력 판정점**

좌 · 우합계제동력 지시값을 설정중량에 대하여 주제동력 및 주차제동판정으로 나누어 각각 측정할 것. 다만, 판정점 기억방식은 판정기준값 설정상태의 적합성 확인으로 이에 갈음할 수 있다.

⑥ **차이제동력 판정점**

좌 · 우제동력차이 지시값을 설정중량에 대한 차이 판정값으로 나누어 측정할 것. 다만, 판정점 기억방식은 판정기준값 설정상태의 적합성 확인으로 이에 갈음할 수 있다.

⑦ **구조 · 장치의 작동상태**

각 구조 · 장치의 작동상태가 검사기준에 적합한지의 여부를 관능으로 확인할 것

(2) 전조등 시험기

① **광도지시**

교정기의 상 · 하 · 좌 · 우향 광축을 각각 0(영)도로 설정한 상태에서 교정기의 광도를 1만칸델라, 2만칸델라 및 3만칸델라 등 세가지 값 이상으로 측정할 것

② **광축 편차지시**

(가) 광도변화에 따른 광축의 편차는 2만칸델라의 광도기준값이 상 · 하 · 좌 · 우 광축을 각각 0(영)도로 조정한 상태에서 광도를 1만칸델라 및 3만칸델

라로 각각 변화시켜 광축지시의 편차를 측정할 것

(나) 각도변화에 따른 광축의 편차는 광도를 2만칸델라로 설정하여 좌·우·하향 1도 및 2도, 상향 1도에서 각각 측정할 것

③ **판정점**

안전기준에서 정한 광도 및 광축의 기준에 대한 적정 판정여부를 확인할 것. 다만, 판정점 기억방식은 판정기준값 설정상태의 적합성 확인으로 이에 갈음할 수 있다.

④ **구조·장치의 작동상태**

각 구조·장치의 작동상태가 검사기준에 적합한지의 여부를 확인할 것

(3) 사이드슬립 측정기

① **0점 지시**

검출장치 부착측 답판을 내측 및 외측으로 3mm 밀었다가 놓은 후 답판의 복원성 및 0점지시를 확인할 것

② **5mm점 지시**

답판에 대하여 내측 및 외측으로 각각 5mm를 밀어 그때의 지시값을 측정할 것(답판의 길이는 1m를 기준으로 하여야 한다)

③ **판정점**

지시검출측 답판을 내측 및 외측으로 5mm 밀어 판정점을 확인할 것. 다만, 판정점 기억방식은 판정기준값 설정상태의 적합성 확인으로 이에 갈음할 수 있다.

④ **구조·장치의 작동상태**

각 구조·장치의 작동상태가 검사기준에 적합한지의 여부를 확인할 것

(4) 속도계 시험기

① **속도지시**

매시 30km상 매시 100km이하의 속도에서 두 가지 이상의 값으로 측정할 것

② **판정점**

매시 40km의 속도에서 정 15%점과 부 10%점에서 정상판정여부를 확인할

것. 다만, 판정점 기억방식은 판정기준값 설정상태의 적합성 확인으로 이에 갈음할 수 있다.

③ **구조 · 장치의 작동상태**

각 구조 · 장치의 작동상태가 검사기준에 적합한 지의 여부를 확인할 것

(5) 택시미터 주행검사기

① 지시계 : 기준기로 기본거리 및 이후거리에 해당하는 펄스값을 주행검사기에 부여하여 지시값을 확인할 것
② 판정장치 : 기준기로 거리의 허용차(수리검정 0～4%, 사용검정 -1～+5%)에 해당하는 펄스값을 부여하여 판정여부를 확인할 것
③ 각 구조 · 장치의 작동상태가 검사기준에 적합한지의 여부를 관능으로 확인할 것

(6) 가스누출 감지기

① 표준가스를 사용하여 감지기능의 정상작동 여부를 확인할 것
② 각 구조 · 장치의 작동상태가 검사기준에 적합한지의 여부를 관능으로 확인할 것

2. 배기가스의 측정

휘발유, 가스 및 알콜을 연료로 하는 자동차의 배기가스 배출허용기준과 측정방법에 대해 알아본다.

2-1 자동차 배기가스

(1) 배출 가스

자동차에서 배출되는 가스는 배기관에서 배출되는 배기가스와 기관의 크랭크케이스에서 누출되는 블로바이 가스(blow-by gas), 그리고 연료탱크나 기화기 등의 연료장치에서 연료가 증발되어 대기 중으로 방출되는 연료증발가스 등이 있다.

① **배기가스**

엔진에서 배기관을 통해 배출되는 배가가스는 질소(N_2), 탄산가스(CO_2), 수증기(H_2O) 등의 무해가스와 일산화탄소(CO), 탄화수소(HC), 질소산화물(NOx), 납화합물, 매연 등의 유해가스가 포함되어 있다.

② **블로바이 가스**

엔진 연소실과 크랭크 케이스 사이의 틈새에서 압축행정과 폭발행정 중에 연소실 가스가 크랭크 케이스실 안으로 빠져나가 발생되는 가스를 말한다. 블로바이 가스의 대부분은 미연소혼합기인 탄화수소(HC)이고 나머지가 연소가스 및 불완전 연소된 혼합가스로 되어 있다.

③ **연료증발가스**

기화기나 연료탱크 내의 가솔린이 증발하여 대기 속으로 방출되는 가스로 대부분의 성분은 탄화수소(HC)로 되어 있다.

(2) 배기 가스

자동차에서 배출되는 유해가스는 지구 대기오염의 주범으로, 지구 온난화로 인한 기상 이변을 일으키고 지구환경을 파괴하여 생태계에 악영향을 미칠 뿐 아니라, 인체에도 유해한 성분들을 포함하고 있어 전세계에서 배기가스의 배출이 엄격히 법으로 규제되고 있다.

① **일산화탄소**(CO)

일산화탄소는 연료가 연소할 때 공기의 공급이 불충분하여 산소가 부족하거나 연소온도가 낮으면 완전연소가 일어나지 못하여 불완전 연소생성물인 일산화탄소(CO)가 생성된다. 그러나 완전 연소하였을 때는 무해한 이산화탄소가 생성된다.

(완전 연소) $C + O_2 \rightarrow CO_2$ (이산화탄소)

(불완전 연소) $2C + O_2 \rightarrow 2CO$ (일산화탄소)

따라서 기관에서 배출되는 일산화탄소는 공연비와 관계가 있다. 일산화탄소를 감소시키려면 엷은 공연비에서 연소시키면 되나 너무 엷어지면 탄화수소가 발생하기 쉽거나 기관이 출력이 저하되는 등의 경향을 나타낸다.

가솔린 자동차는 1~10%, 디젤엔진에서는 약 0.1%의 농도로 일산화탄소가 배출되나 운전상태, 유지관리에 따라 배출농도는 차이가 난다. 일산화탄소에 대한 헤모글로빈(Hb)의 친화력은 산소(O_2)에 대한 친화력보다 크기 때문에, 혈액 중에서 헤모글로빈은 일산화탄소와 결합하여 일산화탄소-헤모글로빈(CO-Hb)을 형성하게 되고 이는 정상적인 혈액의 산소운반 기능을 저해하게 된다. 일산화탄소가 30ppm 이상의 장소에 장시간 있으면 자각증상이 나타나고 500ppm 이상인 곳에서는 두통을 느끼게 되며 1,500ppm 이상인 곳에 오랜 시간 노출되면 사망에 이르게 된다.

② **탄화수소(HC)**

탄화수소(HC)는 수소와 탄소로 조성된 화합물의 총칭이며 자동차에 사용하는 석유원료는 각종 탄화수소로 되어있다. 연료에 포함되어 있는 탄소(C)는 완전연소하면 이산화탄소(CO_2)가 되고 수소(H_2)는 산소와 결합하여 수증기가 된다.

$$\text{(완전연소)} \quad 2H_2 + O_2 \rightarrow 2H_2O \ \text{(수증기)}$$

배기관으로부터 배출되는 탄화수소(HC)는 연료가 연소되지 않고 분해되어 발생되는 가스이다. 탄화수소는 질소산화물과 함께 광화학 반응에 따라 스모그(smog)를 일으키며 암을 유발하거나 점막을 자극하기도 한다.

③ **질소산화물(NOx)**

질소(N_2)와 산소(O_2)의 화합물인 NO, NO_2, N_2O 등을 총칭하여 NOx라 한다. 고온에서 질소와 산소가 존재하면 일산화질소(NO)가 생성되나 일산화질소는 공기 속의 산소와 쉽게 반응하여 이산화질소가 된다.

$$\text{(고온 반응)} \quad N_2 + O_2 \rightarrow 2NO \ \text{(일산화질소)}$$

$$\text{(공기 중 반응)} \quad 2NO + O_2 \rightarrow 2NO_2 \ \text{(이산화질소)}$$

질소산화물의 발생은 이론 공연비 부근에서 최대로 되고 이보다 높거나 낮으면 급격히 감소된다. 최고연소온도가 상승할수록 질소산호물의 생성도 급격히 증대된다. 따라서 질소산화물을 감소시키기 위해서는 최고연소온도를 낮출 필요가 있다. 질소산화물은 눈에 자극을 주고 호흡기와 폐의 기능에 장애를 일으키며 광화학 스모그(smog)의 원인이 되기도 한다.

④ **납화합물**

가솔린에 옥탄가를 높이기 위하여 4에틸납($Pb(C_2H_5)_4$)이나 4메틸납($Pb(CH_3)_4$)을 첨가할 경우 배기가스에서 납화합물이 검출된다. 이들 납화합물은 인체 내에서 소화기 및 근육신경 등에 장애를 일으킨다. 최근에는 납화합물이 첨가되지 않은 무연가솔린이 시판되고 있다.

(3) 공기 과잉률

연료를 연소하기 위해서 필요한 이론 공기량과 실제 흡입한 공기량의 비를 공기 과잉률이라 하고 λ(lambda)로 표시한다. 연료가 완전연소하기 위한 연료와 공기의 혼합비를 이론 공연비라하고 이 때의 공연비는 14.7:1 이 된다.

$$\text{공기 과잉율}(\lambda) = \frac{\text{실제 흡입한 공기량}}{\text{이론적으로 필요한 공기량}}$$

λ = 1 일 때는 이론 공기량과 실제 흡입 공기량이 일치하는 이론 공연비를 나타내며 λ〉 1일 때는 실제 흡입한 공기량이 이론 공기량보다 많으므로 희박한 혼합기를 형성하고, λ 〈1 일 때는 이론 공기량 보다 적은 량의 공기가 흡입되므로 농후한 혼합기를 생성한다.

2-2 배출가스 관련법규

(1) 안전기준

① 자동차 및 자동차부품의 성능과 기준에 관한 규칙 제36조 (배기가스발산방지장치)

자동차의 배기가스발산방지장치는 대기환경보전법 제46조의 규정에 의한 배출허용기준에 적합하여야 한다.

② 대기환경보전법 제57조 (운행차배출허용기준)

자동차의 소유자는 그 자동차에서 배출되는 배출가스가 환경부령으로 정하는 운행차 배출가스허용기준에 맞게 운행하거나 운행하게 하여야 한다.

③ 대기환경보전법 제63조(운행차의 배출가스 정밀검사)

가) 다음 각 호의 지역 중 어느 하나에 해당하는 지역에 등록된 자동차의 소유자는 관할 시・도지사가 그 시・도의 조례로 정하는 바에 따라 실시하는 운행차 배출가스 정밀검사(이하 "정밀검사"라 한다)를 받아야 한다.

㉠ 환경부장관은 환경기준을 초과하였거나 초과할 우려가 있는 지역으로

서 대기질의 개선이 필요하다고 인정되는 지역으로 지정·고시한 대기환경규제지역

㉡ 인구 50만명 이상의 도시지역 중 대통령령으로 정하는 지역

나) 다음 각 호의 어느 하나에 해당하는 자동차는 정밀검사를 면제한다.

㉠ 저공해자동차 중 환경부령으로 정하는 자동차

㉡「수도권 대기환경개선에 관한 특별법」 제25조제2항에 따라 검사를 받은 특정경유자동차

㉢「수도권 대기환경개선에 관한 특별법」 제25조제4항에 따른 조치를 한 날부터 3년 이내인 특정경유자동차

다) 정밀검사에 관하여는 자동차종합검사에 따른다.

(2) 운행차의 배출허용기준

1) 일반기준

① 자동차의 차종 구분은 「자동차관리법」 제3조제1항 및 같은 법 시행규칙 제2조에 따른다.

② "차량중량"이란 「자동차관리법 시행규칙」 제39조제2항 및 제80조제4항에 따라 전산정보처리조직에 기록된 해당 자동차의 차량중량을 말한다.

③ 휘발유와 가스를 같이 사용하는 자동차의 배출가스 측정 및 배출허용기준은 가스의 기준을 적용한다.

④ 알코올만 사용하는 자동차는 탄화수소 기준을 적용하지 아니한다.

⑤ 휘발유사용 자동차는 휘발유·알코올 및 가스(천연가스를 포함한다)를 섞어서 사용하는 자동차를 포함하며, 경유사용 자동차는 경유와 가스를 섞어서 사용하거나 같이 사용하는 자동차를 포함한다.

⑥ 건설기계 중 덤프트럭, 콘크리트믹서트럭, 콘크리트펌프트럭에 대한 배출허용기준은 화물자동차기준을 적용한다.

⑦ 시내버스는「여객자동차 운수사업법 시행령」 제3조제1호가목·나목 및 다목에 따른 시내버스운송사업·농어촌버스운송사업 및 마을버스운송사업에 사용되는 자동차를 말한다.

⑧ 제3호에 따른 운행차 정밀검사의 배출허용기준 중 배출가스 정밀검사를 무부하정지가동 검사방법(휘발유·알코올 또는 가스사용 자동차) 및 무

부하급가속검사방법(경유사용 자동차)로 측정하는 경우의 배출허용기준은 제2호의 운행차 수시점검 및 정기검사의 배출허용기준을 적용한다.

⑨ 희박연소(Lean Burn)방식을 적용하는 자동차는 공기과잉률 기준을 적용하지 아니한다.

⑩ 1993년 이후에 제작된 자동차 중 과급기(Turbo charger)나 중간냉각기(Intercooler)를 부착한 경유사용 자동차의 배출허용기준은 무부하급가속 검사방법의 매연 항목에 대한 배출허용기준에 5%를 더한 농도를 적용한다.

⑪ 수입자동차는 최초등록일자를 제작일자로 본다.

⑫ 원격측정기에 의한 수시점검 결과 배출허용기준을 초과한 차량(휘발유・가스사용 자동차)에 대한 정비・점검 및 확인검사 시 배출허용기준은 제3호의 정밀검사 기준(휘발유・가스사용 자동차)을 적용한다.

2) 운행차 수시점검 및 정기검사의 배출허용기준

무부하검사방법을 말하며, 원격측정기 검사방법에 의한 운행차 수시점검은 제외한다.

① 휘발유(알코올 포함)사용 자동차 또는 가스사용 자동차

차종	제작일자	일산화탄소	탄화수소	공기과잉률
경자동차	1997년 12월 31일 이전	4.5% 이하	1,200ppm 이하	1±0.1 이내. 다만, 기화기식 연료공급장치 부착자동차는 1±0.15 이내, 촉매 미부착 자동차는 1±0.20 이내
	1998년 1월 1일부터 2000년 12월 31일까지	2.5% 이하	400ppm이하	
	2001년 1월 1일부터 2003년 12월 31일까지	1.2% 이하	220ppm이하	
	2004년 1월 1일 이후	1.0% 이하	150ppm이하	
승용자동차	1987년 12월 31일 이전	4.5% 이하	1,200ppm 이하	
	1988년 1월 1일부터 2000년 12월 31일까지	1.2% 이하	220ppm이하 (휘발유・알콜 사용자동차) 400ppm이하 (가스사용자동차)	
	2001년 1월 1일부터 2005년 12월 31일까지	1.2% 이하	220ppm이하	
	2006년 1월 1일 이후	1.0% 이하	120ppm이하	

승합·화물·특수자동차	소형	1989년 12월 31일 이전	4.5% 이하	1,200ppm 이하	
		1990년 1월 1일부터 2003년 12월 31일까지	2.5% 이하	400ppm이하	
		2004년 1월 1일 이후	1.2% 이하	220ppm이하	
	중형·대형	2003년 12월 31일 이전	4.5% 이하	1,200ppm 이하	
		2004년 1월 1일 이후	2.5% 이하	400ppm이하	
이륜자동차	대형	1999년 12월 31일 이전	5.0% 이하	2,000ppm 이하	–
		2000년 1월 1일부터 2006년 12월 31일까지	3.5% 이하	1,500ppm 이하	
		2007년 1월 1일부터 2008년 12월 31일까지	3.0% 이하	1,200ppm 이하	
		2009년 1월 1일 이후	3.0% 이하	1,000ppm 이하	

비고: 1. 위 표 중 이륜자동차는 휘발유에 엔진오일을 섞어서 사용하는 이륜자동차를 포함한다.
2. 위 표 중 이륜자동차에 대하여 제작일자 확인이 어려운 경우 제작사에서 인정하는 제작일자를 적용하거나 차대번호 등에 표기된 모델연도의 1월 1일을 적용한다.

② 경유사용 자동차

차 종		제 작 일 자	매 연
및 승용자동차		1995년 12월 31일 이전	60% 이하
		1996년 1월 1일부터 2000년 12월 31일까지	55% 이하
		2001년 1월 1일부터 2003년 12월 31일까지	45% 이하
		2004년 1월 1일부터 2007년 12월 31일까지	40% 이하
		2008년 1월 1일 이후	20% 이하
승합·화물·특수자동차	소형	1995년 12월 31일까지	60% 이하
		1996년 1월 1일부터 2000년 12월 31일까지	55% 이하

		2001년 1월 1일부터 2003년 12월 31일까지		45% 이하
		2004년 1월 1일부터 2007년 12월 31일까지		40% 이하
		2008년 1월 1일 이후		20% 이하
	중형·대형	1992년 12월 31일 이전		60% 이하
		1993년 1월 1일부터 1995년 12월 31일까지		55% 이하
		1996년 1월 1일부터 1997년 12월 31일까지		45% 이하
		1998년 1월 1일부터 2000년 12월 31일까지	시내버스	40% 이하
			시내버스 외	45% 이하
		2001년 1월 1일부터 2004년 9월 30일까지		45% 이하
		2004년 10월 1일부터 2007년 12월 31일까지		40% 이하
		2008년 1월 1일 이후		20% 이하

3) 원격측정기 검사방법에 의한 운행차 수시점검의 배출허용기준

휘발유(알코올 포함) 사용 자동차 또는 가스사용 자동차만 해당한다.

① **경자동차**

차 종 / 검사항목 / 제작일자	휘발유사용 경자동차			가스사용 경자동차		
	일산화 탄소	탄화수소	질소 산화물	일산화 탄소	탄화수소	질소 산화물
1997년 12월 31일 이전	12.60% 이하	3,270ppm 이하	6,330ppm 이하	16.38% 이하	4,230ppm 이하	7,590ppm 이하
1998년 1월 1일부터 2000년 12월 31일까지	7.20% 이하	1,170ppm 이하	5,400ppm 이하	9.36% 이하	1500ppm 이하	6,480ppm 이하
2001년 1월 1일부터 2003년 12월 31일까지	3.60% 이하	630ppm 이하	4,920ppm 이하	4.68% 이하	810ppm 이하	5,880ppm 이하
2004년 1월 1일 이후	3.00% 이하	540ppm 이하	3,720ppm 이하	3.90% 이하	690ppm 이하	4,470ppm 이하

② 승용차

제작 일자	차량 중량 (kg)	휘발유사용 승용차						가스사용 승용차					
		적용기간 및 배출허용기준						적용기간 및 배출허용기준					
		2014년 12월 31일까지			2015년 1월 1일부터			2014년 12월 31일까지			2015년 1월 1일부터		
		일산화탄소	탄화수소	질소산화물	일산화탄소	탄화수소	질소산화물	일산화탄소	탄화수소	질소산화물	일산화탄소	탄화수소	질소산화물
1988년 1월1일부터 1997년 12월31일까지	1,000 미만	5.49% 이하	840 ppm 이하	5,970 ppm 이하	5.49% 이하	630 ppm 이하	5,400 ppm 이하	7.14% 이하	1,110 ppm 이하	7,170 ppm 이하	7.14% 이하	819 ppm 이하	6,480 ppm 이하
	1,000 ~ 1,200 미만	4.41% 이하	690 ppm 이하	4,770 ppm 이하	4.41% 이하	510 ppm 이하	4,320 ppm 이하	5.73% 이하	900 ppm 이하	5,730 ppm 이하	5.73% 이하	663 ppm 이하	5,184 ppm 이하
	1,200 ~ 1,400 미만	3.63% 이하	570 ppm 이하	3,930 ppm 이하	3.63% 이하	420 ppm 이하	3,570 ppm 이하	4.71% 이하	750 ppm 이하	4,740 ppm 이하	4.71% 이하	546 ppm 이하	4,284 ppm 이하
	1,400 ~ 1,600 미만	3.24% 이하	510 ppm 이하	3,480 ppm 이하	3.24% 이하	390 ppm 이하	3,150 ppm 이하	4.20% 이하	660 ppm 이하	4,200 ppm 이하	4.20% 이하	507 ppm 이하	3,780 ppm 이하
	1,600 ~ 1,800 미만	2.82% 이하	450 ppm 이하	3,030 ppm 이하	2.82% 이하	360 ppm 이하	2,760 ppm 이하	3.66% 이하	570 ppm 이하	3,660 ppm 이하	3.66% 이하	468 ppm 이하	3,312 ppm 이하
	1,800 ~ 2,000 미만	2.61% 이하	420 ppm 이하	2,790 ppm 이하	2.61% 이하	330 ppm 이하	2,520 ppm 이하	3.39% 이하	540 ppm 이하	3,360 ppm 이하	3.39% 이하	429 ppm 이하	3,024 ppm 이하
	2,000 이상	2.37% 이하	360 ppm 이하	2,520 ppm 이하	2.37% 이하	300 ppm 이하	2,280 ppm 이하	3.09% 이하	480 ppm 이하	3,030 ppm 이하	3.09% 이하	390 ppm 이하	2,736 ppm 이하
1998년 1월 1일부터 2000년 12월31일	1,000 미만	3.66% 이하	660 ppm 이하	4,650 ppm 이하	3.00% 이하	540 ppm 이하	4,200 ppm 이하	4.77% 이하	840 ppm 이하	5,580 ppm 이하	3.90% 이하	702 ppm 이하	5,040 ppm 이하
	1,000 ~ 1,200 미만	2.97% 이하	540 ppm 이하	3,720 ppm 이하	2.43% 이하	450 ppm 이하	3,360 ppm 이하	3.87% 이하	690 ppm 이하	4,470 ppm 이하	3.15% 이하	585 ppm 이하	4,032 ppm 이하
	1,200 ~ 1,400 미만	2.46% 이하	450 ppm 이하	3,090 ppm 이하	2.01% 이하	360 ppm 이하	2,790 ppm 이하	3.21% 이하	570 ppm 이하	3,690 ppm 이하	2.61% 이하	468 ppm 이하	3,348 ppm 이하

	1,400 ~ 1,600 미만	2.19 % 이하	390 ppm 이하	2,730 ppm 이하	1.80 % 이하	330 ppm 이하	2,460 ppm 이하	2.85% 이하	510 ppm 이하	3,270 ppm 이하	2.34% 이하	429 ppm 이하	2,952 ppm 이하
	1,600 ~ 1,800 미만	1.95 % 이하	360 ppm 이하	2,400 ppm 이하	1.59 % 이하	300 ppm 이하	2,160 ppm 이하	2.55% 이하	450 ppm 이하	2,880 ppm 이하	2.07% 이하	390 ppm 이하	2,592 ppm 이하
	1,800 ~ 2,000 미만	1.80 % 이하	330 ppm 이하	2,190 ppm 이하	1.47 % 이하	270 ppm 이하	1,980 ppm 이하	2.34% 이하	420 ppm 이하	2,640 ppm 이하	1.92% 이하	351 ppm 이하	2,376 ppm 이하
	2,000 이상	1.65 % 이하	300 ppm 이하	1,980 ppm 이하	1.35 % 이하	240 ppm 이하	1,800 ppm 이하	2.16% 이하	390 ppm 이하	2,370 ppm 이하	1.77% 이하	312 ppm 이하	2,160 ppm 이하
2001년 1월 1일 부터 2005년 12월31일 까지 (가스차: 2001년 1월 1일 부터 2003년 12월31일 까지)	1,000 미만	2.31 % 이하	420 ppm 이하	4,650 ppm 이하	2.31 % 이하	420 ppm 이하	3,300 ppm 이하	3.00% 이하	540 ppm 이하	5,580 ppm 이하	3.00% 이하	540 ppm 이하	3,960 ppm 이하
	1,000 ~ 1,200 미만	1.86 % 이하	330 ppm 이하	3,720 ppm 이하	1.86 % 이하	330 ppm 이하	2,610 ppm 이하	2.43% 이하	420 ppm 이하	4,470 ppm 이하	2.43% 이하	420 ppm 이하	3,120 ppm 이하
	1,200 ~ 1,400 미만	1.56 % 이하	300 ppm 이하	3,090 ppm 이하	1.56 % 이하	300 ppm 이하	2,160 ppm 이하	2.04% 이하	390 ppm 이하	3,690 ppm 이하	2.04% 이하	360 ppm 이하	2,580 ppm 이하
	1,400 ~ 1,600 미만	1.38 % 이하	270 ppm 이하	2,730 ppm 이하	1.38 % 이하	270 ppm 이하	1,890 ppm 이하	1.80% 이하	360 ppm 이하	3,270 ppm 이하	1.80% 이하	330 ppm 이하	2,190 ppm 이하
	1,600 ~ 1,800 미만	1.23 % 이하	240 ppm 이하	2,400 ppm 이하	1.23 % 이하	240 ppm 이하	1,650 ppm 이하	1.59% 이하	312 ppm 이하	2,880 ppm 이하	1.59% 이하	300 ppm 이하	1,920 ppm 이하
	1,800 ~ 2,000 미만	1.14% 이하	210 ppm 이하	2,190 ppm 이하	1.14% 이하	210 ppm 이하	1,500 ppm 이하	1.47% 이하	270 ppm 이하	2,640 ppm 이하	1.47% 이하	270 ppm 이하	1,740 ppm 이하
	2,000 이상	1.05 % 이하	180 ppm 이하	1,980 ppm 이하	1.05 % 이하	180 ppm 이하	1,350 ppm 이하	1.38% 이하	240 ppm 이하	2,370 ppm 이하	1.38% 이하	240 ppm 이하	1,590 ppm 이하
2006년 1월 1일 이후 (가스차: 2004년 1월 1일 이후)	1,000 미만	2.31 % 이하	420 ppm 이하	3,090 ppm 이하	2.31 % 이하	420 ppm 이하	3,090 ppm 이하	3.00% 이하	540 ppm 이하	3,720 ppm 이하	3.00% 이하	540 ppm 이하	3,720 ppm 이하
	1,000 ~ 1,200 미만	1.86 % 이하	330 ppm 이하	2,550 ppm 이하	1.86 % 이하	330 ppm 이하	2,490 ppm 이하	2.43% 이하	420 ppm 이하	3,060 ppm 이하	2.43% 이하	420 ppm 이하	3,000 ppm 이하
	1,200 ~ 1,400 미만	1.56 % 이하	300 ppm 이하	2,190 ppm 이하	1.56 % 이하	300 ppm 이하	2,070 ppm 이하	2.04% 이하	390 ppm 이하	2,640 ppm 이하	2.04% 이하	390 ppm 이하	2,490 ppm 이하

	1,400 ~ 1,600 미만	1.38% 이하	270 ppm 이하	1,980 ppm 이하	1.38% 이하	270 ppm 이하	1,830 ppm 이하	1.80% 이하	360 ppm 이하	2,370 ppm 이하	1.80% 이하	360 ppm 이하	2,190 ppm 이하
	1,600~ 1,800 미만	1.23% 이하	240 ppm 이하	1,800 ppm 이하	1.23% 이하	240 ppm 이하	1,590 ppm 이하	1.59% 이하	300 ppm 이하	2,160 ppm 이하	1.59% 이하	300 ppm 이하	1,920 ppm 이하
	1,800 ~ 2,000 미만	1.14% 이하	210 ppm 이하	1,590 ppm 이하	1.14% 이하	210 ppm 이하	1,470 ppm 이하	1.47% 이하	270 ppm 이하	1,920 ppm 이하	1.47% 이하	270 ppm 이하	1,770 ppm 이하
	2,000 이상	1.05% 이하	180 ppm 이하	1,470 ppm 이하	1.05% 이하	180 ppm 이하	1,320 ppm 이하	1.38% 이하	240 ppm 이하	1,770 ppm 이하	1.38% 이하	240 ppm 이하	1,590 ppm 이하

③ 소형 승합・화물・특수자동차

연식	차량 무게 (kg)	휘발유사용 승합・화물・특수자동차 적용기간 및 배출허용기준						가스사용 승합・화물・특수자동차 적용기간 및 배출허용기준					
		2014년 12월 31일까지			2015년 1월 1일부터			2014년 12월 31일까지			2015년 1월 1일부터		
		일산화탄소	탄화수소	질소산화물	일산화탄소	탄화수소	질소산화물	일산화탄소	탄화수소	질소산화물	일산화탄소	탄화수소	질소산화물
1988년 1월1일 부터 1997년 12월31일까지	1,500 미만	8.73% 이하	690 ppm 이하	4,410 ppm 이하	6.60% 이하	600 ppm 이하	3,780 ppm 이하	11.34% 이하	900 ppm 이하	5,310 ppm 이하	8.58% 이하	780 ppm 이하	4,530 ppm 이하
	1,500 ~ 1,750 미만	7.80% 이하	630 ppm 이하	3,960 ppm 이하	5.88% 이하	540 ppm 이하	3,360 ppm 이하	10.14% 이하	810 ppm 이하	4,740 ppm 이하	7.65% 이하	720 ppm 이하	4,050 ppm 이하
	1,750 ~ 2,000 미만	6.66% 이하	540 ppm 이하	3,390 ppm 이하	5.04 % 이하	450 ppm 이하	2,880 ppm 이하	8.67% 이하	690 ppm이하	4,050 ppm 이하	6.54% 이하	600 ppm 이하	3,450 ppm 이하
	2,000 ~ 2,250 미만	6.03% 이하	480 ppm 이하	3,060 ppm 이하	4.56% 이하	420 ppm 이하	2,580 ppm 이하	7.83% 이하	630 ppm 이하	3,660 ppm 이하	5.94% 이하	540 ppm 이하	3,090 ppm 이하
	2,250 ~ 2,500 미만	5.46% 이하	450 ppm 이하	2,760 ppm 이하	4.17% 이하	390 ppm 이하	2,340 ppm 이하	7.11% 이하	570 ppm 이하	3,300 ppm 이하	5.43% 이하	510 ppm 이하	2,820 ppm 이하
	2,500 ~ 2,750 미만	4.86% 이하	390 ppm 이하	2,430 ppm 이하	3.72% 이하	360 ppm 이하	2,070 ppm 이하	6.33% 이하	510 ppm 이하	2,910 ppm 이하	4.83% 이하	480 ppm 이하	2,490 ppm 이하
	2,750 ~ 3,000 미만	4.47% 이하	360 ppm 이하	2,220 ppm 이하	3.42% 이하	330 ppm 이하	1,890 ppm 이하	5.82% 이하	480 ppm 이하	2,670 ppm 이하	4.44% 이하	420 ppm 이하	2,250 ppm 이하

	3,000 이상	4.11% 이하	330 ppm 이하	2,070 ppm 이하	3.15% 이하	300 ppm 이하	1,740 ppm 이하	5.34% 이하	450 ppm 이하	2,490 ppm 이하	4.11% 이하	390 ppm 이하	2,100 ppm 이하
1998년 1월1일 부터 2000년 12월31 일까지	1,500 미만	6.57% 이하	570 ppm 이하	3,630 ppm 이하	5.52% 이하	540 ppm 이하	3,360 ppm 이하	8.55% 이하	750 ppm 이하	4,350 ppm 이하	7.17% 이하	720 ppm 이하	4,050 ppm 이하
	1,500 ~ 1750 미만	5.88% 이하	510 ppm 이하	3,240 ppm 이하	4.92% 이하	480 ppm 이하	3,000 ppm 이하	7.65% 이하	690 ppm 이하	3,900 ppm 이하	6.39% 이하	630 ppm 이하	3,600 ppm 이하
	1,750 ~ 2,000 미만	5.04% 이하	450 ppm 이하	2,790 ppm 이하	4.23% 이하	420 ppm 이하	2,580 ppm 이하	6.54 % 이하	600 ppm 이하	3,360 ppm 이하	5.49% 이하	540 ppm 이하	3,090 ppm 이하
	2,000 ~ 2,250 미만	4.56% 이하	420 ppm 이하	2,520 ppm 이하	3.84% 이하	390 ppm 이하	2,310 ppm 이하	5.94% 이하	540 ppm 이하	3,030 ppm 이하	4.98% 이하	510 ppm 이하	2,760 ppm 이하
	2,250 ~ 2,500 미만	4.14% 이하	390 ppm 이하	2,280 ppm 이하	3.51% 이하	360 ppm 이하	2,100 ppm 이하	5.37% 이하	480 ppm 이하	2,730 ppm 이하	4.56% 이하	480 ppm 이하	2,520 ppm 이하
	2,500 ~ 2,750 미만	3.72% 이하	360 ppm 이하	2,010 ppm 이하	3.15% 이하	330 ppm 이하	1,860 ppm 이하	4.83% 이하	450 ppm 이하	2,430 ppm 이하	4.11% 이하	420 ppm 이하	2,220 ppm 이하
	2,750 ~ 3,000 미만	3.39% 이하	330 ppm 이하	1,860 ppm 이하	2.88% 이하	300 ppm 이하	1,710 ppm 이하	4.41% 이하	420 ppm 이하	2,220 ppm 이하	3.75% 이하	390 ppm 이하	2,040 ppm 이하
	3,000 이상	3.15% 이하	300 ppm 이하	1,710 ppm 이하	2.67% 이하	270 ppm 이하	1,560 ppm 이하	4.11% 이하	390 ppm 이하	2,070 ppm 이하	3.48% 이하	360 ppm 이하	1,890 ppm 이하
2001년 1월1일 부터 2003년 12월31 일까지	1,500 미만	2.28% 이하	420 ppm 이하	3,630 ppm 이하	1.44% 이하	300 ppm 이하	1,980 ppm 이하	2.97% 이하	540 ppm 이하	4,350 ppm 이하	1.86% 이하	390 ppm 이하	2,370 ppm 이하
	1,500 ~ 1,750 미만	2.07% 이하	360 ppm 이하	3,240 ppm 이하	1.29% 이하	270 ppm 이하	1,770 ppm 이하	2.70% 이하	480 ppm 이하	3,900 ppm 이하	1.68% 이하	360 ppm 이하	2,100 ppm 이하
	1,750 ~ 2,000 미만	1.80% 이하	330 ppm 이하	2,790 ppm 이하	1.47% 이하	270 ppm 이하	1,890 ppm 이하	2.34% 이하	420 ppm 이하	3,360 ppm 이하	1.92% 이하	360 ppm 이하	2,250 ppm 이하
	2,000 ~ 2,250 미만	1.65% 이하	300 ppm 이하	2,520 ppm 이하	1.35% 이하	240 ppm 이하	1,710 ppm 이하	2.16% 이하	390 ppm 이하	3,030 ppm 이하	1.77% 이하	330 ppm 이하	2,040 ppm 이하

	2,250 ~ 2,500 미만	1.53% 이하	270 ppm 이하	2,280 ppm 이하	1.26% 이하	240 ppm 이하	1,530 ppm 이하	1.98% 이하	360 ppm 이하	2,760 ppm 이하	1.65% 이하	300 ppm 이하	1,860 ppm 이하
	2,500 ~ 2,750 미만	1.38% 이하	240 ppm 이하	2,010 ppm 이하	1.14% 이하	210 ppm 이하	1,380 ppm 이하	1.80% 이하	330 ppm 이하	2,430 ppm 이하	1.47% 이하	270 ppm 이하	1,650 ppm 이하
	2,750 ~ 3,000 미만	1.29% 이하	240 ppm 이하	1,860 ppm 이하	1.05% 이하	210 ppm 이하	1,260 ppm 이하	1.68% 이하	300 ppm 이하	2,220 ppm 이하	1.38% 이하	270 ppm 이하	1,500 ppm 이하
	3,000 이상	1.23% 이하	210 ppm 이하	1,710 ppm 이하	1.02% 이하	180 ppm 이하	1,140 ppm 이하	1.59% 이하	270 ppm 이하	2,070 ppm 이하	1.32% 이하	240 ppm 이하	1,380 ppm 이하
2004년 1월1일 이후	1,500 미만	2.28% 이하	420 ppm 이하	2,850 ppm 이하	1.44% 이하	300 ppm 이하	1,980 ppm 이하	2.97% 이하	540 ppm 이하	3,420 ppm 이하	1.86% 이하	390 ppm 이하	2,370 ppm 이하
	1,500 ~ 1,750 미만	2.07% 이하	360 ppm 이하	2,550 ppm 이하	1.29% 이하	270 ppm 이하	1,770 ppm 이하	2.70% 이하	480 ppm 이하	3,060 ppm 이하	1.68% 이하	360 ppm 이하	2,100 ppm 이하
	1,750 ~ 2,000 미만	1.80% 이하	330 ppm 이하	2,190 ppm 이하	1.47% 이하	270 ppm 이하	1,890 ppm 이하	2.34% 이하	420 ppm 이하	2,640 ppm 이하	1.92% 이하	360 ppm 이하	2,250 ppm 이하
	2,000 ~ 2,250 미만	1.65% 이하	300 ppm 이하	1,980 ppm 이하	1.35% 이하	240 ppm 이하	1,680 ppm 이하	2.16% 이하	390 ppm 이하	2,370 ppm 이하	1.77% 이하	330 ppm 이하	2,040 ppm 이하
	2,250 ~ 2,500 미만	1.53% 이하	270 ppm 이하	1,800 ppm 이하	1.26% 이하	240 ppm 이하	1,530 ppm 이하	1.98% 이하	360 ppm 이하	2,160 ppm 이하	1.65% 이하	300 ppm 이하	1,860 ppm 이하
	2,500 ~ 2,750 미만	1.38% 이하	240 ppm 이하	1,590 ppm 이하	1.14% 이하	210 ppm 이하	1,380 ppm 이하	1.80% 이하	330 ppm 이하	1,920 ppm 이하	1.47% 이하	270 ppm 이하	1,650 ppm 이하
	2,750 ~ 3,000 미만	1.29% 이하	240 ppm 이하	1,470 ppm 이하	1.05% 이하	210 ppm 이하	1,260 ppm 이하	1.68% 이하	300 ppm 이하	1,770 ppm 이하	1.38% 이하	270 ppm 이하	1,500 ppm 이하
	3,000 이상	1.23% 이하	210 ppm 이하	1,380 ppm 이하	1.02% 이하	180 ppm 이하	1,140 ppm 이하	1.59% 이하	270 ppm 이하	1,650 ppm 이하	1.32% 이하	240 ppm 이하	1,380 ppm 이하

4) 운행차 정밀검사의 배출허용기준(부하검사방법)

가. 휘발유(알코올 포함)사용 자동차 또는 가스사용 자동차

① 경자동차

차종 / 검사항목 / 제작일자	휘발유사용 경자동차			가스사용 경자동차		
	일산화탄소	탄화수소	질소산화물	일산화탄소	탄화수소	질소산화물
1997년 12월 31일 이전	4.20% 이하	1,090ppm 이하	2,110ppm 이하	5.46% 이하	1,410ppm 이하	2,530ppm 이하
1998년 1월 1일부터 2000년 12월 31일까지	2.40% 이하	390ppm 이하	1,800ppm 이하	3.12% 이하	500ppm 이하	2,160ppm 이하
2001년 1월 1일부터 2003년 12월 31일까지	1.20% 이하	210ppm 이하	1,640ppm 이하	1.56% 이하	270ppm 이하	1,960ppm 이하
2004년 1월 1일부터 2005년 12월 31일까지 (가스차: 2007년 12월 31일까지)	1.00% 이하	180ppm 이하	1,240ppm 이하	1.30% 이하	230ppm 이하	1,490ppm 이하
2006년 1월 1일 이후 (가스차 : 2008년 1월 1일 이후)	1.00% 이하	180ppm 이하	1,240ppm 이하	1.30% 이하	180ppm 이하	1,490ppm 이하

② 승용차

제작일자	차량중량(kg)	휘발유사용 승용차						가스사용 승용차					
		적용기간 및 배출허용기준						적용기간 및 배출허용기준					
		2014년 12월 31일까지			2015년 1월 1일부터			2014년 12월 31일까지			2015년 1월 1일부터		
		일산화탄소	탄화수소	질소산화물	일산화탄소	탄화수소	질소산화물	일산화탄소	탄화수소	질소산화물	일산화탄소	탄화수소	질소산화물
1988년 1월 1일부터 1997년 12월 31일까지	1,000 미만	1.83% 이하	280ppm 이하	1,990ppm 이하	1.83% 이하	210ppm 이하	1,800ppm 이하	2.38% 이하	370ppm 이하	2,39ppm 이하	2.38% 이하	273ppm 이하	2,160ppm 이하
	1,000 ~ 1,200 미만	1.47% 이하	230ppm 이하	1,590ppm 이하	1.47% 이하	170ppm 이하	1,440ppm 이하	1.91% 이하	300ppm 이하	1,910ppm 이하	1.91% 이하	221ppm 이하	1,728ppm 이하
	1,200 ~ 1,400 미만	1.21% 이하	190ppm 이하	1,310ppm 이하	1.21% 이하	140ppm 이하	1,190ppm 이하	1.57% 이하	250ppm이하	1,580ppm 이하	1.57% 이하	182ppm 이하	1,428ppm 이하
	1,400 ~ 1,600 미만	1.08% 이하	170ppm 이하	1,160ppm 이하	1.08% 이하	130ppm 이하	1,050ppm 이하	1.40% 이하	220ppm이하	1,400ppm 이하	1.40% 이하	169ppm 이하	1,260ppm 이하
	1,600 ~ 1,800 미만	0.94% 이하	150ppm 이하	1,010ppm 이하	0.94% 이하	120ppm 이하	920ppm 이하	1.22% 이하	190ppm 이하	1,220ppm 이하	1.22% 이하	156ppm 이하	1,104ppm 이하
	1,800 ~ 2,000 미만	0.87% 이하	140ppm 이하	930ppm 이하	0.87% 이하	110ppm 이하	840ppm 이하	1.13% 이하	180ppm 이하	1,120ppm 이하	1.13% 이하	143ppm 이하	1,008ppm 이하
	2,000 이상	0.79% 이하	120ppm 이하	840ppm 이하	0.79% 이하	100ppm 이하	760ppm 이하	1.03% 이하	160ppm 이하	1,010ppm 이하	1.03% 이하	130ppm 이하	912ppm 이하

1998년 1월 1일부터 2000년 12월 31일까지	1,000 미만	1.22% 이하	220ppm 이하	1,550ppm 이하	1.00% 이하	180ppm 이하	1,400ppm 이하	1.59% 이하	280ppm이하	1,860ppm 이하	1.30% 이하	234ppm이하	1,680ppm 이하
	1,000 ~ 1,200 미만	0.99% 이하	180ppm 이하	1,240ppm 이하	0.81% 이하	150ppm 이하	1,120ppm 이하	1.29% 이하	230ppm이하	1,490ppm 이하	1.05% 이하	195ppm 이하	1,344ppm 이하
	1,200 ~ 1,400 미만	0.82% 이하	150ppm 이하	1,030ppm 이하	0.67% 이하	120ppm 이하	930ppm 이하	1.07% 이하	190ppm 이하	1,230ppm 이하	0.87% 이하	156ppm 이하	1,116ppm 이하
	1,400 ~ 1,600 미만	0.73% 이하	130ppm 이하	910ppm 이하	0.60% 이하	110ppm 이하	820ppm 이하	0.95% 이하	170ppm 이하	1,090ppm 이하	0.78% 이하	143ppm 이하	984ppm 이하
	1,600 ~ 1,800 미만	0.65% 이하	120ppm 이하	800ppm 이하	0.53% 이하	100ppm 이하	720ppm 이하	0.85% 이하	150ppm 이하	960ppm 이하	0.69% 이하	130ppm 이하	864ppm 이하
	1,800 ~ 2,000 미만	0.60% 이하	110ppm 이하	730ppm 이하	0.49% 이하	90ppm 이하	660ppm 이하	0.78% 이하	140ppm 이하	880ppm 이하	0.64% 이하	117ppm 이하	792ppm 이하
	2,000 이상	0.55% 이하	100ppm 이하	660ppm 이하	0.45% 이하	80ppm 이하	600ppm 이하	0.72% 이하	130ppm 이하	790ppm 이하	0.59% 이하	104ppm 이하	720ppm 이하
2001년 1월 1일부터 2005년 12월 31일까지 (가스차: 2001년 1월 1일부터 2003년 12월 31일까지)	1,000 미만	0.77% 이하	140ppm 이하	1,550ppm 이하	0.77% 이하	140ppm 이하	1,100ppm 이하	1.00% 이하	180ppm 이하	1,860ppm 이하	1.00% 이하	180ppm 이하	1,320ppm 이하
	1,000 ~ 1,200 미만	0.62% 이하	110ppm 이하	1,240ppm 이하	0.62% 이하	110ppm 이하	870ppm 이하	0.81% 이하	140ppm 이하	1,490ppm 이하	0.81% 이하	140ppm 이하	1,040ppm 이하
	1,200 ~ 1,400 미만	0.52% 이하	100ppm 이하	1,030ppm 이하	0.52% 이하	100ppm 이하	720ppm 이하	0.68% 이하	130ppm 이하	1,230ppm 이하	0.68% 이하	120ppm 이하	860ppm 이하
	1,400 ~ 1,600 미만	0.46% 이하	90ppm 이하	910ppm 이하	0.46% 이하	90ppm 이하	630ppm 이하	0.60% 이하	120ppm 이하	1,090ppm 이하	0.60% 이하	110ppm 이하	730ppm 이하
	1,600 ~ 1,800 미만	0.41% 이하	80ppm 이하	800ppm 이하	0.41% 이하	80ppm 이하	550ppm 이하	0.53% 이하	104ppm 이하	960ppm 이하	0.53% 이하	100ppm 이하	640ppm 이하
	1,800 ~ 2,000 미만	0.38% 이하	70ppm 이하	730ppm 이하	0.38% 이하	70ppm 이하	500ppm 이하	0.49% 이하	90ppm 이하	880ppm 이하	0.49% 이하	90ppm 이하	580ppm 이하
	2,000 이상	0.35% 이하	60ppm 이하	660ppm 이하	0.35% 이하	60ppm 이하	450ppm 이하	0.46% 이하	80ppm 이하	790ppm 이하	0.46% 이하	80ppm 이하	530ppm 이하
2006년 1월 1일 이후(가스차:2004년 1월 1일부터 2007년 12월 31일까지)	1,000 미만	0.77% 이하	140ppm 이하	1,030ppm 이하	0.77% 이하	59ppm 이하	1,080ppm 이하	1.00% 이하	180ppm 이하	1,240ppm 이하	1.00% 이하	180ppm 이하	1,240ppm 이하
	1,000 ~ 1,200 미만	0.62% 이하	110ppm 이하	850ppm 이하	0.62% 이하	49ppm 이하	850ppm 이하	0.81% 이하	140ppm 이하	1,020ppm 이하	0.81% 이하	140ppm 이하	1,000ppm 이하
	1,200 ~ 1,400 미만	0.52% 이하	100ppm 이하	730ppm 이하	0.52% 이하	42ppm 이하	690ppm 이하	0.68% 이하	130ppm 이하	880ppm 이하	0.68% 이하	130ppm 이하	830ppm 이하
	1,400 ~ 1,600 미만	0.46% 이하	90ppm 이하	660ppm 이하	0.46% 이하	37ppm 이하	610ppm 이하	0.60% 이하	120ppm 이하	790ppm 이하	0.60% 이하	120ppm 이하	730ppm 이하
	1,600 ~ 1,800 미만	0.41% 이하	80ppm 이하	600ppm 이하	0.41% 이하	33ppm 이하	530ppm 이하	0.53% 이하	100ppm 이하	720ppm 이하	0.53 % 이하	100ppm 이하	640ppm 이하
	1,800 ~ 2,000 미만	0.38% 이하	70ppm 이하	530ppm 이하	0.38% 이하	30ppm 이하	490ppm 이하	0.49% 이하	90ppm 이하	640ppm 이하	0.49% 이하	90ppm 이하	590ppm 이하
	2,000 이상	0.35% 이하	60ppm 이하	490ppm 이하	0.35% 이하	30ppm 이하	440ppm 이하	0.46% 이하	80ppm 이하	590ppm 이하	0.46% 이하	80 ppm 이하	530ppm 이하

2006년 1월 1일 이후(가스차:2008년 1월 1일 이후)	1,000 미만	0.77% 이하	140ppm 이하	1,030ppm 이하	0.77% 이하	59ppm 이하	1,080ppm 이하	1.00% 이하	180ppm 이하	1,240ppm 이하	1.00% 이하	59ppm 이하	1,240ppm 이하
	1,000 ~ 1,200 미만	0.62% 이하	110ppm 이하	850ppm 이하	0.62% 이하	49ppm 이하	850ppm 이하	0.81% 이하	140ppm 이하	1,020ppm 이하	0.81% 이하	49ppm 이하	1,000ppm 이하
	1,200 ~ 1,400 미만	0.52% 이하	100ppm 이하	730ppm 이하	0.52% 이하	42ppm 이하	690ppm 이하	0.68% 이하	130ppm 이하	880ppm 이하	0.68% 이하	42ppm 이하	830ppm 이하
	1,400 ~ 1,600 미만	0.46% 이하	90ppm 이하	660ppm 이하	0.46% 이하	37ppm 이하	610ppm 이하	0.60% 이하	120ppm 이하	790ppm 이하	0.60% 이하	37ppm 이하	730ppm 이하
	1,600 ~ 1,800 미만	0.41% 이하	80ppm 이하	600ppm 이하	0.41% 이하	33ppm 이하	530ppm 이하	0.53% 이하	100ppm 이하	720ppm 이하	0.53% 이하	33ppm 이하	640ppm 이하
	1,800 ~ 2,000 미만	0.38% 이하	70ppm 이하	530ppm 이하	0.38% 이하	30ppm 이하	490ppm 이하	0.49% 이하	90ppm 이하	640ppm 이하	0.49% 이하	30ppm 이하	590ppm 이하
	2,000 이상	0.35% 이하	60ppm 이하	490ppm 이하	0.35% 이하	30ppm 이하	440ppm 이하	0.46% 이하	80ppm 이하	590ppm 이하	0.46% 이하	30ppm 이하	530ppm 이하

③ 소형 승합 · 화물 · 특수자동차

제작일자	차량중량(kg)	휘발유사용 승합·화물·특수자동차						가스사용 승합·화물·특수자동차					
		적용기간 및 배출허용기준						적용기간 및 배출허용기준					
		2014년 12월 31일까지			2015년 1월 1일부터			2014년 12월 31일까지			2015년 1월 1일부터		
		일산화탄소	탄화수소	질소산화물	일산화탄소	탄화수소	질소산화물	일산화탄소	탄화수소	질소산화물	일산화탄소	탄화수소	질소산화물
1988년 1월 1일부터 1997년 12월 31일까지	1,500 미만	2.91% 이하	230ppm이하	1,470ppm 이하	2.20% 이하	200ppm 이하	1,260ppm 이하	3.78% 이하	300ppm이하	1,770ppm 이하	2.86% 이하	260ppm이하	1,510ppm 이하
	1,500 ~ 1,750 미만	2.60% 이하	210ppm 이하	1,320ppm 이하	1.96% 이하	180ppm 이하	1,120ppm 이하	3.38% 이하	270ppm이하	1,580ppm 이하	2.55% 이하	240ppm이하	1,350ppm 이하
	1,750 ~ 2,000 미만	2.22% 이하	180ppm 이하	1,130ppm 이하	1.68 % 이하	150ppm 이하	960ppm 이하	2.89% 이하	230ppm이하	1,350ppm 이하	2.18% 이하	200ppm이하	1,150ppm 이하
	2,000 ~ 2,250 미만	2.01% 이하	160ppm 이하	1,020ppm 이하	1.52% 이하	140ppm 이하	860ppm 이하	2.61% 이하	210ppm 이하	1,220ppm 이하	1.98% 이하	180ppm 이하	1,030ppm 이하
	2,250 ~ 2,500 미만	1.82% 이하	150ppm 이하	920ppm 이하	1.39% 이하	130ppm 이하	780ppm 이하	2.37% 이하	190ppm 이하	1,100ppm 이하	1.81% 이하	170ppm 이하	940ppm 이하

	2,500 ~ 2,750 미만	1.62% 이하	130ppm 이하	810ppm 이하	1.24% 이하	120ppm 이하	690ppm 이하	2.11% 이하	170ppm 이하	970ppm 이하	1.61% 이하	160ppm 이하	830ppm 이하
	2,750 ~ 3,000 미만	1.49% 이하	120ppm 이하	740ppm 이하	1.14% 이하	110ppm 이하	630ppm 이하	1.94% 이하	160ppm 이하	890ppm 이하	1.48% 이하	140ppm 이하	750ppm 이하
	3,000 이상	1.37% 이하	110ppm 이하	690ppm 이하	1.05% 이하	100ppm 이하	580ppm 이하	1.78% 이하	150ppm 이하	830ppm 이하	1.37% 이하	130ppm 이하	700ppm 이하
1998년 1월 1일부터 2000년 12월 31일까지	1,500 미만	2.19% 이하	190ppm 이하	1,210ppm 이하	1.84% 이하	180ppm 이하	1,120ppm 이하	2.85% 이하	250ppm이하	1,450ppm 이하	2.39% 이하	240ppm이하	1,350ppm 이하
	1,500 ~ 1,750 미만	1.96% 이하	170ppm 이하	1,080ppm 이하	1.64% 이하	160ppm 이하	1000ppm 이하	2.55% 이하	230ppm이하	1,300ppm 이하	2.13% 이하	210ppm 이하	1,200ppm 이하
	1,750 ~ 2,000 미만	1.68% 이하	150ppm 이하	930ppm 이하	1.41% 이하	140ppm 이하	860ppm 이하	2.18% 이하	200ppm이하	1,120ppm 이하	1.83% 이하	180ppm 이하	1,030ppm 이하
	2,000 ~ 2,250 미만	1.52% 이하	140ppm 이하	840ppm 이하	1.28% 이하	130ppm 이하	770ppm 이하	1.98% 이하	180ppm 이하	1,010ppm 이하	1.66% 이하	170ppm 이하	920ppm 이하
	2,250 ~ 2,500 미만	1.38% 이하	130ppm 이하	760ppm 이하	1.17% 이하	120ppm 이하	700ppm 이하	1.79% 이하	160ppm 이하	910ppm 이하	1.52% 이하	160ppm 이하	840ppm 이하
	2,500 ~ 2,750 미만	1.24% 이하	120ppm 이하	670ppm 이하	1.05% 이하	110ppm 이하	620ppm 이하	1.61% 이하	150ppm 이하	810ppm 이하	1.37% 이하	140ppm 이하	740ppm 이하
	2,750 ~ 3,000 미만	1.13% 이하	110ppm 이하	620ppm 이하	0.96% 이하	100ppm 이하	570ppm 이하	1.47% 이하	140ppm 이하	740ppm 이하	1.25% 이하	130ppm 이하	680ppm 이하
	3,000 이상	1.05% 이하	100ppm 이하	570ppm 이하	0.89% 이하	90ppm 이하	520ppm 이하	1.37% 이하	130ppm 이하	690ppm 이하	1.16% 이하	120ppm 이하	630ppm 이하
2001년 1월 1일부터 2003년 12월 31일까지	1,500 미만	0.76% 이하	140ppm 이하	1,210ppm 이하	0.48% 이하	100ppm 이하	660ppm 이하	0.99% 이하	180ppm 이하	1,450ppm 이하	0.62% 이하	130ppm 이하	790ppm 이하
	1,500 ~ 1,750 미만	0.69% 이하	120ppm 이하	1,080ppm 이하	0.43% 이하	90ppm 이하	590ppm 이하	0.90% 이하	160ppm 이하	1,300ppm 이하	0.56% 이하	120ppm 이하	700ppm 이하
	1,750 ~ 2,000 미만	0.60% 이하	110ppm 이하	930ppm 이하	0.49% 이하	90ppm 이하	630ppm 이하	0.78% 이하	140ppm 이하	1,120ppm 이하	0.64% 이하	120ppm 이하	750ppm 이하
	2,000 ~ 2,250 미만	0.55% 이하	100ppm 이하	840ppm 이하	0.45% 이하	80ppm 이하	570ppm 이하	0.72% 이하	130ppm 이하	1,010ppm 이하	0.59% 이하	110ppm 이하	680ppm 이하
	2,250 ~ 2,500 미만	0.51% 이하	90ppm 이하	760ppm 이하	0.42% 이하	80ppm 이하	510ppm 이하	0.66% 이하	120ppm 이하	920ppm 이하	0.55% 이하	100ppm 이하	620ppm 이하
	2,500 ~ 2,750 미만	0.46 이하	80ppm 이하	670ppm 이하	0.38% 이하	70ppm 이하	460ppm 이하	0.60% 이하	110ppm 이하	810ppm 이하	0.49% 이하	90ppm 이하	550ppm 이하

	2,750 ~ 3,000 미만	0.43% 이하	80ppm 이하	620ppm 이하	0.35% 이하	70ppm 이하	420ppm 이하	0.56% 이하	100ppm 이하	740ppm 이하	0.46% 이하	90ppm 이하	500ppm 이하
	3,000 이상	0.41% 이하	70ppm 이하	570ppm 이하	0.34% 이하	60ppm 이하	380ppm 이하	0.53% 이하	90ppm 이하	690ppm 이하	0.44% 이하	80ppm 이하	460ppm 이하
2004년 1월 1일 이후	1,500 미만	0.76% 이하	140ppm 이하	950ppm 이하	0.48% 이하	100ppm 이하	660ppm 이하	0.99% 이하	180ppm 이하	1,140ppm 이하	0.62% 이하	130ppm 이하	790ppm 이하
	1,500 ~ 1,750 미만	0.69% 이하	120ppm 이하	850ppm 이하	0.43% 이하	90ppm 이하	590ppm 이하	0.90% 이하	160ppm 이하	1,020ppm 이하	0.56% 이하	120ppm 이하	700ppm 이하
	1,750 ~ 2,000 미만	0.60% 이하	110ppm 이하	730ppm 이하	0.49% 이하	90ppm 이하	630ppm 이하	0.78% 이하	140ppm 이하	880ppm 이하	0.64% 이하	120ppm 이하	750ppm 이하
	2,000 ~ 2,250 미만	0.55% 이하	100ppm 이하	660ppm 이하	0.45% 이하	80ppm 이하	560ppm 이하	0.72% 이하	130ppm 이하	790ppm 이하	0.59% 이하	110ppm 이하	680ppm 이하
	2,250 ~ 2,500 미만	0.51% 이하	90ppm 이하	600ppm 이하	0.42% 이하	80ppm 이하	510ppm 이하	0.66% 이하	120ppm 이하	720ppm 이하	0.55% 이하	100ppm 이하	620ppm 이하
	2,500 ~ 2,750 미만	0.46% 이하	80ppm 이하	530ppm 이하	0.38% 이하	70ppm 이하	460ppm 이하	0.60% 이하	110ppm 이하	640ppm 이하	0.49% 이하	90ppm 이하	550ppm 이하
	2,750 ~ 3,000 미만	0.43% 이하	80ppm 이하	490ppm 이하	0.35% 이하	70ppm 이하	420ppm 이하	0.56% 이하	100ppm 이하	590ppm 이하	0.46% 이하	90ppm 이하	500ppm 이하
	3,000 이상	0.41% 이하	70ppm 이하	460ppm 이하	0.34% 이하	60ppm 이하	380ppm 이하	0.53% 이하	90ppm 이하	550ppm 이하	0.44% 이하	80ppm 이하	460ppm 이하

④ 중 · 대형 승합 · 화물 · 특수자동차

제작일자	차량중량(kg)	휘발유사용 승합 · 화물 · 특수자동차			가스사용 승합 · 화물 · 특수자동차		
		일산화탄소	탄화수소	질소산화물	일산화탄소	탄화수소	질소산화물
1988년 1월 1일부터 2000년 12월 31일까지	1,750 미만	2.51% 이하	200ppm 이하	1,950ppm 이하	3.26% 이하	260ppm 이하	2,340ppm 이하
	1,750 ~ 2,000 미만	2.22% 이하	180ppm 이하	1,720ppm 이하	2.89% 이하	230ppm 이하	2,070ppm 이하
	2,000 ~ 2,250 미만	2.01% 이하	160ppm 이하	1,550ppm 이하	2.61% 이하	210ppm 이하	1,860ppm 이하
	2,250 ~ 2,500 미만	1.82% 이하	150ppm 이하	1,400ppm 이하	2.37% 이하	190ppm 이하	1,680ppm 이하
	2,500 ~ 2,750 미만	1.62% 이하	130ppm 이하	1,230ppm 이하	2.11% 이하	170ppm 이하	1,480ppm 이하
	2,750 ~ 3,000 미만	1.49% 이하	120ppm 이하	1,120ppm 이하	1.94% 이하	160ppm 이하	1,340ppm 이하
	3,000 ~ 3,250 미만	1.37% 이하	110ppm 이하	1,040ppm 이하	1.78% 이하	150ppm 이하	1,250ppm 이하
	3,250 이상	1.36% 이하	110ppm 이하	1,040ppm 이하	1.77% 이하	150 ppm 이하	1,240ppm 이하

2001년 1월 1일부터 2003년 12월 31일까지	1,750 미만	1.89% 이하	170ppm 이하	1,720ppm 이하	2.46% 이하	220ppm 이하	2,070ppm 이하
	1,750 ~ 2,000 미만	1.68% 이하	150ppm 이하	1,530ppm 이하	2.18% 이하	200ppm 이하	1,830ppm 이하
	2,000 ~ 2,250 미만	1.52% 이하	140ppm 이하	1,370ppm 이하	1.98% 이하	180ppm 이하	1,640ppm 이하
	2,250 ~ 2,500 미만	1.38% 이하	130ppm 이하	1,240ppm 이하	1.79% 이하	160ppm 이하	1,480ppm 이하
	2,500 ~ 2,750 미만	1.24% 이하	110ppm 이하	1,090ppm 이하	1.61% 이하	150ppm 이하	1,310ppm 이하
	2,750 ~ 3,000 미만	1.13% 이하	100ppm 이하	990ppm 이하	1.47% 이하	140ppm 이하	1,190ppm 이하
	3,000 ~ 3,250 미만	1.05% 이하	100ppm 이하	920ppm 이하	1.37% 이하	130ppm 이하	1,110ppm 이하
	3,250 이상	1.04% 이하	100ppm 이하	920ppm 이하	1.35% 이하	130ppm 이하	1,110ppm 이하
2004년 1월 1일 이후	1,750 미만	1.89% 이하	170ppm 이하	1,500ppm 이하	2.46% 이하	220ppm 이하	1,800ppm 이하
	1,750 ~ 2,000 미만	1.68% 이하	150ppm 이하	1,330ppm 이하	2.18% 이하	200ppm 이하	1,590ppm 이하
	2,000 ~ 2,250 미만	1.52% 이하	140ppm 이하	1,190ppm 이하	1.98% 이하	180ppm 이하	1,430ppm 이하
	2,250 ~ 2,500 미만	1.38% 이하	130ppm 이하	1,080ppm 이하	1.79% 이하	160ppm 이하	1,290ppm 이하
	2,500 ~ 2,750 미만	1.24% 이하	110ppm 이하	950ppm 이하	1.61% 이하	150ppm 이하	1,140ppm 이하
	2,750 ~ 3,000 미만	1.13% 이하	100ppm 이하	870ppm 이하	1.47% 이하	140ppm 이하	1,040ppm 이하
	3,000 ~ 3,250 미만	1.05% 이하	100ppm 이하	810ppm 이하	1.37% 이하	130ppm 이하	970ppm 이하
	3,250 이상	1.04% 이하	100ppm 이하	810ppm 이하	1.35% 이하	130ppm 이하	970ppm 이하

나. 경유사용 자동차

검사항목 / 적용일자 / 제작일자	매연	
	2011년 12월 31일까지	2012년 1월 1일 이후
1992년 12월 31일 이전	50% 이하	45% 이하
1993년 1월 1일부터 1995년 12월 31일까지	45% 이하	40% 이하
1996년 1월 1일부터 2000년 12월 31일까지	40% 이하	35% 이하
2001년 1월 1일부터 2007년 12월 31일까지	30% 이하	25% 이하
2008년 1월 1일 이후	20% 이하	15% 이하

[비고]

경유사용 자동차에 대한 검사방법은 한국형 경유147(KD147모드) 검사방법을 적용한다. 다만, 특수한 구조 등으로 한국형 경유147(KD147모드) 검사방법을 적용할 수 없는 자동차인 경우에는 다음의 엔진회전수 제어방식(Lug-Down3모드)을 적용하여 검사한다. 이 경우 자동차검사 전산정보처리조직에 그 사유를 기록하여야 한다.

구분	제작일자	매연		
		1모드	2모드	3모드
가) 차량총중량 5.5톤 이하 자동차	1995년 12월 31일 이전	70% 이하		
	1996년 1월 1일부터 2000년 12월 31일까지	60% 이하		
	2001년 1월 1일부터 2007년 12월 31일까지	50% 이하		
	2008년 1월 1일 이후	20% 이하		
나) 차량총중량 5.5톤 초과 자동차	1995년 12월 31일 이전	50% 이하		
	1996년 1월 1일부터 2000년 12월 31일까지	45% 이하		
	2001년 1월 1일부터 2007년 12월 31일까지	30% 이하		
	2008년 1월 1일 이후	15% 이하		

5) 구조변경 및 임시검사자동차

정밀검사 시행지역에 등록된 자동차 중「자동차관리법 시행규칙」제78조에 따라 구조변경검사(원동기·연료장치 및 배기가스발산방지장치에 대한 구조변경검사를 말한다)를 신청하는 자동차 또는「여객자동차 운수사업법 시행령」별표 2에 따라「자동차관리법」제43조제1항제4호에 따른 임시검사를 신청하는 자동차에 대한 운행차배출허용기준은 제3호의 운행차 정밀검사의 배출허용기준에 따른다.

(4) 운행차의 배출가스 정기 검사

1) 관련 법규

① 자동차의 소유자는「자동차관리법」제43조제1항제2호와「건설기계관리법」제13조제1항제2호에 따라 일정 기간마다 그 자동차에서 나오는 배출가스가 운행차배출허용기준에 맞는지를 검사하는 운행차 배출가스 정기검사를 받아야 한다. 다만, 저공해자동차 중 환경부령으로 정하는 자동차와 제63조에 따른 정밀검사 대상 자동차의 경우에는 해당 연도의 배출가스 정기검사 대상에서 제외한다.

② 배출가스 정기검사의 방법, 검사항목, 검사기관의 검사능력, 검사의 대상 및 검사 주기 등에 관하여 필요한 사항은 자동차의 종류에 따라 각각 환경부령으로 정한다

2) 정기검사의 방법 및 기준

검사항목	검사기준	검사방법
가. 검사 전 확인	검사대상자동차가 아래의 조건에 적합할 것 1) 검사를 위한 장비 조작 및 검사요건에 적합할 것	가) 배기관에 시료채취관이 충분히 삽입될 수 있는 구조인지 확인 나) 경유차의 경우 가속페달을 최대로 밟았을 때 원동기의 회전속도가 최대출력 시의 회전속도를 초과하여야 함
	2) 배출가스 관련 부품이 빠져나가 훼손되어 있지 않을 것	정화용 촉매, 선택적환원촉매장치(SCR), 매연여과장치 및 그 밖에 육안검사가 가능한 부품의 장착상태를 확인
	3) 배출가스 관련 장치의 봉인이 훼손되어 있지 않을 것	조속기 등 배출가스 관련 장치의 봉인 훼손 여부를 확인
	4) 배출가스가 최종배출구 이전에서 유출되지 않을 것	배출가스가 배출가스정화장치로 유입이전 또는 최종배기구 이전에서 유출되는지 여부를 확인
나. 배출가스 검사대상 자동차의 상태	검사대상자동차가 아래의 조건에 적합한지를 확인할 것 1) 원동기가 충분히 예열되어 있을 것	가) 수냉식 기관의 경우 계기판 온도가 40℃ 이상 또는 계기판 눈금이 1/4 이상이어야 하며, 원동기가 과열되었을 경우에는 원동기실 덮개를 열고 5분 이상 지난 후 정상상태가 되었을 때 측정 나) 온도계가 없거나 고장인 자동차는 원동기를 시동하여 5분이 지난 후 측정
	2) 변속기는 중립의 위치에 있을 것	변속기의 기어는 중립(자동변속기는 N)위치에 두고 클러치를 밟지 않은 상태(연결된 상태)인지를 확인
	3) 냉방장치 등 부속장치는 가동을 정지할 것	냉·난방장치, 서리 제거기 등 배출가스에 영향을 미치는 부속장치의 작동 여부를 확인
다. 배출가스 및 공기과잉률 검사	일산화탄소, 탄화수소, 공기과잉률의 측정결과가 저속공회전 검사모드 및 고속공회전 검사모드 모두 운행차 배출가스 정기검사의 배출허용기준에 각각 적합하여야 한다.	가) 저속공회전 검사모드(Low Speed Idle Mode) (1) 측정대상자동차의 상태가 정상으로 확인 되면 원동기가 가동되어 공회전(500~1,000rpm) 되어 있으며, 가속페달을 밟지 않은 상태에서 시료채취 관을 배기관 내에 30㎝ 이상 삽입한다. (2) 측정기 지시가 안정된 후 일산화탄소는 소수점 둘째자리 이하는 버리고 0.1% 단위로, 탄화수소는 소수점 첫째자리 이하는 버리고 1ppm단위로, 공기 과잉률(λ)은 소수점 둘째 자리에서 0.01단위로 최 종측정치를 읽는다. 다만, 측정치가 불안정할 경우 에는 5초간의 평균치로 읽는다.

		나) 고속공회전 검사모드(High Speed Idle Mode) (1) 저속공회전모드에서 배출가스 및 공기과잉률검 사가 끝나면, 즉시 정지가동상태에서 원동기의 회전 수를 2,500±300rpm으로 가속하여 유지 시킨다(승 용차 및 차량 총중량 3.5톤 미만의 소형자동차에 한 정하여 적용한다). (2) 측정기 지시가 안정된 후 일산화탄소는 소수점 둘째자리 이하는 버리고 0.1% 단위로, 탄화수소는 소수점 첫째자리 이하는 버리고 1ppm단위로, 공기 과잉률(λ)은 소수점 둘째자리에서 0.01단위로 최 종측정치를 읽는다. 다만, 측정치가 불안정할 경우 에는 5초간의 평균치로 읽는다.
라. 매연	광투과식 분석방법(부분유량 채취방식만 해당한다)을 채택한 매연측정기를 사용하여 매연을 측정한 경우 측정한 매연의 농도가 운행차정기검사의 광투과식 매연 배출허용기준에 적합할 것	가) 측정대상자동차의 원동기를 중립인 상태(정지가동상태)에서 급가속하여 최고 회전속도 도달 후 2초간 공회전시키고 정지가동(Idle) 상태로 5~6초간 둔다. 이와 같은 과정을 3회 반복 실시한다. 나) 측정기의 시료채취관을 배기관의 벽면으로부터 5㎜ 이상 떨어지도록 설치하고 5㎝ 정도의 깊이로 삽입한다. 다) 가속페달에 발을 올려놓고 원동기의 최고회전속도에 도달할 때까지 급속히 밟으면서 시료를 채취한다. 이때 가속페달을 밟을 때부터 놓을 때까지 걸리는 시간은 4초 이내로 한다.
		라) 위 다)의 방법으로 3회 연속 측정한 매연농도를 산술 평균하여 소수점 이하는 버린 값을 최종측정치로 한다. 다만, 3회 연속 측정한 매연농도의 최대치와 최소치의 차가 5%를 초과하거나 최종측정치가 배출허용기준에 맞지 아니한 경우에는 순차적으로 1회씩 더 측정하여 최대 5회까지 측정하면서 매회 측정시마다 마지막 3회의 측정치를 산출하여 마지막 3회의 최대치와 최소치의 차가 5% 이내이고 측정치의 산술평균값도 배출허용기준 이내이면 측정을 마치고 이를 최종측정치로 한다. 마) 위 라)의 단서에 따른 방법으로 5회까지 반복 측정하여도 최대치와 최소치의 차가 5%를 초과하거나 배출허용기준에 맞지 아니한 경우에는 마지막 3회(3회, 4회, 5회)의 측정치를 산술하여 평균값을 최종측정치로 한다.

[비고]

1. 특수용도로 사용하기 위하여 특수장치 또는 엔진성능 제어장치 등을 부착하여 엔진최고회전수 등을 제한하는 자동차인 경우에는 해당 자동차의 측정 엔진최고회전수를 엔진정격회전

수로 수정・적용하여 배출가스검사를 시행할 수 있다.

2. 배출가스 및 공기과잉률 검사에서 검사대상 자동차의 엔진회전수가 저속공회전 검사모드 또는 고속공회전 검사모드 범위를 어느 하나라도 벗어나면 검사모드는 즉시 중지하여야 한다.
3. 하이브리드 자동차의 경우 엔진 구동이 되지 않거나 공회전수가 검사 범위를 벗어나 무부하(공회전) 검사가 불가능한 경우에는 무부하(공회전) 검사를 면제한다.
4. 위 표에서 정한 운행차 배출가스 정기검사의 방법 및 기준 외의 사항에 대해서는 제83조제2항에 따라 환경부장관이 정하는 운행차배출가스측정방법에 관한 고시를 준용한다.

2-3 배기가스 측정

(1) 배기가스 측정기

휘발유 및 가스 사용 운행차에서 배기가스 중의 일산화탄소(CO), 탄화수소(HC) 등을 측정하는 데는 비분산적외선(NDIR) 분석방법을 채택한 측정기를 사용하여 측정한다.

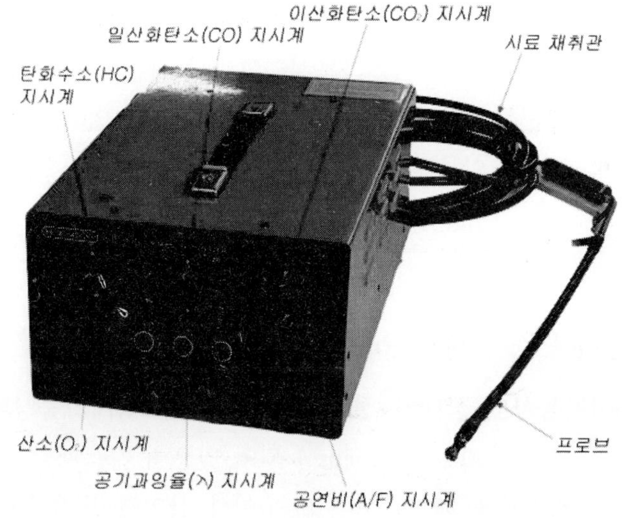

[그림 4-1] 배기가스 측정기

(2) 측정 전 확인

① 배기관에 시료채취관이 충분히 삽입될 수 있는 구조인지 여부 확인
② 정화용 촉매 등 배출가스 관련부품이 탈거, 훼손되어 있지 않을 것
③ 배출가스가 배출가스 정화장치로 유입이전 또는 최종배기구 이전에서 유출

되는지 여부를 확인

(3) 측정 자동차의 상태

① 자동차 원동기는 적당히 예열되어 있어야 한다. 특히 주차상태에 있거나, 장시간 운행하지 않은 자동차 충분히 예열이 된 후 측정하도록 주의하여야 한다.

(가) 수냉식 기관의 경우 계기판 온도가 40℃ 이상 또는 계기판 눈금이 1/4이상이어야하며 원동기가 과열되었을 경우에는 원동기실 덮개를 열고 5분 이상 지난 후 정상상태가 되었을 때 측정한다.

(나) 온도계가 없거나 고장인 자동차는 원동기를 시동하여 5분이 지난 후 측정

② 변속기 기어는 중립(자동변속기는 N)위치에 두고 클러치를 밟지 않은 상태(연결된 상태)인지 여부를 확인한다.

③ 냉·난방장치, 서리제거기 등 배출가스에 영향을 미치는 부속장치는 작동하지 않은 상태로 원동기를 가동시키고 배기관은 바람이 부는 경우 바람의 영향을 받지 않는 방향으로 하며, 배기관의 파손 및 훼손 등으로 배출가스가 새어나오거나 외부공기가 유입되지 않은 지 필히 확인하여야 한다.

(4) 측정방법

1) 저속 공회전 검사 모드(Low Speed Idle Mode)

① 측정대상자동차의 상태가 정상으로 확인되면 정지가동상태, 즉 원동기가 가동되어 공회전(500~1,000rpm) 되어 있으며 가속페달을 밟지 않은 상태에서 시료채취관을 배기관내에 30㎝이상 삽입하고 시료채취 펌프를 작동시킨다. 배기관이 30㎝이하일 경우는 연장관을 사용한다.

② 측정기 지시계가 안정(채취관 삽입 후 10초이상 경과)되면 배출가스농도를 읽어 기록한다.

③ 배기관이 2개 이상일 경우에는 임의의 배기관 1개를 선정하여 측정한 후 측정치를 산출한다. 다만, 자동차용 원동기 배기관과 냉·난방용 원동기배기관이 별도로 있을 경우에는 자동차용 원동기 배기관에서만 측정한다.

④ 측정 종료 후 배기관에서 시료채취관을 빼고 그대로 3분 이상 펌프를 공회

전시켜 공기로 충분히 세척한 후 에 다음 측정을 실시한다.

⑤ 시료채취관은 측정 시에만 삽입하고 장시간 배기관에 삽입하여 두지 않도록 한다. 또한 측정 도중 외부공기가 새어 들어오지 않도록 배기관 시료채취관 등의 파손 및 누설 여부를 수시로 확인한다.

2) 고속 공회전 검사 모드(High Speed Idle Mode)

① 저속공회전모드에서 배출가스 및 공기과잉률검사가 끝나면, 즉시 정지가동 상태에서 원동기의 회전수를 2,500±300rpm으로 가속하여 유지 시킨다(승용차 및 차량 총중량 3.5톤 미만의 소형자동차에 한정하여 적용한다).

② 이하의 측정은 저속 공회전 검사 모드와 같은 방법으로 시행한다.

(5) 측정치의 산출

① 일산화탄소는 소숫점 둘째자리 이하는 버리고 0.1% 단위로 측정결과를 산출한다.

② 탄화수소는 소숫점 첫째자리 이하는 버리고 1ppm단위로 측정결과를 산출한다.

③ 공기과잉률(λ)은 소숫점 둘째자리에서 0.01단위로 최종측정치를 읽는다.

④ 단, 측정치가 불안정할 경우에는 5초간의 평균치로 읽는다.

(6) 배기가스 측정 실무

① 자동차의 시동을 걸고 엔진을 충분히 예열시킨다, 자동차의 변속 기어는 중립 상태를 유지한다.

② 배기가스측정기의 전원을 켜고 측정기를 예열시킨다.

③ 배기가스측정기의 측정 준비가 완료되고, 자동차의 예열이 완료되었는 지 확인한다,

④ 측정 프로브(시료채취관)을 자동차의 배기관에 삽입한다,

⑤ 측정 프로브는 자동차 배기관에 30cm이상 삽입하고 빠지지 않도록 주의한다.

⑥ 측정 프로브 삽입 후 측정기의 지시계가 안정(프로브 삽입 후 10초 이상)되도록 기다린다. 배기가스 측정치를 읽는다.

⑦ 배기관에서 프로브를 빼고 측정을 종료한다.

3. 매연 측정

3-1 매 연

경유를 원료로 하는 디젤자동차에서 배출되는 매연은 사람이 눈에 잘 띄며 악취 뿐 아니라 운전자의 시야를 방해하여 규제의 대상이 되고 있다.

디젤 엔진의 배기연은 색상에 따라 3가지로 분류할 수 있다.

① **흑연**

열연이라고도 부르며 연소실 내의 국부적 과농 혼합기에 의거 생성되는 탄소 미립자의 부유물이다.

② **백연**

냉연이라고도 부르며 냉간 운전 또는 엔진 실화에 의해 생기는 미소입자의 안개현상 또는 수증기의 냉각으로 발생하는 안개 현상을 발한다.

③ **청연**

난기 운전 시 배기관 개구부로부터 약간 떨어진 곳에서 볼 수 있는 가벼운 점성을 가진 액상물질로서 소량의 산소를 함유한 탄화수소의 혼합물이다.

3-2 매연 측정 검사

(1) 여지 반사식 무부하 급가속 검사

1) 여지 반사식 매연 측정기

여지반사식 매연측정기는 디젤엔진에서 배출되는 배기연을 일정시간 흡입펌프로 흡입하여 배기연 중의 탄소입자를 여과지의 일정면적에 부착시키고 여과지가 어느 정도 오염되어 있는 지 빛을 여과지에 조사하고 그 반사광을 전류로 변환하여 지시계로 매연농도를 측정하는 기기이다.

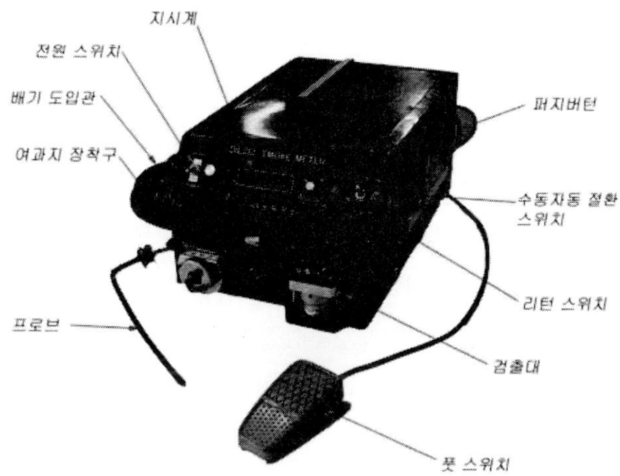

[그림 4-2] 매연 측정기

2) 측정 준비

① 프로브와 배기도입관을 접속하여 측정기 본체의 배기도입관 취부구에 연결한다.

② 측정기 뒷면에 있는 공기 호스 취부구에 공기 호스를 연결한다.

③ 풋 스위치(foot switch) 콘넥터에 풋 스위치용 코드를 접속한다.

④ 전원 코드를 접속한다.

⑤ 전원 스위치를 ON하고 2~3분간 워밍업시킨다.

⑥ 새로운 여과지 10매 위에 교정용 표준지 1매를 포개서 검출대에 얹고 검출버턴을 누른 채 지침조정손잡이로 표준지의 표시치 맞춘다.

⑦ 풋 스위치를 자동차의 가속페달에 위치시킨다.

⑧ 프로브를 차의 배기관에 꽂고 고정시킨다.

3) 측정방법

① 측정대상자동차의 원동기를 중립인 상태 (정지가동상태)에서 급가속하여, 최고회전속도 도달후 2초간 공회전시키고 정지가동(아이들링) 상태로 5~6초간 둔다. 이와 같은 과정을 3회 반복 실시한다. 이는 원동기를 정상상태로 할 뿐만 아니라 배기관 내에 축적되어 있는 매연을 배출시키기 위함이다.

② 측정기의 시료채취관을 배기관의 중앙에 오도록 하고 20㎝정도의 깊이로 삽입한다.

③ 규정된 여과지를 측정기의 시료채취구에 삽입한다.

④ 풋 스위치 위에서 자동차의 가속페달을 원동기의 최고 회전속도에 도달할 때까지 급속히 밟으면서 동시에 시료채취펌프를 작동시킨다. 가속페달을 밟을 때부터 놓을 때까지의 소요시간은 4초 이내로 하고 그 시간 이내에 시료를 채취하여야 한다.

⑤ 매연채취가 끝나면 시료채취구에서 여지를 뽑아내어 매연농도를 측정하고 시료채취관은 압축공기로 청소한다. 여지의 매연농도가 자동으로 측정될 경우에는 별도의 매연 농도 측정절차를 거치지 아니한다.

⑥ 원동기의 급가속 시부터 시료채취관의 압축공기 청소까지에 소요되는 시간은 15초 정도로 한다.

⑦ 새로운 여지를 삽입하여 측정을 시작하며 이상의 방법으로 3회 연속 측정한다.

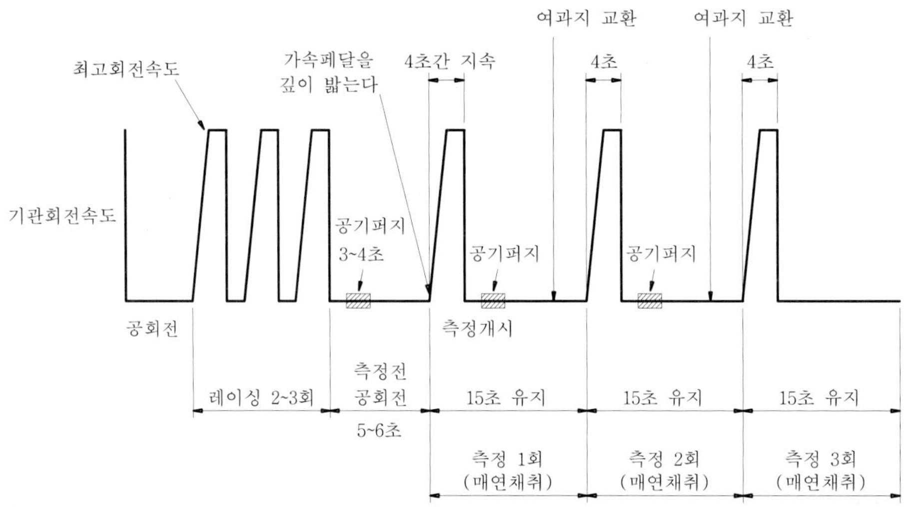

[그림 4-3] 운행차의 매연측정방법

4) 측정치의 산출

① 3회 연속 측정한 매연농도를 산술평균하여 소수점 이하는 버린 값을 최종 측정치로 한다.

② 이때 3회 측정한 매연농도의 최대치와 최소치의 차가 5%를 초과하는 때에는 2회를 다시 측정하여 총 5회 중 최대치와 최소치를 제외한 나머지 3회의 측정치를 산술평균 한다.

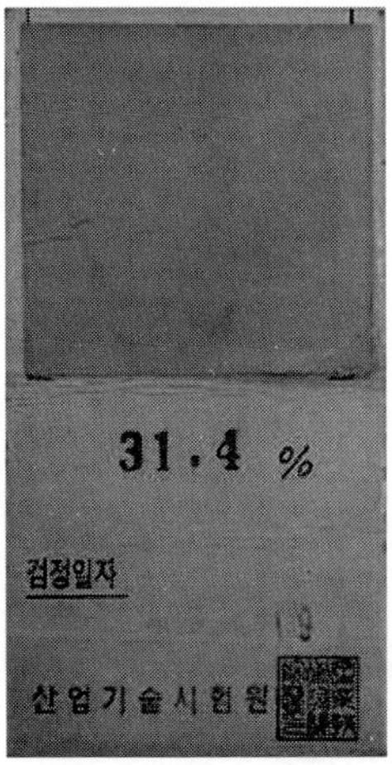

[그림 4-4] 교정용 표준지

(2) 광투과식 무부하 급가속 검사

무부하정지가동(아이들링)상태에서 엔진을 급가속하여 배출되는 매연의 농도를 부분유량채취방식의 광투과식 분석방법을 채택한 측정기를 사용하여 측정한다.

1) 광투과식 매연 측정기

① 측정기는 형식승인된 기기로서 최근 1년 이내에 정도검사를 필한 것이어야 하며, 안정된 전원에 연결하여 충분히 예열하여 안정화시킨 후 측정기 사용설명서에 따라 조작한다.

② 측정기의 영점을 조정한다. 다만, 영점조정 시 자동차 엔진이 정지된 상태에서 시행하여야 하며, 매연농도가 5% 이상으로 측정된 경우에는 영점조정 되지 않아야 한다.

③ 채취부 및 연결호스 내에 매연이 축적되어 있는지 확인하고 매연이 축적되어 있는 경우에는 이를 제거하여야 한다.

④ 교정용 매연표준필터를 이용하여 스팬(Span)을 확인한다.

가) 교정용 매연표준필터를 광원과 수광부 사이에 삽입하여 지시값이 안정될 때까지 기다린다.

나) 교정용 매연표준필터 농도와 측정된 농도의 차이가 규정 값 이내인지 확인한다.

다) 스팬확인은 당일 검사업무개시 전에 실시하여야 하며, 최소한 1일 1회 이상 실시하여야 한다.

⑤ 매연포집시설 등 외부로부터 매연농도 측정값에 영향을 미치지 않아야 한다.

2) 측정 준비

① 수동변속기 자동차는 변속기어를 중립에 놓고, 자동변속기 자동차는 중립(N) 또는 주차(P)위치에 놓는다.

② 측정하는 동안에 자동차가 이탈되는 것을 방지하기 위해 자동차를 고정시키거나 주차브레이크를 작동시킨다.

③ 배출가스 측정값에 영향을 주거나 측정에 장애를 줄 수 있는 자동차의 에어콘, 서리제거장치 등 부속장치를 작동하여서는 아니 된다.

④ 엔진회전속도계를 설치한다.

⑤ 광투과식 매연측정기의 시료채취관은 배기관의 벽면으로부터 5㎜ 이상 떨어지도록 설치하고, 5㎝ 정도의 깊이로 삽입한다.

⑥ 경유사용자동차는 무부하정지가동(아이들링)상태에서 가속페달을 서서히 밟아 엔진회전수 증가에 따라 엔진 또는 자동차의 이상소음 유무를 확인하고 엔진 등의 손상이 우려되는 경우에는 즉시 가속을 멈추고 검사를 중지하여야 한다.

3) 측정방법

① 예비 무부하 급가속

가) 엔진을 정상작동상태로 하고 배기관내에 축적되어 있는 매연을 배출시키기 위하여 측정대상자동차의 엔진을 변속기가 중립인 상태(정지가동상태)에서 가속페달을 최대로 밟은 상태로 급가속하여 엔진최고회전수에 도달하게 한 후 2초간 유지시키고 정지가동상태로 복귀시킨 다음 5~6초간 둔다. 이와 같은 과정을 3회 이상 반복 실시한다.

나) 이때 엔진최고회전수를 검출하여야 하며, 엔진최고회전수가 측정대상자동차의 엔진정격회전수 미만으로 검출되거나 가속페달을 밟을 때부터 4초 이내에 엔진최고회전수에 도달하지 못하는 경우에는 부적합으로 판정한다.

② 예비무부하급가속과정을 수행한 후에도 엔진은 적당히 예열되어 있어야 한다. 예열이 충분하지 아니한 경우에는 엔진을 충분히 예열시킨 후 매연농도를 측정하여야 한다.

③ 가속페달에 발을 올려놓고 예비무부하급가속과정에서 검출된 엔진의 최고

회전수에 도달할 때까지 급속히 밟는다. 이때 가속페달을 밟을 때부터 놓을 때까지의 소요시간은 4초 이내로 하고 이 시간 내에 매연농도를 측정한다. 측정된 매연농도 값은 최대 0.5초 단위로 산술평균하고 이중 최대값을 측정값으로 한다.

4) 검사결과의 판정

① 3회 연속 측정한 매연농도를 산술평균하여 소수점 이하는 버린 값을 최종 측정값으로 한다. 이때 3회 측정한 매연농도의 최대값과 최소값의 차이가 5%를 초과하거나 최종 측정값이 운행차 배출허용기준에 부적합한 경우에는 순차적으로 1회씩 더 측정하여 최대 5회까지 측정하면서 매회 측정시마다 마지막 3회의 측정치를 산출하여 마지막 3회의 최대값과 최소값의 차이가 5% 이내이고, 측정값의 산술평균값도 운행차배출허용기준 이내이면 측정을 종료하고 이를 최종 측정값으로 한다.

② 만약, 위의 방법으로 5회까지 반복 측정하여도 최대값과 최소값의 차이가 5%를 초과하거나 마지막 3회(3회, 4회, 5회) 측정값의 산술평균값이 운행차배출허용기준을 초과하면 측정을 종료하고 이를 최종 측정값으로 한다.
③ 위 ①, ②의 방법에 의하여 측정한 매연농도의 최종 측정값이 운행차배출허용기준 이내이면 적합, 초과하면 부적합으로 판정한다.

5) 매연 측정 실무(여지 반사식)

① 프로브와 배기도입관을 접속하여 측정기 본체의 배기 도입관 취부구에 연결한다.

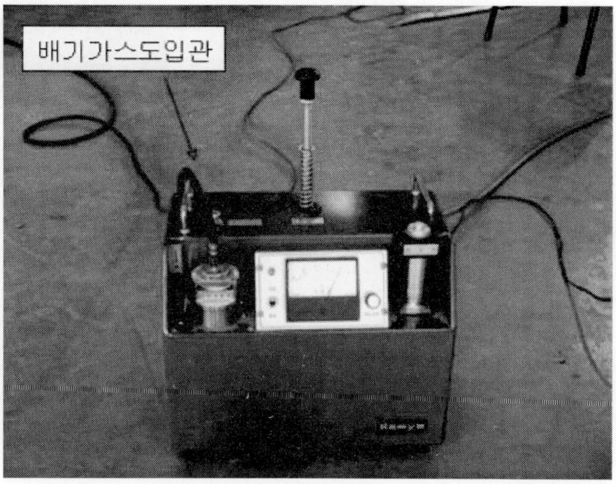

② 측정기 뒷면에 있는 공기 호스 취부구에 공기 호스를 연결한다,

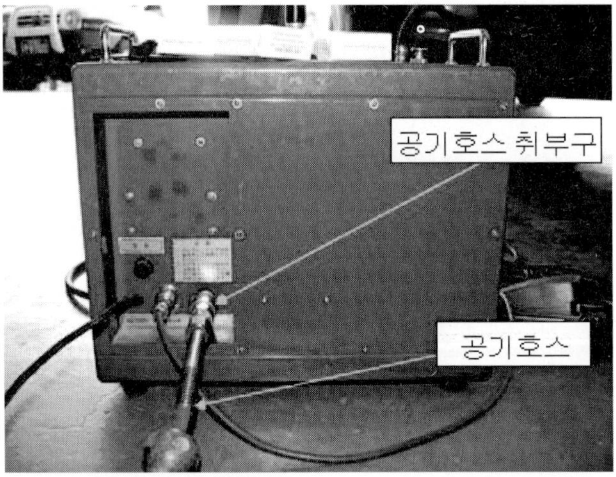

③ 풋스위치 콘넥터에 풋스위치용 코드를 접속하고 전원스위치를 켜고 2~3분간 워밍업 시킨다.

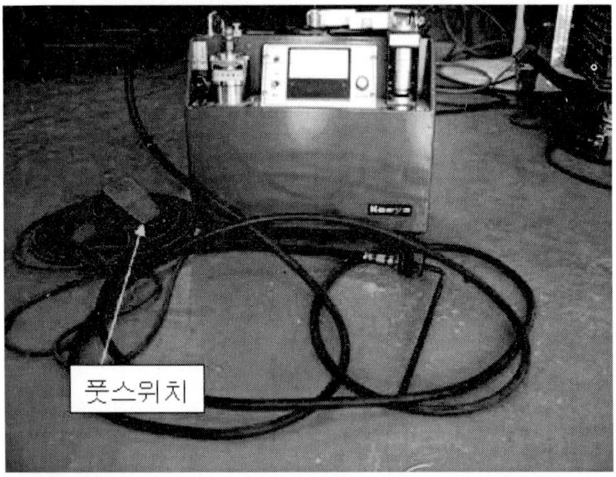

④ 새로운 여과지 10매 위에 교용 표준지 1매를 표개서 검출대에 얹는다.

⑤ 점출 버턴을 누른 채 지침조 정손잡이로 표준지의표시치에 맞춘다.

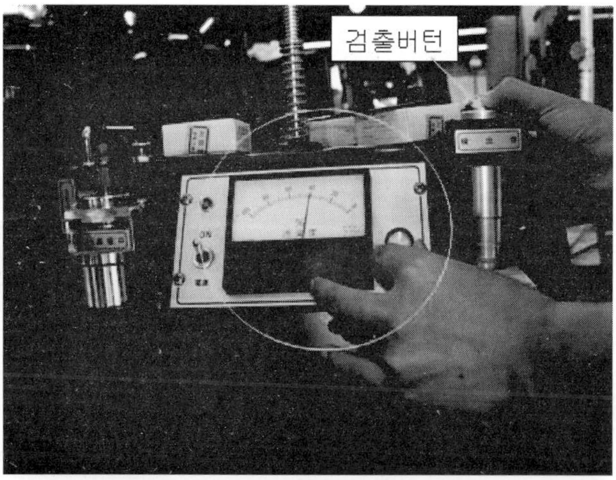

⑥ 측정대상자동차의 시동을 걸고 충분히 워밍업시킨다. 원동기를 중립인 상태 (정지가동상태), 변속기 중립 상태에서 급 가속하여 최고회전속도 도달 후 2초간 공회전시키고 정지가동(아이들링) 상태로 5~6초간 둔다. 이와 같은 과정을 3회 반복 실시한다.

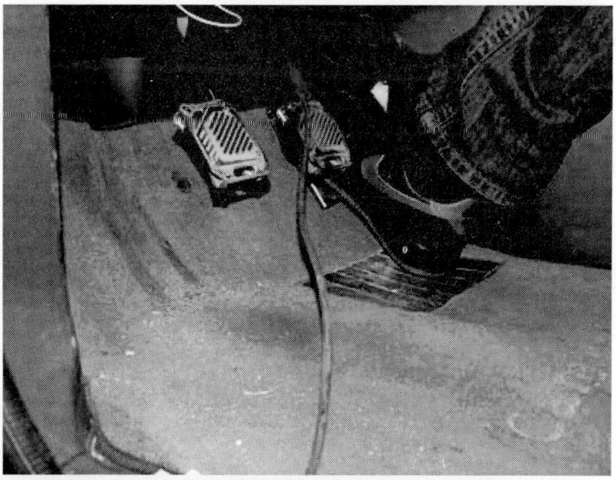

⑦ 풋스위치를 자동차의 가속페달에 위치시킨다.

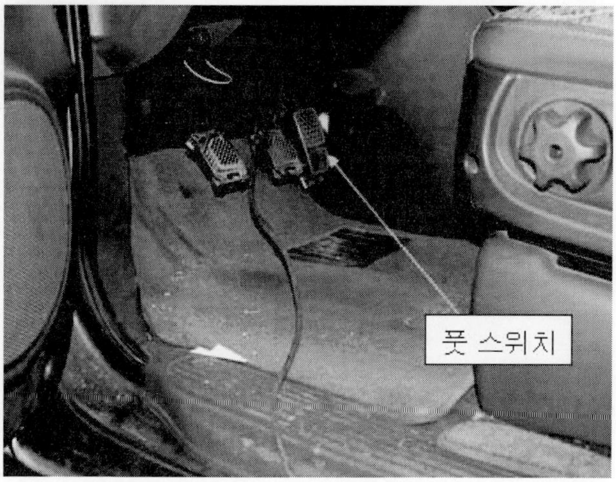

⑧ 측정기의 시료채취관을 배기관의 중앙에 오도록 하고 20㎝정도의 깊이로 삽입하고 빠지지 않도록 고정시킨다.

⑨ 규정된 여과지를 측정기의 시료채취구에 삽입한다

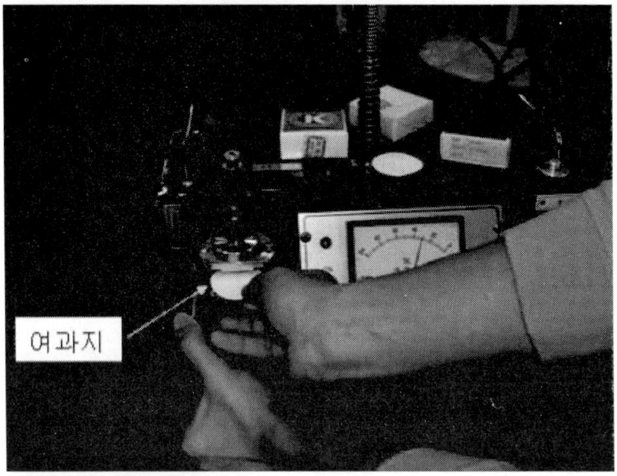

⑩ 시료채취펌프 레버를 아래로 끝까지 누른다.

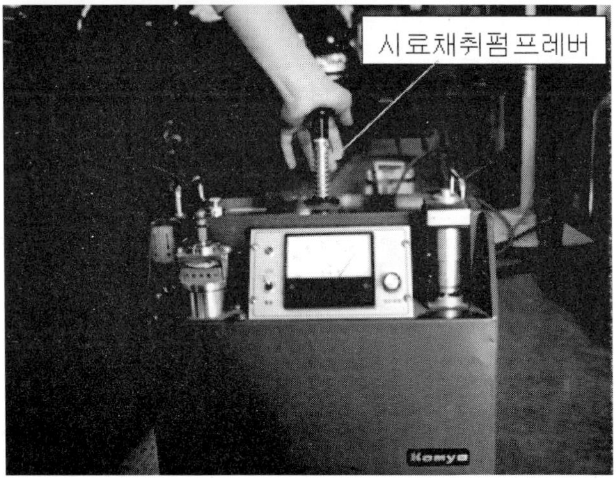

⑪ 풋스위치 위에서 자동차의 가속페달을 원동기의 최고 회전속도에 도달할 때까지 급속히 밟는다. 가속페달을 밟을 때부터 놓을 때까지의 소요시간은 4초 이내

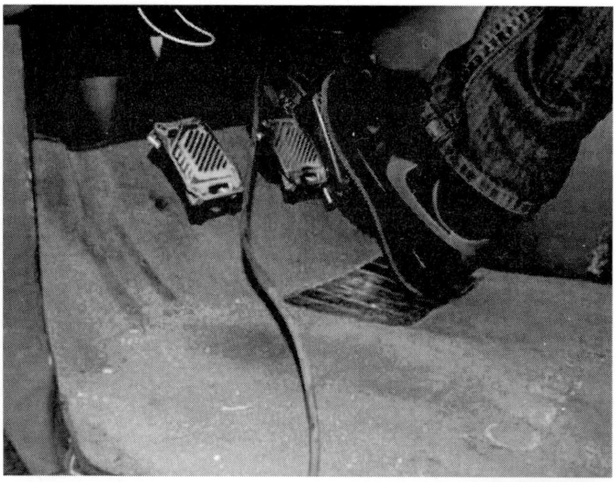

⑫ 측정한 여과지를 시료 채취구에서 빼낸다.

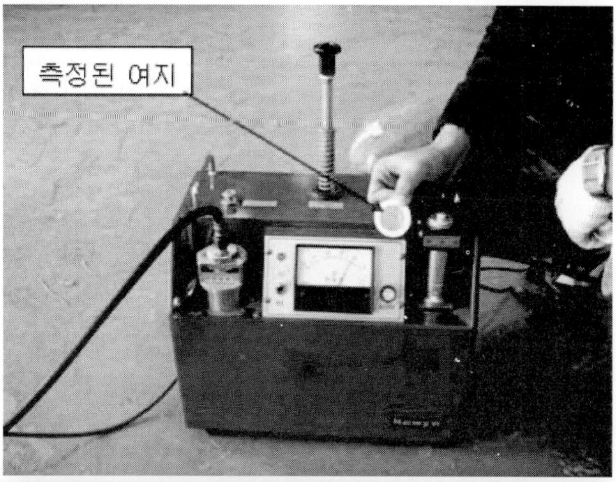

⑬ 시료채취구에서 여지를 뽑아내어 검출대에 여지를 넣는다.

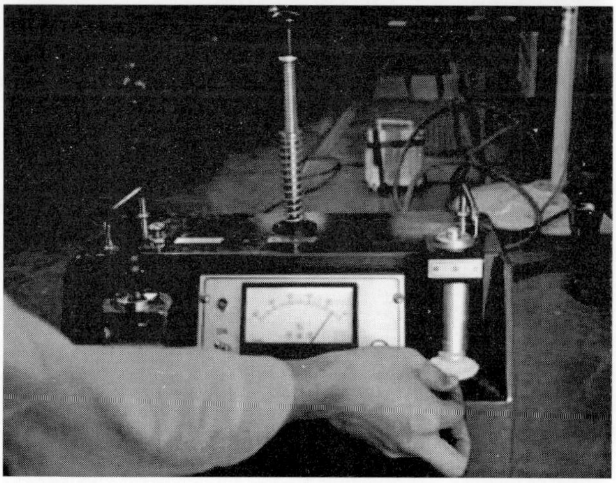

⑭ 지시된 매연농도를 측정한다

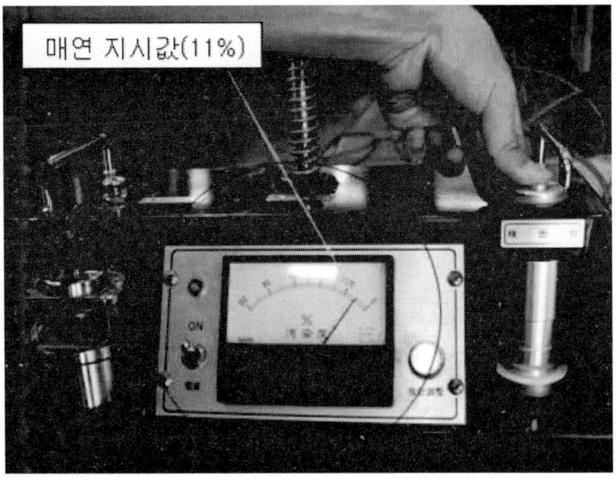

4. 운행자동차의 배출가스 정밀검사

대기환경보전법 제62조(운행차의 배출가스 정밀검사)에 의하면 대기환경규제지역으로 지정 고시된 지역이나 인구 50만명 이상의 도시 지역 중 대통령령을 정하는 지역에 등록된 자동차의 소유자는 관할 시·도지사가 그 시·도의 조례가 정하는 바에 따라 실시하는 운행차 배출가스 정밀검사를 받아야 한다. 다만 저공해 자동차 등 환경부령으로 정하는 자동차는 정밀검사를 받지 아니하여도 된다.

4-1 정밀검사대상자동차 및 정밀검사유효기간

정밀검사대상 자동차란 자동차 관리법에 따라 등록된 자동차를 말한다. 정밀검사기간은 정밀검사 유효기간 만료일 전후 각각 30일 이내로 한다. 다만, 정밀검사를 연장 또는 유예한 경우에는 그 만료일부터 30일이 되는 날을 정밀검사기간 만료일로 본다. 정밀검사기간 내에 정밀검사를 신청하여 정밀검사에서 적합판정(재검사기간 내에 적합판정을 받은 경우를 포함한다)을 받은 자동차의 정밀검사 유효기간은 종전 정밀검사 유효기간 만료일의 다음날부터 기산한다. 정밀검사기간 외의 기간에 정밀검사를 신청하여 정밀검사에서 적합판정(재검사기간 내에 적합판정을 받은 경우를 포함한다)을 받은 자동차의 정밀검사 유효기간은 그 정밀검사를 받은 날의 다음 날부터 기산한다. 정밀검사를 시행하지 아니하는 지역에서 정밀검사를 시행하는 지역으로 자동차의 사용 본거지를 변경등록하는 자동차 중 정밀검사대상 자동차에 속하는 자동차의 소유자는 변경등록일부터 60일(변경등록일부터 60일이 되는 날을 정밀검사기간 만료일로 본다) 이내에 정밀검사를 받아야 한다.

[표 4-1] 차종별 정밀검사 유효 기간

차종		정밀검사대상 자동차	검사유효기간
비사업용	승용자동차	차령 4년 경과된 자동차	2년
	기타자동차	차령 3년 경과된 자동차	1년
사업용	승용자동차	차령 2년 경과된 자동차	
	기타자동차	차령 2년 경과된 자동차	

4-2 일반기준

(1) 일반기준

① 운행차의 정밀검사는 부하검사방법을 적용하여 검사를 하여야 한다. 다만, 다음의 어느 하나에 해당하는 자동차는 무부하검사방법을 적용할 수 있다.

가) 상시 4륜구동 자동차

나) 2행정 원동기 장착자동차

다) 1987년 12월 31일 이전에 제작된 휘발유·가스·알코올사용 자동차

라) 소방용 자동차(지휘차, 순찰차 및 구급차를 포함한다)

마) 그 밖에 특수한 구조의 자동차로서 검차장의 출입이나 차대동력계에서 배출가스 검사가 곤란한 자동차

② 배출가스검사는 관능 및 기능검사를 먼저 한 후 시행하여야 하며, 측정대상자동차의 상태가 제2호에 따른 기준에 적합하지 아니하거나 차대동력계상에서 검사 중에 자동차의 결함 발생 또는 엔진출력 부족 등으로 검사모드가 구현되지 아니하여 배출가스검사를 계속할 수 없다고 판단되는 경우에는 검사를 즉시 중단하고 부적합 처리하여 측정대상자동차를 적합하게 정비하도록 한 후 배출가스 검사를 실시하여야 한다.

③ 차대동력계상에서 자동차의 운전은 검사기술인력이 직접 수행하여야 한다.

④ 특수 용도로 사용하기 위하여 특수장치 또는 엔진성능 제어장치 등을 부착하여 엔진최고회전수 등을 제한하는 자동차인 경우에는 해당 자동차의 측정 엔진최고회전수를 엔진정격회전수로 수정・적용하여 배출가스검사를 시행할 수 있다.

⑤ 휘발유와 가스를 같이 사용하는 자동차는 연료를 가스로 전환한 상태에서 배출가스검사를 실시하여야 한다.

⑥ 이 표에서 정한 운행차의 정밀검사방법 및 기준 외의 사항에 대해서는 환경부장관이 정하여 고시한다.

4-3 관능 및 기능검사

검사항목	검사기준	검사방법
가. 배출가스검사 전 자동차의 상태 확인	1) 검사를 위한 장비조작 및 검사요건에 적합할 것	배기관에 시료채취관이 충분히 삽입될 수 있는 구조인지 확인
	2) 부속장치는 작동을 금지할 것	에어컨, 히터, 서리제거장치 등 배출가스에 영향을 미치는 모든 부속장치의 작동 여부를 확인
	3) 배출가스 관련 부품이 빠져나가 훼손되어 있지 아니할 것	정화용촉매, 매연여과장치 및 그 밖에 관능검사가 가능한 부품의 장착상태를 확인
	4) 배출가스 관련 장치의 봉인이 훼손되어 있지 아니할 것	조속기 등 배출가스 관련장치의 봉인훼손 여부를 확인
	5) 배출가스가 최종 배출구 이전에서 유출되지 아니할 것	배출가스가 배출가스 정화장치로 유입 이전 또는 최종 배기구 이전에서 유출되는지를 확인
	6) 배출가스 부품 및 장치가 임의로 변경되어 있지 아니할 것	배출가스 부품 및 장치의 임의변경 여부를 확인
	7) 엔진오일, 냉각수, 연료 등이 누설되지 아니할 것	엔진오일 양과 상태의 적정 여부 및 오일, 냉각수, 연료의 누설 여부 확인
	8) 엔진, 변속기 등에 기계적인 결함이 없을 것	냉각팬, 엔진, 변속기, 브레이크, 배기장치 등이 안전상 위험과 검사결과에 영향을 미칠 우려가 없는지 확인
나. 배출가스 관련 부품 및 장치의 작동상태 확인	1) 연료증발가스 방지장치가 정상적으로 작동할 것	가) 증기저장캐니스터의 연결호스가 제대로 연결되어 있는지 확인 나) 크랭크케이스 저장연결부가 제대로 연결되어 있는지 확인 다) 연료호스 등이 제대로 연결되어 있는지 확인 라) 연료계통 솔레노이드 밸브가 제대로 작동되는지 확인

	2) 배출가스 전환장치가 정상적으로 작동할 것	가) 정화용 촉매 및 선택적환원촉매장치(SCR) 등의 정상 부착 여부 확인 나) 정화용 촉매, 선택적환원촉매장치(SCR), 보호판 및 방열판 등의 훼손 여부 확인
	3) 배출가스 재순환장치가 정상적으로 작동할 것	가) 재순환 밸브의 부착 여부 확인 나) 재순환 밸브의 수정 또는 파손 여부를 확인 다) 진공밸브 등 부속장치의 유무, 우회로 설치 여부 및 변경 여부를 확인 라) 진공호스 및 라인 설치 여부, 호스 폐쇄 여부 확인
	4) 엔진의 가속상태가 원활하게 작동할 것	가) 엔진회전수를 최대회전수까지 서서히 가속시켰을 때 원활하게 가속되는지와 엔진에서 이상음이 발생하는지를 확인 나) 최대로 가속하였을 때 엔진의 회전속도가 최대출력 시의 회전속도를 초과하는지 확인
	5) 흡기량센서, 산소센서, 흡기온도센서, 수온센서, 스로틀포지션센서 등이 제 위치에 부착되어 있어야 하고 정상적으로 작동할 것	가) 엔진전자제어장치에 전자진단장치를 연결하여 센서기능의 정상작동 여부를 검사 나) 엔진공회전속도가 정상(500 - 1,000rpm 이내)인지를 확인
	6) 그 밖에 배출가스 부품 및 장치가 정상적으로 작동할 것	그 밖에 배출가스 부품 및 장치가 정상적으로 작동되는지 확인

4-4 배출가스검사

가. 부하검사방법의 적용

사용연료	부하검사방법	적용차종
휘발유 · 알코올 · 가스	정속모드(ASM2525모드: 저속공회전 검사모드를 포함한다)	모든 자동차
경유	한국형 경유 147(KD147모드) 검사방법	1) 승용자동차 2) 중형 이하 승합 · 화물 · 특수자동차
	엔진회전수 제어방식(Lug-Down3모드)	1) 대형 승합 · 화물 · 특수자동차 2) 중형 화물 · 특수자동차 중 일반형에서 특수용도형으로 구조를 변경한 자동차

[비고]

1. 자동차종류는 「자동차관리법 시행규칙」 별표 1의 기준을 적용한다.
2. 경유사용 자동차 중 특수한 구조 등으로 한국형 경유147(KD147모드) 검사방법을 적용할 수 없는 자동차는 엔진회전수 제어방식(Lug-Down3모드)을 적용하여 검사할 수 있다. 이 경우 자동차검사전산정보처리조직에 그 사유를 기록하여야 한다.
3. 하이브리드 자동차의 경우 엔진구동이 되지 않거나 공회전수가 검사 범위를 벗어나 무부하(공회전) 검사가 불가능한 경우에는 무부하(공회전) 검사를 면제한다.

나. 부하검사방법

검사항목	검사기준	검사방법
1) 배출가스 검사(일산화탄소, 탄화수소, 질소산화물)	배출가스 측정결과가 저속공회전 검사모드에서는 운행차 정기검사의 배출허용기준에, 정속모드(ASM2525모드)에서는 운행차 정밀검사의 배출허용기준에 각각 맞을 것	(1) 예열모드 측정대상 자동차의 상태가 정상으로 확인되면 차대동력계상에서 25%의 도로부하에서 40㎞/h의 속도로 주행하고 있는 상태[40㎞/h의 속도에 적합한 변속기어(자동변속기는 드라이브 위치)를 선택한다]하여 40초 동안 예열한다. (2) 저속공회전 검사모드(Low Speed Idle Mode) (가)예열모드가 끝나면 공회전(500~1,000rpm) 상태에서 시료채취관을 배기관 내에 30㎝ 이상 삽입한다. (나) 측정기 지시가 안정된 후 일산화탄소는 소수점 둘째자리 이하는 버리고 0.1% 단위로, 탄화수소는 소수점 첫째자리 이하는 버리고 1ppm단위로, 공기과잉률(λ)은 소수점 둘째자리에서 0.01단위로 최종측정치를 읽는다. (3) 정속모드(ASM2525모드) (가) 저속공회전 검사모드가 끝나면 즉시 차대동력계에서 25%의 도로부하로 40㎞/h의 속도로 주행하고 있는 상태[40㎞/h의 속도에 적합한 변속기어(자동변속기는 드라이브 위치)를 선택한다]에서 검사모드 시작 25초 경과 이후 모드가 안정된 구간에서 10초 동안의 일산화탄소, 탄화수소, 질소산화물 등을 측정하여 그 산술평균 값을 최종측정치로 한다. (나) 일산화탄소는 소수점 둘째자리 이하는 버리고 0.1%단위로, 탄화수소와 질소산화물은 소수점 첫째자리 이하는 버리고 1ppm단위로 최종측정치를 읽고 기록한다. (다) 차대동력계에서의 배출가스 시험중량은 차량중량에 136kg을 더한 수치로 한다.
2) 매연(Lug- Down 3모드는 엔진정격회전수 및 엔진최대출력검사를 포함한다)	가) 해당 부하검사방법에 따라 광투과식 분석방법(부분유량 채취방식만 해당한다)을 채택한 매연측정기를 사용하여 측정한 매연농도가 부하검사방법에 따른 운행차 정밀검사의 배출허용기준에 각각 맞아야 한다.	1) 한국형 경유147(KD147모드) 검사방법 (가) 측정대상 자동차의 상태가 정상으로 확인되면 차대동력계에서 엔진정격출력의 40% 부하에서 50±6.2㎞/h의 차량속도로 40초간 주행하면서 예열한 다음 환경부장관이 정한 주행주기와 도로부하마력에 따라 총 147초 동안 0㎞/h(엔진공회전 상태)에서 최고 83.5㎞/h까지 적정한 변속기어를 선택하면서 주행한다. (나) 매연측정값은 최고측정치를 중심으로 매 1초 동안 전후 0.25초마다 측정된 5개의 1초 동안 산술평균값(A)을 측정값으로 한다. 다만, 1초 동안 산술평균값이 매연허용기준을 초과할 경우에는 다음과 같이 매연측정값을 산출한다.

		① 매연 배출허용기준이 30% 이상인 경우: 최고측정치의 3초 전과 3초 후의 7초 동안의 산술평균값을 구하여 7초 동안의 산술평균값(B)이 20%를 초과하면 1초 동안 산술평균값(A)을 측정값으로 하고, 20% 이하이면 7초 동안의 산술평균값(B)을 측정값으로 한다. ② 매연 배출허용기준이 25% 이하인 경우: 최고측정치의 3초 전과 3초 후의 7초 동안의 산술평균값을 구하여 7초 동안의 산술평균값(B)이 10%를 초과하면 1초 동안의 산술평균값(A)을 측정값으로 하고, 10% 이하이면 7초 동안의 산술평균값(B)을 측정값으로 한다. ③ 산술평균값(A, B)이 매연 배출허용기준을 초과하면 부적합으로 판정하고, 초과하지 않으면 적합으로 판정한다. (다) 매연농도는 소수점 이하는 버리고 1% 단위로 산출한다. (1) 엔진회전수 제어방식(Lug-Down 3모드) (가) 측정대상 자동차의 상태가 정상으로 확인되면 차대동력계에서 엔진정격출력의 40% 부하에서 50±0.2㎞/h이 차량속도로 40초간 주행하면서 예열한다. (나) 자동차의 예열이 끝나면 즉시 차대동력계에서 가속페달을 최대로 밟은 상태에서 자동차 속도가 가능한 70km/h에 근접하도록 하되 100km/h를 초과하지 아니하는 변속기어를 선정(자동변속기는 오버드라이브를 사용하여서는 아니 된다)하여 부하검사방법에 따라 검사모드를 시작한다. 다만, 최고속도제한장치가 부착된 화물자동차의 경우에는 엔진정격회전수에서 차속이 85 km/h를 초과하지 않는 변속기어를 선정하여 검사모드를 시작한다.
	나) 엔진회전수 제어방식(Lug-Down 3모드)는 부하검사방법 1모드에서 엔진정격회전수, 엔진정격최대출력의 측정결과가 엔진정격회전수의 ±5% 이내이고, 이 때 측정한 엔진최대출력이 엔진정격출력의 50% 이상이어야 한다. 이 경우 엔진최대출력의 검사기준 값은 엔진정격출력의 50%로 산출한 값에서 소수점 이하는 버리고, 1ps 단위로 산출한 값으로 한다.	(다) 검사모드는 가속페달을 최대로 밟은 상태에서 최대출력의 엔진정격회전수에서 1모드, 엔진정격회전수의 90%에서 2모드, 엔진정격회전수의 80%에서 3모드로 형성하여 각 검사모드에서 모드시작 5초 경과 이후 모드가 안정되면 엔진회전수, 최대출력 및 매연 측정을 시작하여 10초동안 측정한 결과를 산술평균한 값을 최종측정치로 한다. (라) 엔진회전수 및 최대출력은 소수점 첫째자리에서 반올림하여 각각 10rpm, 1ps단위로, 매연농도는 소수점 이하는 버리고 1%단위로 산출한 값을 최종측정치로 한다.

다. 무부하검사방법

배출가스 정밀검사의 무부하검사방법은 운행차 정기검사의 방법 및 기준을 따르되, 경유사용 자동차는 광투과식 검사모드를 적용한다.

5. 소음 측정 검사

자동차에서는 경적음과 배기음, 엔진의 작동음 그 외에도 여러 가지 소리가 발생되고 있다. 이 중에서도 자동차의 배기음과 경적음은 외부에서도 쉽게 들을 수 있고 불쾌감을 줄 수 있으므로 이를 법으로 규제하고 있다.

5-1 소리

소리는 사람의 귀가 감지할 수 있는 공기압력의 변화를 말하며 소음은 소리 중에서도 불쾌하거나 원치 않는 소리들을 소음이라 한다. 음원의 진동으로 인해 주변공기에 압력변화가 발생하고 인간이 감지할 수 있는 음압의 범위는 20μPa에서 100Pa까지의 범위이다. 20μPa은 사람이 들을 수 있는 가장 작은 소리로 최저가청한계라 하고 100Pa의 음압은 통증을 유발하는 소리의 크기로 최대가청한계라 한다.

소리는 주파수에 따라 독특한 음색을 나타낸다. 대형선박의 엔진소리나 천둥소리는 매우 낮은 주파수를 갖고 있고 호각소리나 나무를 베는 전기톱 소리는 높은 주파수를 갖고 있어 높은 소리로 들린다. 주파수란 초당 압력의 변화하는 수를 말하며 측정단위는 헤르츠(Hz)를 사용한다. 인간이 들을 수 있는 주파수의 범위는 20Hz에서 대략 20kHz로 제한된다. 공기 중에서 소리의 속도는 실온에서 344m/s이고 소리가 전달될 때 생기는 압력변화의 최대점 사이의 거리를 파장이라 한다. 따라서 이들의 관계는 다음과 같이 나타낼 수 있다.

$$\text{파장}(\lambda),\ m = \frac{\text{음의 속도}\ (C),\ m/s}{\text{주파수}\ (f),\ Hz}$$

이와 같이 주파수와 파장은 반비례하므로 고주파의 소리는 단파장이 되어 고음을 발생하고 저주파의 소리는 장파장이 되어 저음이 된다.

실제적인 소리의 강도를 측정하는 데는 음압은 너무 큰 단위일 뿐 아니라 인간의귀 는 대수적으로 반응하므로, 파스칼(Pa) 단위를 직접 사용하지 않고 음압레벨을 표시할 수 있는 데시벨(decibel : dB)을 사용한다. 데시벨을 단위를 가지는 음압레벨 L_p는 다음 식으로 계산된다.

$$L_p = 20 \log \frac{p}{p_0}$$

여기서 p는 최저계청한계 음압인 20μPa이고 p는 측정된 음압을 파스칼(Pa)로 측정한 값이다. 사람의 가청 범위는 0 dB~ 130 dB이다.

5-2 암소음(background noise)

한 장소에 있어서의 특정의 음을 대상으로 생각할 경우 대상소음이 없을 때 그 장소의 소음을 대상소음에 대한 암소음이라 한다. 암소음이 있는 상태에서 대상소음을 측정할 때에는 실제 측정된 소음이 대상소음과 암소음의 조합된 소음이 된다. 암소음의 조건하에서 대상소음을 측정하는 과정은 다음과 같다.

① 대상 소음원을 가동시키면서 전체 소음(L_{s+n})을 측정한다.

② 대상 소음원을 정지시키고 암소음(L_n)을 측정한다.

③ 전체소음과 암소음의 차이를 구한다.($\Delta L = L_{s+n} - L_n$)

④ 차이값에 해당하는 보정치(L)를 구한다.

⑤ 전체소음에서 보정치를 뺀 값을 대상소음으로 한다.

$$\text{대상소음}(L_s) = \text{전체소음}(L_{s+n}) - \text{보정치}(L)$$

전체소음이 암소음보다 2 dB이하로 크면 암소음이 너무 커 대상소음을 측정하기 불가능하고, 전체소음이 암소음보다 10dB 이상 크면 암소음의 영향이 극히 작기 때문에 암소음의 보정없이 전체소음를 대상소음로 한다. 전체소음이 암소음보 3~9 dB 차이로 크면 암소음의 영향이 있기 때문에 전체소음에 보정표에 의한 보정치를 정한 후 대상소음을 구한다. 측정하고자 하는 대상소음은 전체소음에서 보정치를 빼면 구할 수 있다.

[표 4-2] 암소음에 대한 보정

단위 : dB(A), dB(C)

측정소음과 암소음의 차(ΔL)	3	4	5	6	7	8	9
보 정 치 (L)	3	2		1			

5-3 소음계(Sound Level Meter)

(1) 소음계의 구조

① 마이크로폰(Microphone) : 음압레벨을 측정하는 부분으로 소리신호를 그에 해당하는 전기신호로 변환한다.

② 기능(Function) 선택 스위치

(가) A : A특성으로 측정 시 사용한다.

(나) C : C 특성으로 측정 시 사용한다.

(다) CAL(94.0dB) : 소음측정기의 감도를 점검 및 교정할 때 사용한다.

(라) OFF : 전원을 차단한다.

③ 측정범위(Range) 선택스위치 : 측정하고자 하는 소음원의 소음도에 따라 적절한 범위를 선택하여 측정한다. 4 가지의 선택 범위가 있다.

(가) 90 ~ 130 dB

(나) 70 ~ 110 (Cal) dB

(다) 50 ~ 90 dB

(라) 30 ~ 70 dB

④ 액정 표시기(Display) : 측정한 음압레벨을 나타내고 설정범위 초과(Over ranga), 설정범위 이하(Under range) 그리고 건전지 상태를 표시한다.

(가) 음압레벨 : 0.1dB 단위로 소음도를 표시한다.

(나) Over : 설정한 측정 범위가 입력된 값보다 낮을 때 표시된다.

(다) Under : 설정한 측정 범위가 입력된 값보다 높을 때 표시된다.

(라) Batt : 건전지 전압이 1.9 V 이하일 때 표시된다.

⑤ 리셋(Reset) 버턴 : 측정한 최고값 표시를 해제 시 사용

⑥ 순간/최고 소음 정지스위치(Inst/Max Hold switch)

(가) Inst : 측정한 순간의 값을 사용

(나) Max Hold : 측정치가 최고값에서 정지하도록 할 때 사용

⑦ 동특성 조절스위치(Fast-Slow Switch) : 반응속도를 빠름 및 느림의 특성으로 조절할 수 있는 스위치

⑧ 교정 조절기(calibration control) : 교정 시 조정을 위해 사용한다.

⑨ DC 파워 잭(power jack) : AC 어댑터를 연결하여 전원 공급한다.

⑩ AC 출력 잭(output jack) : AC 신호를 외부로 공급할 때 사용한다.

⑪ DC 출력 잭(output jack) : DC 신호를 외부로 공급할 때 사용한다.

⑫ 방풍망(Anti-Wind Screen) : 소음을 측정할 때 바람으로 인한 영향을 방지하기 위한 장치로서 소음계의 마이크로폰에 부착하여 사용한다.

⑬ 삼각대(Tripod) : 마이크로폰을 소음계와 분리시켜 소음을 측정할 때 마이크로폰의 지지장치로 사용하거나 소음계를 고정할 때 사용한다.

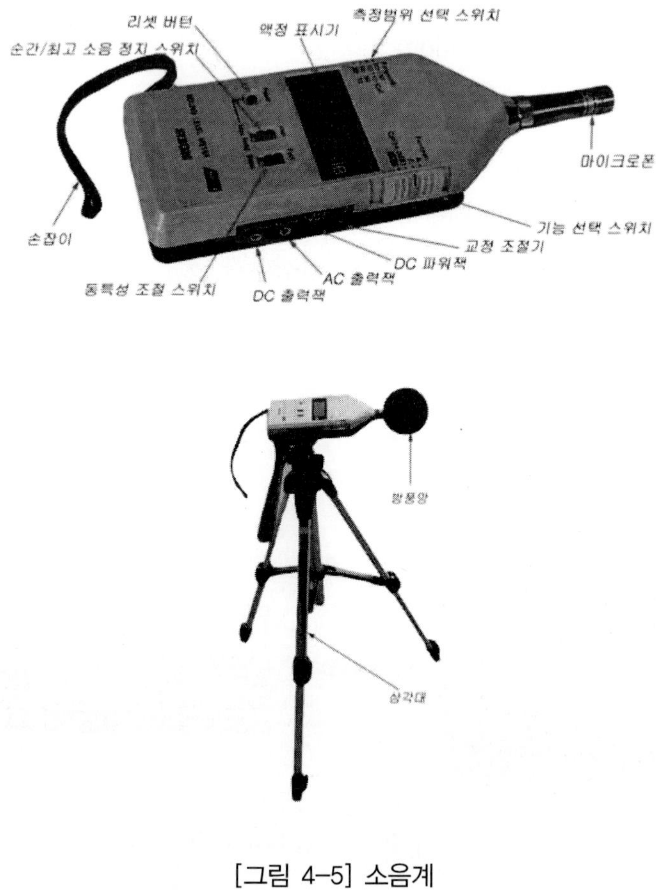

[그림 4-5] 소음계

(2) 소음계의 사용방법

① 전원 스위치를 켠다.

② 기능 스위치를 선택한다. (A 또는 C)

③ 순간/ 최고소음 정지 스위치를 선택한다.(Inst 또는/Max Hold)

④ 동특성을 선택한다.(Fast 또는 Slow)

⑤ 측정범위를 스위치를 적정한 범위로 선택한다.

(3) 최고값의 측정

① 소음원의 최고값을 측정할 때에는 순간/ 최고소음 정지 스위치를 Max Hold로 선택한 후 측정한다.

② 측정된 최고값에서 표시치는 정지되고, 최고값이 바뀌면 변경된 최고값이 정지되어 표시된다.

③ 다시 측정하고자 할 때에는 리셋(Reset) 버턴을 누른다.

(4) 소음계의 교정(calibration)

① 기능선택 스위치를 Cal(94.0dB) 위치로 한다.

② 순간/ 최고소음 정지 스위치를 Inst 로 한다.

③ 동특성을 Fast로 선택한다.

④ 측정 범위를 70~110(Cal)dB로 설정한다.

⑤ 액정 표시기의 값이 94.0dB이 되도록 교정조절기를 드라이버로 조정한다.

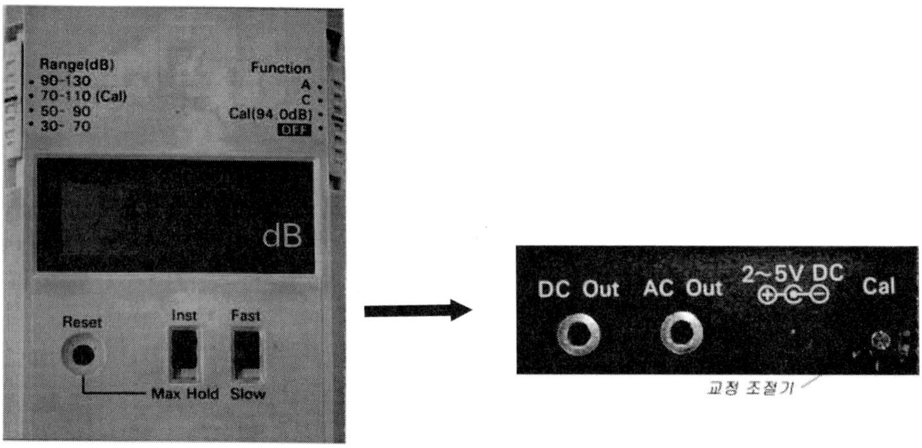

[그림 4-6] 소음계의 교정

5-4 소음 관련 법규

(1) 자동차 및 자동차부품의 성능과 기준에 관한 규칙

1) 소음방지장치

자동차의 소음방지장치는 「소음·진동관리법」 제30조 및 제35조에 따른 자동차의 소음허용기준에 적합하여야 한다.

2) 경음기

자동차의 경음기(싸이렌 및 종은 제외한다)는 다음 기준에 적합하여야 한다.

① 동일한 음색으로 연속하여 소리를 내는 것일 것

② 경적음의 크기는 일정하여야 하며, 차체전방에서 2미터 떨어진 지상높이 1.2±0.05m가 되는 지점에서 측정한 값이 다음 각 목의 기준에 적합할 것

(가) 음의 최소크기는 90데시벨(C) 이상일 것

(나) 음의 최대크기는 「소음·진동관리법」 제30조 및 제35조에 따른 자동차의 소음허용기준에 적합할 것

(2) 소음 진동 관리법

1) 운행차의 소음허용 기준

자동차의 소유자는 그 자동차에서 배출되는 소음이 대통령령으로 정하는 운행차 소음허용기준에 적합하게 운행하거나 운행하게 하여야 하며, 소음기나 소음덮개를 떼어 버리거나 경음기를 추가로 붙여서는 아니 된다.

2) 운행차의 수시점검

특별시장·광역시장·특별자치시장·특별자치도지사 또는 시장·군수·구청장은 다음 각 호의 사항을 확인하기 위하여 도로 또는 주차장 등에서 운행차를 점검할 수 있다. 다만, 「도로교통법」 제2조제22호에 따른 긴급자동차 등 환경부령으로 정하는 자동차는 제외한다.

① 운행차의 소음이 따른 운행차 소음허용기준에 적합한지 여부

② 소음기나 소음덮개를 떼어 버렸는지 여부

③ 경음기를 추가로 붙였는지 여부

3) 운행차의 정기검사

자동차의 소유자는 정기검사를 받을 때에 다음 각 호의 사항 모두에 대하여 검사를 받아야 한다.

① 해당 자동차에서 나오는 소음이 운행차 소음허용기준에 적합한지 여부

② 소음기나 소음덮개를 떼어버렸는지 여부

③ 경음기를 추가로 붙였는지 여부

4) 운행차의 개선명령

특별시장·광역시장·특별자치시장·특별자치도지사 또는 시장·군수·구청장은 운행차에 대하여 제36조에 따른 점검 결과 다음 각 호의 어느 하나에 해당하는 경우에는 환경부령으로 정하는 바에 따라 자동차 소유자에게 개선을 명할 수 있다.

① 운행차의 소음이 운행차 소음허용기준을 초과한 경우

② 소음기나 소음덮개를 떼어 버린 경우

(3) 운행차 소음 허용 기준

소음 · 진동관리법에 의한 제작 자동차 및 운행 자동차의 소음 허용 기준은 소음 · 진동 관리법 시행규칙 별표 13과 같다.

① 제작자동차의 소음허용기준

(가) 1999년 12월 31일까지 제작되는 자동차

<table>
<tr><th colspan="2">소음항목
자동차종류</th><th>가속주행소음
(dB(A))</th><th>배기소음
(dB(A))</th><th>경적소음
(dB(C))</th></tr>
<tr><td rowspan="2">경자동차</td><td>가</td><td>75이하</td><td>100이하</td><td rowspan="9">115이하</td></tr>
<tr><td>나</td><td>76이하</td><td>100이하</td></tr>
<tr><td colspan="2">승 용 자 동 차</td><td>75이하</td><td>100이하</td></tr>
<tr><td colspan="2">소형화물자동차</td><td>77이하</td><td>100이하</td></tr>
<tr><td rowspan="2">중량자동차</td><td>원동기출력 200마력초과</td><td>82이하</td><td>105이하</td></tr>
<tr><td>원동기출력 200마력이하</td><td>81이하</td><td>103이하</td></tr>
<tr><td rowspan="3">이륜자동차</td><td>총배기량 500cc초과</td><td>77이하</td><td rowspan="2">105이하</td></tr>
<tr><td>총배기량 500cc이하
125cc초과</td><td>74이하</td></tr>
<tr><td>총배기량 125cc이하</td><td>71이하</td><td>102이하</td></tr>
</table>

[참고] 1. 경자동차중 가는 주로 사람을 운송하기에 적합하게 제작된 자동차에 적용한다.
2. 경자동차중 나는 비고 1.외의 자동차에 적용한다.
3. 1995년 12월 31일이전에 법 제33조제1항 또는 제2항의 규정에 의한 인증을 받은 승용자동차에 대하여는 국제표준화기구의 자동차 가속주행소음 측정방법에 관한 국제표준이 개정되어 이에 따라 환경부장관이 제작자동차의 소음측정방법을 개정하기 전까지는 가속주행소음 허용기준을 적용함에 있어 그 허용기준을 77dB(A)이하로 한다.

(나) 2000**년** 1**월** 1**일부터** 2001**년** 12**월** 31**일까지 제작되는 자동차**

<table>
<tr><th colspan="3">소음항목 / 자동차종류</th><th>가속주행소음
(dB(A))</th><th>배기소음
(dB(A))</th><th>경적소음
(dB(C))</th></tr>
<tr><td rowspan="2">경 자동차</td><td colspan="2">가</td><td>74이하</td><td rowspan="2">100이하</td><td rowspan="2">110이하</td></tr>
<tr><td colspan="2">나</td><td>76이하</td></tr>
<tr><td rowspan="5">승 용
자동차</td><td colspan="2">승용1</td><td>74이하</td><td rowspan="2">100이하</td><td rowspan="2">110이하</td></tr>
<tr><td colspan="2">승용2</td><td>76이하</td></tr>
<tr><td colspan="2">승용3</td><td>77이하</td><td>100이하</td><td rowspan="3">112이하</td></tr>
<tr><td rowspan="2">승용4</td><td>원동기출력 195마력 이하</td><td>80이하</td><td>103이하</td></tr>
<tr><td>원동기출력 195마력 초과</td><td>80이하</td><td>105이하</td></tr>
<tr><td rowspan="5">화 물
자동차</td><td colspan="2">화물1</td><td>76이하</td><td rowspan="2">100이하</td><td rowspan="2">110이하</td></tr>
<tr><td colspan="2">화물2</td><td>77이하</td></tr>
<tr><td rowspan="3">화물3</td><td>원동기출력 97.5마력 이하</td><td>79이하</td><td>103이하</td><td rowspan="3">112이하</td></tr>
<tr><td>원동기출력 97.5마력
초과 195마력 이하</td><td>79이하</td><td>103이하</td></tr>
<tr><td>원동기출력 195마력 초과</td><td>80이하</td><td>105이하</td></tr>
<tr><td rowspan="3">이 륜
자동차</td><td colspan="2">총배기량 500cc초과</td><td>77이하</td><td rowspan="2">105이하</td><td rowspan="3">110이하</td></tr>
<tr><td colspan="2">총배기량 500cc이하 · 125cc초과</td><td>74이하</td></tr>
<tr><td colspan="2">총배기량 125cc이하</td><td>71이하</td><td>102이하</td></tr>
</table>

[참고] 1. 경자동차중 가는 주로 사람을 운송하기에 적합하게 제작된 자동차에 적용한다.
2. 경자동차중 나는 비고 1.외의 자동차에 적용한다.
3. 승용1에 해당되는 자동차중 9인승의 자동차는 승용2의 가속주행소음기준을 적용한다.
4. 승용1에 해당되는 자동차중 직접 분사식 디젤원동기를 장착한 자동차의 가속주행소음 기준은 1dB(A)를 가산하여 적용한다.
5. 승용자동차중 환경부장관이 고시하는 오프로드(off-road)형 자동차의 가속주행소음기준은 2dB(A)를 가산하여 적용한다.
6. 화물2에 해당되는 자동차중 차량 총중량 3톤이상 3.5톤이하의 자동차의 가속주행소음 기준은 1dB(A)를 가산하고, 직접분사식 원동기를 장착한 자동차의 가속주행소음기준은 2dB(A)를 가산하여 적용한다.
7. 1995년 12월 31일이전에 법 제33소세1항 또는 제2항이 규정에 의한 인증을 받은 승용1 및 승용2의 자동차에 대하여는 국제표준화기구의 자동차 가속주행소음측정방법에 관한국제표준이 개정되어 이에 따라 환경부장관이 제작자동차의 소음측정방법을 개정하기 전까지는 가속주행소음 허용기준을 적용함에 있어 그 허용기준을 77dB(A)이하로 한다.

8. 가속주행소음기준은 국제표준화기구의 자동차 가속주행소음 시험도로에 관한 국제표준에 부합되는 시험도로에서의 측정결과에 의한 기준을 말하며, 국제표준화기구의 자동차 가속주행소음 측정방법에 따라 측정하는 경우에는 2dB(A)를 가산하여 적용하되, 이 경우 이륜자동차의 가속주행소음기준은 다목의 기준을 적용한다.
9. 1999년 12월 31일이전에 법 제33조제1항 또는 제2항의 규정에 의한 인증을 받은 자동차에 대하여는 2000년 9월 30일까지 가목의 기준을 적용한다.

다. 2002년 1월 1일 이후에 제작되는 자동차

자동차종류 \ 소음항목			가속주행소음(dB(A))		배기소음 (dB(A))	경적소음 (dB(C))
			가	나		
경 자동차	가		74이하	75이하	100이하	110이하
	나		76이하	77이하		
승 용 자동차	승용1		74이하	75이하	100이하	110이하
	승용2		76이하	77이하		
	승용3		77이하	78이하	100이하	112이하
	승용4	원동기출력 195마력 이하	78이하	78이하	103이하	
		원동기출력 195마력 초과	80이하	80이하	105이하	
화 물 자동차	화물1		76이하	77이하	100이하	110이하
	화물2		77이하	78이하		
	화물3	원동기출력 97.5마력 이하	77이하	77이하	103이하	112이하
		원동기출력 97.5마력 초과 195마력 이하	78이하	78이하	103이하	
		원동기출력 195마력 초과	80이하	80이하	105이하	
이 륜 자동차	총배기량 175cc초과		80이하	80이하	105이하	110이하
	총배기량 175cc이하 · 80cc초과		77이하	77이하		
	총배기량 80cc이하		75이하	75이하	102이하	

[참고] 1. 경자동차중 가는 주로 사람을 운송하기에 적합하게 제작된 자동차에 적용한다.
2. 경자동차중 나는 비고 1.외의 자동차에 적용한다.
3. 가속주행소음중 나는 직접분사식(DI) 디젤원동기를 장착한 자동차에 적용한다.
4. 가속주행소음중 가는 비고 3.외의 자동차에 적용한다.
5. 승용차중 차량총중량 2톤이상의 환경부장관이 고시하는 오프로드(off- road)형 자동차로서 원동기 출력 195마력 미만인 자동차의 가속주행소음기준은 1dB(A)를 가산하여 적용하며, 원동기출력 195마력이상인 자동차의 가속주행소음기준은 2dB(A)를 가산하여 적용한다.
6. 가속주행소음 기준은 국제표준화기구의 자동차 가속주행소음 측정방법에 의한 기준을 말한다.
7. 1995년 12월 31일이전에 법 제33조제1항 또는 제2항의 규정에 의한 인증을 받은 승용1

및 승용2의 자동차에 대하여는 국제표준화기구의 자동차 가속주행소음 측정방법에 관한 국제표준이 개정되어 이에 따라 환경부장관이 제작자동차의 소음측정방법을 개정하기 전까지는 가속주행소음 허용기준을 적용함에 있어 그 허용기준을 77dB(A)이하로 한다.

라. 2006년 1월 1일 이후에 제작되는 자동차

자동차 종류 \ 소음 항목			가속주행소음(dB(A)) 가	가속주행소음(dB(A)) 나	배기소음 (dB(A))	경적소음 (dB(C))
경자동차	가		74 이하	75 이하	100 이하	110 이하
	나		76 이하	77 이하		
승용 자동차	소형		74 이하	75 이하	100 이하	110 이하
	중형		76 이하	77 이하		
	중대형		77 이하	78 이하	100 이하	112 이하
	대형	원동기출력 195마력 이하	78 이하	78 이하	103 이하	
		원동기출력 195마력 초과	80 이하	80 이하	105 이하	
화물 자동차	소형		76 이하	77 이하	100 이하	110 이하
	중형		77 이하	78 이하		
	대형	원동기출력 97.5마력 이하	77 이하	77 이하	103 이하	112 이하
		원동기출력 97.5마력 초과 195마력 이하	78 이하	78 이하	103 이하	
		원동기출력 195마력 초과	80 이하	80 이하	105 이하	
이륜 자동차	총배기량 175cc 초과		80 이하	80 이하	105 이하	110 이하
	총배기량 175cc 이하·80cc 초과		77 이하	77 이하		
	총배기량 80cc 이하		75 이하	75 이하	102 이하	

[참고] 1. 위 표 중 경자동차의 "가"의 규정은 주로 사람을 운송하기에 적합하게 제작된 자동차에 대하여 적용하고, 위 표 중 경자동차의 "나"의 규정은 그 밖의 자동차에 대하여 적용한다.

2. 위 표 중 가속주행소음의 "나"의 규정은 직접분사식(DI) 디젤원동기를 장착한 자동차에 대하여 적용하고, 위 표 중 가속주행소음의 "가"의 규정은 그 밖의 자동차에 대하여 적용한다.

3. 차량 총중량 2톤 이상의 환경부장관이 고시하는 오프로드(off- road)형 승용자동차 중, 원동기 출력 195마력 미만인 자동차에 대하여는 위 표의 가속주행소음기준에 1dB(A)를 가산하여 적용하며, 원동기출력 195마력 이상인 자동차에 대하여는 위 표의 가속주행소음기준에 2dB(A)를 가산하여 적용한다.

4. 가속주행소음 기준은 국제표준화기구의 자동차 가속주행소음 측정방법에 따른 기준을 말한다.

② 운행자동차의 소음허용기준

(가) 1999년 12월 31일 이전에 제작되는 자동차

소음항목 / 대상자동차 / 자동차종류	배기소음(dB(A))		경적소음(dB(C))
	1995년 12월 31일 이전에 제작된 자동차	1996년 1월 1일 이후에 제작되는 자동차	모든자동차
경 자 동 차	103이하	100이하	115이하
승 용 자 동 차	103이하	100이하	
소 형 화 물 자 동 차	103이하	100이하	
중 량 자 동 차	107이하	105이하	
이 륜 자 동 차	110이하	105이하	

(나) 2000년 1월 1일 이후에 제작되는 자동차

소음항목 / 자동차종류		배기소음(dB(A))	경적소음(dB(C))
경 자 동 차		100이하	110이하
승 용 자동차	승 용 1	100이하	110이하
	승 용 2	100이하	110이하
	승 용 3	100이하	112이하
	승 용 4	105이하	112이하
화 물 자동차	화 물 1	100이하	110이하
	화 물 2	100이하	110이하
	화 물 3	105이하	112이하
이 륜 자 동 차		105이하	110이하

(다) 2006년 1월 1일 이후에 제작되는 자동차

소음 항목 / 자동차 종류		배기소음(dB(A))	경적소음(dB(C))
경 자 동 차		100 이하	110 이하
승 용 자동차	소형	100 이하	110 이하
	중형	100 이하	110 이하
	중대형	100 이하	112 이하
	대형	105 이하	112 이하
화 물 자동차	소형	100 이하	110 이하
	중형	100 이하	110 이하
	대형	105 이하	112 이하
이 륜 자 동 차		105 이하	110 이하

5-5 운행차 소음 측정

(1) 적용범위

이 측정방법은 소음을 과다하게 배출하는 차량 배기관(Manifold) 및 소음기(Muffler)를 훼손 또는 탈거한 차량, 고소음경음기 또는 쌍경음기를 부착한 차량, 노후된 대형버스 및 화물차, 이륜자동차등)의 배기소음 및 경적소음을 측정하는데 적용한다.

(2) 측정 장소선정

① 가능한 주위로부터 음의 반사와 흡수 및 암소음에 의한 영향을 받지 않는 개방된 장소로서 마이크로폰 설치 중심으로부터 반경 3m 이내에는 돌출 장애물이 없는 아스팔트 또는 콘크리트 등으로 평탄하게 포장되어 있어야 하며, 주위 암소음의 크기는 자동차로 인한 소음의 크기보다 가능한 10dB 이하 이어야 한다.

② 마이크로폰 설치 위치의 높이에서 측정한 풍속이 2m/sec 이상일 때에는 마이크로폰에 방풍망을 부착하여야 하고, 10m/sec 이상일 때에는 측정을 삼가해야 한다.

(3) 측정기

① 소음측정기는 KSC-1502에서 정한 보통소음계 또는 이와 동등한 성능 이상을 가진 것을 사용하여야 하고, 지시계의 동 특성은 "빠름동특성(Fast)"을 사용하여 측정한다.

② 자동기록장치는 소음측정기에 연결된 상태에서 정밀도 및 동특성 등의 성능이 보통(지시)소음측정기 이상의 성능을 가진 것이어야 하며, 동특성을 선택할 수 있는 경우에는 "빠름(Fast)동특성"에 준하는 상태에서 사용하여야 한다.

③ 측정기는 제작자 사용설명서에 준하여 조작하고 측정 전에 충분한 예열 및 교정을 실시하여야 한다.

(4) 측정요령

1) 배기소음 측정방법

① 배기소음 시험은 자동차의 변속기어를 중립위치로 하고 정지가동(아이들링) 상태에서 자동차를 원동기 최고출력시의 75%±100rpm 회전속도에서 4초 동안 운전하여 그동안에 자동차로부터 배출되는 소음크기의 최대치를 측정한다. 다만, 원동기 75%의 회전속도가 5,000rpm을 초과할 경우에는 5,000rpm에서 측정하며, 원동기 회전속도계(시험자동차의 정상적인 회전속도계를 포함한다)를 사용하지 아니하고 배기소음을 측정할 때에는 정지가동상태에서 원동기 최고회전속도로 배기소음을 측정하고, 이 경우 측정치의 보정은 중량자동차의 5dB, 중량자동차외의 자동차는 7dB을 측정치에서 빼서 최종측정치로 한다. 또한 승용자동차중 원동기가 차체 중간 또는 후면에 장착된 자동차는 배기소음측정치에서 8dB을 빼서 최종측정치로 한다.

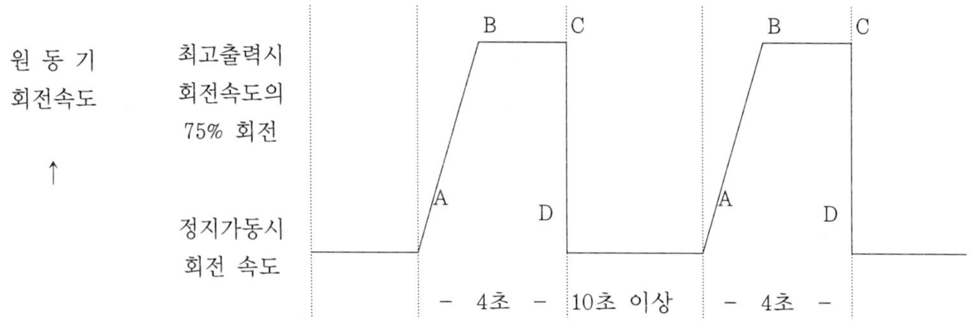

A : 급가속 시작점
BC : 최고출력시 회전속도의 75%회전 유지시간
C : 급가속 종료점

[그림 4-7] 배기소음 측정순서 도표

② 마이크로폰 위치

측정대상 자동차의 배기관 끝으로부터 배기관 중심선에 45°±10°의 각(차체외부 면으로 먼 쪽 방향)을 이루는 연장선 방향으로 0.5m 떨어진 지점이어야 하며, 동시에 지상으로부터의 높이는 배기관 중심 높이에서 ±0.05m인 위치에 마이크로폰을 설치한다. (지상으로부터의 최소높이는 0.2m 이상이어야 한다.)

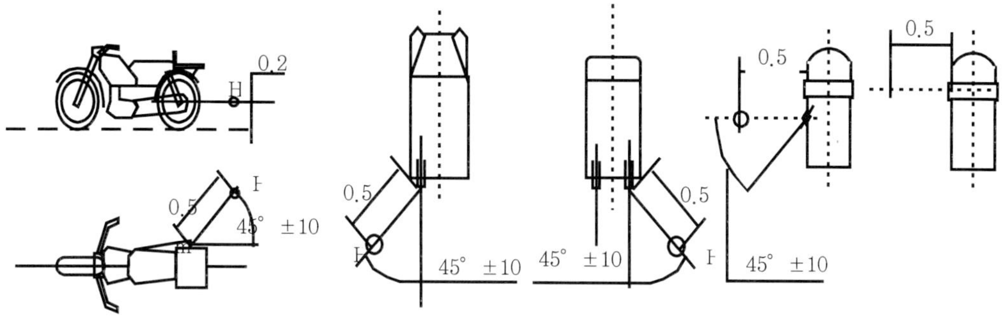

[그림 4-8] 운행 자동차 배기소음 측정 시 마이크로폰 설치 위치

또한, 자동차의 배기관이 차체상부에 수직으로 설치되어 있는 경우의 마이크로폰 설치위치는 배기관 끝으로부터 배기관 중심선의 연직선의 방향으로 0.5m 떨어진 지점을 지나는 동시에 지상높이가 배기관 중심높이 ±0.05m인 위치로 하며, 그 방향은 지면의 상향으로 배기관 중심선에 평행하는 방향이어야 한다. 다만, 자동차의 배기관이 2개 이상일 경우에는 인도 측과 가까운 쪽 배기관에 대하여 마이크로폰을 설치하여야 한다. 기타 동향에서 설명되지 아니한 배기관의 경우에 있어서 마이크로폰 설치 위치는 배기소음측정치를 가장 크게 나타내는 위치이어야 한다.

2) 경적소음 시험방법

① 자동차의 원동기를 가동시키지 않은 정차상태에서 자동차의 경음기를 5초 동안 작동시켜 그 동안에 경음기로부터 배출되는 소음크기의 최대치를 측정하며, 2개 이상의 경음기가 연동하여 음을 발하는 경우에는 연동하는 상태에서 측정하고, 축전지는 측정개시 전에 정규 충전된 상태이어야 한다. 다만, 교류식 경음기를 장치한 경우에는 원동기 회전속도가 3,000±100rpm인 상태에서 측정하여야 한다.

② 마이크로폰 설치

마이크로폰 설치위치는 경음기가 설치된 위치에서 가장 소음도가 크다고 판단되는 자동차의 면에서 전방으로 2m 떨어진 지점을 지나는 연직선으로부터의 수평거리가 0.05m 이하인 동시에 지상 높이가 1.2±0.05m(이륜자동차, 측차부 이륜자동차 및 원동기부 자전거는 1±0.05m)인 위치로 하고 그 방향은 당해 자동차를 향하여 차량중심선에 평행하여야 한다.

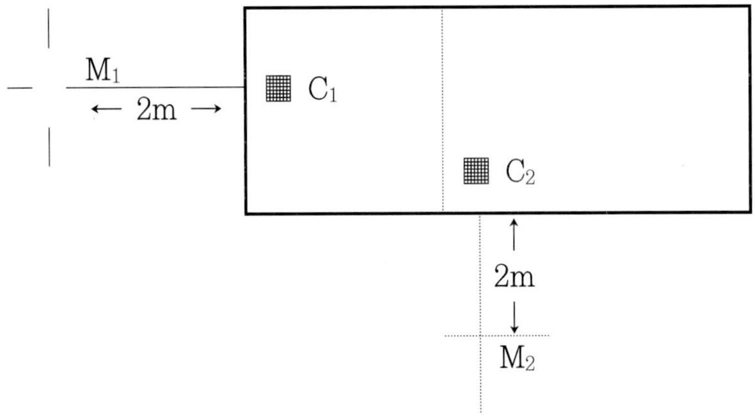

C1, C2 : 경음기 부착위치
M1, M2 : 마이크로폰 설치위치

[그림 4-9] 경적소음 측정 시 마이크로폰 설치위치

(3) 측정치의 산출

① 측정 항목별로 자동차로 인한 소음의 크기는 소음측정기 지시치(자동기록장치를 사용한 경우에는 자동기록장치의 기록치)의 최대치를 측정치로 하며, 암소음의 크기는 소음측정기 지시치의 평균치로 한다.

② 자동차로 인한 소음크기의 측정은 자동기록장치를 사용하여 기록하는 것을 원칙으로 하고 측정항목별로 2회 이상 실시하여야 하며, 각 측정치의 차이가 2dB를 초과할 때에는 각각의 측정치는 무효로 한다.

③ 암소음 크기의 측정은 각 측정항목별로 측정실시의 직전 또는 직후에 연속하여 10초 동안 실시하며, 순간적인 충격음 등은 암소음으로 취급하지 아니 한다.

④ 자동차로 인한 소음과 암소음의 측정치의 차이가 3dB 이상 10dB 미만인 경우에는 자동차로 인한 소음의 측정치로부터 다음표의 보정치를 뺀 값을 최종 측정치로 하고, 차이가 3dB 미만일 경우에는 측정치를 무효로 한다.

[표 4-3] 암소음에 대한 보정치

(단위 : dB(A), dB(C))

자동차 소음과 암소음의 측정치 차	3	4~5	6~9
보정치	3	2	1

⑤ 자동차로 인한 소음의 2회 이상 측정치(보정한 것을 포함한다) 중 가장 큰 쪽의 값을 측정의 성적으로 한다.

(5) 소음 측정 실무

1) 배기 소음 측정

① 배기관의 중심선에 45±10° 이각(차체외부면 먼쪽)을 이루는 연장선 방향 0.5m 떨어진 지점에 높이는 배기관 중심 0.5m(최소 0.2m 이상)에 소음계를 설치한다.

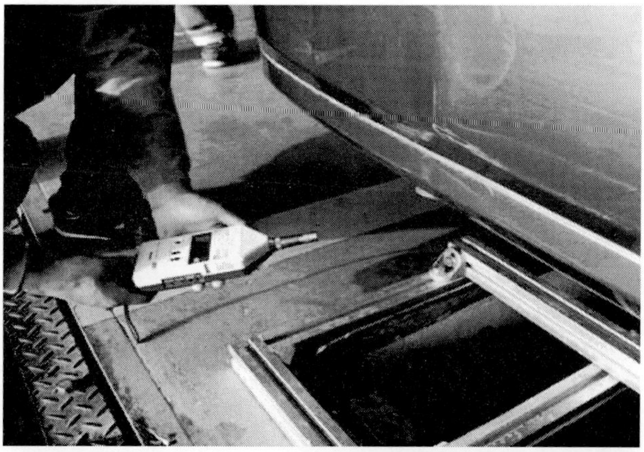

② 소음계를 ON하고 기능선택 스위치를 "A" 특성으로 하고 Inst/Max Hold 소음 정지스위치를 "Max Hold"로 한다.

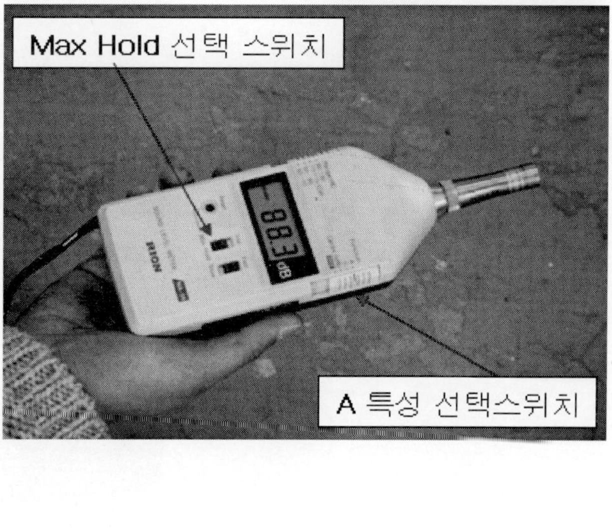

③ 측정 자동차의 시동을 켜고, 원동기 최고 출력 회전수의 75%로 무부하 상태에서 4초 동안 가속페달을 밟는다. 이 때 배출되는 소음의 최고값을 측정한다

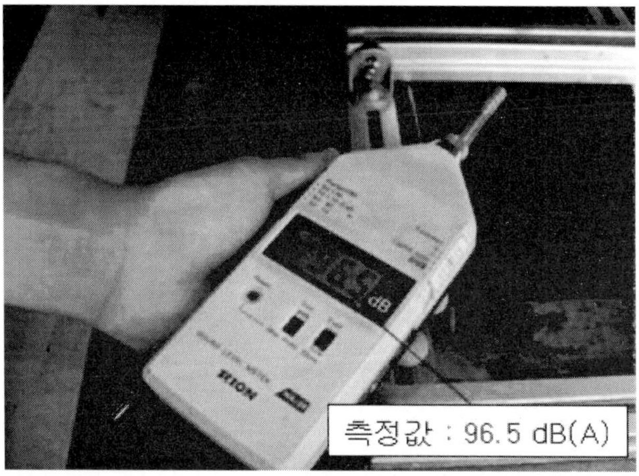

④ 다시 측정할 시에는 리셋(Reset) 버턴을 누르고 측정한다. 2회 이상 측정하여 가장 큰 값을 최종측정치로 한다. 단 측정치의 차이가 2dB 이상일 때는 측정치를 무효로 하고 다시 측정한다.

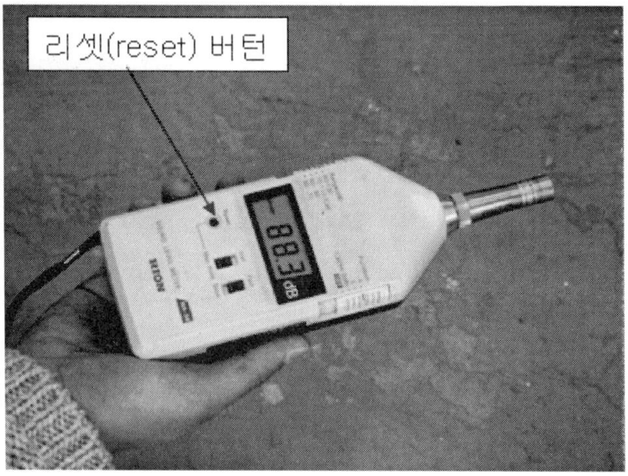

2) 경적 소음 측정

① 소음계를 측정 자동차의 차체전방에서 2m, 지상높이 1.2±0.05m에 설치한다.

② 소음계를 ON하고 기능선택 스위치를 "C" 특성으로 하고 Inst/Max Hold 소음 정지스위치를 "Max Hold"로 한다.

③ 시동을 켜지 않은 상태에서 경음기를 5초간 작동시킨다.

④ 배출되는 소음의 최고값을 측정한다.

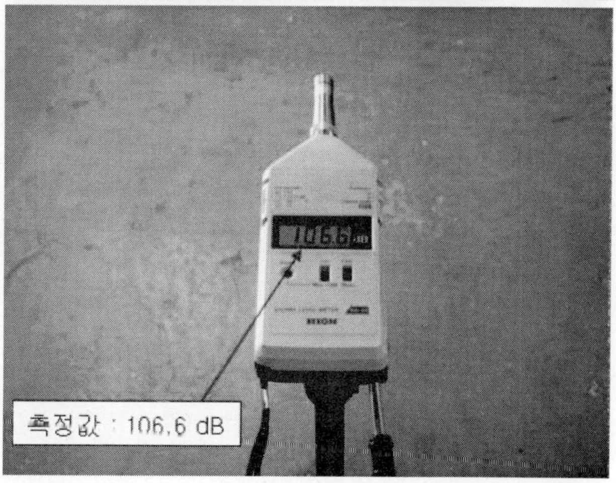

⑤ 재측정하기 위해서는 소음계의 리셋(Reset) 스위치를 누른다. 2회 이상 측정하여 가장 큰 값을 최종측정치로 한다

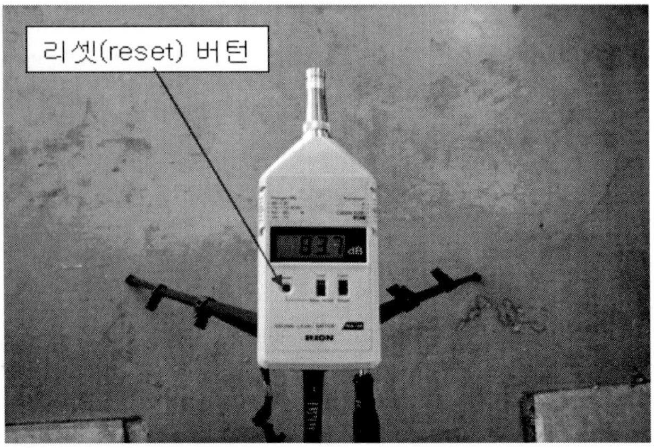

6. 전조등 측정

6-1 빛(광)

빛은 인간의 눈으로 인식할 수 있는 전자기파의 일부로서 우리가 빛으로 눈에 느끼는 것은 약 380nm~760nm의 극히 작은 범위의 전자파이다. 긴 파장 760nm(760×10-9m)범위에서는 적색, 짧은 파장 380nm(380×10-9m)범위에서는 보라색을 띤다. 빛에 사용되는 물리량에는 광속, 광도, 조도, 휘도 등이 있는 데 전조등 시험에 관련되는 것은 광도와 조도이다.

(1) 광속

광원에서 발하는 빛의 양을 광속이라고 한다. 이것은 1초간에 광원에서 방사되는 빛의 양으로 단위에는 루멘(lm)을 사용한다. 1루멘이란 1촉광의 점광원으로부터 단위체각에 내보내지는 빛의 양을 말한다.

(2) 광도

광원은 각도에 따라 빛의 세기가 다르다. 광원으로부터 어느 방향으로 얼마만큼의 빛의 양이 나오고 있는가를 나타내는 것이 광도이다. 광도의 단위는 칸델라(candela)이며 국제 단위계의 기본 단위로 기호는 cd로 표시한다. 1325파스칼(pa)의 압력 하에서 백금의 녹는 점인 1769도에 있는 흑체의 편평한 1㎠의 표면이 수직방향으로 내는 광도의 1/60을 1cd로 정의한다. 종래에 쓰던 광도의 단위 1촉은 1.0067cd와 같다.

(3) 조도

빛을 받는 면의 밝기를 조도라 하고 조도의 단위는 룩스(lux)를 사용하며 기호는 lx로 표시한다. 1 칸델라의 광원이 균일하게 1㎡의 넓이를 비출 때 그 면의 조도를 1룩스라 한다. 광원에서의 거리에 대해 광원의 크기를 무시할 수 있는 경우 조도는 광원으로부터 거리의 제곱에 반비례한다. 이를 역제곱의 법칙이라 하고 다음 산식으로 표시된다.

$$\text{조도}(lx) = \frac{\text{광도}(cd)}{[\text{거리}(r)]^2}$$

예제

15000cd를 갖는 광원에서 10m 떨어진 위치에서의 밝기는 몇 lx 인가?

풀이

$$\text{조도}(lx) = \frac{\text{광도}(cd)}{[\text{거리}(m)]^2} = \frac{15000}{10^2} = 150(\text{lx}) \text{ 이다.}$$

예제

광원에서 60cm 떨어진 곳의 조도가 300Lux인 점광원이 있다. 이 광원에서 200cm 떨어진 곳에서의 조도는 얼마인가?

풀이

점광원의 광도 = 조도 ×(거리)2 = 300×0.62 = 108(cd)

점광원의 광도는 108cd가 되고 점광원에서 200cm 떨어진 곳에서의 조도는

$$\text{조도}(lx) = \frac{\text{광도}(cd)}{[\text{거리}(m)]^{2}} = \frac{108}{2^2} = 27(\text{lx}) \text{ 이다.}$$

(4) 휘도

휘도는 물체면의 명암감과 광원의 눈부심을 나타내는 척도이다. 단위는 cd/㎡이다.

6-2 전조등의 특성

(1) 배광

등조도 곡선으로 표시하는 밝기의 분포를 말한다. 이 곡선은 약간 기울어진 좌・우 대칭이고 상・하로 너무 벌어지지 않는 것이 좋은 배광이다.

(2) 광속

밝기 분포의 종단면 배광곡선으로 나타내며 이 단면의 적분치, 다시 말해서 이 곡선에 대한 체적이 전광속으로 되어 광원으로부터 나오는 광의 총량으로 볼 수 있다.

(3) 조사 방향

가장 밝은 위치를 광축의 중심으로 생각하면 수평, 수직의 교점에서 한쪽으로 치우친 조사 방향을 나타낸 것이다.

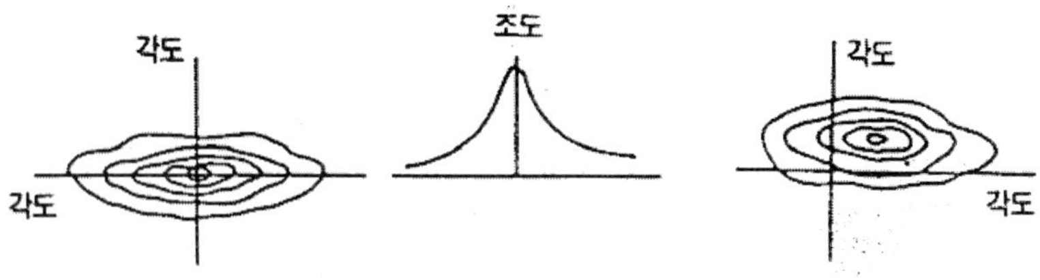

〈배광〉 〈광속〉 〈조사방향〉

[그림 4-10] 전조등의 특성

6-3 안전기준

(1) 자동차(피견인자동차를 제외한다)의 앞면에는 전방을 비출 수 있는 주행빔 전조등을 다음의 기준에 적합하게 설치하여야 한다.

① 좌・우에 각각 1개 또는 2개를 설치할 것

② 등광색은 백색일 것

③ 주행빔 전조등의 설치 및 광도기준은 자동차 및 자동차부품의 성능과 기준에 관한 규칙의 별표 6의3에 적합할 것

(2) 자동차(피견인자동차는 제외한다)의 앞면에는 마주 오는 자동차 운전자의 눈부심을 감소시킬 수 있는 변환빔 전조등을 다음의 기준에 적합하게 설치하여야 한다.

① 좌ㆍ우에 각각 1개를 설치할 것

② 등광색은 백색일 것

③ 변환빔 전조등의 설치 및 광도기준은 자동차 및 자동차부품의 성능과 기준에 관한 규칙의 별표 6의4에 적합할 것

(3) 자동차(피견인자동차는 제외한다)의 앞면에 전조등의 주행빔과 변환빔이 다양한 환경조건에 따라 자동으로 변환되는 적응형 전조등을 설치하는 경우에는 다음의 기준에 적합하게 설치하여야 한다.

① 좌ㆍ우에 각각 1개를 설치할 것

② 등광색은 백색일 것

③ 적응형 전조등의 설치 및 광도기준은 자동차 및 자동차부품의 성능과 기준에 관한 규칙의 별표 6의5에 적합할 것

6-4 전조등 시험기

(1) 투영식 전조등 시험기

① 지주 : 시험기의 몸체를 지지하며 몸체의 상하이동을 위한 랙(rack)으로 되어있고 옆면에는 높이를 측정할 수 있도록 눈금이 표시되어 있다.

② 상하 이동 핸들 : 핸들을 돌려 시험기 몸체를 상하 이동시킬 때 사용한다.

③ 줄자(전척) : 시험기와 자동차 사이의 거리를 측정할 때 사용한다.

④ 수준계 : 시험기가 지면과 수평으로 설치되어 있는 가 점검한다.

⑤ 정대 조준경 : 시험기와 자동차가 일치되었는 가를 점검한다.

⑥ 전원 스위치 : 전원을 ON/OFF 할 때 사용한다.

⑦ 상하 광축계 : 광축이 상하로 비추는 위치를 지시한다.

⑧ 좌우 광축계 : 광축이 좌우로 비추는 위치를 지시한다.

⑨ 광도계 : 광축의 광도를 나타낸다.

⑩ 스크린 : 전조등의 상을 나타낸다.

⑪ 상하 광축 다이얼 : 광축의 상하를 조정한다.

⑫ 좌우 광축 다이얼 : 광축의 좌우를 조정한다.

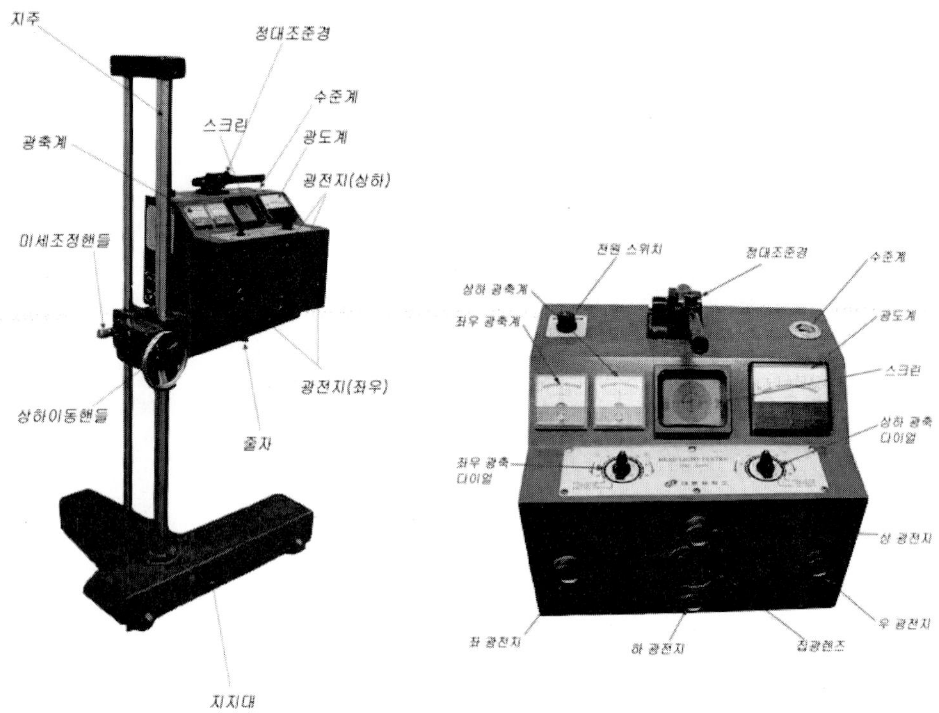

[그림 4-11] 투영식 전조등 시험기

(2) 집광식 전조등 시험기

① 지주 : 시험기의 몸체를 지지하며 몸체의 상하이동을 위한 랙(rack)으로 되어있고 옆면에는 높이를 측정할 수 있도록 눈금이 표시되어 있다.
② 상하 이동 핸들 : 핸들을 돌려 시험기 몸체를 상하 이동시킬 때 사용한다.
③ 줄자(전척) : 시험기와 자동차 사이의 거리를 측정할 때 사용한다.
④ 수준계 : 시험기가 지면과 수평으로 설치되어 있는 가 점검한다.
⑤ 정대 조준경 : 시험기와 자동차가 일치되었는 가를 점검한다.
⑥ 전원 스위치 : 전원을 ON/OFF할 때 사용한다.
⑦ 상하 표시기 : 광축이 상하로 비추는 위치를 지시한다.
⑧ 좌우 표시기 : 광축이 좌우로 비추는 위치를 지시한다.
⑨ 광도 표시기 : 광축의 광도를 나타낸다. 지시치에 1000 cd를 곱하여 광도를 표시한다.
⑩ 반사경 : 전조등의 상을 나타낸다.

⑪ 상하 광축 다이얼 : 광축의 상하를 조정한다.

⑫ 좌우 광축 다이얼 : 광축의 좌우를 조정한다.

⑬ 집광렌즈 : 전조등의 빛을 모으는 렌즈

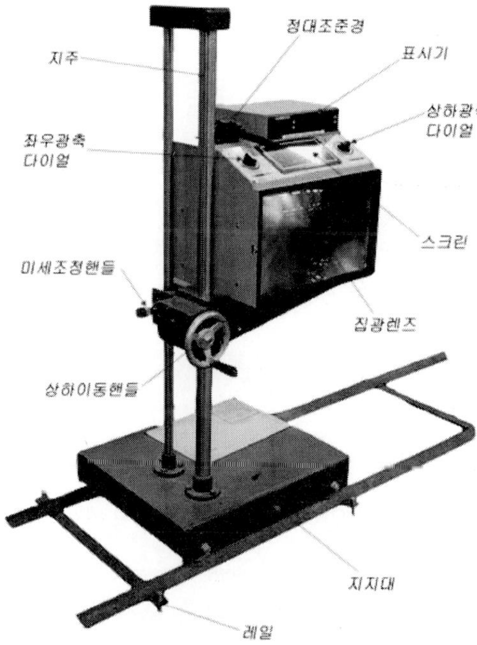

〈전면〉

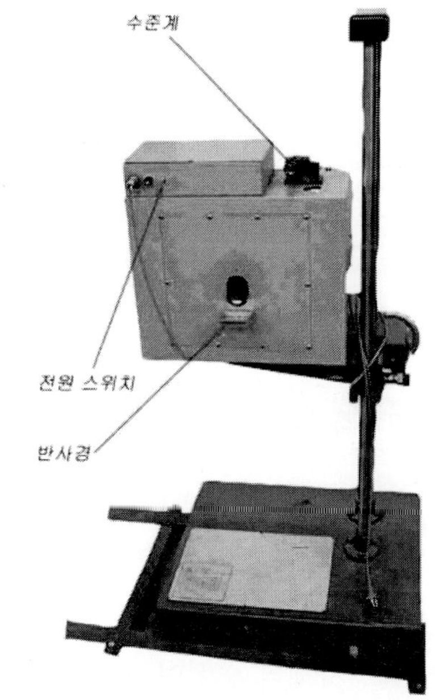

〈후면〉

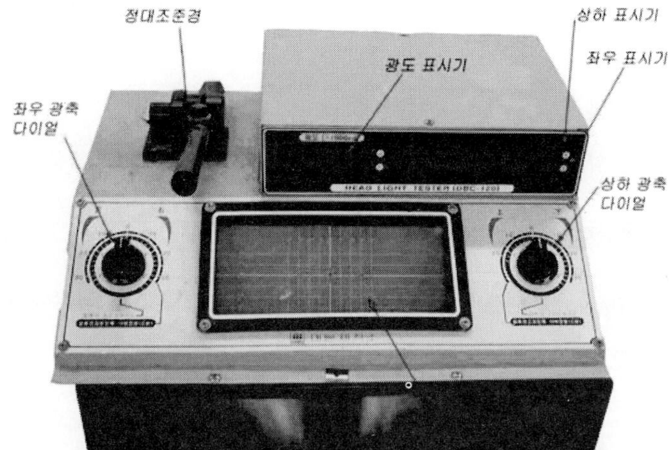

[그림 4-12] 집광식 전조등 시험기

6-5 전조등 시험

(1) 측정 조건

① 자동차는 적절히 예비운전되어 있는 공차상태의 자동차에 운전자 1인이 승차한 상태로 한다.
② 자동차의 축전지는 충전한 상태로 한다.
③ 자동차의 원동기는 공회전 상태로 한다.
④ 타이어의 공기압은 표준 공기압으로 한다.
⑤ 4등식 전조등의 경우 측정한 아니하는 등화에서 발산하는 빛을 차단한 상태로 한다.

(2) 측정 준비

① 수준기를 보고 전조등 시험기의 수평을 맞춘다.
② 측정차량은 전조등 시험기와 직각으로 진입하고, 줄자를 이용하여 전조등과 수광부 사이의 거리를 맞춘다.(투영식 : 3m, 집광식 : 1m)
③ 차체의 중심이 되는 곳을 보닛(bonnet) 앞, 뒤 두 곳에 표시한다.
④ 타이어의 공기압은 표준 공기압으로 하고 운전자 1인이 승차한다.
⑤ 정대 조준경으로 보닛 위의 두 점이 일직선 상에 보이도록 시험기를 조정한다.
⑥ 시동을 켜고 원동기는 공회전 상태로 한다.
⑦ 배터리가 충분히 충전된 상태로 한다.
⑧ 전조등을 상향으로 켠다.

(3) 투영식 전조등 시험 방법

측정차량을 전조등 시험기와 직각으로 진입시키고, 줄자를 이용하여 전조등과 수광부 사이의 거리를 3m로 맞춘다.

① 전조등 시험기의 전원을 ON한다.
② 상하·좌우 광축다이얼을 "0"으로 놓는다.
③ 전조등 시험기의 상하 이동 핸들을 이용하여 높낮이를 조절하고, 시험기 본체를 좌우로 슬라이드시켜 전조등의 중심점(흑점)을 시험기 스크린의 중앙에 위치시킨다.

④ 시험기의 지지대에 표시되어 있는 눈금을 보고 전조등의 높이를 측정한다.
⑤ 상하 광축계의 지침이 계기판의 중앙에 오도록 시험기의 상하 이동용 핸들을 조절한다. 이 때 스크린 중심에 있던 전조등의 상이 상하로 움직인다.
⑥ 상하 광축다이얼 움직여 전조등의 흑점이 스크린의 중앙에 오도록 맞춘다. 상하 광축다이얼의 눈금을 읽으면 상하로 전조등이 치우친 값이다.
⑦ 좌우 광축계의 지침이 계기판의 중앙에 오도록 시험기의 시험기를 좌우로 움직인다. 이 때 스크린 중심에 있던 전조등의 상이 좌우로 움직인다.
⑧ 좌우 광축다이얼을 움직여 전조등의 흑점이 스크린의 중앙에 오도록 맞춘다. 좌우 광축다이얼의 눈금을 읽으면 좌우로 전조등이 치우친 값이다.
⑨ 전조등의 광도계에서 광도를 읽는다.

(4) 집광식 전조등 시험 방법

측정차량을 전조등 시험기와 직각으로 진입시키고, 줄자를 이용하여 전조등과 수광부 사이의 거리를 1m로 맞춘다.

① 전조등 시험기의 전원을 ON한다.
② 상하·좌우 광축 다이얼을 "0"에 위치시킨다.
③ 시험기 후면의 반사경을 열어 십자선의 중앙에 전조등의 흑점이 위치하도록, 전조등 시험기의 상하 이동용 핸들을 이용하여 높낮이를 조절하고 시험기 본체를 좌우로 슬라이드시켜 좌우를 맞춘다.
④ 시험기의 지주에 표시되어 있는 눈금을 보고 전조등의 높이를 측정한다.
⑤ 표시기의 LED 램프가 점등된 상태를 확인한다,
⑥ 상하/좌우 광축 다이얼을 돌려 표시기 LED 중앙의 램프가 깜박일 때까지 조정한다.
⑦ 중앙의 두 램프가 깜박일 때 상하/좌우 광축다이얼의 값을 읽는다.
⑧ 광도표시기에서 전조등의 광도를 읽는다.

(5) 판정 기준

운행 자동차의 전조등에 대한 광도와 주광축의 진폭에 대한 검사 판정 기준은 다음과 같다.

① **전조등의 광도**

형　식	광도 기준
2등식	15,000cd 이상
4등식	12,000cd 이싱

② **주광축의 진폭**

	상	하	좌	우
좌측 전조등	10cm	30cm	15cm	30cm
우측 전조등	10cm	30cm	30cm	30cm

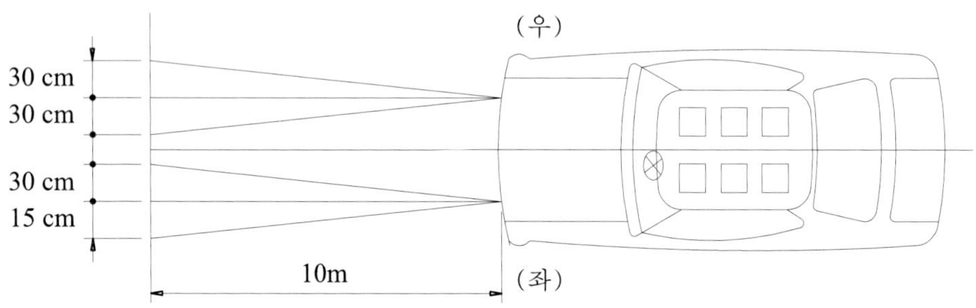

[그림 4-13] 전조등 주광축의 진폭

(6) 전조등 측정 실무(집광식)

① 측정차량을 전조등 시험기와 직각으로 진입시킨다.

② 줄자를 이용하여 전조등과 수광부 사이의 거리를 1m로 맞춘다.

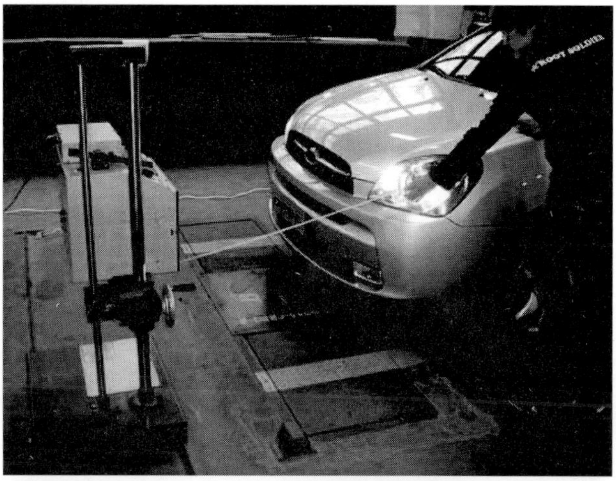

③ 전조등 시험기의 전원을 켠다

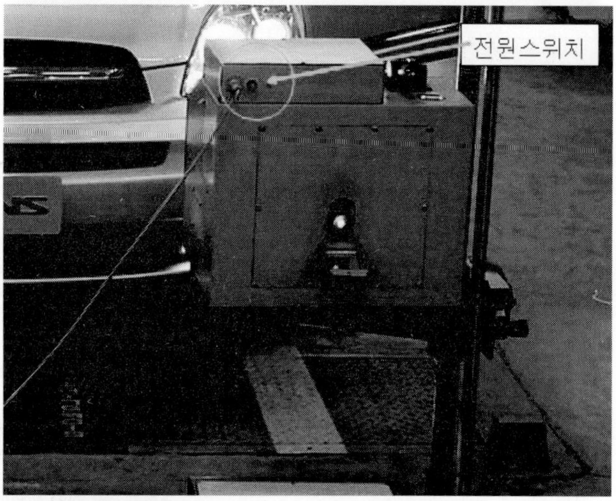

④ 상하좌우 광축 다이얼을 "0"에 위치시킨다.

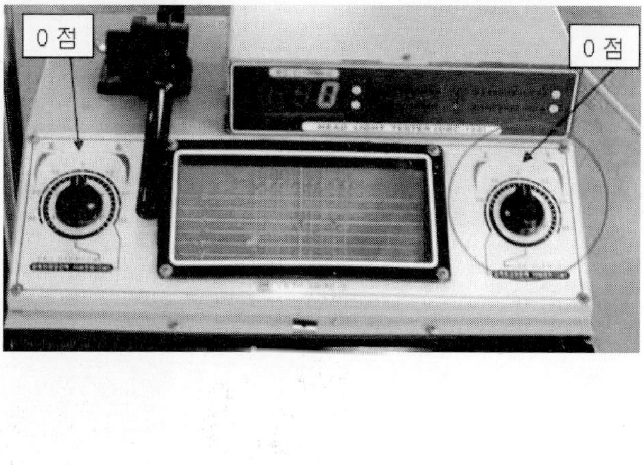

⑤ 시험기 후면의 반사경을 열어 십자선의 중앙에 전조등의 흑점이 위치하도록, 전조등 시험기의 상하 이동용 핸들을 이용하여 높낮이를 조절하고 시험기 본체를 좌우로 이동시켜 맞춘다.

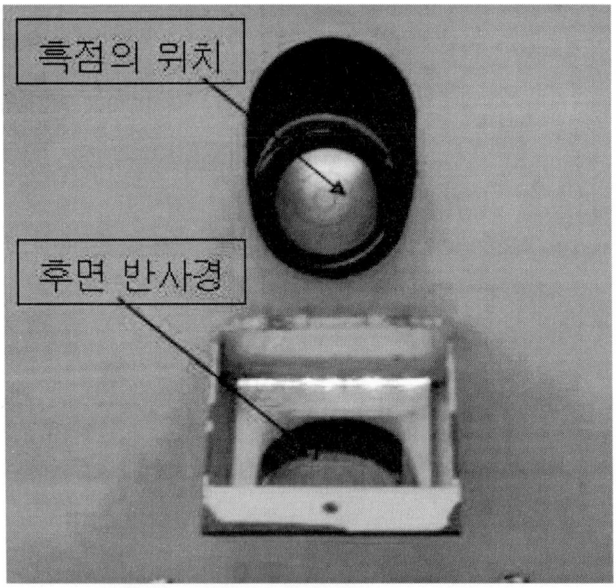

⑥ 시험기의 지주에 표시되어 있는 눈금을 보고 전조등의 높이를 측정한다.

⑦ 상하/좌우 광축 다이얼을 돌려 표시기 LED 중앙의 램프가 깜박일 때까지 조정한다.

⑧ 중앙의 두 램프가 깜박일 때 상하/좌우 광축다이얼의 값을 읽는다.

⑨ 광도표시기에서 전조등의 광도를 읽는다. 지시된 수치에 1,000을 곱한 값을 칸델라(cd)로 표시한다

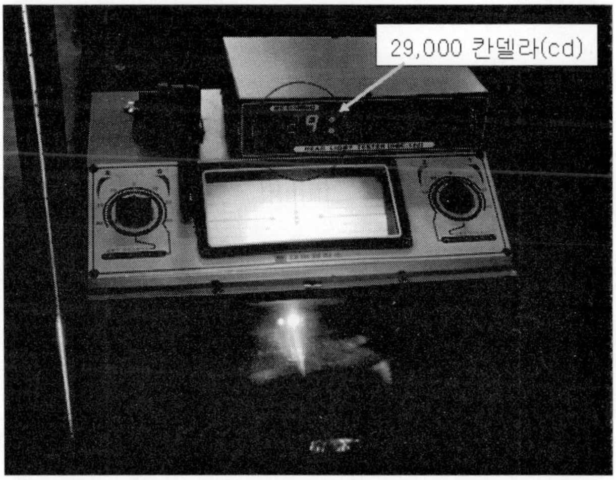

7. 사이드 슬립 시험

7-1 사이드 슬립

자동차가 주행하는 경우 항상 올바른 방향을 유지하고 핸들 조작이나 외력에 의한 영향이 있을 때 즉시 직진 상태로 복귀할 수 있어야 하며 경쾌한 핸들 조작을 할 수 있어야 한다. 이러한 조건들을 만족시키기 위하여 앞바퀴에는 차축이나 캉 핀 등과 함께 일정한 위치관계를 유지하도록 되어 있다. 이것을 앞바퀴 정렬(front wheel alignment)이라 하고 자동차 검사 시에도 이를 검사하도록 규정되어 있다.

그러나 앞바퀴 정렬의 모든 항목들을 검사하기 어렵고 또한 그럴 필요가 없으므로 자동차 검사 시에 사이드슬립 시험기를 이용하여 토인와 캠버의 합성효과를 검사함으로서 앞바퀴 정렬 상태의 적합여부를 판정한다. 사이드 슬립(side slip)이란 앞바퀴 정렬의 불균형으로 인하여 주행 중 타이어가 옆방향으로 미끄러지는 현상을 말한다. 자동차가 직진할 때 캠버(camber) 각이 있으면 자동차를 직진방향의 외측으로 원호의 궤적을 그리려는 성질을 부여하게 된다. 한편 토인(toe-in)은 자동차를 직진 방향의 내측으로 진행시키려는 성질이 있으므로 캠버와 토인을 적절히 조화시키면 자동차는 무리없이 직진하게 된다. 만약 캠버와 토인의 균형상태가 적합하지 않으면 자동차의 주행에 무리가 생기게 되고 타이어에 옆방향으로 미끄럼이 발생되어 마모의 원인이 된다. 결국 사이드 슬립의 측정은 토인과 캠버의 상태를 검사하는 것이다.

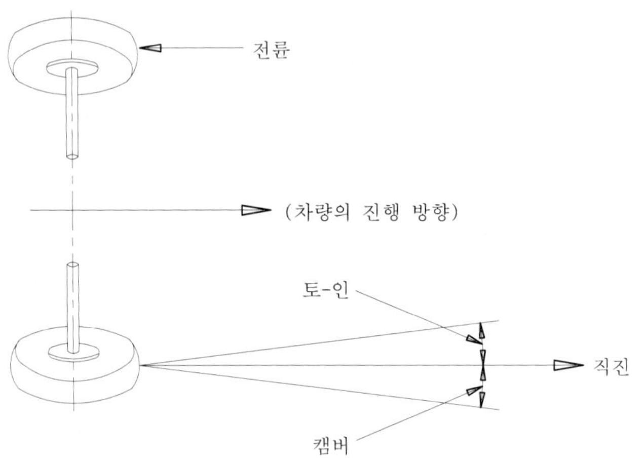

[그림 4-14] 토인과 캠버의 합성 효과

7-2 조향장치의 안전기준

(1) 자동차의 조향장치의 구조는 다음의 기준에 적합하여야 한다.

① 조향장치의 각부는 조작시에 차대 및 차체등 자동차의 다른 부분과 접촉되지 아니하고, 갈라지거나 금이 가고 파손되는 등의 손상이 없으며, 작동에 이상이 없을 것

② 조향장치는 조작시에 운전자의 옷이나 장신구등에 걸리지 아니할 것

③ 다음의 자동차 구분에 따른 해당 속도로 반지름 50m의 곡선에 접하여 주행할 때 자동차의 선회원이 동일하거나 더 커지는 구조일 것

가) 승용자동차: 시속 50km

나) 승용자동차 외의 자동차: 시속 40km(최고속도가 시속 40km 미만인 경우에는 해당 자동차의 최고속도)

④ 자동차를 최고속도(연결자동차의 경우에는 견인자동차의 최고속도를 말한다)까지 주행하는 동안 조향핸들이 비정상적으로 조작되거나 조향장치가 비정상적으로 진동되지 아니하고 직진 주행이 가능할 것. 다만, 고장 시 조향장치에 의도적으로 진동을 발생시키도록 하는 구조인 경우에 의한 진동은 제외한다.

⑤ 자동차(연결자동차를 포함한다)가 정상적인 주행을 하는 동안 발생되는 응력에 견딜 것

⑥ 조향장치(피견인자동차를 조향하는 제어장치를 포함한다)는 자기장이나 전기장에 의하여 작동에 영향을 받지 아니할 것

⑦ 조향장치의 결합구조를 조절하는 장치는 잠금장치에 의하여 고정되도록 할 것

⑧ 조향바퀴는 뒷바퀴에만 있어서는 아니 될 것. 다만, 세미트레일러는 그러하지 아니하다.

⑨ 조향장치 중 기계적인 강성이 필요한 모든 관련 부품은 제동장치 등과 같은 필수부품과 동등한 안전특성으로 충분한 크기를 갖추어야 하고, 그 부품의 고장으로 자동차를 조종하지 못할 것으로 우려되는 부품은 금속 또는 이와 동등한 특성을 갖는 재질로 제작되어야 하며, 정상적인 작동 중일 때에는 해당 부품에 심각한 변형이 발생하지 아니할 것

⑩ 조향장치의 기능을 저해시키는 고장(기계적인 부품의 고장은 제외한다)이 발생한 경우에는 운전자가 고장을 명백하게 확인할 수 있는 경고장치를 갖출 것. 다만, 다음의 어느 하나에 해당하는 경우에는 경고장치를 갖춘 것으로 본다.

가) 고장 시 조향장치에 의도적으로 진동을 발생시키도록 하는 구조인 경우

나) 고장 시 자동차(피견인자동차는 제외한다)의 조향조종력이 증가되는 구조인 경우

다) 피견인자동차의 경우 고장 시 기계적인 표시기를 갖춘 구조인 경우

(2) 조향핸들의 유격(조향바퀴가 움직이기 직전까지 조향핸들이 움직인 거리를 말한다)은 당해 자동차의 조향핸들지름의 12.5% 이내이어야 한다.

(3) 조향바퀴의 옆으로 미끄러짐이 1m 주행에 좌우방향으로 각각 5mm 이내이어야 하며, 각 바퀴의 정렬상태가 안전운행에 지장이 없어야 한다.

7-3 A.B.S 테스터 제어기

A.B.S는 Alignment(Side Slip), Brake, Speed Meter의 약어이다. A.B.S 테스터 제어기로 사이드슬립시험, 제동력시험, 속도계 시험 등의 3가지 시험을 수행할 수 있다.

① 브레이커(breaker) 스위치 : 제어기의 주 전원 스위치
② 전원 스위치 : 제어기를 일상적으로 ON/OFF 시 사용한다.
③ 제동력 A/B 전환 스위치 : 제동력 시험 시 A/B 타입 중 선택할 수 있는 스위치
④ 키보드 : 축중, 수동검사 한 종목의 선택, 선택취소 등을 입력하는 장치
⑤ 신고버턴 : 속도계 시험 시 자동차 속도가 40km/h가 되었음을 알리는 신호용 버턴

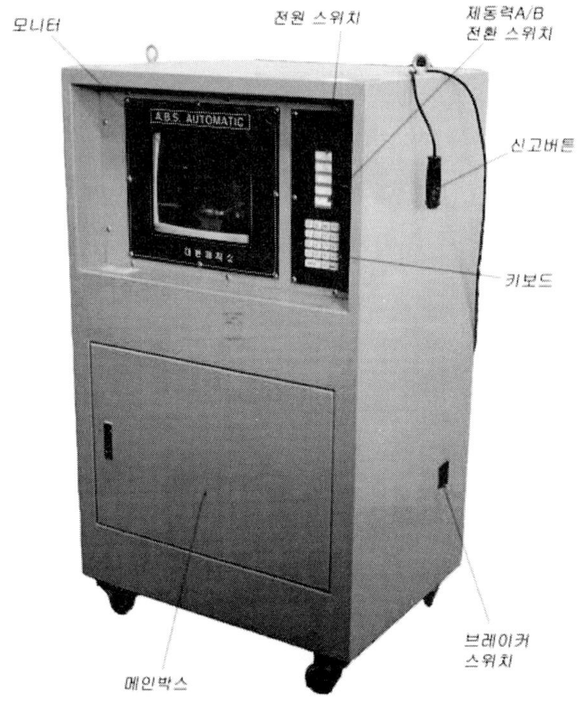

[그림 4-15] A.B.S 테스터 제어기

7-4 사이드 슬립 측정기

① 답판 : 타이어가 지나가는 측정판
② 고정 장치 : 답판을 고정하거나 풀어주는 기구로 사이드슬립을 측정하지 않을 때는 답판을 고정시켜 둔다.

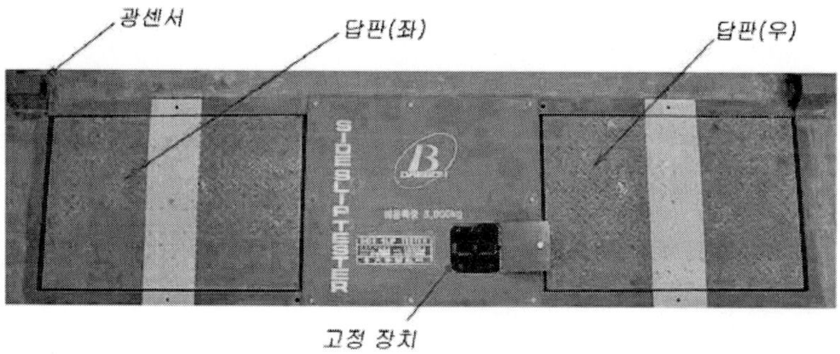

[그림 4-16] 사이드슬립 시험기

7-5 사이드슬립 시험

(1) 측정조건

① 자동차는 공차상태의 자동차에 운전자 1인이 승차한 상태로 한다.
② 타이어의 공기압은 표준공기압으로 하고 조향링크의 각부를 점검한다.
③ 사이드슬립 측정기의 지시장치 표시가 0점에 있는 가를 확인한다.

(2) 측정 준비

① 시험 차량의 전륜을 깨끗이 하고 답판도 깨끗이 하여 준다.
② 답판의 고정장치를 해제시킨다.
③ 컨트롤 박스의 차단 스위치를 켠다.
④ 컨트롤 박스의 전원 스위치를 켠다.
⑤ Ⓐ 버턴을 눌러 사이드슬립 측정을 선택한다.

(3) 측정 시 주의사항

① 시험기의 허용 축하중 이상의 자동차는 시험하지 않는다.

② 자동차는 시험기에 직각으로 저속운전하여 진입하도록 한다.

③ 시험기의 답판 위에서 조향핸들을 조작하지 않는다.

④ 시험기 위에서는 브레이크를 작동시키지 않는다.

⑤ 시험기 위에는 물을 뿌리지 않는다.

(4) 측정 방법

① 자동차를 사이드슬립 측정기와 정면으로 대칭시킨다.

② 측정기에 진입속도는 5km/h로 서행한다.

③ 조향핸들에서 손을 떼고 5km/h로 서행하면서 화면의 눈금을 타이어의 접지면이 측정기 답판을 통과 완료할 때 읽는다.

④ 다시 측정하고자 할 경우에 Ⓐ 버턴을 누르면 측정 준비 상태로 복귀한다.

⑤ 측정이 완료되면 전원을 끈다.

⑥ 답판의 고정장치를 고정시킨다.

(5) 측정결과의 판정

사이드 슬립량이 좌우방향으로 각각 5mm/m(m/km) 이내이면 합격이다. 만약 측정결과가 규격을 초과하면 토인을 조정하여 규격치 이내로 수정하여야 한다.

(6) 사이드 슬립 측정 실무

① 자동차를 사이드슬립 측정기와 정면으로 대칭시킨다

② 답판의 고정장치를 해제시킨다.

답판 고정 장치

③ 사이드슬립 측정을 선택하면 측정 화면이 표시된다.

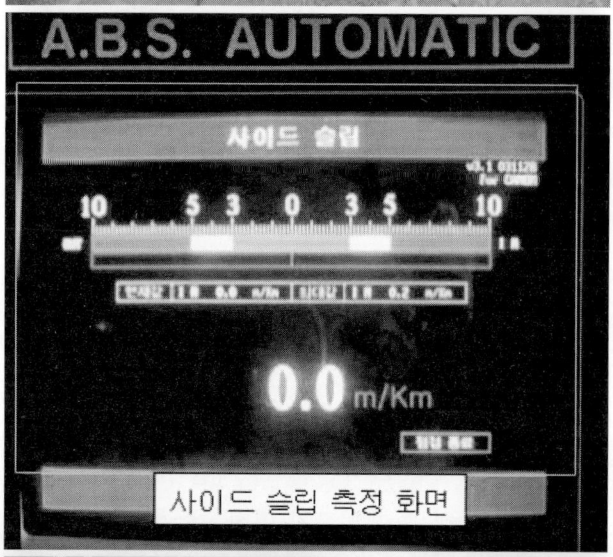

사이드 슬립 측정 화면

④ 사이드슬립 측정기에 자동차를 5km/h 속도로 서행하여 진입시킨다. 사이드 슬립 측정기의 답판을 통과할 시에는 조향핸들에서 손을 떼고 핸들을 조작하지 않는다.

⑤ 측정 자동차가 답판을 통과하고 난 후 사이드 슬립량을 측정한다.

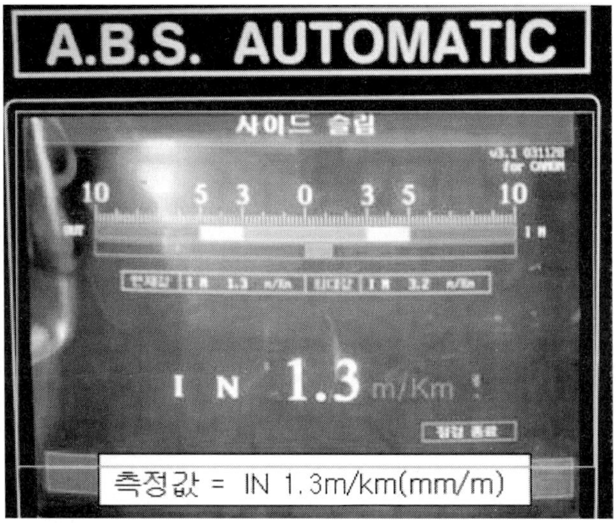

8. 제동력 시험

자동차의 주제동장치의 제동능력과 주차 제동장치의 제동능력을 측정한다.

8-1 제동장치의 안전기준

(1) 자동차(피견인자동차를 제외한다)에는 주제동장치와 주차 중에 주로 사용하는 제동장치(이하 "주차제동장치"라 한다)를 갖추어야 하며, 그 구조와 제동능력은 다음 각 호의 기준에 적합하여야 한다.

① 주제동장치와 주차제동장치는 각각 독립적으로 작용할 수 있어야 하며, 주제동장치는 모든 바퀴를 동시에 제동하는 구조일 것

② 주제동장치의 계통 중 하나의 계통에 고장이 발생하였을 때에는 그 고장에 의하여 영향을 받지 아니하는 주제동장치의 다른 계통 등으로 자동차를 정지시킬 수 있고, 제동력을 단계적으로 조절할 수 있으며 계속적으로 제동될 수 있는 구조일 것

③ 제동액 저장장치에는 제동액에 대한 권장규격을 표시할 것

④ 주제동장치에는 라이닝 등의 마모를 자동으로 조정할 수 있는 장치를 갖출 것. 다만, 차량총중량이 3.5톤을 초과하는 화물자동차 및 특수자동차로서 모든 바퀴로 구동할 수 있는 자동차의 주제동장치와 차량총중량이

3.5톤 이하인 화물자동차 및 특수자동차의 후축의 주제동장치의 경우에는 그러하지 아니하다.

⑤ 주제동장치의 라이닝 마모상태를 운전자가 확인할 수 있도록 경고장치(경고음 또는 황색경고등을 말한다)를 설치하거나 자동차의 외부에서 육안으로 확인할 수 있는 구조일 것.

⑥ 에너지저장장치에 의하여 작동되는 주제동장치에는 2개(에너지 저장장치에 의하지 아니하고 운전자의 힘으로만 기계적으로 주제동장치가 작동될 수 있는 구조의 경우는 1개) 이상의 독립된 에너지저장장치를 설치하여야 하고, 각 에너지저장장치는 제3항의 기준에 적합한 경고장치를 설치할 것

⑦ 주차제동장치는 기계적인 장치에 의하여 잠김상태가 유지되는 구조일 것

⑧ 주차제동장치는 주행중에도 제동을 시킬 수 있는 구조일 것

⑨ 공기식(공기배력유압식을 포함한다) 주제동장치를 설치한 자동차는 다음 각목의 기준에 적합한 구조를 갖출 것

가) 각 계통별 에너지저장장치의 공기압력을 나타내는 압력계는 운전자가 보기 쉬운 위치에 설치할 것

나) 2개 이상의 독립된 계통을 갖춘 공기식 주제동장치는 제동조종장치와 제동바퀴 사이에서 공기누설이 발생할 경우 누설된 공기를 대기중으로 배출시키는 구조일 것

⑩ 주제동장치의 급제동능력은 건조하고 평탄한 포장도로에서 주행 중인 자동차를 급제동할 때 다음의 기준에 적합할 것

[표 4-4] 주제동장치의 급제동정지거리 및 조작력 기준

구 분	최고속도가 80km/h 이상의 자동차	최고속도가 35km/h 이상 80km/h 미만의 자동차	최고속도가 35km/h 미만의 자동차
1. 제동초속도(km/h)	50	35	당해 자동차의 최고속도
2. 급제동정지거리(m)	22이하	14이하	5이하
3. 측정시 조작력(kg)	발조작식의 경우 : 90이하		
	손조작식의 경우 : 30이하		
4. 측정자동차의 상태	공차상태의 자동차에 운전자 1인이 승차한 상태		

⑪ 주제동장치의 제동능력과 조작력은 다음의 기준에 적합할 것

[표 4-5] 주제동장치의 제동능력 및 조작력 기준

구 분	기 준
1. 측정자동차의 상태	공차상태의 자동차에 운전자 1인이 승차한 상태
2. 제동능력	가. 최고속도가 매시 80km이상이고 차량총중량이 차량중량의 1.2배이하인 자동차의 각축의 제동력의 합 : 차량총중량의 50%이상 나. 최고속도가 매시 80km미만이고 차량총중량이 차량중량의 1.5배이하인 자동차의 각축의 제동력의 합 : 차량총중량의 40%이상 다. 기타의 자동차 (1) 각축의 제동력의 합 : 차량중량의 50%이상 (2) 각축의 제동력 : 각 축중의 50%(다만, 뒷축의 경우에는 당해 축중의 20%)이상
3. 좌·우바퀴의 제동력의 차이	당해 축중의 8%이하
4. 제동력의 복원	브레이크페달을 놓을 때에 제동력이 3초이내에 당해 축중의 20%이하로 감소될 것

주) 관성제동장치를 갖춘 피견인자동차에 대해서는 위 표를 적용하지 아니한다.

⑫ 주차제동장치의 제동능력과 조작력은 다음의 기준에 적합할 것

가) 주차제동장치의 제동능력 및 조작력 기준

구 분		기 준
1. 측정자동차의 상태		공차상태의 자동차에 운전자 1인이 승차한 상태
2. 측정시 조작력	승용자동차	발조작식의 경우 : 60kg이하
		손조작식의 경우 : 40kg이하
	기타자동차	발조작식의 경우 : 70kg이하
		손조작식의 경우 : 50kg이하
3. 제동능력		경사각 11도30분이상의 경사면에서 정지상태를 유지할 수 있거나 제동능력이 차량중량의 20%이상일 것

나) 주차 제동을 위한 조작력 전달계통이 전기식(electric transmission)**인 주차제동장치 기준**

㉠ 주차제동장치의 제동능력 및 조작력은 제1호의 기준을 만족하여야 한다.

㉡ 주차제동을 위한 조작력 전달계통이 전기식에서 고장이 발생한 경우에도 주차제동장치의 오동작이 발생되지 아니하여야 한다.

㉢ 주차제동을 위한 조작력전달계통이 전기식인 배선[에너지공급장치는 제외하며, 승용자동차, 차량총중량 3.5톤 이하 화물자동차(피견인자동차는 제외한다) 및 특수자동차의 경우에는 조종장치와 전자제어장치를 직접 연결하는 배선만 해당한다]에 단선 등 파손이 있거나 주차제동장치의 조종장치에 전기적인 고장이 발생한 때에는 다음의 기준에 적합하여야 한다.

a) 운전자가 운전자석에서 주차제동장치를 작동시켜 적차상태의 자동차를 8퍼센트 경사로에서 전진 및 후진방향으로 정지상태를 유지할 수 있어야 한다.

b) 위 1)의 기준에 적합하지 아니한 경우, 정지 시 자동으로 주차제동장치가 작동되어 위 1)의 성능기준에 만족할 때에는 적합한 것으로 본다. 이 경우 시동장치의 열쇠 위치와 상관없이 주차제동장치 작동상태를 지속할 수 있어야 하며, 운전자석의 운전자가 자동차를 출발시킬 때에는 주차제동상태가 자동적으로 해제되는 구조이어야 한다. 승합자동차, 차량총중량 3.5톤 초과 화물자동차(피견인자동차는 제외한다) 및 특수자동차의 경우에는 자동차에 설치된 공구 또는 보조장치를 이용하여 주차제동장치를 해제하는데 사용할 수 있다.

c) 승용자동차, 차량총중량 3.5톤 이하 화물자동차(피견인자동차는 제외한다) 및 특수자동차는 수동변속장치의 조종레버를 변속위치로 하거나 자동변속장치의 조종레버를 주차위치로 하여 위 1)의 성능기준에 적합하게 하기 위하여 사용될 수 있다.

㉣ 다목의 고장이 발생한 경우에는 운전자가 운전자석에서 쉽게 확인할 수 있는 위치에 충분한 밝기를 갖춘 다음 각 호의 기준에 적합한 경고장치를 설치하여야 한다.

a) 황색경고등이 점등할 것

b) 주차제동장치의 전기식 조종장치가 작동위치에 있고 시동장치의 열쇠가 10초 이상 작동위치에 있을 때에는 적색경고등이 점멸할 것

㉤ 주차제동장치의 작동을 표시하는 별도의 적색표시등을 갖춘 경우에도 라목 (2)의 기준에 적합하여야 한다.

㉥ 시동장치의 열쇠를 해제위치로 조작하거나 제거한 상태에서도 주차제

동을 지속할 수 있어야 하며 해제시킬 수 없어야 한다.

(2) 피견인자동차(차량총중량이 0.75톤 이하인 피견인자동차를 제외한다)의 제동장치는 다음 각호의 기준에 적합한 구조이어야 한다.

① (1)의 ①, ④(차량총중량이 3.5톤 이하인 피견인자동차를 제외한다), ⑤, ⑦ 및 ⑩~⑫의 기준에 적합할 것

② 피견인자동차의 주제동장치는 견인자동차의 주제동장치와 연동하여 작동하는 구조일 것

③ 피견인자동차의 제동장치는 주행중 견인자동차와의 연결장치가 분리되는 경우 피견인자동차를 자동적으로 정지시키는 구조일 것. 다만, 차량총중량이 1.5톤 이하인 피견인자동차가 체인·와이어로프 등 보조연결장치에 의하여 조절되고 연결봉이 지면에 닿지 아니하는 경우에는 그러하지 아니하다.

④ 피견인자동차의 주차제동장치는 견인자동차에서 분리되어 있는 경우 독립적으로 작동시킬 수 있는 구조일 것

(3) 자동차(피견인자동차를 제외한다)의 주제동장치에는 제동액의 기준유량(공기식의 경우에는 기준공기압을 말한다)이 부족할 경우 등 제동기능의 결함을 운전자에게 알려주는 경고장치를 설치하여야 하고, 경고장치는 다음 중 ① 및 ② 또는 ① 및 ③의 기준에 적합하여야 한다.

① 경고장치에 사용되는 경고음 또는 경고등은 다른 경고장치의 경고음 또는 경고등과 구별이 될 수 있을 것. 다만, 주차제동장치의 표시장치와 겸용으로 사용하는 경우에는 그러하지 아니하다.

② 경고장치의 경고등은 충분한 밝기를 갖춘 적색의 등화로서 운전자가 쉽게 확인할 수 있는 위치에 설치할 것

③ 경고장치의 경고음은 운전자의 귀의 위치에서 측정할 때에 승용자동차의 경우에는 65데시벨 이상, 그 밖의 자동차의 경우에는 75데시벨 이상일 것. 다만, 경유를 연료로 사용하는 승용자동차의 경우에는 70데시벨 이상이어야 한다.

(4) 차량총중량이 3.5톤 이하인 피견인자동차(세미트레일러형을 제외한다)는 다음 각 호의 기준에 적합한 관성제동구조의 주제동장치(이하 "관성제동장치"라 한다) 또는 (6)의 기준에 적합한 전기식 주제동장치와 주차제동장치를 설치할 수 있다.

① 주행 중에 사용하는 관성제동장치와 주차 중에 사용하는 주차제동장치를 모두 갖출 것

② 관성제동장치와 주차제동장치는 각각 독립적으로 작용할 수 있어야 하며, 관성제동장치는 모든 바퀴를 동시에 제동할 수 있는 구조일 것

③ 연결자동차의 급제동능력이 제1항제10호의 기준에 적합할 것

④ 주차제동장치의 제동능력(견인자동차와 피견인자동차를 연결한 경우와 분리한 경우를 모두 포함한다)은 11도 30분의 경사면에서 정지상태를 유지할 수 있을 것

⑤ 관성제동장치의 구조는 별표 4의4의 기준에 적합할 것

⑥ 국토교통부장관이 정하여 고시하는 관성제동장치 세부기준 및 시험방법에 적합할 것

(5) 자동차에는 다음의 기준에 적합한 바퀴잠김방지식 주제동장치를 설치하여야 한다. 다만, 차량총중량이 3.5톤 이하인 캠핑용트레일러 · 피견인자동차는 제외한다.

① 바퀴잠김방지식 주제동장치가 고장이 발생하였을 때 운전자가 쉽게 확인할 수 있는 황색경고등을 설치할 것

② 바퀴잠김방지식 주제동장치가 설치된 피견인자동차를 견인하는 견인자동차의 경우에는 피견인자동차의 바퀴잠김방지식 주제동장치가 고장이 발생하였을 때 견인자동차의 운전자가 쉽게 확인할 수 있는 별도의 황색경고등을 설치할 것

③ ① 및 ②의 황색경고등은 시동장치의 열쇠를 작동위치로 조작한 때에 켜졌다가 고장이 없는 경우에는 꺼지고, 고장이 있는 경우에는 켜진 상태가 지속되는 구조일 것

④ 피견인자동차의 바퀴잠김방지식 주제동장치는 견인자동차의 바퀴잠김방지식 주제동장치와 연동하여 작동하는 구조일 것

(6) 전기식(제동력 전달계통이 전기식인 경우를 말한다) 주제동장치가 설치된 차량총중량 3.5톤 이하인 피견인자동차를 견인하는 견인자동차는 다음 각 호의 기준에 적합한 구조를 갖추어야 한다.

① 전원공급장치(발전기와 축전지를 말한다)는 피견인자동차의 전기식 주제동장치에 충분한 전류를 공급하는 용량을 갖출 것

② 제동장치의 전기회로는 과부하시에도 단락이 발생하지 아니할 것

③ 2개 이상의 독립된 계통을 갖춘 주제동장치의 경우에는 하나의 계통에서 고장이 발생하였을 때 다른 계통으로 피견인자동차를 부분적 또는 전체적으로 제동시킬 수 있을 것

④ 전기식 주제동장치를 작동시키기 위한 제동작동회로는 여유부하를 갖추고 있는 경우에 한하여 견인자동차의 제동등과 병렬로 연결을 할 수 있을 것

(7) 연결자동차의 제동장치는 다음 각 호의 기준에 적합하여야 한다.

① (1)~(6)의 기준에 적합할 것

② 공기식(공기배력유압식을 포함한다) 주제동장치가 설치된 견인자동차는 견인자동차와 피견인자동차 사이의 공기라인에 고장이 발생한 경우 자동적으로 공기가 차단되는 구조일 것

③ 견인자동차의 주제동장치는 피견인자동차의 제동장치에 고장이 발생하거나 견인자동차와 피견인자동차 사이의 공기라인이 차단되는 경우에도 견인자동차를 정지시킬 수 있는 구조일 것

④ 차량총중량이 3.5톤을 초과하는 피견인자동차를 견인하는 견인자동차의 제동장치는 다음 각 목의 기준에 적합할 것

가) 주제동장치의 계통 중 하나의 계통에 고장이 발생하였을 때에는 그 고장에 의하여 영향을 받지 아니하는 주제동장치의 다른 계통 등으로 피견인자동차의 제동력을 조절하여 정지시킬 수 있을 것

나) 피견인자동차와 연결된 공기라인 중 하나의 공기라인에 고장이 발생하였을 때에 피견인자동차가 자동으로 제동되거나 견인자동차에서 피견인자동차를 부분적 또는 전체적으로 제동시킬 수 있을 것

다) 스프링제동장치가 설치된 경우에는 공기압력의 손실로 인하여 스프링제동장치가 자동적으로 작동될 때 피견인자동차도 자동적으로 제동될 것

⑤ 차량총중량이 3.5톤을 초과하는 피견인자동차를 견인하는 견인자동차의 주제동장치 · 비상제동장치 또는 주차제동장치는 피견인자동차의 주제동장치와 동시에 연동하여 작동되는 구조일 것. 다만, 피견인자동차의 제동이 연결자동차의 안정성을 위하여 단독으로 자동작동하는 경우에는 그러하지 아니하다.

⑥ 견인자동차와 공기식(공기배력유압식을 포함한다. 이하 이 호에서 같다)

제동장치를 갖춘 피견인자동차가 연결된 상태에서의 주차제동능력은 피견인자동차의 공기식 제동장치와 연동되지 아니한 상태에서 견인자동차의 주차제동장치의 기계적인 작동만으로 주차제동이 가능할 것. 다만, 견인자동차의 주차제동장치의 기계적인 작동만으로 연결자동차의 주차제동이 가능하다는 사실을 운전자가 확인할 수 있는 구조를 갖추고 있는 경우에는 피견인자동차의 공기식 제동장치와 견인자동차의 주차제동장치를 연동하여 작동하게 할 수 있다.

(8) 제동등은 다음 각 호의 경우에 점등되고, 제동력이 해제될 때까지 점등상태가 유지되어야 한다. 다만, 선택적 제동에 의한 경우에는 제동등이 점등되지 아니하여야 하며, 보조제동장치에 의한 제동의 경우에는 감가속도에 따라 점등되거나 점등되지 아니하도록 할 수 있다.

① 운전자의 조작에 의하여 주제동장치가 작동된 경우

② 자동제어제동에 의하여 주제동장치가 작동된 경우

(9) (8)에도 불구하고 긴급제동신호장치 또는 전기회생제동장치(승용자동차에 한정한다)를 갖춘 자동차의 제동등(보조제동등을 포함한다. 이하 이 항에서 같다) 또는 방향지시등은 다음 각 호의 작동기준에 적합하여야 한다.

① 긴급제동신호장치를 갖춘 자동차의 제동등 또는 방향지시등은 급제동 시 자동차 및 자동차부품의 성능과 기준에 관한 규칙 별표 5의2 제1호의 긴급제동신호의 작동기준에 적합하게 작동될 것

② 가속페달 해제에 의하여 감속도가 발생하는 전기회생제동장치를 갖춘 자동차의 제동등은 별표 5의2 제2호의 제동등 작동기준에 적합하게 작동될 것

(10) 전기회생제동장치를 갖춘 승용자동차의 제동장치는 다음의 기준에 적합하여야 한다.

① 전기회생제동장치가 바퀴잠김방지식 주제동장치의 작동에 영향을 주지 아니할 것

② 전기회생제동장치가 주제동장치의 일부로 작동되는 경우에는 다음 각 목의 기준에 적합한 구조를 갖출 것

가) 주제동장치 작동 시 전기회생제동장치가 독립적으로 제어될 수 있는 경우에는 자동차에 요구되는 제동력(이하 이 호에서 "요구제동력"이라 한다)을 전기회생제동력과 마찰제동력 간에 자동으로 보상하는 구조일 것

나) 전기회생제동력이 해제되는 경우에는 마찰제동력이 작동하여 1초 내에 해제 당시 요구제동력의 75퍼센트 이상 도달하는 구조일 것

다) 주제동장치는 하나의 조종장치에 의하여 작동되어야 하며, 그 외의 방법으로는 제동력의 전부 또는 일부가 해제되지 아니하는 구조일 것

라) 주제동장치의 제동력은 동력 전달계통으로부터의 구동전동기 분리 또는 자동차의 변속비에 영향을 받지 아니하는 구조일 것

(11) 자동차에 장착되는 브레이크호스는 자동차 및 자동차부품의 성능과 기준에 관한 규칙 제112조의2에 따른 기준에 적합하여야 한다.

(12) 자동차에는 자동차 및 자동차부품의 성능과 기준에 관한 규칙 별표 4의3의 성능기준에 적합한 제동력지원장치를 설치하여야 한다. 다만, 피견인자동차 및 차량총중량이 3.5톤을 초과하는 승합·화물·특수자동차는 제외한다.

(13) 제동력 제어계통이 전기식인 승용자동차의 주제동장치는 자동차 및 자동차부품의 성능과 기준에 관한 규칙 별표 4의5의 주제동장치의 구조 및 성능기준에 적합하여야 한다.

8-2 제동력 시험기

자동차의 제동능력 시험에는 롤러 구동형 제동시험기를 주로 사용하고 있다. 2개의 롤러 위에 자동차 바퀴를 올려놓고 롤러를 모터로 구동시키면서 바퀴에 브레이크를 작동시키면 롤러의 구동방향과 반대방향으로 작용하는 힘을 제동력으로 측정하는 방법이다.

① 롤러 : 4 개의 롤러로 구성되어 있으며 일정 수의 스플라인을 만들어 타이어와 노면 사이의 마찰계수와 근사하게 한다.

② 리프트 : 자동차의 진입 및 퇴출을 용이하게 하기 위하여 설치. 상하로 이동한다.

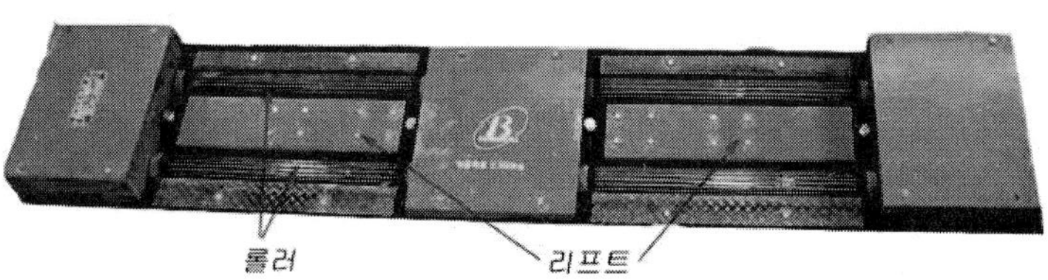

[그림 4-17] 롤러 구동형 제동력 시험기

8-3 운행자동차의 주제동 능력 측정

(1) 측정조건

① 자동차는 공차상태의 자동차에 운전자 1인이 승차한 상태로 한다.
② 자동차는 바퀴의 흙, 먼지, 물등의 이물질은 제거한 상태로 한다.
③ 자동차는 적절히 예비운전이 되어 있는 상태로 한다.
④ 타이어의 공기압은 표준공기압으로 한다.

(2) 측정 방법

① 컨트롤 박스의 우측하단부의 브레이커 스위치를 ON 한다.
② 전원 스위치를 ON한다.
③ 자동차를 제동시험기에 정면으로 대칭되도록 한다.
④ 자동차의 측정할 차축을 제동시험기의 롤러 사이에 위치한 리프트 덮개 위에 정지시킨다.
⑤ [B] 버턴을 눌러 제동력 시험(break test)를 선택한다.
제동력 시험의 A/B 타입을 선택한다.
⑥ 축중을 입력하고 [Enter↵]를 친다.
⑦ 리프트가 하강하고 롤러가 회전하면 브레이크페달을 밟는다.
⑥ 화면을 보고 측정값을 기록한다.
⑦ 다음 차축에 대하여 반복 측정한다.

(3) 판정 기준

제동력 시험기로 측정한 주제동장치의 제동력값은 다음의 산식을 만족하여야 한다.

① 최고속도가 매시 80km이상이고 차량총중량이 차량중량의 1.2배 이하인 자동차

$$\frac{\text{각축 제동력의 힘}}{\text{차량총중량}} \times 100\% \geq 50\%$$

② 최고속도가 매시 80km미만이고 차량총중량이 차량중량의 1.5배 이하인 자동차

$$\frac{\text{각축 제동력의 합}}{\text{차량총중량}} \times 100\% \geq 40\%$$

③ 기타의 자동차

(가) 각축 제동력의 합

$$\frac{\text{각축 제동력의 합}}{\text{차량중량}} \times 100\% \geq 50\%$$

(나) 전축 제동력의 합

$$\frac{\text{전축 제동력의 합}}{\text{전축중}} \times 100\% \geqq 50\%$$

(다) 후축 제동력의 합

$$\frac{\text{후축 제동력의 합}}{\text{후축중}} \times 100\% \geqq 20\%$$

(라) 좌우 제동력의 차

$$\frac{\text{좌우 제동력의 차}}{\text{해당축중}} \times 100\% \leqq 8\%$$

(4) 제동력 측정 실무

① 자동차를 제동시험기에 정면으로 대칭되도록 한다. 자동차의 측정할 차축을 제동시험기의 롤러 사이에 위치한 리프트 덮개 위에 정지시킨다.

② ABS시험기에서 제동력 점검를 선택한다.

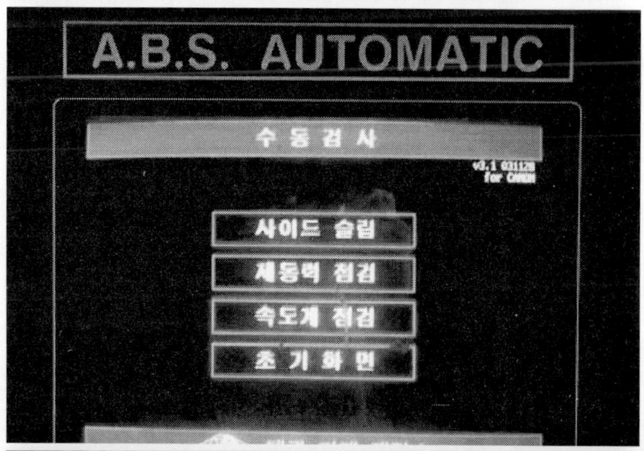

③ 축중을 입력하고 enter를 친다.

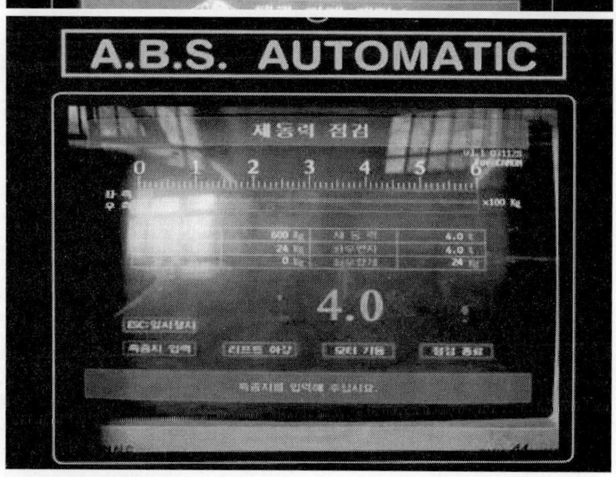

④ 측정 자동차는 시동을 켠 상태로 하고 “리프트 하강”을 선택하면 리프트가 하강하고 타이어가 롤러 사이에 위치한다.

⑤ “모터기동”을 선택하면 롤러가 회전한다. 이 때 주 브레이크 페달을 힘껏 밟는다.

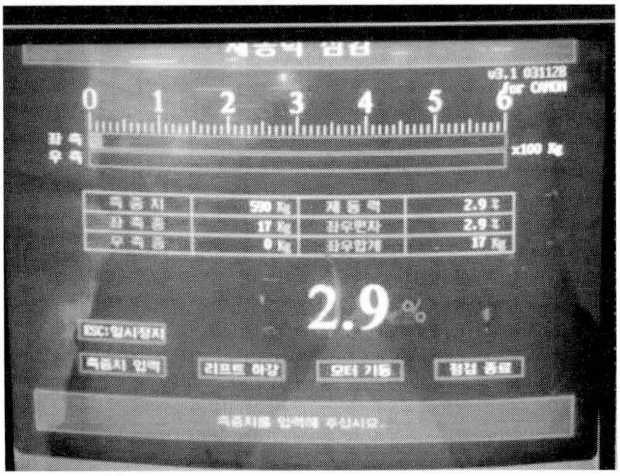

⑥ 화면을 보고 최대치에 이르면 일시정지를 위해 "ESC" 키를 누른다. 측정값을 기록한다.

⑦ "점검종료"를 선택하면 롤러의 회전이 정지된다.

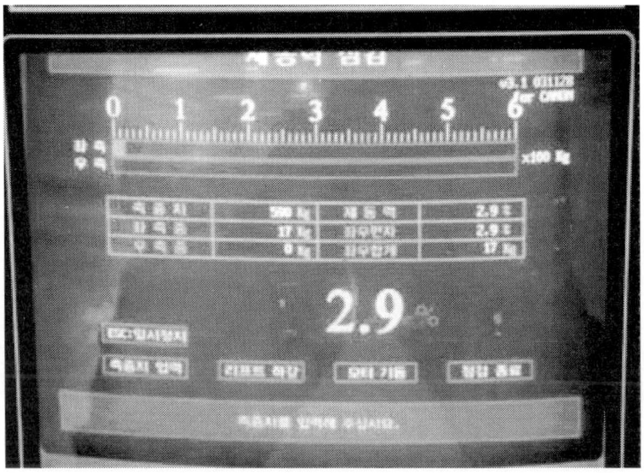

8-4 운행자동차의 주차제동 능력 측정

(1) 측정조건

① 자동차는 공차상태의 자동차에 운전자 1인이 승차한 상태로 한다.
② 자동차는 바퀴의 흙, 먼지, 물등의 이물질은 제거한 상태로 한다.
③ 자동차는 적절히 예비운전이 되어 있는 상태로 한다.
④ 타이어의 공기압은 표준공기압으로 한다.

(2) 측정 방법

① 컨트롤 박스의 우측하단부의 브레이커 스위치를 ON 한다.
② 전원 스위치를 ON한다.
③ 자동차를 제동시험기에 정면으로 대칭되도록 한다.
④ 자동차의 측정할 차축을 제동시험기의 롤러 사이에 위치한 리프트 덮개 위에 정지시킨다.
⑤ B 버턴을 눌러 제동력 시험(brake test)를 선택한다.
제동력 시험의 A/B 타입을 선택한다.
⑥ 축중을 입력하고 Enter↵를 친다.
⑦ 리프트가 하강하고 롤러가 회전하면 주차 브레이크를 당긴다.
⑥ 화면을 보고 측정값을 기록한다.

(3) 판정 기준

주차제동장치의 제동능력은 경사각 11도30분 이상의 경사면에서 자동차의 정지상태를 유지할 수 있거나 제동능력이 차량중량의 20%이상이어야 한다. 따라서 제동력 시험기에서 측정한 주차 제동력은 다음의 산식을 만족하여야 한다.

$$\frac{\text{후축 제동력의 합}}{\text{차량중량}} \times 100\% \geq 20\%$$

예제

어느 자동차의 전·후 축중이 각각 1850kgf, 2250kgf이라고 할 때 주제동장치의 각축 제동력의 합은 몇 kgf 이상 필요한가?

풀이

각축의 제동력의 합은 차량중량의 50%이상이므로

차량중량 × 0.5 = (1850 + 2250)×0.5 = 2050(kgf)

제동력의 합은 2050kgf이상 필요하다.

8-5 자동차의 정지거리 산정

(1) 공주거리

운전자가 위험물을 발견하고 가속 페달에서 발을 떼어 브레이크 페달에 발을 올려놓는 상태를 공주상태라 하고, 그 사이의 시간을 공주시간이라 하며 공주시간 동안 자동차가 주행한 거리를 공주거리라 한다.

공주시간을 t라 하면 공주거리를 구하는 식은 다음과 같다,

$$L_1 = \frac{V}{3.6} \cdot \ t \ (m)$$

여기서 L_1 : 공주거리(m), V: 제동 초속도(km/h), t : 공주시간(sec) 이다.

(2) 제동거리

브레이크 페달을 밟아 제동효과가 시작되면서 자동차가 정지할 때까지의 거리를 제동 거리라 한다. 제동기간 중 제동력은 일정하며 구름저항, 공기저항 등을 고려하지 않고 자동차가 감속될 때의 회전부분상당중량을 고려하면 제동거리는 다음의 식으로 산출할 수 있다.

$$L_2 = \frac{V^2}{254} \cdot \frac{W + \Delta W}{F} \ (m)$$

여기서 L_2 : 제동거리(m), V: 제동 초속도(km/h),
W: 자동차 중량(kg_f), ΔW: 회전부분 상당중량(kg_f) 이다.

(3) 정지거리

주행하는 지동차에 브레이크를 밟아 정지하기까지의 거리를 정지거리라 하고 정지거리는 공주거리와 제동거리를 합한 값이다. 따라서 정지거리는 다음 식으로 계산할 수 있다.

$$L = L_1 + L_2 = \frac{V^2}{254} \cdot \frac{W + \Delta W}{F} + \frac{V}{3.6} \cdot t \ (m)$$

예제

차량중량 1235kg인 승용차를 제동시험기에서 측정하였더니 제동력의 합이 1100kg이었다. 이 차의 제동 초속도가 50km/h일 때 정지거리는 얼마인가? 단, 회전부분상당중량은 차량중량의 5%이고 공주시간은 0.1초로 한다.

풀이

$$L = \frac{V^2}{254} \cdot \frac{W + \Delta W}{F} + \frac{V}{3.6} \cdot t = \frac{50^2}{254} \cdot \frac{1235 + 1235 \times 0.05}{1100} + \frac{50}{3.6} \times 0.1$$

$$= 11.6 + 1.4 = 13(m)$$

9. 속도계 측정

속도계 시험은 자동차의 실제 주행속도와 자동차 계기판에 표시되는 속도와의 오차를 측정하기 위한 시험이다.

9-1 속도계 및 주행거리계의 안전기준

(1) 자동차에는 속도계와 통산 운행거리를 표시할 수 있는 구조의 주행거리계를 설치하여야 한다.

(2) 다음 각 호의 자동차(「도로교통법」 제2조제22호에 따른 긴급자동차와 당해 자동차의 최고속도가 제3항의 규정에서 정한 속도를 초과하지 아니하는 구조의 자동차를 제외한다)에는 최고속도제한장치를 설치하여야 한다.

① 승합자동차

② 차량총중량이 3.5톤을 초과하는 화물자동차·특수자동차(피견인자동차를 연결하는 견인자동차를 포함한다)

③ 「고압가스 안전관리법 시행령」 제2조의 규정에 의한 고압가스를 운송하기 위하여 필요한 탱크를 설치한 화물자동차(피견인자동차를 연결한 경우에는 이를 연결한 견인자동차를 포함한다)

④ 저속전기자동차

(3)(2)의 규정에 의한 최고속도제한장치는 자동차의 최고속도가 다음 각호의 기준을 초과하지 아니하는 구조이어야 한다.

① 승합자동차 : 매시 110km

② 차량총중량이 3.5톤을 초과하는 화물자동차·특수자동차(피견인자동차를 연결하는 견인자동차를 포함한다) : 매시 90km

③ 저속전기자동차: 매시 60km

9-2 속도계 시험기

속도계 시험기는 롤러 위에 자동차의 바퀴를 올려놓고 주행상태로 하여 자동차 계기판의 속도계 지시치와 시험기의 속도 지시치를 비교하여 속도계의 오차를 측정한다.

① 롤러 : 4 개의 롤러로 구성되어 있으며 자동차의 바퀴를 올려놓고 바퀴와 함께 회전하게 된다.

② 리프트 : 자동차의 진입 및 퇴출을 용이하게 하기 위하여 설치. 상하로 이동한다.

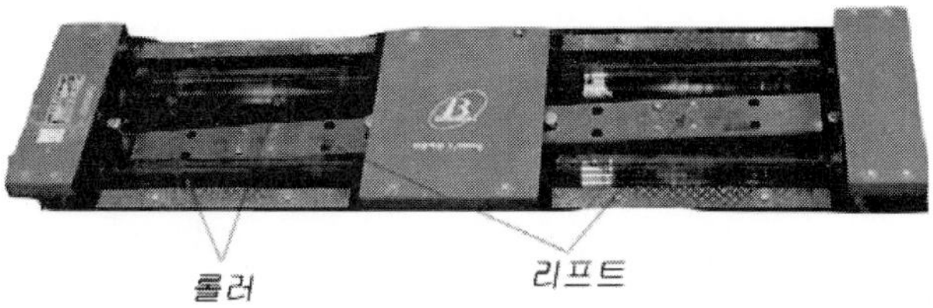

[그림 4-18] 속도계 시험기

9-3 속도계의 합격 오차 범위

속도계 시험기를 이용하여 자동차 계기판에 표시되는 속도의 오차를 판정하는 데는 속도계 시험기를 기준으로 하는가 또는 자동차 계기판의 속도를 기준으로 하는 가에 따라 달라진다. 자동차 안전기준에 정해져 있는 자동차 속도계의 오차범위 정20%, 부10%를 적용하여 각각의 시험방법에 대해 합격 오차범위를 계산할 수 있다.

(1) 자동차 계기판의 속도계를 기준한 오차 범위

자동차의 계기판의 속도계를 기준으로 자동차 속도계의 오차를 측정할 경우에는 자동차의 속도계가 40km/h에 달했을 때 속도계 시험기의 지시치를 읽어 실제 자동차의 속도가 몇 km/h로 주행하고 있는지를 측정함으로서 자동차 속도계의 오차를 알아낼 수 있다. 자동차의 속도계가 40km/h가 되었을 때 실제 자동차의 속도를 X km/h라고 하면 자동차의 속도계가 실제 자동차의 속도보다 25% 많게 지시하는 경우에 다음의 식이 성립한다.

$$X\ (1+0.25)\ =40\ ,\quad X\ =\ 32\ km/h$$

따라서 실제 자동차의 속도는 32 km/h가 된다.

한편 자동차 속도계가 실제 자동차의 속도 보다 10% 적게 지시하는 경우에는 자동차 속도계가 40km/h일 때 실제 자동차의 속도는 다음의 식이 성립된다.

$$X(1-0.1)\ =40\ ,\quad X=\ 44.4\ km/h$$

실제 자동차의 속도 44.4km/h 가 된다. 따라서 속도계 시험기에 표시되는 속도 지시치의 합격범위는 32km/h～44.4km/h가 된다.

자동차 계기판의 속도	40km/h
속도계 시험기의 합격 범위(X)	32km/h 〈X 〈44.4km/h

(2) 속도계 시험기를 기준한 오차 범위

속도계 시험기를 기준으로 자동차 속도계의 오차를 측정할 경우에는 속도계 시험기의 지시치가 40km/h일 때 자동차 속도계에서 지시하는 속도가 몇 km/h인지를 읽어 자동차 속도계의 오차를 알 수 있다. 속도계 시험기의 속도는 자동차의 실제속도와 같으므로 자동차 속도계가 실제속도보다 25% 많이 지시하는 경우에 속도계 시험기의속도가 40km/h일 때 자동차 속도계의 지시치를 Y라 하면 다음 식으로 결정된다.

$$Y= 40(1+0.25) = 50(km/h)$$

자동차의 속도계가 실제속도보다 10% 적게 지시하는 경우에 속도계 시험기의 속도가 40km/h일 때 자동차 속도계의 지시치는 다음 식으로 결정된다.

$$Y= 40(1-0.1) = 36(km/h)$$

따라서 속도계 시험기가 40km/h일 때 자동차 계기판 속도계의 합격범위는 36km/h～50km//h가 된다.

속도계 시험기의 속도	40km/h
자동차 속도계의 합격 범위(Y)	36km/h 〈Y 〈50km/h

9-4 속도계의 측정 검사

자동차 계기판의 속도계를 기준으로 운행자동차의 속도계 시험에 대해 알아본다.

(1) 측정조건

① 자동차는 공차상태에서 운전자 1인이 승차한 상태로 한다.
② 속도계시험기 지침의 진동은 ±3km/h 이하이어야 한다.
③ 타이어의 공기압은 표준 공기압으로 한다.
④ 자동차의 바퀴는 흙 등의 이물질을 제거한 상태로 한다.

(2) 측정방법

① 자동차를 속도계 시험기에 정면으로 대칭되도록 한다.
② 자동차의 구동륜을 시험기 롤러 사이의 리프트 덮개 위에 정지시킨다.
③ 키보드의 Ⓢ키를 누르면 리프트가 하강하고 구동륜은 롤러 사이에 위치한다.
④ 전륜구동 차량의 경우 주차 브레이크를 최대한 당긴다.
⑤ 핸들을 잡고 제1단부터 변속시키면서 서서히 차량을 가속시킨다. 가속 시에는 급핸들 조작을 절대 금하고 자동차의 구동륜이 시험기의 롤러 위에서 안정하게 회전할 수 있도록 운전한다.
⑥ 자동차 계기판의 속도계가 40km/h가 되도록 가속하여 자동차 계기판의 속도계가 40km/h가 되면 신고(s)버턴을 눌러 속도계 시험기의 제어부에 신호를 보낸다.
⑦ 모니터에서 측성된 결과를 읽는다.
⑧ 리셋(reset) 버턴을 누르면 리프트가 상승한다.
⑨ 속도계 검사는 종료되고 초기화면으로 전환된다.

(3) 판정 기준

자동차 계기판의 속도계가 40km/h를 가리킬 때 측정한 속도계 시험기의 측정값이 32km/h~44.4km/h의 범위에 있으면 합격이다.

(4) 속도계 측정 실무

① 자동차를 속도계 시험기에 정면으로 대칭되도록 한다.

② 자동차의 구동륜을 시험기 롤러 사이의 리프트 덮개 위에 정지시킨다.

③ "리프트 하강"을 선택하면 리프트가 하강하고 구동륜은 롤러 사이에 위치한다. 전륜구동 차량의 경우 주차 브레이크를 최대한 당긴다

④ 핸들을 잡고 제1단부터 변속시키면서 서서히 차량을 가속시킨다. 가속 시에는 급핸들 조작을 절대 금하고 자동차의 구동륜이 시험기의 롤러 위에서 안정하게 회전할 수 있도록 운전한다.

⑤ 자동차 계기판의 속도계가 40km/h가 되도록 가속하여 자동차 계기판의 속도계가 40km/h가 될 때, “속도등록”을 선택하면 속도계 시험기의 모니터에 자동차의 속도가 표시된다.

⑥ 모니터에서 측정된 결과를 읽는다.

10 가스 누출 검사

10-1 자동차의 기체연료

자동차의 연료에는 고체연료, 액체연료 및 기체연료 등이 있다. 현재 주로 사용하는 연료는 가솔린 , 디젤 등의 액체 연료를 주로 사용하고 있지만 경제성을 이유로 기체연료를 사용하는 경우가 많이 있다. 기체연료에는 액화석유가스(LPG : Liquefied Petroleum Gas), 액화천연가스(LNG : Liquefied Natural Gas), 압축천연가스(CNG : Compressed Natural Gas) 등이 있다. 기체연료를 사용하는 엔진은 엔진운전이 정숙하고 연소효율이 높으며 경제적이라는 장점이 있지만 연료보급장소가 제한되어 있고 고압용기가 필요하여

가스 누출이 있을 경우에는 폭발의 위험이 있어 항상 사용에 주의를 요한다.

10-2 가연성 가스 누출 측정기

(1) 구조

① 전원 스위치 : 전원을 ON/OFF하는 스위치
② 전원등(power light) : 배터리의 충전여부를 알려주는 표시등
③ 감도 노브(sensitivity knob) : 측정 감도를 조절하는 다이얼
④ LED : 가스가 누출되는 정도를 나타낸다.
⑤ 감지부 : 가연성 가스를 감지하는 곳

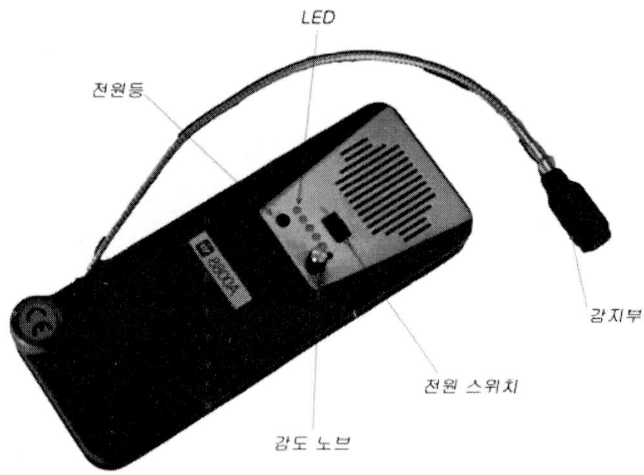

[그림 4-19] 가연성 가스 누출 측정기

(2) 사용방법

① 감도 노브(knob)를 반시계 방향으로 완전히 돌린다.
② 전원을 ON하고 똑똑하는 간헐음이 날 때까지 약 1분간 기다린다.
③ 똑똑하는 간헐음이 약간 증가할 때까지 감도 노브를 서서히 시계방향으로 돌려 연속음이 나기 직전까지 돌린다. 이것으로 측정 준비가 완료된다.
④ 누출이 감지되면 연속음이 발생되고 LED의 수가 증가한다.
⑤ 측정은 전원등이 켜져 있는 상태에서만 실시하고, 전원등이 희미해지면 충전 후 사용한다.

10-3 연료장치의 안전기준

(1) 자동차의 연료탱크·주입구 및 가스배출구는 다음의 기준에 적합하여야 한다.

① 연료장치는 자동차의 움직임에 의하여 연료가 새지 아니하는 구조일 것

② 배기관의 끝으로부터 30cm 이상 떨어져 있을 것(연료탱크를 제외한다)

③ 노출된 전기단자 및 전기개폐기로부터 20cm 이상 떨어져 있을 것(연료탱크를 제외한다)

④ 차실 안에 설치하지 아니하여야 하며, 연료탱크는 차실과 벽 또는 보호판 등으로 격리되는 구조일 것

(2)수소가스를 연료로 사용하는 자동차는 다음의 기준에 적합하여야 한다.

① 자동차의 배기구에서 배출되는 가스의 수소농도는 평균 4%, 순간 최대 8%를 초과하지 아니할 것

② 차단밸브(내압용기의 연료공급 자동 차단장치를 말한다. 이하 이 조에서 같다) 이후의 연료장치에서 수소가스 누출 시 승객거주 공간의 공기 중 수소농도는 1% 이하일 것

③ 차단밸브 이후의 연료장치에서 수소가스 누출 시 승객거주 공간, 수하물 공간, 후드 하부 등 밀폐 또는 반밀폐 공간의 공기 중 수소농도가 2±1% 초과 시 적색경고등이 점등되고, 3±1% 초과 시 차단밸브가 작동할 것

10-4 가스운송장치의 안전기준

(1) 가스를 운송하기 위해 자동차에 설치하는 가스운송장치는 다음의 기준에 적합하여야 한다.

① 가스용기는 자동차의 움직임에 의하여 이완되지 아니하도록 차체에 견고하게 고정시킬 것

② 가스용기는 누출된 가스 등이 차실내로 유입되지 아니하도록 차실과 벽 또는 보호판으로 격리되거나 가스가 누출되지 아니하도록 밸브주변이 견고한 재질로 밀폐되어 있고, 충격 등으로부터 용기를 보호할 수 있는 구조이어야 하며, 차체 밖으로부터 공기가 통하는 곳에 설치할 것.

③ 가스용기 및 도관에는 필요한 곳에 보호장치를 할 것

④ 가스용기 및 도관에는 배기관 및 소음방지장치의 발열에 의하여 직접 영향을 받지 아니하도록 필요한 방열장치를 할 것

⑤ 도관은 강관·동관 또는 내유성고무관으로 할 것
⑥ 양끝이 고정된 도관(내유성고무관을 제외한다)은 완곡된 형태로 최소한 1미터마다 차체에 고정시킬 것
⑦ 고압부분의 도관은 가스용기 충전압력의 1.5배의 압력에 견딜 수 있을 것
⑧ 가스충전밸브는 충전구 가까운 곳에 설치하고, 중간차단밸브를 작동하는 조작장치(시동장치로 작동되는 경우를 포함한다)는 운전자가 조작하기 쉬운 곳에 설치할 것
⑨ 가스용기 및 용기밸브 등은 차체의 최후단으로부터 300밀리미터 이상, 차체의 최외측면으로부터 200밀리미터 이상의 간격을 두고 설치할 것. 다만, 강도가 강재의 표준규격 41(SS41) 이상이고 두께가 3.2밀리미터 이상인 강판 또는 형강으로 가스용기 및 용기밸브 등을 보호한 경우에는 차체의 최후단으로부터 200밀리미터 이상, 차체의 최외측면으로부터 100밀리미터 이상의 간격을 두고 설치할 수 있다.

10-5 가연성 가스의 측정과 판정 기준

(1) 가연성 가스의 측정

① 엔진을 시동시킨 상태에서 측정기를 사용하여 엔진과 기화기 등의 부위에 가스검출기를 대어 누출여부를 확인한다.
② 자동차 실내에 가스 누출이 있는 지를 확인한다.
③ 가스통이 놓여 있는 부위와 연결호스부에 대해 누출이 있는 지를 확인한다.

(2) 판정 기준

가스의 누출이 없어야 한다.

제5장 자동차 및 자동차부품의 성능과 기준에 관한 규칙

제1장 총칙

제1조(목적) 이 규칙은 「자동차관리법」 제29조제3항, 제29조의3제1항·제4항, 제32조제1항 및 제50조제2항에 따라 자동차 및 이륜자동차의 구조 및 장치에 적용할 안전기준과 자동차 및 자동차의 부품 또는 장치의 안전 및 성능에 관한 시험에 적용할 기준 및 방법을 정함을 목적으로 한다. 〈개정 1997.1.17., 2003.2.25., 2005.8.10., 2009.1.23., 2014.2.21.〉

제2조(정의) 이 규칙에서 사용하는 용어의 뜻은 다음과 같다. 〈개정 1995.7.21., 1997.1.17., 1997.8.25., 1999.2.19., 2001.4.28., 2004.8.6., 2005.8.10., 2006.4.14., 2006.10.26., 2008.1.14., 2008.12.8., 2009.1.23., 2010.3.29., 2010.11.10., 2011.3.16., 2011.8.31., 2012.2.15., 2012.7.9., 2014.6.10.〉

1. "공차상태"란 자동차에 사람이 승차하지 아니하고 물품(예비부분품 및 공구 기타 휴대물품을 포함한다)을 적재하지 아니한 상태로서 연료·냉각수 및 윤활유를 만재하고 예비타이어(예비타이어를 장착한 자동차만 해당한다)를 설치하여 운행할 수 있는 상태를 말한다.
2. "적차상태"라 함은 공차상태의 자동차에 승차정원의 인원이 승차하고 최대적재량의 물품이 적재된 상태를 말한다. 이 경우 승차정원 1인(13세 미만의 자는 1.5인을 승차정원 1인으로 본다)의 중량은 65킬로그램으로 계산하고, 좌석정원의 인원은 정위치에, 입석정원의 인원은 입석에 균등하게 승차시키며, 물품은 물품적재장치에 균등하게 적재시킨 상태이어야 한다.
3. "축중"이라 함은 자동차가 수평상태에 있을 때에 1개의 차축에 연결된 모든 바퀴의 윤중을 합한 것을 말한다.
4. "윤중"이라 함은 자동차가 수평상태에 있을 때에 1개의 바퀴가 수직으로 지면을 누르는 중량을 말한다.
5. "차량중심선"이라 함은 직진상태의 자동차가 수평상태에 있을 때에 가장 앞의 차축의 중심점(앞차축이 설치되지 아니한 3륜자동차의 경우에는 앞바

퀴의 접지부분 중심점을 앞차축의 중심점으로 본다)과 가장 뒤의 차축의 중심점을 통과하는 직선을 말하며, 이륜자동차(측차를 붙인 이륜자동차를 포함한다)에 있어서는 앞·뒷바퀴(측차를 붙인 이륜자동차의 경우에는 측차를 제외한다)의 타이어접지부분 중심점을 통과하는 직선을 말한다.

6. "차량중량"이라 함은 공차상태의 자동차의 중량을 말한다.
7. "차량총중량"이라 함은 적차상태의 자동차의 중량을 말한다.
8. "풀트레일러"란 자동차 및 적재물 중량의 대부분을 해당 자동차의 차축으로 지지하는 구조의 피견인자동차를 말한다.

8의2. "저상트레일러"란 중량물의 운송에 적합하고 세미트레일러의 구조를 갖춘 것으로서, 대부분의 상면지상고가 1,100밀리미터 이하이며 견인자동차의 커플러 상부높이보다 낮게 제작된 피견인자동차를 말한다.

8의3. "세미트레일러"란 그 일부가 견인자동차의 상부에 실리고, 해당 자동차 및 적재물 중량의 상당 부분을 견인자동차에 분담시키는 구조의 피견인자동차를 말한다.

8의4. "센터차축트레일러"란 균등하게 적재한 상태에서의 무게중심이 차량축 중심의 앞쪽에 있고, 견인자동차와의 연결장치가 수직방향으로 굴절되지 아니하며, 차량총중량의 10퍼센트 또는 1천 킬로그램보다 작은 하중을 견인자동차에 분담시키는 구조로서 1개 이상의 축을 가진 피견인자동차를 말한다.

8의5. "모듈트레일러"란 초대형 중량물의 운송을 위하여 단독으로 또는 2대 이상을 조합하여 운행할 수 있도록 되어 있는 구조로서 하중을 골고루 분산하기 위한 장치를 갖춘 피견인자동차를 말한다.

9. "연결자동차"라 함은 견인자동차와 피견인자동차를 연결한 상태의 자동차를 말한다.
10. "접지부분"이라 함은 적정공기압의 상태에서 타이어가 지면과 접촉되는 부분을 말한다.
11. "조향비"라 함은 조향핸들의 회전각도와 조향바퀴의 조향각도와의 비율을 말한다.
12. 삭제 〈2001.4.28.〉
13. "승차정원"이라 함은 자동차에 승차할 수 있도록 허용된 최대인원(운전자를 포함한다)을 말한다.

14. "최대적재량"이라 함은 자동차에 적재할 수 있도록 허용된 물품의 최대 중량을 말한다.
15. "유효조광면적"이라 함은 등화렌즈의 바깥둘레를 기준으로 산정한 면적에서 반사기렌즈의 면적과 등화부착용 나사머리부의 면적등을 제외한 면적을 말한다.
16. "단일배율후사경"이라 함은 반사면으로부터 동일한 거리에 있는 물체는 반사면상에 동일한 크기와 모양으로 나타나는 후사경을 말한다.
17. "조향기둥"이라 함은 조향핸들축을 둘러싸고 있는 외장부분을 말한다.
18. "조향핸들축"이라 함은 조향회전력을 조향핸들에서 조향기어로 전달하는 축을 말한다.
19. "머리충격부위"라 함은 좌석을 앞뒤로 조절할 수 있는 경우에는 착석기준점 및 착석기준점 앞 127밀리미터의 지점(조절범위가 127밀리미터 이하인 경우에는 그 최대치)에서 위로 19밀리미터지점에서, 좌석을 앞뒤로 조절할 수 없는 경우에는 착석기준점에서 지름이 165밀리미터인 구형의 머리모형을 지닌 측정장치의 머리모형의 가장 윗부분을 736밀리미터(제98조의 규정에 의한 좌석등받이 시험의 경우에는 600밀리미터)에서 838밀리미터까지 조절할 때에 그 머리모형이 정적으로 접할 수 있는 표면중 유리면외의 차실안의 표면을 말한다.
20. "착석기준점"이라 함은 좌석(좌석을 앞뒤로 조절할 수 있는 경우에는 가장 뒤의 위치의 좌석을, 좌석을 위·아래로 조절할 수 있는 경우에는 가장 낮은 위치의 좌석을, 좌석의 등받이를 조절할 수 있는 경우에는 표준설계각도로 조절한 상태의 좌석을 말한다)에 착석시킨 인체모형의 상체와 골반사이의 회전중심점 또는 제작자등이 정하는 이에 상당하는 표준설계위치를 말한다.
21. "골반충격부위"라 함은 착석기준점에서 위로 178밀리미터, 아래로 102밀리미터, 앞으로 204밀리미터, 뒤로 51밀리미터로 결정되는 지면과 수직인 직사각형을 좌우로 이동할 경우 포함되는 부분을 말한다.
22. 삭제 〈1995.12.30.〉
23. "전방조종자동차"라 함은 자동차의 가장 앞부분과 조향핸들중심점까지의 거리가 자동차길이의 4분의 1 이내인 자동차를 말한다.
24. "어린이보호용 좌석부착장치"란 어린이보호용 좌석을 부착구를 이용하

여 자동차의 차체 또는 좌석 등에 고정시킬 수 있도록 되어 있는 장치를 말한다.

25. "바퀴잠김방지식 제동장치"라 함은 바퀴의 회전량을 감지·분석하여 바퀴의 제동력을 조절하여 줌으로써 제동시 바퀴의 미끄러짐량을 자동적으로 조절하여 주는 장치를 말한다.

25의2. "주제동장치"라 함은 주행 중에 주로 사용하는 제동장치를 말한다.

25의3. "비상제동장치"라 함은 주행 중에 주제동장치의 계통 중 하나의 계통에서 고장이 발생하는 경우 운전자가 자동차를 정지시키기 위하여 사용할 수 있는 제동장치를 말한다.

25의4. "자동제어제동"이란 운전자의 제동장치 조작과는 관계 없이 전자제어시스템에 의하여 자동차의 속도를 감소시키는 제동을 말한다.

25의5. "선택적 제동"이란 운전자의 제동장치 조작과는 관계 없이 전자제어시스템에 의하여 자동차의 균형을 유지시키는 제동을 말한다.

25의6. "긴급제동신호장치"란 자동차의 주행 중 급제동 시 제동감속도에 따라 자동으로 경고를 주는 장치 또는 그러한 기능을 갖춘 것을 말한다.

25의7. "자동차안정성제어장치"란 자동차의 주행 중 각 바퀴의 브레이크 압력과 원동기 출력 등을 자동으로 제어하여 자동차의 자세를 유지시킴으로써 안정된 주행성능을 확보할 수 있도록 하는 장치를 말한다.

25의8. "제동력지원장치"란 급제동시 제동페달에 가하여지는 힘이나 속도를 감지하여 제동력을 최대로 증가시키는 장치를 말한다.

26. "천연가스"라 함은 탄화수소가스와 증기의 혼합물로서 주로 메탄이 가스형태로 구성되어 있는 자동차용 연료를 말한다.

27. "천연가스용기"라 함은 자동차에 부착되어 자동차의 연료로 사용되는 천연가스를 저장하는 용기를 말한다.

28. "천연가스연료장치"라 함은 천연가스를 저장하는 용기와 엔진에 연료를 공급하기 위한 모든 장치를 말한다.

29. 삭제 〈2001.4.28.〉

30. 삭제 〈2001.4.28.〉

31. "천연가스연료장치의 고압부분"이라 함은 압축천연가스용기부터 첫번째 압력조정기까지의 부분중 첫번째 압력조정기를 제외한 부분을 말한다.

32. "어린이운송용 승합자동차"란 「유아교육법」 제2조제2호에 따른 유치

원, 「초·중등교육법」 제2조제2호 및 제5호에 따른 초등학교 및 특수학교, 「영유아보육법」 제2조제3호에 따른 보육시설, 「학원의 설립·운영 및 과외교습에 관한 법률」 제2조제1호에 따른 학원 및 「체육시설의 설치·이용에 관한 법률」 제2조제1호에 따른 체육시설에서 어린이(13세 미만을 말한다. 이하 같다)를 운송할 목적으로 운행하는 승차정원이 9인 이상인 자동차를 말한다.

33. "하이브리드자동차"라 함은 「환경친화적자동차의 개발 및 보급촉진에 관한 법률」 제2조제5호의 규정에 의한 하이브리드자동차를 말한다.
34. "2층대형승합자동차"라 함은 운전자 및 승객을 위하여 제공되는 차실의 전체 또는 일부분을 2층 구조로 하면서 위층에는 입석을 하지 아니하는 대형승합자동차를 말한다.
35. "굴절버스"란 각각 독립적인 차실을 갖춘 견인자동차와 피견인자동차를 연결하여 굴절이 되는 자동차로서 승객이 차실 사이를 자유롭게 이동할 수 있고, 연결부분이 쉽게 분리되지 아니하도록 되어 있는 자동차를 말한다.
36. 삭제 〈2014.6.10.〉
37. "보조제동장치"란 주제동장치의 부하를 감소시키기 위한 장치로서 장시간에 걸쳐 제동의 효과를 유지할 수 있는 리타더 및 배기제동장치 등을 말한다. 다만, 연동제동장치를 갖춘 이륜자동차의 경우에는 연동제동장치와 별도로 작동되는 주제동장치를 말한다.
38. "연동제동장치"란 이륜자동차의 모든 바퀴의 브레이크가 하나의 조종장치에 의하여 작동되는 주제동장치를 말한다.
39. "분할제동장치"란 이륜자동차의 주제동장치 내의 둘 이상의 계통 중 하나의 계통에 고장이 발생하더라도 다른 계통의 작동에 영향을 주지 아니하는 주제동장치로서, 하나의 조종장치로 모든 바퀴의 브레이크를 작동시키는 주제동장치를 말한다.
40. "보행자머리모형"이란 보행자보호를 위한 시험에 사용되는 성인머리모형 및 어린이머리모형을 말한다.
41. "보행자다리모형"이란 보행자보호를 위한 시험에 사용되는 상부다리모형 및 하부다리모형을 말한다.
42. "보행자머리충격부위"란 횡단경계선 1,000밀리미터부터 1,700밀리미터

까지와 좌·우 측면기준선이 경계가 되는 어린이머리모형충격부위 및 횡단경계선 1,700밀리미터부터 2,100밀리미터와 좌·우 측면기준선이 경계가 되는 성인머리모형충격부위로 구성된 자동차 앞면 구조물 표면(창유리는 제외한다)을 말한다.

43. "보행자다리충격부위"란 보행자의 다리가 충격하는 자동차앞면에 설치된 범퍼시험영역을 말한다.

44. "횡단경계선"이란 줄자의 한쪽 끝을 범퍼 앞면에서 수직한 지면에 놓고 다른 한쪽 끝을 자동차 앞면 구조물 표면에 놓은 상태로 후드와 범퍼를 따라 좌우로 움직일 때 앞면 구조물 표면에 발생하는 접점의 연장선을 말한다.

45. "측면기준선"이란 직선자를 자동차의 너비방향면에 평행하고 지면에 수직하게 하여 자동차의 측면방향으로 45도 기울여서 자동차 측면표면과 접촉을 시킨 상태로 자동차의 측면을 따라 앞뒤로 움직일 때 직선자와 자동차구조물간의 가장 높은 접점의 연장선을 말한다.

46. "범퍼모서리"란 자동차의 길이방향면과 60도의 각도를 이루는 수직면이 범퍼의 외부표면에 접촉하는 지점을 말한다.

47. "범퍼시험영역"이란 양쪽 두개의 범퍼모서리에서 자동차 중심방향으로 자동차너비방향과 평행하게 66밀리미터 이동한 지점과 자동차 수직종단면이 교차하는 지점에 의하여 경계가 되는 점퍼의 앞면표면을 말한다.

48. "범퍼하부기준선높이"란 직선자를 자동차길이방향면에 평행하고 지면에 수직하게 하여 직선자를 자동차길이방향 뒤쪽으로 25도 기울여 지면 및 범퍼표면과 접촉시킨 상태로 자동차의 앞면을 따라 좌우로 움직일 때 직선자와 범퍼간의 가장 낮은 접점의 연장선을 말한다.

49. 삭제 〈2011.10.6.〉

50. "전기자동차"란「환경친화적자동차의 개발 및 보급촉진에 관한 법률」 제2조제3호에 따른 전기자동차를 말한다.

50의2. "저속전기자동차"란 「자동차관리법」 제35조의2에 따른 전기자동차를 말한다.

51. "전기회생제동장치"란 자동차를 감속시킬 때 발생하는 운동에너지를 전기에너지로 변환할 수 있는 제동장치를 말한다.

52. "고전원전기장치"란 구동축전지, 전력변환장치, 구동전동기, 연료전지

등 작동전압이 직류 60볼트 초과 1,500볼트 이하이고, 교류(실효치를 말한다) 30볼트 초과 1,000볼트 이하의 전기장치를 말한다.

53. "구동축전지"란 자동차의 구동을 목적으로 전기에너지를 저장하는 축전지 또는 이와 유사한 기능을 하는 전기에너지 저장매체를 말한다.
54. "구동전동기"란 자동차의 구동을 목적으로 전기에너지를 회전운동하는 기계적 에너지로 변환하는 장치를 말한다.
55. "활선도체부"란 통상 사용상태에서 전기적으로 통전(通電)되는 도체(導體) 또는 도전성(導電性)부위를 말한다.
56. "타이어공기압경고장치"란 자동차에 장착된 타이어 공기압의 저하를 감지하여 운전자에게 타이어 공기압의 상태를 알려주는 장치를 말한다.
57. "수륙양용(水陸兩用)자동차"란 「자동차관리법」 제2조제1호에 따른 자동차로서 수상에서 항행할 수 있는 구조와 장치 등을 갖춘 자동차를 말한다.
58. "연료전지자동차"란 수소를 사용하여 발생시킨 전기에너지를 동력원으로 사용하는 자동차를 말한다.
59. "연료전지"란 수소를 사용하여 전기에너지를 발생시키는 장치를 말한다.

제3조(구조 및 장치의 안전성 확보) 자동차 및 이륜자동차의 구조 및 장치는 안전운행을 확보할 수 있도록 제작되거나 정비되어야 한다.

제2장 자동차 및 이륜자동차의 안전기준

제1절 자동차의 안전기준

제4조(길이·너비 및 높이) ①자동차의 길이·너비 및 높이는 다음의 기준을 초과하여서는 아니된다. 〈개정 1997.1.17.〉

1. 길이 : 13미터(연결자동차의 경우에는 16.7미터를 말한다)
2. 너비 : 2.5미터(후사경·환기장치 또는 밖으로 열리는 창의 경우 이들 장치의 너비는 승용자동차에 있어서는 25센티미터, 기타의 자동차에 있어서는 30센티미터. 다만, 피견인자동차의 너비가 견인자동차의 너비보다 넓은 경우 그 견인자동차의 후사경에 한하여 피견인자동차의 가장 바깥쪽으로 10센티미터를 초과할 수 없다)
3. 높이 : 4미터

②제1항의 규정에 의한 자동차의 길이·너비 및 높이는 다음 각호의 상태에서 측정하여야 한다.

1. 공차상태
2. 직진상태에서 수평면에 있는 상태
3. 차체 밖에 부착하는 후사경, 안테나, 밖으로 열리는 창, 긴급자동차의 경광등 및 환기장치등의 바깥 돌출부분은 이를 제거하거나 닫은 상태

제5조(최저지상고) 공차상태의 자동차에 있어서 접지부분외의 부분은 지면과의 사이에 12센티미터 이상의 간격이 있어야 한다. 다만, 특수작업용자동차, 경주용자동차등 국토교통부장관이 당해 자동차의 제작목적상 필요하다고 인정하는 자동차의 경우에는 그러하지 아니하다.〈개정 1995.7.21., 2008.3.14., 2013.3.23.〉

제6조(차량총중량등) ①자동차의 차량총중량은 20톤(승합자동차의 경우에는 30톤, 화물자동차 및 특수자동차의 경우에는 40톤), 축중은 10톤, 윤중은 5톤을 초과하여서는 아니된다. 〈개정 2004.8.6.〉

②제1항의 규정에 의한 차량총중량·축중 및 윤중은 연결자동차의 경우에도 또한 같다.

제7조(중량분포) ①자동차의 조향바퀴의 윤중의 합은 차량중량 및 차량총중량의 각각에 대하여 20퍼센트(3륜의 경형 및 소형자동차의 경우에는 18퍼센트)이상이어야 한다. 〈개정 1995.12.30.〉

②견인자동차는 피견인자동차(풀트레일러를 제외한다)를 연결한 상태에서 제1항의 기준에 적합하여야 한다.

제8조(최대안전경사각도) 자동차(연결자동차를 포함한다)는 다음 각 호에 따라 좌우로 기울인 상태에서 전복되지 아니하여야 한다. 다만, 특수용도형 화물자동차 또는 특수작업형 특수자동차로서 고소작업·방송중계·진공흡입청소 등의 특정작업을 위한 구조·장치를 갖춘 자동차의 경우에는 그러하지 아니하다.

1. 승용자동차, 화물자동차, 특수자동차 및 승차정원 10명 이하인 승합자동차: 공차상태에서 35도(차량총중량이 차량중량의 1.2배 이하인 경우에는 30도)
2. 승차정원 11명 이상인 승합자동차: 적차상태에서 28도

[전문개정 2008.12.8.]

제9조(최소회전반경) ①자동차의 최소회전반경은 바깥쪽 앞바퀴자국의 중심선을 따라 측정할 때에 12미터를 초과하여서는 아니된다. 〈개정 2012.2.15.〉

② 제1항에도 불구하고 승합자동차(캠핑용트레일러를 제외한다)의 경우에는 해당 자동차가 반지름 5.3미터와 12.5미터의 동심원 사이를 회전하였을 때 그 차체가 각 동심원에 모두 접촉되어서는 아니된다. 〈신설 2012.2.15.〉

[전문개정 1999.6.28.]

제10조(접지부분 및 접지압력) 적차상태의 자동차의 접지부분 및 접지압력은 다음 각호의 기준에 적합하여야 한다.

1. 접지부분은 소음의 발생이 적고 도로를 파손할 위험이 없는 구조일 것
2. 삭제 〈1999.2.19.〉
3. 무한궤도를 장착한 자동차의 접지압력은 무한궤도 1제곱센티미터당 3킬로그램을 초과하지 아니할 것
4. 삭제 〈1999.2.19.〉

제11조(원동기 및 동력전달장치) ①자동차의 원동기는 다음 각 호의 기준에 적합하여야 한다. 〈개정 1995.7.21., 1997.8.25., 2009.1.23.〉

1. 원동기 각부의 작동에 이상이 없어야 하며, 주시동장치 및 정지장치는 운전자의 좌석에서 원동기를 시동 또는 정지시킬 수 있는 구조일 것
2. 삭제 〈2011.10.6.〉
3. 삭제 〈1997.8.25.〉
4. 삭제 〈1997.8.25.〉

②자동차의 동력전달장치는 안전운행에 지장을 줄 수 있는 연결부의 손상 또는 오일의 누출등이 없어야 한다. 〈개정 2009.6.18.〉

③경유를 연료로 사용하는 자동차의 조속기는 연료의 분사량을 임의로 조작할 수 없도록 봉인을 하여야 하며, 봉인을 임의로 제거하거나 조작 또는 훼손하여서는 아니된다. 〈신설 1995.7.21.〉

제12조(주행장치) ① 자동차의 공기압고무타이어는 별표 1의 기준에 적합하여야 한다. 〈개정 2014.1.2.〉

②자동차의 타이어 및 기타 주행장치의 각부는 견고하게 결합되어 있어야 하며, 갈라지거나 금이 가고 과도하게 부식되는 등의 손상이 없어야

한다.

③자동차(승용자동차를 제외한다)의 바퀴 뒤쪽에는 흙받이를 부착하여야 한다. 〈개정 1995.7.21.〉

제12조의2(타이어공기압경고장치) ① 승용자동차와 차량총중량이 3.5톤 이하인 승합·화물·특수자동차에는 타이어공기압경고장치를 설치하여야 한다. 다만, 복륜(複輪)인 자동차와 피견인자동차는 제외한다.

② 타이어공기압경고장치는 다음 각 호의 기준에 적합하여야 한다.

1. 최소한 시속 40킬로미터부터 해당 자동차의 최고속도까지의 범위에서 작동될 것
2. 경고등은 다음 각 목의 기준에 적합할 것
   가. 시동장치의 열쇠가 원동기 작동 위치에 있는 상태에서 점등되고 정상상태 시 소등될 것. 다만, 공유구역(1개 이상의 식별표시, 표시장치, 식별부호 또는 그 밖의 메시지를 표시하지만 동시에 표시하지 아니하는 구역을 말한다)에 표시되는 식별표시에서는 그러하지 아니하다.
   나. 운전자가 낮에도 운전석에서 육안으로 쉽게 식별할 수 있을 것

[본조신설 2011.3.16.]

제13조(조종장치등) ①자동차에 설치된 다음 각호의 조종장치 및 표시장치는 운전자가 좌석안전띠(이하 "안전띠"라 한다)를 착용한 상태에서 쉽게 조작 및 식별할 수 있도록 배치하여야 한다. 〈개정 1995.7.21., 1997.1.17., 2003.2.25., 2010.3.29.〉

1. 주시동장치·정지장치·가속제어장치 및 기타 원동기의 조작장치
2. 제동장치 및 동력전달장치의 조작장치
3. 변속장치·창닦이기·세정액분사장치·서리제거장치·안개제거장치·전조등·등화점등장치·비상경고신호등·방향지시등 및 경음기의 조작장치
4. 속도계·방향지시등·주행빔·연료장치·원동기냉각수·윤활유·제동경고등·충전장치 및 경제운전의 표시장치

②가속제어장치의 복귀장치는 가속페달에서 작용력을 제거할 때에 원동기의 가속제어장치를 가속위치에서 공회전위치로 복귀시킬 수 있는 장치가 최소한 2개 이상이어야 하며, 변속장치의 조종레버(변속레버에 표시가 곤란한 경우에는 운전자가 식별하기 쉬운 위치)에는 변속단수별 조작위치를 표시하여야 한다.

③자동변속장치는 다음 각 호의 기준에 적합하여야 한다. 〈개정 1997.1.17., 2005.8.10., 2009.6.18., 2010.11.10.〉

1. 중립위치는 전진위치와 후진위치 사이에 있을 것
2. 조종레버가 조향기둥에 설치된 경우 조종레버의 조작방향은 중립위치에서 전진위치로 조작되는 방향이 시계방향일 것
3. 주차위치가 있는 경우에는 후진위치에 가까운 끝부분에 있을 것. 다만, 순서대로 조작되지 아니하는 조종레버를 갖춘 경우에는 그러하지 아니하다.
4. 조종레버가 전진 또는 후진위치에 있는 경우 원동기가 시동되지 아니할 것. 다만, 다음 각 목의 어느 하나에 해당하는 자동차의 경우에는 그러하지 아니하다.
   가. 하이브리드자동차
   나. 전기자동차
   다. 원동기의 구동이 모두 정지될 경우 변속기가 자동으로 중립위치로 변환되는 구조를 갖춘 자동차
   라. 주행하다가 정지하면 원동기의 시동을 자동으로 제어하는 장치를 갖춘 자동차
5. 전진변속단수가 2단계 이상일 경우 매시 40킬로미터 이하의 속도에서 저속변속단수에서의 원동기제동효과는 고속변속단수에서의 원동기제동효과보다 클 것.

④자동차에 별표 1의2에서 정하고 있는 손조작식 조종장치를 설치하는 경우에는 동표에서 정하는 조종장치의 식별단어·약어 또는 식별부호(이하 "식별표시"라 한다)를 표시하여야 하며, 조명기준에 적합하여야 한다. 다만, 조향기둥 좌우측에 위치한 방향지시등·비상점멸표시등·창닦이기 및 세정액분사장치등의 레버식조종장치의 경우에는 그러하지 아니하다. 〈개정 2014.1.2.〉

⑤자동차의 차실안에 별표 2에서 정하고 있는 표시장치를 설치하는 경우에는 동표에서 정하는 식별표시를 표시하여야 하며, 조명 및 색상기준에 적합하여야 한다. 다만, 자동차장치의 작동여부 및 상태의 정상여부를 나타내 주는 표시장치(이하 "자동표시기"라 한다)가 자동표시기외의 표시장치와 함께 사용되는 경우 당해자동표시기에 대하여는 그러하지 아니하다.

⑥자동차에 보조시동장치(전파등을 이용한 원격시동장치를 말한다)를 설치할 경우에는 조종레버가 전진 또는 후진위치에 있는 경우 원동기가 시동(크랭킹의 경우를 제외한다)되지 아니하는 구조로 설치하여야 한다. 〈신설 1995.7.21.〉

⑦ 화물자동차 및 특수자동차에 상하로 움직일 수 있는 가변축을 설치하는 경우에는 가변축 승강조작장치 및 압력조절장치를 자동차의 좌측면 가변축 또는 가장 뒤축의 주위에 설치하여야 한다. 다만, 자동으로 하중을 감지하여 작동하는 전자제어식 가변축장치를 갖춘 자동차로서 다음 각 호에 해당하는 경우에는 그러하지 아니하다. 〈신설 2008.1.14., 2008.12.8., 2014.6.10.〉

1. 구동축의 축중이 제6조에 따른 축중을 초과하지 아니하도록 가변축이 자동으로 내려오고 상승조작이 불가능한 조작장치를 갖춘 경우
2. 험로(險路) 탈출 등을 위하여 제6조에 따른 구동축의 축중을 일시적으로 최대 15톤까지 증가시켜 시속 30킬로미터에 도달 시 자동으로 해제되는 장치를 갖춘 경우

제14조(조향장치) ①자동차의 조향장치의 구조는 다음 각호의 기준에 적합하여야 한다. 〈개정 2003.2.25., 2010.11.10.〉

1. 조향장치의 각부는 조작시에 차대 및 차체등 자동차의 다른 부분과 접촉되지 아니하고, 갈라지거나 금이 가고 파손되는 등의 손상이 없으며, 작동에 이상이 없을 것
2. 조향장치는 조작시에 운전자의 옷이나 장신구등에 걸리지 아니할 것
3. 다음 각 목의 자동차 구분에 따른 해당 속도로 반지름 50미터의 곡선에 접하여 주행할 때 자동차의 선회원(旋回圓)이 동일하거나 더 커지는 구조일 것
   가. 승용자동차: 시속 50킬로미터
   나. 승용자동차 외의 자동차: 시속 40킬로미터(최고속도가 시속 40킬로미터 미만인 경우에는 해당 자동차의 최고속도)
4. 자동차를 최고속도(연결자동차의 경우에는 견인자동차의 최고속도를 말한다)까지 주행하는 동안 조향핸들이 비정상적으로 조작되거나 조향장치가 비정상적으로 진동되지 아니하고 직진 주행이 가능할 것. 다만, 제10호가목에 따른 조향장치에 의한 진동은 제외한다.

5. 자동차(연결자동차를 포함한다)가 정상적인 주행을 하는 동안 발생되는 응력(應力)에 견딜 것
6. 조향장치(피견인자동차를 조향하는 제어장치를 포함한다)는 자기장이나 전기장에 의하여 작동에 영향을 받지 아니할 것
7. 조향장치의 결합구조를 조절하는 장치는 잠금장치에 의하여 고정되도록 할 것
8. 조향바퀴는 뒷바퀴에만 있어서는 아니 될 것. 다만, 세미트레일러는 그러하지 아니하다.
9. 조향장치 중 기계적인 강성이 필요한 모든 관련 부품은 제동장치 등과 같은 필수부품과 동등한 안전특성으로 충분한 크기를 갖추어야 하고, 그 부품의 고장으로 자동차를 조종하지 못할 것으로 우려되는 부품은 금속 또는 이와 동등한 특성을 갖는 재질로 제작되어야 하며, 정상적인 작동 중일 때에는 해당 부품에 심각한 변형이 발생하지 아니할 것
10. 조향장치의 기능을 저해시키는 고장(기계적인 부품의 고장은 제외한다)이 발생한 경우에는 운전자가 고장을 명백하게 확인할 수 있는 경고장치를 갖출 것. 다만, 다음 각 목의 어느 하나에 해당하는 경우에는 경고장치를 갖춘 것으로 본다.
  가. 고장 시 조향장치에 의도적으로 진동을 발생시키도록 하는 구조인 경우
  나. 고장 시 자동차(피견인자동차는 제외한다)의 조향조종력이 증가되는 구조인 경우
  다. 피견인자동차의 경우 고장 시 기계적인 표시기를 갖춘 구조인 경우

② 삭제 〈2003.2.25.〉

③조향핸들의 유격(조향바퀴가 움직이기 직전까지 조향핸들이 움직인 거리를 말한다)은 당해 자동차의 조향핸들지름의 12.5퍼센트이내이어야 한다.

④조향바퀴의 옆으로 미끄러짐이 1미터 주행에 좌우방향으로 각각 5밀리미터 이내이어야 하며, 각 바퀴의 정렬상태가 안전운행에 지장이 없어야 한다.

제15조(제동장치) ①자동차(피견인자동차를 제외한다)에는 주제동장치와 주차중에 주로 사용하는 제동장치(이하 "주차제동장치"라 한다)를 갖추어야 하며, 그 구조와 제동능력은 다음 각 호의 기준에 적합하여야 한다. 〈개정 2006.4.14., 2009.1.23., 2011.12.23., 2014.6.10.〉

1. 주제동장치와 주차제동장치는 각각 독립적으로 작용할 수 있어야 하며,

주제동장치는 모든 바퀴를 동시에 제동하는 구조일 것

2. 주제동장치의 계통 중 하나의 계통에 고장이 발생하였을 때에는 그 고장에 의하여 영향을 받지 아니하는 주제동장치의 다른 계통 등으로 자동차를 정지시킬 수 있고, 제동력을 단계적으로 조절할 수 있으며 계속적으로 제동될 수 있는 구조일 것
3. 제동액 저장장치에는 제동액에 대한 권장규격을 표시할 것
4. 주제동장치에는 라이닝 등의 마모를 자동으로 조정할 수 있는 장치를 갖출 것. 다만, 차량총중량이 3.5톤을 초과하는 화물자동차 및 특수자동차로서 모든 바퀴로 구동할 수 있는 자동차의 주제동장치와 차량총중량이 3.5톤 이하인 화물자동차 및 특수자동차의 후축의 주제동장치의 경우에는 그러하지 아니하다.
5. 주제동장치의 라이닝 마모상태를 운전자가 확인할 수 있도록 경고장치(경고음 또는 황색경고등을 말한다)를 설치하거나 자동차의 외부에서 육안으로 확인할 수 있는 구조일 것.
6. 에너지저장장치에 의하여 작동되는 주제동장치에는 2개(에너지 저장장치에 의하지 아니하고 운전자의 힘으로만 기계적으로 주제동장치가 작동될 수 있는 구조의 경우는 1개) 이상의 독립된 에너지저장장치를 설치하여야 하고, 각 에너지저장장치는 제3항의 기준에 적합한 경고장치를 설치할 것
7. 주차제동장치는 기계적인 장치에 의하여 잠김상태가 유지되는 구조일 것
8. 주차제동장치는 주행중에도 제동을 시킬 수 있는 구조일 것
9. 공기식(공기배력유압식을 포함한다) 주제동장치를 설치한 자동차는 다음 각목의 기준에 적합한 구조를 갖출 것
   가. 각 계통별 에너지저장장치의 공기압력을 나타내는 압력계는 운전자가 보기 쉬운 위치에 설치할 것
   나. 2개 이상의 독립된 계통을 갖춘 공기식 주제동장치는 제동조종장치와 제동바퀴 사이에서 공기누설이 발생할 경우 누설된 공기를 대기중으로 배출시키는 구조일 것
10. 주제동장치의 급제동능력은 건조하고 평탄한 포장도로에서 주행중인 자동차를 급제동할 때 별표 3의 기준에 적합할 것
11. 주제동장치의 제동능력과 조작력은 별표 4의 기준에 적합할 것

12. 주차제동장치의 제동능력과 조작력은 별표 4의2의 기준에 적합할 것

②피견인자동차(차량총중량이 0.75톤 이하인 피견인자동차를 제외한다)의 제동장치는 다음 각호의 기준에 적합한 구조이어야 한다.

1. 제1항제1호·제4호(차량총중량이 3.5톤 이하인 피견인자동차를 제외한다)·제5호·제7호 및 제10호 내지 제12호의 기준에 적합할 것
2. 피견인자동차의 주제동장치는 견인자동차의 주제동장치와 연동하여 작동하는 구조일 것
3. 피견인자동차의 제동장치는 주행중 견인자동차와의 연결장치가 분리되는 경우 피견인자동차를 자동적으로 정지시키는 구조일 것. 다만, 차량총중량이 1.5톤 이하인 피견인자동차가 체인·와이어로프 등 보조연결장치에 의하여 조절되고 연결봉이 지면에 닿지 아니하는 경우에는 그러하지 아니하다.
4. 피견인자동차의 주차제동장치는 견인자동차에서 분리되어 있는 경우 독립적으로 작동시킬 수 있는 구조일 것

③자동차(피견인자동차를 제외한다)의 주제동장치에는 제동액의 기준유량(공기식의 경우에는 기준공기압을 말한다)이 부족할 경우 등 제동기능의 결함을 운전자에게 알려주는 경고장치를 설치하여야 하고, 경고장치는 다음 각호 중 제1호 및 제2호 또는 제1호 및 제3호의 기준에 적합하여야 한다.

1. 경고장치에 사용되는 경고음 또는 경고등은 다른 경고장치의 경고음 또는 경고등과 구별이 될 수 있을 것. 다만, 주차제동장치의 표시장치와 겸용으로 사용하는 경우에는 그러하지 아니하다.
2. 경고장치의 경고등은 충분한 밝기를 갖춘 적색의 등화로서 운전자가 쉽게 확인할 수 있는 위치에 설치할 것
3. 경고장치의 경고음은 운전자의 귀의 위치에서 측정할 때에 승용자동차의 경우에는 65데시벨 이상, 그 밖의 자동차의 경우에는 75데시벨 이상일 것. 다만, 경유를 연료로 사용하는 승용자동차의 경우에는 70데시벨 이상이어야 한다.

④차량총중량이 3.5톤 이하인 피견인자동차(세미트레일러형을 제외한다)는 다음 각 호의 기준에 적합한 관성제동구조의 주제동장치(이하 "관성제동장치"라 한다) 또는 제6항의 기준에 적합한 전기식 주제동장치와

주차제동장치를 설치할 수 있다. 〈개정 2010.3.29., 2011.12.23., 2014.6.10.〉

1. 주행중에 사용하는 관성제동장치와 주차중에 사용하는 주차제동장치를 모두 갖출 것
2. 삭제 〈2014.6.10.〉
3. 관성제동장치와 주차제동장치는 각각 독립적으로 작용할 수 있어야 하며, 관성제동장치는 모든 바퀴를 동시에 제동할 수 있는 구조일 것
4. 연결자동차의 급제동능력이 제1항제10호의 기준에 적합할 것
5. 삭제 〈2014.6.10.〉
6. 삭제 〈2014.6.10.〉
7. 주차제동장치의 제동능력(견인자동차와 피견인자동차를 연결한 경우와 분리한 경우를 모두 포함한다)은 11도 30분의 경사면에서 정지상태를 유지할 수 있을 것
8. 관성제동장치의 구조는 별표 4의4의 기준에 적합할 것
9. 국토교통부장관이 정하여 고시하는 관성제동장치 세부기준 및 시험방법에 적합할 것

⑤자동차에는 다음 각 호의 기준에 적합한 바퀴잠김방지식 주제동장치를 설치하여야 한다. 다만, 차량총중량이 3.5톤 이하인 캠핑용트레일러・피견인자동차는 제외한다. 〈개정 2008.12.8., 2012.2.15.〉

1. 바퀴잠김방지식 주제동장치가 고장이 발생하였을 때 운전자가 쉽게 확인할 수 있는 황색경고등을 설치할 것
2. 바퀴잠김방지식 주제동장치가 설치된 피견인자동차를 견인하는 견인자동차의 경우에는 피견인자동차의 바퀴잠김방지식 주제동장치가 고장이 발생하였을 때 견인자동차의 운전자가 쉽게 확인할 수 있는 별도의 황색경고등을 설치할 것
3. 제1호 및 제2호의 황색경고등은 시동장치의 열쇠를 작동위치로 조작한 때에 켜졌다가 고장이 없는 경우에는 꺼지고, 고장이 있는 경우에는 켜진 상태가 지속되는 구조일 것
4. 피견인자동차의 바퀴잠김방지식 주제동장치는 견인자동차의 바퀴잠김방지식 주제동장치와 연동하여 작동하는 구조일 것

⑥전기식(제동력 전달계통이 전기식인 경우를 말한다) 주제동장치가 설

치된 차량총중량 3.5톤 이하인 피견인자동차를 견인하는 견인자동차는 다음 각 호의 기준에 적합한 구조를 갖추어야 한다. 〈개정 2014.6.10.〉

1. 전원공급장치(발전기와 축전지를 말한다)는 피견인자동차의 전기식 주제동장치에 충분한 전류를 공급하는 용량을 갖출 것
2. 제동장치의 전기회로는 과부하시에도 단락이 발생하지 아니할 것
3. 2개 이상의 독립된 계통을 갖춘 주제동장치의 경우에는 하나의 계통에서 고장이 발생하였을 때 다른 계통으로 피견인자동차를 부분적 또는 전체적으로 제동시킬 수 있을 것
4. 전기식 주제동장치를 작동시키기 위한 제동작동회로는 여유부하를 갖추고 있는 경우에 한하여 견인자동차의 제동등과 병렬로 연결을 할 수 있을 것

⑦연결자동차의 제동장치는 다음 각 호의 기준에 적합하여야 한다. 〈개정 2006.4.14.〉

1. 제1항 내지 제6항의 기준에 적합할 것
2. 공기식(공기배력유압식을 포함한다) 주제동장치가 설치된 견인자동차는 견인자동차와 피견인자동차 사이의 공기라인에 고장이 발생한 경우 자동적으로 공기가 차단되는 구조일 것
3. 견인자동차의 주제동장치는 피견인자동차의 제동장치에 고장이 발생하거나 견인자동차와 피견인자동차 사이의 공기라인이 차단되는 경우에도 견인자동차를 정지시킬 수 있는 구조일 것
4. 차량총중량이 3.5톤을 초과하는 피견인자동차를 견인하는 견인자동차의 제동장치는 다음 각 목의 기준에 적합할 것
   가. 주제동장치의 계통 중 하나의 계통에 고장이 발생하였을 때에는 그 고장에 의하여 영향을 받지 아니하는 주제동장치의 다른 계통 등으로 피견인자동차의 제동력을 조절하여 정지시킬 수 있을 것
   나. 피견인자동차와 연결된 공기라인 중 하나의 공기라인에 고장이 발생하였을 때에 피견인자동차가 자동으로 제동되거나 견인자동차에서 피견인자동차를 부분적 또는 전체적으로 제동시킬 수 있을 것
   다. 스프링제동장치가 설치된 경우에는 공기압력의 손실로 인하여 스프링제동장치가 자동적으로 작동될 때 피견인자동차도 자동적으로 제동될 것

4의2. 차량총중량이 3.5톤을 초과하는 피견인자동차를 견인하는 견인자동

차의 주제동장치·비상제동장치 또는 주차제동장치는 피견인자동차의 주제동장치와 동시에 연동하여 작동되는 구조일 것. 다만, 피견인자동차의 제동이 연결자동차의 안정성을 위하여 단독으로 자동작동하는 경우에는 그러하지 아니하다.

5. 견인자동차와 공기식(공기배력유압식을 포함한다. 이하 이 호에서 같다) 제동장치를 갖춘 피견인자동차가 연결된 상태에서의 주차제동능력은 피견인자동차의 공기식 제동장치와 연동되지 아니한 상태에서 견인자동차의 주차제동장치의 기계적인 작동만으로 주차제동이 가능할 것. 다만, 견인자동차의 주차제동장치의 기계적인 작동만으로 연결자동차의 주차제동이 가능하다는 사실을 운전자가 확인할 수 있는 구조를 갖추고 있는 경우에는 피견인자동차의 공기식 제동장치와 견인자동차의 주차제동장치를 연동하여 작동하게 할 수 있다.

⑧ 제동등은 다음 각 호의 경우에 점등되고, 제동력이 해제될 때까지 점등상태가 유지되어야 한다. 다만, 선택적 제동에 의한 경우에는 제동등이 점등되지 아니하여야 하며, 보조제동장치에 의한 제동의 경우에는 감가속도에 따라 점등되거나 점등되지 아니하도록 할 수 있다. 〈신설 2008.1.14.〉

1. 운전자의 조작에 의하여 주제동장치가 작동된 경우
2. 자동제어제동에 의하여 주제동장치가 작동된 경우

⑨ 제8항에도 불구하고 긴급제동신호장치 또는 전기회생제동장치(승용자동차에 한정한다)를 갖춘 자동차의 제동등(보조제동등을 포함한다. 이하 이 항에서 같다) 또는 방향지시등은 다음 각 호의 작동기준에 적합하여야 한다. 〈개정 2014.6.10.〉

1. 긴급제동신호장치를 갖춘 자동차의 제동등 또는 방향지시등은 급제동 시 별표 5의2 제1호의 긴급제동신호의 작동기준에 적합하게 작동될 것
2. 가속페달 해제에 의하여 감속도가 발생하는 전기회생제동장치를 갖춘 자동차의 제동등은 별표 5의2 제2호의 제동등 작동기준에 적합하게 작동될 것

⑩ 전기회생제동장치를 갖춘 승용자동차의 제동장치는 다음 각 호의 기준에 적합하여야 한다. 〈신설 2009.1.23.〉

1. 전기회생제동장치가 바퀴잠김방지식 주제동장치의 작동에 영향을 주지 아니할 것

2. 전기회생제동장치가 주제동장치의 일부로 작동되는 경우에는 다음 각 목의 기준에 적합한 구조를 갖출 것
   가. 주제동장치 작동 시 전기회생제동장치가 독립적으로 제어될 수 있는 경우에는 자동차에 요구되는 제동력(이하 이 호에서 "요구제동력"이라 한다)을 전기회생제동력과 마찰제동력 간에 자동으로 보상하는 구조일 것
   나. 전기회생제동력이 해제되는 경우에는 마찰제동력이 작동하여 1초 내에 해제 당시 요구제동력의 75퍼센트 이상 도달하는 구조일 것
   다. 주제동장치는 하나의 조종장치에 의하여 작동되어야 하며, 그 외의 방법으로는 제동력의 전부 또는 일부가 해제되지 아니하는 구조일 것
   라. 주제동장치의 제동력은 동력 전달계통으로부터의 구동전동기 분리 또는 자동차의 변속비에 영향을 받지 아니하는 구조일 것

⑪ 자동차에 장착되는 브레이크호스는 제112조의2에 따른 기준에 적합하여야 한다. 〈신설 2011.12.23.〉

⑫ 자동차에는 별표 4의3의 성능기준에 적합한 제동력지원장치를 설치하여야 한다. 다만, 피견인자동차 및 차량총중량이 3.5톤을 초과하는 승합·화물·특수자동차는 제외한다. 〈신설 2012.2.15.〉

⑬ 제동력 제어계통이 전기식인 승용자동차의 주제동장치는 별표 4의5의 주제동장치의 구조 및 성능기준에 적합하여야 한다. 〈신설 2014.6.10.〉

[전문개정 2003.2.25.]

[시행일 : 2016.7.1.] 제15조제4항

제15조의2(자동차안정성제어장치) ① 승용자동차와 차량총중량이 4.5톤 이하인 승합·화물·특수자동차에는 자동차안정성제어장치를 설치하여야 한다. 다만, 피견인자동차는 제외한다.

② 자동차안정성제어장치는 다음 각 호의 기준에 적합하여야 한다.

1. 4개 바퀴(앞 차축 및 뒤 차축의 좌우 각각 한 개의 바퀴를 말한다)에 개별적으로 회전제동력(braking torque)을 발생시킬 수 있고, 이를 이용하여 제어하는 방식을 갖출 것
2. 주행 중 다음 각 목의 어느 하나에 해당하는 경우 외에는 항상 작동할 수 있을 것

가. 운전자가 자동차안정성제어장치의 기능을 정지시킨 경우
나. 자동차의 속도가 시속 20킬로미터 미만인 경우
다. 시동 시 자가 진단하는 경우
라. 자동차를 후진하는 경우

3. 바퀴잠김방지식 제동장치 또는 구동력 제어장치가 작동되더라도 지속적으로 작동될 것
4. 고장 발생 시 점등되는 경고등(警告燈)을 갖출 것

[본조신설 2010.11.10.]

제16조(완충장치) ①자동차는 노면으로부터의 충격을 흡수할 수 있는 스프링 기타의 완충장치를 갖추어야 한다.

②제1항의 규정에 의한 완충장치의 각부는 갈라지거나 금이 가고 탈락되는 등의 손상이 없어야 한다.

제17조(연료장치) ①자동차의 연료탱크·주입구 및 가스배출구는 다음 각호의 기준에 적합하여야 한다. 〈개정 1997.1.17., 1997.8.25.〉

1. 연료장치는 자동차의 움직임에 의하여 연료가 새지 아니하는 구조일 것
2. 배기관의 끝으로부터 30센티미터 이상 떨어져 있을 것(연료탱크를 제외한다)
3. 노출된 전기단자 및 전기개폐기로부터 20센티미터 이상 떨어져 있을 것(연료탱크를 제외한다)
4. 차실안에 설치하지 아니하여야 하며, 연료탱크는 차실과 벽 또는 보호판 등으로 격리되는 구조일 것

② 수소가스를 연료로 사용하는 자동차는 다음 각 호의 기준에 적합하여야 한다. 〈개정 2014.6.10.〉

1. 자동차의 배기구에서 배출되는 가스의 수소농도는 평균 4%, 순간 최대 8%를 초과하지 아니할 것
2. 차단밸브(내압용기의 연료공급 자동 차단장치를 말한다. 이하 이 조에서 같다) 이후의 연료장치에서 수소가스 누출 시 승객거주 공간의 공기 중 수소농도는 1% 이하일 것
3. 차단밸브 이후의 연료장치에서 수소가스 누출 시 승객거주 공간, 수하물 공간, 후드 하부 등 밀폐 또는 반밀폐 공간의 공기 중 수소농도가 2±1% 초과 시 적색경고등이 점등되고, 3±1% 초과 시 차단밸브가 작동할 것

제18조(전기장치) 자동차의 전기장치는 다음 각호의 기준에 적합하여야 한다.

1. 자동차의 전기배선은 모두 절연물질로 덮어 씌우고, 차체에 고정시킬 것
2. 차실안의 전기단자 및 전기개폐기는 적절히 절연물질로 덮어 씌울 것
3. 축전지는 자동차의 진동 또는 충격등에 의하여 이완되거나 손상되지 아니하도록 고정시키고, 차실안에 설치하는 축전지는 절연물질로 덮어 씌울 것

제18조의2(고전원전기장치) 자동차의 고전원전기장치는 별표 5의 고전원전기장치 절연 안전성 등에 관한 기준에 적합하여야 한다.

[전문개정 2014.6.10.]

제18조의3(구동축전지) 자동차의 구동축전지는 다음 각 호의 기준에 적합하여야 한다. 〈개정 2013.3.23.〉

1. 차실과 벽 또는 보호판 등으로 격리되는 구조일 것
2. 설계된 범위를 초과하는 과충전을 방시하고 과전류를 차단할 수 있는 기능을 갖출 것
3. 국토교통부장관이 고시하는 물리적·화학적·전기적 및 열적 충격조건에서 발화 또는 폭발하지 아니할 것

[본조신설 2009.1.23.]

제19조(차대 및 차체) ①자동차의 차대 및 차체는 다음 각호의 기준에 적합하여야 한다. 〈개정 1995.12.30.〉

1. 차대(차대가 없는 구조의 자동차는 차체를 말한다)는 안전운행을 확보할 수 있는 견고한 구조이어야 하며, 차체는 차대에 견고하게 붙여져서 진동 또는 충격등에 의하여 이완되지 아니하도록 할 것
2. 차체의 가연성부분은 배기관과 접촉되지 아니하도록 할 것
3. 자동차의 가장 뒤의 차축 중심에서 차체의 뒷부분 끝(범퍼 및 견인용장치등을 제외한다)까지의 수평거리("뒤 오우버행"을 말한다)는 가장 앞의 차축중심에서 가장 뒤의 차축중심까지의 수평거리의 2분의 1(경형 및 소형자동차의 경우에는 20분의 11, 승합자동차와 화물을 차체밖으로 나오게 적재할 우려가 없는 자동차의 경우는 3분의 2)이하일 것

②화물자동차의 뒷면에는 정하여진 차량총중량 및 최대적재량(탱크로리에 있어서는 차량총중량·최대적재량·최대적재용적 및 적재물품명)을 표시하고, 견인형특수자동차의 뒷면 또는 우측면에는 차량중량에 승차정원

의 중량을 합한 중량을 표시하여야 하며, 기타의 자동차의 뒷면에는 정하여진 최대적재량을 표시하여야 한다. 다만, 차량총중량이 15톤 미만인 경우에는 차량총중량을 표시하지 아니할 수 있다. 〈개정 1995.7.21., 1999.2.19., 2006.4.14., 2008.12.8.〉

③차량총중량이 8톤 이상이거나 최대적재량이 5톤 이상인 화물자동차·특수자동차 및 연결자동차는 포장노면위의 공차상태에서 다음 각 호의 기준에 적합한 측면보호대를 설치하여야 한다. 다만, 보행자 등이 뒷바퀴에 말려들 우려가 없는 구조의 자동차, 차체 등의 구조물과의 간섭으로 설치가 곤란한 자동차 및 조향축간 거리가 2,100밀리미터 이하인 자동차는 제외한다. 〈개정 2001.4.28., 2009.6.18., 2014.6.10.〉

1. 측면보호대의 양쪽 끝과 앞·뒷바퀴와의 간격은 각각 400밀리미터 이내일 것. 다만, 측면보호대의 양쪽 끝과 앞·뒷바퀴와의 간격을 400밀리미터 이내로 설치하기가 곤란한 구조의 자동차의 경우 앞·뒷바퀴와 가장 가까운 위치에 설치한 때는 그러하지 아니하다.
2. 측면보호대의 가장 아랫 부분과 지상과의 간격은 550밀리미터 이하일 것
3. 측면보호대의 가장 윗부분과 지상과의 간격은 950밀리미터 이상일 것. 다만, 측면보호대 가장 윗부분과 차체 바닥면과의 간격이 350밀리미터 이하일 경우는 제외한다.
4. 측면보호대 가장 바깥쪽 면은 차체의 가장 바깥쪽 면보다 안쪽에 위치하여야 하며, 그 간격은 150밀리미터 이하일 것. 다만, 자동차의 길이방향으로 측면보호대의 뒷부분부터 최소한 250밀리미터에 해당하는 부분은 측면보호대의 가장 바깥쪽 면이 차체의 가장 바깥쪽 면부터 타이어의 가장 바깥쪽 면의 안쪽으로 30밀리미터까지에 해당하는 구간에 위치하도록 설치하여야 한다.
5. 측면보호대 각각의 단면 높이는 50밀리미터 이상이고, 측면보호대 사이의 높이 간격은 300밀리미터 이하이어야 한다.
6. 측면보호대에 1킬로뉴턴의 하중을 가할 때 자동차의 길이방향으로 측면보호대의 뒷부분부터 250밀리미터까지는 30밀리미터, 그 외 구간은 150밀리미터 이내로 변형되어야 한다.

④차량총중량이 3.5톤 이상인 화물자동차 및 특수자동차는 포장노면 위에서 공차상태로 측정하였을 때에 다음 각 호의 기준에 적합한 후부안전

판을 설치하여야 한다. 다만, 다른 자동차가 추돌할 경우 그 자동차의 차체 앞부분이 들어올 우려가 없는 구조의 자동차, 세미트레일러를 견인할 목적으로 제작된 자동차, 목재·철재·기둥 등과 같이 길고 분리할 수 없는 화물운송용 특수트레일러 및 후부안전판이 차량용도에 전혀 적합하지 아니한 자동차의 경우에는 그러하지 아니하다. 〈신설 2001.4.28., 2003.2.25., 2014.6.10.〉

1. 후부안전판의 양 끝 부분은 뒷차축 중 가장 넓은 차축의 좌·우 최외측 타이어 바깥면(지면과 접지되어 발생되는 타이어 부풀림양은 제외한다) 지점을 초과하여서는 아니 되며, 좌·우 최외측 타이어 바깥면 지점부터의 간격은 각각 100밀리미터 이내일 것
2. 가장 아랫 부분과 지상과의 간격은 550밀리미터 이내일 것
3. 차량 수직방향의 단면 최소높이는 100밀리미터 이상일 것
4. 좌·우 측면의 곡률반경은 2.5밀리미터 이상일 것
5. 지상부터 2미터 이하의 높이에 있는 차체 후단부터 차량길이 방향의 안쪽으로 400밀리미터 이내에 설치할 것. 다만, 자동차의 구조상 400밀리미터 이내에 설치가 곤란한 자동차의 경우는 제외한다.
6. 화물 하역장치 등이 설치되어 해당 작동부로 인하여 후부안전판이 양쪽으로 분리되어 설치되는 경우에는 다음 각 목의 기준에 적합하여야 한다.
   가. 화물 하역장치 등과 후부안전판 끝부분과의 간격은 각각 25밀리미터 이하일 것
   나. 분리된 후부안전판 각각의 면적은 최소 350제곱센티미터 이상일 것. 다만, 자동차의 너비가 2미터 미만인 경우는 제외한다.

⑤「고압가스 안전관리법 시행령」 제2조의 규정에 의한 고압가스를 운반하는 자동차의 고압가스운송용기는 그 용기의 뒤쪽 끝(가스충전구에 안전장치를 한 경우에는 그 장치의 뒤쪽 끝을 말한다)이 차체의 뒷범퍼 안쪽으로 300밀리미터 이상의 간격이 되어야 하며, 차대에 견고하게 고정시켜야 한다. 〈개정 2001.4.28., 2005.8.10.〉

⑥차체의 외형은 예리하게 각이 지거나 돌출되어 안전운행에 위험을 줄 우려가 있어서는 아니된다. 다만, 특수자동차로서 기능상 부득이 할 때에는 그러하지 아니하다.

⑦ 삭제 〈2004.12.6.〉

⑧어린이운송용 승합자동차의 색상은 황색이어야 한다. 〈신설 1997.8.25.〉

⑨어린이운송용 승합자동차의 앞과 뒤에는 별표 5의3 제1호에 따른 어린이 보호표지를 붙이거나 뗄 수 있도록 하여야 한다. 〈신설 1997.8.25., 2008.12.8., 2014.2.21.〉

⑩ 어린이운송용 승합자동차의 좌측 옆면 앞부분에는 별표 5의3 제2호에 따른 정지표시장치(이하 "정지표시장치"라 한다)를 설치하여야 한다. 이 경우 좌측 옆면 뒷부분에 1개를 추가로 설치할 수 있다. 〈신설 2014.2.21.〉

⑪ 2층 전체 또는 일부분에 지붕이 없는 2층대형승합자동차(이하 "천정개방 2층대형승합자동차"라 한다)의 위층에는 승객의 추락 등을 방지하기 위하여 다음 각 호의 기준에 적합한 보호 판넬 등을 설치하여야 한다. 〈신설 2014.6.10.〉

1. 정면은 140센티미터 이상의 판넬을 설치할 것
2. 옆면은 110센티미터 이상, 뒷면은 120센티미터 이상의 판넬을 설치하거나 옆면과 뒷면에 70센티미터 이상의 판넬과 다음 각 목에 적합한 보호봉을 함께 설치할 것
   가. 보호봉(비상구 부분은 보호봉의 일부로 본다)은 차체에 견고하게 부착된 구조이고 보호봉의 단면 크기 두께는 2센티미터 이상, 4.5센티미터 이하일 것
   나. 인접한 판넬 또는 보호봉과의 간격은 20센티미터 이내의 구조일 것

제20조(견인장치 및 연결장치) ① 자동차(피견인자동차를 제외한다)의 앞면 또는 뒷면에는 자동차의 길이방향으로 견인할 때에 해당 자동차 중량의 2분의 1 이상의 힘에 견딜 수 있고, 진동 및 충격 등에 의하여 분리되지 아니하는 구조의 견인장치를 갖추어야 한다.

② 자동차에 피견인자동차를 견인하기 위한 연결장치를 설치할 때에는 다음 각 호의 기준에 적합하게 설치하여야 한다.

1. 피견인자동차가 연결되지 아니한 상태에서 자동차의 연결장치는 등록번호판을 가리지 아니하여야 한다. 다만, 연결장치가 공구의 사용 없이 쉽게 분리되거나 등록번호판이 가리지 아니하도록 위치를 조정할 수 있는 구조인 경우는 제외한다.
2. 견인자동차와 피견인자동차의 등화장치가 연동될 수 있는 전기 커넥터를 설치하여야 한다.

3. 차량총중량 0.75톤 이하인 피견인자동차(주행 중 견인자동차와의 연결장치가 분리될 경우에 자동적으로 정지시킬 수 있는 구조의 제동장치를 갖춘 피견인자동차는 제외한다)에는 주행 중 연결장치가 분리될 경우에 연결봉 등이 지면에 닿지 아니하는 구조의 보조연결장치(체인·와이어로프 등)를 설치하여야 한다.
4. 연결장치의 설치 및 강도 등은 국토교통부장관이 고시하는 기준에 적합하여야 한다.

[전문개정 2014.6.10.]

제21조(후드걸쇠장치) 자동차의 후드에는 견고한 후드걸쇠장치를 설치하여야 하며, 앞 방향으로 개폐되는 후드가 운행 중에 열릴 경우 운전자의 시야를 방해할 수 있는 구조의 자동차는 2차 잠금 또는 2개소 잠금이 가능한 구조이어야 한다.

[전문개정 2010.3.29.]

제22조(도난방지장치) 승용자동차와 차량총중량 4.5톤 이하의 승합·화물 및 특수자동차는 다음 각호의 기준에 적합한 열쇠잠금장치를 설치하여야 한다. 〈개정 2001.4.28., 2005.8.10.〉

1. 잠금장치에서 열쇠를 제거한 경우 원동기 또는 동력원의 정상작동을 억제할 수 있을 것
2. 잠금장치에서 열쇠를 제거한 경우 다음 각 목의 어느 하나에 해당하는 기능을 갖출 것
   가. 자동차의 조향기능을 억제하는 기능
   나. 변속장치의 위치조작 기능을 억제하는 기능
   다. 자동차의 움직임을 억제하는 기능
3. 잠금장치에서 열쇠를 제거하지 아니한 상태에서 원동기나 동력원의 작동이 정지된 경우에도 조향기능은 정상작동할 수 있을 것
4. 열쇠잠금장치의 조합수는 최소 1천조합이상일 것. 다만, 제작자동차의 수가 1천대이하인 경우에는 당해 자동차제작대수의 조합으로 할 수 있다.

제23조(승차장치) ①자동차의 승차장치는 승차인이 안전하게 승차할 수 있는 구조이어야 한다.

②운전자 및 승객이 타는 자동차는 차실을 갖추어야 한다. 다만, 소방자동차등 국토교통부장관이 그 용도상 필요없다고 인정하는 자동차의 경우에는

그러하지 아니하다. 〈개정 1995.7.21., 2008.3.14., 2013.3.23.〉

③자동차의 차실에는 조명시설 및 환기시설(컨버터블 및 무개자동차를 제외한다)을 갖추어야 하며, 원동기의 냉각수(난방용수를 제외한다)·정류기·변환기·변압기·공기청정기등 승객의 안전에 지장을 줄 우려가 있는 장치를 차실안에 설치하여서는 아니된다. 〈개정 1997.8.25.〉

④제2항에 따른 차실의 유효높이는 대형승합자동차의 경우에는 180센티미터 이상이어야 한다. 다만, 2층대형승합자동차의 위층 또는 아래층(천정개방2층대형승합자동차는 아래층에 한정한다)의 경우는 차실의 유효높이를 168센티미터 이상으로 할 수 있다. 〈개정 1997.1.17., 2006.10.26., 2014.6.10.〉

⑤ 천정개방2층대형승합자동차에는 위층 탑승객의 착석여부를 운전석에서 확인 및 통제할 수 있는 영상장치와 안내방송 장치를 설치하여야 한다. 〈신설 2014.6.10.〉

제24조(운전자의 좌석) ①운전자의 좌석은 운전에 필요한 시야가 확보되고 승객 또는 화물등에 의하여 운전조작에 방해가 되지 아니하는 구조이어야 한다.

②운전자의 좌석은 운전자가 제13조제1항의 규정에 의한 조종장치의 원활한 조작을 할 수 있는 공간이 확보되어야 하고, 운전자의 좌석과 조향핸들의 중심과의 과도한 편차로 인하여 운전조작에 불편이 없어야 하며, 그 좌석의 규격은 가로·세로 각각 40센티미터 이상이어야 한다.

③승합자동차(입석을 할 수 없는 15인승 이하의 자동차를 제외한다)의 운전자의 좌석 뒤에는 승객석과 분리될 수 있는 보호봉 또는 격벽시설을 설치하여야 한다. 〈개정 2005.8.10., 2009.2.24.〉

④ 삭제 〈2009.2.24.〉

제25조(승객좌석의 규격) ① 승객좌석의 규격은 가로·세로 각각 40센티미터(22인승 이하의 승합자동차와 좌석의 수 보다 입석의 수가 많은 22인승을 초과하는 승합자동차의 좌석의 세로는 35센티미터) 이상, 앞좌석등받이의 뒷면과 뒷좌석등받이의 앞면간의 거리는 65센티미터(승합자동차에 설치되는 마주보는 좌석등받이의 앞면 간의 거리는 130센티미터) 이상이어야 한다. 다만, 구급자동차·소방자동차 및 특수구조의 자동차등 국토교통부장관이 당해 자동차의 제작목적상 좌석의 설치가 곤

란하다고 인정하는 자동차의 경우에는 그러하지 아니하다. 〈개정 1995.7.21., 2008.3.14., 2012.8.31., 2013.3.23.〉

②어린이운송용 승합자동차의 어린이용 좌석의 규격은 가로·세로 각각 27센티미터 이상, 앞좌석등받이의 뒷면과 뒷좌석등받이의 앞면간의 거리는 46센티미터 이상이어야 한다. 〈개정 2012.2.15.〉

③승합자동차(15인승 이하의 승합자동차 및 어린이운송용 승합자동차를 제외한다)의 승객좌석의 높이는40센티미터 이상 50센티미터 이하이어야 한다. 다만, 자동차의 원동기부분 및 바퀴부분의 좌석등 그 구조상 40센티미터 이상 50센티미터 이하로 좌석을 설치하기가 곤란한 부분의 좌석을 제외한다.〈개정 2012.8.31.〉

④승용자동차의 경우에는 제1열좌석(운전석을 포함한다) 외의 좌석에는 공구를 사용하지 아니하고도 탈부착이 가능한 좌석을 설치할 수 있다. 다만, 탈부착으로 인하여「자동차관리법」제3조의 규정에 의한 자동차의 종별 구분이 변경되어서는 아니된다. 〈신설 2005.8.10.〉

⑤ 승차정원 15인 이하인 승용자동차 및 승합자동차에는 옆면을 향한 좌석을 설치하여서는 아니 된다. 다만, 긴급자동차 및 제27조제1항 단서에 따라 좌석안전띠를 설치하지 아니하는 자동차는 제외한다. 〈신설 2014.6.10.〉

제25조의2(접이식좌석) ①통로에 설치하는 접이식좌석은 30인승 이하의 승합자동차에 한하여 이를 설치할 수 있다. 다만, 안내원용 접이식좌석은 31인승 이상의 승합자동차에도 이를 설치할 수 있다.

②어린이운송용 승합자동차에 제1항 본문의 규정에 의하여 접이식좌석을 설치함에 있어서는 외부에서 이를 조작할 수 있도록 하여야 한다.

③ 삭제 〈2014.6.10.〉

[본조신설 1999.2.19.]

제26조(머리지지대) 다음 각 호의 어느 하나에 해당하는 자동차의 앞좌석(중간좌석을 제외한다)에는 추돌시 승차인의 머리부분의 충격을 감소시킬 수 있는 머리지지대를 설치하여야 한다.

1. 승용자동차
2. 차량총중량 4.5톤 이하의 승합자동차
3. 차량총중량 4.5톤 이하의 화물자동차(피견인자동차를 제외한다)

4. 차량총중량 4.5톤 이하의 특수자동차

[전문개정 2010.3.29.]

제27조(좌석안전띠장치등) ①자동차의 좌석에는 안전띠를 설치하여야 한다. 다만, 다음 각 호의 어느 하나에 해당하는 좌석에는 이를 설치하지 아니할 수 있다. 〈개정 2005.8.10., 2008.3.14., 2011.12.23., 2013.3.23.〉

1. 환자수송용 좌석 또는 특수구조자동차의 좌석 등 국토교통부장관이 안전띠의 설치가 필요하지 아니하다고 인정하는 좌석
2. 「여객자동차 운수사업법 시행령」 제3조제1호의 규정에 의한 노선여객자동차운송사업에 사용되는 자동차로서 자동차전용도로 또는 고속국도를 운행하지 아니하는 시내버스·농어촌버스 및 마을버스의 승객용 좌석
3. 삭제 〈2011.12.23.〉

②승용자동차의 모든 좌석과 그 외의 자동차의 운전자좌석 및 운전자좌석 옆으로 나란히 되어있는 좌석에는 3점식 이상의 안전띠를 설치하여야 한다. 다만, 승용자동차 외의 자동차의 중간좌석과 좌석의 구조상 3점식 이상의 안전띠 설치가 곤란한 좌석의 경우에는 2점식 안전띠를 설치할 수 있다. 〈개정 1995.7.21., 2010.3.29., 2011.12.23.〉

③ 제1항에 따른 안전띠는 제112조의3에 따른 기준에 적합하여야 한다. 〈개정 2011.12.23.〉

④제1항의 기준에 의하여 안전띠를 설치한 자동차에는 운전자가 안전띠를 착용하지 아니하고 시동할 경우 운전석에서 그 사실을 알 수 있도록 경고등 또는 경고음을 발하는 장치를 설치하여야 한다. 다만, 승용자동차의 경우에는 별표 5의24의 기준에 적합한 경고등 및 경고음 발생장치를 설치하여야 한다. 〈개정 2014.6.10.〉

⑤ 삭제 〈2008.1.14.〉

⑥어린이운송용 승합자동차의 승객석에 설치된 좌석안전띠의 구조는 어린이의 신체구조에 적합하게 조절될 수 있어야 한다. 〈신설 1997.8.25.〉

[제목개정 1997.1.17.]

제27조의2(어린이보호용 좌석부착장치) 승용자동차에는 다음 각 호의 기준에 적합하게 어린이보호용 좌석부착장치를 설치하여야 한다. 다만, 승객좌석이 1열뿐인 경우에는 그러하지 아니하다. 〈개정 2008.12.8.〉

1. 어린이보호용 좌석부착장치는 2곳 이상의 좌석에 설치하되, 최소한 1곳은 제2열 좌석에 설치하여야 한다.
2. 어린이보호용 좌석부착장치는 다른 도구가 없이도 사용이 가능한 구조이어야 한다.
3. 어린이보호용 좌석부착장치의 설치 여부 및 설치위치를 쉽게 알아볼 수 있는 곳에 이를 표시하여야 한다. 다만, 설치 여부를 육안으로 확인할 수 있는 상부부착구 및 부착구의 중심을 통과하는 자동차길이방향의 수평선으로부터 위로 30도의 방향에서 설치 여부를 확인할 수 있는 하부부착구의 경우에는 그러하지 아니하다.
4. 부착구를 통하여 차실 안으로 배기가스가 유입되지 아니하도록 하여야 한다.
5. 하부의 부착장치는 착석기준점으로부터 뒤쪽으로 120밀리미터 이상 떨어진 위치에 설치하여야 한다.
6. 좌석부착장치가 제1열에 설치되고 그 전면에 에어백이 장착된 경우에는 에어백 작동을 중지할 수 있는 장치를 설치하여야 한다.
7. 별표 5의4의 설치기준에 적합하게 상부부착구 1개와 하부부착구 2개를 설치하여야 한다. 다만, 컨버터블자동차의 경우에는 상부부착구를 설치하지 아니할 수 있으나, 상부부착구를 설치하는 경우에는 설치기준에 적합하게 설치하여야 한다.

[본조신설 2008.1.14.]

제28조(입석) ①입석을 할 수 있는 자동차의 차실안의 유효높이는 180센티미터 이상, 통로의 유효너비는 30센티미터 이상이어야 한다.

②1인의 입석의 면적은 0.14제곱미터 이상으로 하되, 통로의 유효너비 30센티미터에 해당하는 부분과 좌석전방 25센티미터인 좌석의 폭에 해당하는 부분은 입석면적에서 제외한다.

③입석을 할 수 있는 자동차에는 손잡이를 설치하여야 한다.

④ 천정개방2층대형승합자동차의 위층에는 입석을 할 수 없다. 〈신설 2014.6.10.〉

제29조(승강구) ①자동차의 차실에는 다음 각 호의 기준에 적합한 승강구를 설치하여야 한다. 〈개정 1995.12.30., 1997.8.25., 2008.12.8., 2009.6.18., 2011.8.31., 2014.6.10.〉

1. 승강구(승강구를 열고 바로 탑승하도록 좌석이 설치된 구조의 승강구는 제외한다)의 유효너비는 60센티미터 이상, 유효높이는 160센티미터(대형승합자동차의 경우에는 180센티미터) 이상일 것. 다만, 차실안의 유효높이가 120센티미터 미만의 자동차, 승차정원 15인 이하의 자동차 및 어린이운송용 승합자동차의 경우에는 그러하지 아니하다.
2. 삭제 〈2009.6.18.〉
3. 대형승합자동차의 승강구 제1단 발판의 높이는 40센티미터 이하이고, 승강구문이 열릴 경우 발판을 밝힐 수 있는 등화장치를 갖추어야 하며, 승하차의 편의를 위한 승하차용손잡이를 설치할 것
4. 어린이운송용 승합자동차의 어린이 승하차를 위한 승강구는 다음 각 목의 기준에 적합하여야 한다.
   가. 제1단의 발판 높이는 30센티미터 이하이고, 발판 윗면은 가로의 경우 승강구 유효너비(여닫이식 승강구에 보조발판을 설치하는 경우 해당 보조발판 바로 위 발판 윗면의 유효너비)의 80퍼센트 이상, 세로의 경우 20센티미터 이상일 것
   나. 제2단 이상 발판의 높이는 20센티미터 이하일 것. 다만, 15인승 이하의 자동차는 25센티미터 이하로 할 수 있으며, 각 단(제1단을 포함한다. 이하 같다)의 발판은 높이를 만족시키기 위하여 견고하게 설치된 구조의 보조발판 등을 사용할 수 있다.
   다. 승하차 시에만 돌출되도록 작동하는 보조발판은 위에서 보아 두 모서리가 만나는 꼭짓점 부분의 곡률반경이 20밀리미터 이상이고, 나머지 각 모서리 부분은 곡률반경이 2.5밀리미터 이상이 되도록 둥글게 처리하고 고무 등의 부드러운 재료로 마감할 것
   라. 보조발판은 자동 돌출 등 작동 시 어린이 등의 신체에 상해를 주지 아니하도록 작동되는 구조일 것
   마. 각 단의 발판은 표면을 거친 면으로 하거나 미끄러지지 아니하도록 마감할 것

②승차정원 30인 이상 자동차의 모든 자동식 승강구는 비상시 탈출구로 사용할 수 있도록 수동으로도 쉽게 열 수 있어야 하고, 수동작동장치의 설치위치 및 조작방법 등을 보기 쉬운 곳에 표기하여야 한다. 〈신설 2001.4.28.〉

③2층대형승합자동차는 아래층에 2개의 승강구를 설치하되, 승강구 중심 간의 거리는 자동차 길이의 25퍼센트 이상이거나 아래층 승객석 공간 길이의 40퍼센트 이상이어야 한다. 〈신설 2006.10.26.〉

④ 중형승합자동차 및 대형승합자동차를 제외한 자동차의 승강구에는 다음 각 호의 기준에 적합하게 잠금장치를 설치하여야 한다. 〈신설 2009.6.18.〉

1. 모든 승강구의 잠금장치는 그 조작장치를 차실 내에 설치할 것
2. 모든 승강구의 잠금장치는 잠김상태에서 바깥쪽 문걸쇠풀림장치에 의하여 승강구가 열리지 아니하도록 할 것
3. 옆면 뒤쪽 승강구의 잠금장치는 다음 각 목의 기준에 적합할 것. 다만, 옆면 뒤쪽 승강구에 승강구의 잠금장치와 연동되지 아니하고 별도로 작동하는 어린이보호 잠금장치를 갖춘 경우에는 그러하지 아니하다.
   가. 잠김상태에서 안쪽 문걸쇠풀림장치에 의하여 승강구가 열리지 아니할 것
   나. 잠금장치의 조작장치와 안쪽 문걸쇠풀림장치는 구별될 것
4. 뒷면 승강구에 안쪽 문걸쇠풀림장치를 설치한 경우 잠금장치의 조작장치는 안쪽 문걸쇠풀림장치와 구별될 것

제30조(비상구) ①승차정원 16인 이상의 자동차(천정개방2층대형승합자동차의 위층은 제외한다)에는 다음 각 호의 기준에 적합한 비상구를 설치하여야 한다. 〈개정 2001.4.28., 2014.6.10.〉

1. 비상구의 위치는 차체의 좌측면 뒤쪽 또는 뒷면으로 할 것
2. 비상구의 유효너비는 400밀리미터 이상, 유효높이는 1,200밀리미터 이상일 것
3. 비상구는 밖으로 열리는 구조로 하고, 열쇠 기타 특별한 기구를 사용하지 아니하고도 열 수 있도록 할 것
4. 비상구의 부근에는 탈출에 방해가 되는 장치가 없어야 하고, 비상구의 출구에는 단층이 생기지 아니하도록 할 것
5. 비상구의 주위에 있는 좌석은 쉽게 제거할 수 있거나 접을 수 있는 구조일 것

② 제1항에도 불구하고 창문의 규격이 다음 각 호의 어느 하나에 해당되고 총면적이 2제곱미터 이상인 강화유리로 되어 있는 창문이 있는 자동차의 경우 비상구를 갖춘 것으로 본다. 〈신설 2014.6.10.〉

1. 유효너비 1,200밀리미터 이상, 유효높이 400밀리미터 이상
2. 유효너비 400밀리미터 이상, 유효높이 1,200밀리미터 이상
3. 유효너비 700밀리미터 이상, 유효높이 500밀리미터 이상
4. 유효너비 500밀리미터 이상, 유효높이 700밀리미터 이상
5. 뒤쪽 창문으로서 유효너비 1,550밀리미터 이상, 유효높이 350밀리미터 이상
6. 뒤쪽 창문으로서 유효너비 350밀리미터 이상, 유효높이 1,550밀리미터 이상

③비상구를 설치한 자동차에는 비상구 또는 그 주위의 보기쉬운 곳에 비상구의 위치 및 문을 여는 방법을 표시하여야 한다. 〈개정 2014.6.10.〉

④제2항에 따른 자동차(개폐식창문의 구조로서 그 크기가 비상구의 규격에 적합한 자동차를 제외한다)에는 탈출을 위하여 자동차의 유리를 깰 수 있는 장구를 차실안에 4개 이상 설치하고, 탈출방법등을 기재한 표지를 각각의 장구 또는 덮개에 붙여야 한다. 이 경우 2층대형승합자동차에는 위층(천정개방2층대형승합자동차는 제외한다)과 아래층 각각의 차실 안에 해당장구를 4개 이상 설치하여야 한다. 〈개정 2001.4.28., 2006.10.26., 2014.6.10.〉

제31조(통로) ①승차정원 16인승 이상의 자동차에는 유효너비 30센티미터 이상의 통로를 설치하여야 한다. 다만, 승강구로부터 직접 착석할 수 있는 구조이거나 제25조의2에 따라 통로에 접이식좌석을 설치한 자동차에 있어서 당해 좌석을 접을 경우 30센티미터 이상의 유효너비를 확보할 수 있는 자동차인 때에는 그러하지 아니하다. 〈개정 1999.2.19., 2006.10.26.〉

②2층대형승합자동차는 아래층의 출입문 안쪽이나 통로에서 위층으로 연결되는 내부 통로로서 안전하게 통행할 수 있는 폭과 손잡이를 갖춘 계단식통로를 하나 이상 설치하되, 승강구와의 거리는 3미터 이내이어야 하고, 계단식통로의 발판을 밝힐 수 있는 등화장치를 갖추어야 한다. 이 경우 위층에 30인 이상의 좌석을 갖춘 때에는 2개의 계단식통로를 설치하여야 한다. 〈신설 2006.10.26., 2014.6.10.〉

제32조(물품적재장치) ①자동차의 적재함 기타의 물품적재장치는 견고하고 안전하게 물품을 적재·운반할 수 있는 구조로서 다음 각 호의 기준에

적합하여야 한다. 〈개정 1995.7.21., 2001.4.28., 2003.2.25., 2005.8.10., 2008.3.14., 2008.12.8., 2013.3.23.〉

1. 일반형 및 덤프형 화물자동차의 적재함은 위쪽이 개방된 구조일 것
2. 밴형 화물자동차는 다음 각 목의 기준에 적합할 것
   가. 물품적하구는 뒷쪽 또는 옆쪽으로 하되, 문은 좌우·상하로 열리는 구조이거나 미닫이식으로 할 것
   나. 승차장치와 물품적재장치 사이는 차체와 동일한 재질의 철판 또는 최대적재량의 50퍼센트의 하중을 가할 때 300밀리미터 이상 변형되지 아니하는 재질의 격벽으로 폐쇄할 것. 다만, 통기구 등 제작공정상 불가피한 부분 및 화물의 탈락 등을 방지하기 위한 보호봉을 설치한 창유리 부분(격벽면적의 20퍼센트 이내에 한한다)은 그러하지 아니하다.
   다. 물품적재장치의 옆면벽과 뒷면벽 또는 뒷문은 차체와 동일한 재질로 하고 창유리 등을 설치하지 아니할 것. 다만, 화물의 탈락 등을 방지할 수 있도록 유리창을 지탱하는 창문틀 또는 차체에 2개 이상의 보호봉을 용접한 옆면벽과 보호봉을 설치한 뒷면벽 또는 뒷문의 경우에는 창유리를 설치할 수 있다.
   라. 물품적재장치의 바닥면적이 승차장치의 바닥면적보다 넓을 것
3. 덤프형 화물자동차 및 특수목적에 필요한 구조 또는 장치를 한 자동차로서 다른 목적에 사용이 곤란한 탱크로리·살수자동차등의 물품적재장치는 국토교통부장관이 정하는 운송물품별 비중에 의하여 산출되는 중량에 적합한 구조이어야 하며, 유류·가스등 다른 법령에 의하여 적재용량이 산출되는 경우에는 당해 법령의 기준에 적합한 구조일 것

②사체·독극물·고압가스·화약류 기타 위험물을 적재하는 장치는 차실과 완전히 격리되어야 하며, 차체외부에서 적재물품을 적하할 수 있는 구조이어야 한다.

③운행중 적재물의 탈락의 우려가 있는 청소용 자동차등의 물품적재장치는 덮개등을 설치한 구조이어야 한다.

제33조(가스운송장치) 가스를 운송하기 위해 자동차에 설치하는 가스운송장치는 다음 각 호의 기준에 적합하여야 한다.

1. 가스용기는 자동차의 움직임에 의하여 이완되지 아니하도록 차체에 견고하게 고정시킬 것

2. 가스용기는 누출된 가스 등이 차실내로 유입되지 아니하도록 차실과 벽 또는 보호판으로 격리되거나 가스가 누출되지 아니하도록 밸브주변이 견고한 재질로 밀폐되어 있고, 충격 등으로부터 용기를 보호할 수 있는 구조이어야 하며, 차체 밖으로부터 공기가 통하는 곳에 설치할 것.
3. 가스용기 및 도관에는 필요한 곳에 보호장치를 할 것
4. 가스용기 및 도관에는 배기관 및 소음방지장치의 발열에 의하여 직접 영향을 받지 아니하도록 필요한 방열장치를 할 것
5. 도관은 강관·동관 또는 내유성고무관으로 할 것
6. 양끝이 고정된 도관(내유성고무관을 제외한다)은 완곡된 형태로 최소한 1미터마다 차체에 고정시킬 것
7. 고압부분의 도관은 가스용기 충전압력의 1.5배의 압력에 견딜 수 있을 것
8. 가스충전밸브는 충전구 가까운 곳에 설치하고, 중간차단밸브를 작동하는 조작장치(시동장치로 작동되는 경우를 포함한다)는 운전자가 조작하기 쉬운 곳에 설치할 것
9. 가스용기 및 용기밸브 등은 차체의 최후단으로부터 300밀리미터 이상, 차체의 최외측면으로부터 200밀리미터 이상의 간격을 두고 설치할 것. 다만, 강도가 강재의 표준규격 41(SS41) 이상이고 두께가 3.2밀리미터 이상인 강판 또는 형강으로 가스용기 및 용기밸브 등을 보호한 경우에는 차체의 최후단으로부터 200밀리미터 이상, 차체의 최외측면으로부터 100밀리미터 이상의 간격을 두고 설치할 수 있다.

[전문개정 2014.6.10.]

제34조(창유리 등) ① 자동차의 앞면창유리는 접합유리 또는 유리·플라스틱 조합유리로, 그 밖의 창유리는 강화유리, 접합유리, 복층유리 또는 유리·플라스틱 조합유리 중 하나로 하여야 한다. 다만, 컨버터블자동차 및 캠핑용자동차 등 특수한 구조의 자동차의 앞면 외의 창유리와 피견인자동차의 창유리는 그러하지 아니하다. 〈개정 2010.3.29.〉

② 삭제 〈2010.3.29.〉

③ 삭제 〈2010.3.29.〉

④승용자동차와 차량총중량이 4.5톤 이하인 승합자동차의 창유리·선루프 또는 격실문(이하 "창유리등"이라 한다)이 전동식장치에 의해 닫혀지는 창유리등의 경우에는 제5항의 기준에 적합하여야 한다. 다만, 다음 각 호의 어

느 하나에 해당하는 방식으로 닫히는 창유리등의 경우는 제외한다. 〈신설 2005.8.10., 2008.12.8., 2014.6.10.〉

1. 시동장치의 열쇠가 원동기 작동 위치 또는 라디오 등 편의장치를 작동할 수 있는 위치에 있는 상태(기계식 외의 시동장치로서 위와 동등한 상태인 경우를 포함한다)에서 닫히는 경우
2. 자동차로부터 전원공급이 없이 완력에 의하여 닫히는 경우
3. 자동차 외부에서 창유리등을 자동으로 닫을 수 있는 장치(작동버튼을 계속 누르는 등 연속작동이 있어야 닫힘이 완료되는 것에 한한다)를 작동하여 닫히는 경우
4. 시동장치의 열쇠를 원동기 작동 위치에서 제거한 후 자동차 앞문(조수석 쪽의 앞문을 포함한다)을 열 때까지 닫히는 경우
5. 창유리등이 4밀리미터 이하로 열린 상태에서 닫히는 경우
6. 창문틀이 없는 문의 경우 창유리가 12밀리미터 이하루 열려있는 상태에서 자동차의 문을 닫을 때 자동으로 닫히는 경우
7. 원격조종장치에 의하여 창유리등을 닫을 수 있는 경우에는 자동차와 원격조종장치간의 거리가 11미터(장애물이 있는 경우 6미터) 이하에서 원격조종장치를 연속적으로 작동하여 닫히는 경우
8. 운전석 창유리 및 선루프가 다음 각 목의 경우에 1회의 조작으로 닫히는 경우
   가. 시동장치의 열쇠가 원동기 작동 위치에 있는 경우
   나. 1열 승강구가 승차인이 내릴 수 있을 정도로 충분히 열리지 아니한 상태로서 시동장치의 열쇠가 원동기 작동 위치에서 벗어나거나 제거된 경우(기계식 외의 시동장치로서 위와 동등한 조건의 경우를 포함한다)

⑤창유리등이 닫힐 때 창유리등의 윗면에 지름 4밀리미터부터 200밀리미터까지의 반강체원통(탄성계수가 밀리미터당 1킬로그램인 것을 말한다)이 닿거나 10킬로그램 이상의 하중을 가하였을 때에 다음 각 호의 어느 하나에 해당하는 기능을 갖추어야 한다. 〈신설 1999.2.19., 2005.8.10., 2014.6.10.〉

1. 창유리등이 닫히기 시작하기 전의 위치로 돌아갈 것
2. 창유리등이 반강체원통에 닿거나 하중을 가한 위치로부터 50밀리미터이

상 열릴 것

3. 창유리등이 200밀리미터이상 열릴 것
4. 사선방향의 여닫이 방식으로 열리는 기능만 갖춘 선루프의 경우에는 최대 개방 가능한 상태로 열릴 것

제35조(소음방지장치) 자동차의 소음방지장치는 「소음·진동관리법」 제30조 및 제35조에 따른 자동차의 소음허용기준에 적합하여야 한다. 〈개정 2003.2.25., 2005.8.10., 2008.12.31., 2010.6.30.〉

제36조(배기가스발산방지장치) 자동차의 배기가스발산방지장치는 「대기환경보전법」 제46조에 따른 배출허용기준에 적합하여야 한다. 〈개정 2005.8.10., 2010.3.29.〉

제37조(배기관) ①자동차의 배기관의 열림방향은 왼쪽 또는 오른쪽으로 열려 있어서는 아니된다. 〈개정 1997.1.17.〉

②배기관의 열림방향이 차량중심선에 대하여 왼쪽으로 30도 이내인 것과 배기관이 차량중심선에서 왼쪽에 위치하고 차량중심선에 대하여 오른쪽으로 30도 이내인 것은 제1항의 규정에 적합한 것으로 본다. 〈개정 1997.1.17., 2005.8.10.〉

③배기관은 자동차 또는 적재물을 발화시키거나 자동차의 다른 기능을 저해할 우려가 없어야 하며, 견고하게 설치하여야 한다.

제38조(전조등) ① 자동차(피견인자동차를 제외한다)의 앞면에는 전방을 비출 수 있는 주행빔 전조등을 다음 각 호의 기준에 적합하게 설치하여야 한다.

1. 좌·우에 각각 1개 또는 2개를 설치할 것
2. 등광색은 백색일 것
3. 주행빔 전조등의 설치 및 광도기준은 별표 6의3에 적합할 것

② 자동차(피견인자동차는 제외한다)의 앞면에는 마주오는 자동차 운전자의 눈부심을 감소시킬 수 있는 변환빔 전조등을 다음 각 호의 기준에 적합하게 설치하여야 한다.

1. 좌·우에 각각 1개를 설치할 것
2. 등광색은 백색일 것
3. 변환빔 전조등의 설치 및 광도기준은 별표 6의4에 적합할 것

③ 자동차(피견인자동차는 제외한다)의 앞면에 전조등의 주행빔과 변환빔이 다양한 환경조건에 따라 자동으로 변환되는 적응형 전조등을 설치하는 경우

에는 다음 각 호의 기준에 적합하게 설치하여야 한다.

1. 좌·우에 각각 1개를 설치할 것
2. 등광색은 백색일 것
3. 적응형 전조등의 설치 및 광도기준은 별표 6의5에 적합할 것

[전문개정 2014.6.10.]

제38조의2(안개등) ① 자동차(피견인자동차는 제외한다)의 앞면에 안개등을 설치할 경우에는 다음 각 호의 기준에 적합하게 설치하여야 한다.

1. 좌·우에 각각 1개를 설치할 것
2. 등광색은 백색 또는 황색일 것
3. 앞면안개등의 설치 및 광도기준은 별표 6의6에 적합할 것

② 자동차의 뒷면에 안개등을 설치할 경우에는 다음 각 호의 기준에 적합하게 설치하여야 한다.

1. 2개 이하로 설치할 것
2. 등광색은 적색일 것
3. 뒷면안개등의 설치 및 광도기준은 별표 6의7에 적합할 것

[전문개정 2014.6.10.]

제38조의3(바닥조명등) 자동차의 외부에 바닥조명등을 설치할 경우에는 다음 각 호의 기준에 적합하게 설치하여야 한다. 〈개정 2014.6.10.〉

1. 자동차가 정지하고 있는 상태에서만 점등될 것
2. 자동차가 주행하기 시작한 후 1분 이내에 소등될 것
3. 비추는 방향은 아래쪽으로 하고, 도로의 바닥을 비추도록 할 것
4. 최대광도는 30칸델라 이하일 것
5. 등광색은 백색일 것
6. 다른 운전자에게 영향을 주지 아니할 것

[본조신설 2008.1.14.]

제38조의4(주간주행등) 주간운전 시 자동차를 쉽게 인지할 수 있도록 자동차의 앞면에 다음 각 호의 기준에 적합한 주간주행등을 설치하여야 한다.

1. 좌·우에 각각 1개를 설치할 것
2. 등광색은 백색일 것
3. 주간주행등의 설치 및 광도기준은 별표 6의8에 적합할 것

[전문개정 2014.6.10.]

제38조의5(코너링조명등) 자동차의 앞면 또는 옆면의 앞쪽에 코너링조명등을 설치하는 경우에는 다음 각 호의 기준에 적합하게 설치하여야 한다.

1. 좌·우에 각각 1개를 설치할 것
2. 등광색은 백색일 것
3. 코너링조명등의 설치 및 광도기준은 별표 6의9에 적합할 것

[본조신설 2014.6.10.]

제39조(후퇴등) 자동차(차량총중량 0.75톤 이하인 피견인자동차는 제외한다)의 뒷면에는 다음 각 호의 기준에 적합한 후퇴등을 설치하여야 한다.

1. 1개 또는 2개를 설치할 것. 다만, 길이가 600센티미터 이상인 자동차(승용자동차는 제외한다)에는 자동차 측면 좌·우에 각각 1개 또는 2개를 추가로 설치할 수 있다.
2. 등광색은 백색일 것
3. 후퇴등의 설치 및 광도기준은 별표 6의10에 적합할 것

[전문개정 2014.6.10.]

제40조(차폭등) 자동차(너비 160센티미터 이상인 피견인자동차를 포함한다)의 앞면에는 다음 각 호의 기준에 적합한 차폭등을 설치하여야 한다.

1. 좌·우에 각각 1개를 설치할 것
2. 등광색은 백색일 것
3. 차폭등의 설치 및 광도기준은 별표 6의11에 적합할 것

[전문개정 2014.6.10.]

제40조의2(끝단표시등) 자동차 너비가 210센티미터를 초과하는 자동차의 앞면 및 뒷면(뒷면의 경우 일반형 화물자동차 및 덤프형 화물자동차로서 적재함 위쪽이 개방된 구조는 제외한다)에는 다음 각 호의 기준에 적합한 끝단표시등을 설치하여야 하고, 자동차 너비가 180센티미터 이상 210센티미터 이하인 자동차에 끝단표시등을 설치하는 경우에는 다음 각 호의 기준에 적합하게 설치하여야 한다.

1. 앞면 및 뒷면 좌·우에 각각 1개 또는 2개를 설치할 것
2. 앞면의 등광색은 백색, 뒷면의 등광색은 적색일 것
3. 끝단표시등의 설치 및 광도기준은 별표 6의12에 적합할 것

[본조신설 2014.6.10.]

제41조(번호등) 자동차의 뒷면에는 다음 각 호의 기준에 적합한 번호등(番號

燈)을 설치하여야 한다.

1. 등광색은 백색일 것
2. 번호등의 설치 및 휘도(輝度)기준은 별표 6의13에 적합할 것
3. 번호등은 등록번호판을 잘 비추는 구조일 것

[전문개정 2014.6.10.]

제42조(후미등) 자동차의 뒷면에는 다음 각 호의 기준에 적합한 후미등을 설치하여야 한다.

1. 좌·우에 각각 1개를 설치할 것. 다만, 끝단표시등이 설치되지 아니한 다음 각 호의 자동차에는 좌·우에 각각 1개를 추가로 설치할 수 있다.
   가. 승합자동차
   나. 차량총중량 3.5톤 초과 화물자동차 및 특수자동차
2. 등광색은 적색일 것
3. 후미등의 설치 및 광도기준은 별표 6의14에 적합할 것

[전문개정 2014.6.10.]

제43조(제동등) ① 자동차의 뒷면에는 다음 각 호의 기준에 적합한 제동등을 설치하여야 한다.

1. 좌·우에 각각 1개를 설치할 것
2. 등광색은 적색일 것
3. 제동등의 설치 및 광도기준은 별표 6의15에 적합할 것

② 승용자동차와 차량총중량 3.5톤 이하 화물자동차 및 특수자동차의 뒷면에는 다음 각 호의 기준에 적합한 보조제동등을 설치하여야 한다. 다만, 차체구조상 설치가 불가능하거나 개방형 적재함이 설치된 화물자동차는 제외한다.

1. 자동차의 뒷면 수직중심선 상에 1개를 설치할 것. 다만, 차체 중심에 설치가 불가능한 경우에는 자동차의 양쪽에 대칭으로 2개를 설치할 수 있다.
2. 등광색은 적색일 것
3. 보조제동등의 설치 및 광도기준은 별표 6의16에 적합할 것

[전문개정 2014.6.10.]

제44조(방향지시등) 자동차의 앞면·뒷면 및 옆면(피견인자동차의 경우에는 앞면을 제외한다)에는 다음 각 호의 기준에 적합한 방향지시등을 설치하여야 한다.

1. 자동차 앞면·뒷면 및 옆면 좌·우에 각각 1개를 설치할 것. 다만, 승용자동차와 차량총중량 3.5톤 이하 화물자동차 및 특수자동차를 제외한 자동차에는 2개의 뒷면 방향지시등을 추가로 설치할 수 있다.
2. 등광색은 호박색일 것
3. 방향지시등의 설치 및 광도기준은 별표 6의17에 적합할 것

[전문개정 2014.6.10.]

제44조의2(옆면표시등) 길이 6미터 이상인 자동차에는 다음 각 호의 기준에 적합한 옆면표시등을 설치하여야 한다.

1. 등광색은 호박색(자동차의 가장 뒷부분 옆면에 설치된 경우에는 호박색 또는 적색)일 것
2. 옆면표시등의 설치 및 광도기준은 별표 6의18에 적합할 것

[전문개정 2014.6.10.]

제45조(비상점멸표시등) 자동차에는 다음 각 호의 기준에 적합한 비상점멸표시등을 설치하여야 한다.

1. 모든 비상점멸표시등은 동시에 작동하는 구조일 것
2. 비상점멸표시등의 작동기준은 별표 6의19에 적합할 것

[전문개정 2014.6.10.]

제45조의2(후방추돌경고등) 후행하는 자동차의 추돌을 방지하기 위하여 후방추돌경고등을 설치하는 경우에는 다음 각 호의 기준에 적합하게 설치하여야 한다.

1. 후방추돌경고신호의 발생과 동시에 후방추돌경고등이 작동될 것
2. 후방추돌경고등의 작동기준은 별표 6의20에 적합할 것

[본조신설 2014.6.10.]

제46조(군용화 장치) ①최대 적재량 8톤 이상 9톤 이하의 일반형 화물자동차로서 국토교통부장관이 정하여 고시하는 화물자동차에는 핀틀후크를 설치하여야 한다. 〈개정 1999.6.28., 2011.12.23., 2013.3.23.〉

②제1항의 규정에 의한 핀틀후크의 규격 및 설치등에 관한 사항은 국토교통부장관이 따로 정한다. 〈개정 1995.7.21., 1999.6.28., 2008.3.14., 2013.3.23.〉

제47조(그 밖의 등화의 제한) ①자동차의 앞면에는 적색의 등화, 반사기 또는 방향지시등과 혼동하기 쉬운 점멸하는 등화를 설치하여서는 아니된다.

다만, 화약류를 운송하는 경우에 사용하는 적색등화, 버스 및 어린이운송용 승합자동차의 윗부분에 설치하는 표시등 및 긴급자동차에 설치하는 등화의 경우에는 그러하지 아니하다. 〈개정 1997.8.25., 2003.2.25.〉

②자동차의 뒷면에는 끝단표시등, 제동등, 방향지시등 및 옆면표시등과 혼동하기 쉬운 등화나 점멸하는 등화를 설치하여서는 아니 된다. 다만, 어린이운송용 승합자동차에 설치하는 등화와 화약류를 운송할 때에 사용하는 적색등화의 경우에는 그러하지 아니하다. 〈개정 1997.8.25., 2014.6.10.〉

③ 자동차에는 제38조, 제38조의2부터 제38조의5까지, 제39조, 제40조, 제40조의2, 제41조부터 제44조까지, 제44조의2, 제45조, 제45조의2, 제48조, 제49조 및 제58조에 규정되지 아니한 등화나 반사기 등을 설치하여서는 아니 된다. 다만, 다음 각 호의 경우는 제외한다. 〈개정 2014.6.10., 2014.12.31.〉

1. 승합자동차에 목적지 표시등을 설치하는 경우
2. 승합자동차, 화물자동차 또는 특수자동차에 뒷바퀴 조명등을 다음 각 목의 기준에 맞게 설치하는 경우
   가. 백색의 등화로서 양쪽에 1개씩 설치할 것
   나. 광원이 직접 보이지 아니하는 구조일 것
3. 주차등을 다음 각 목의 기준에 맞게 설치하는 경우
   가. 앞면의 경우 백색등화로서 양쪽에 1개씩 설치할 것. 다만, 주차등이 보조방향지시등 또는 옆면표시등과 겸용인 경우에는 호박색으로 할 수 있다.
   나. 뒷면의 경우 적색등화로서 양쪽에 1개씩 설치할 것
4. 화물자동차 또는 특수자동차에 작업등을 다음 각 목의 기준에 맞게 설치하는 경우
   가. 운행 중 조작이 불가능한 구조일 것
   나. 등광색은 백색일 것

제48조(등화에 대한 그 밖의 기준) ①자동차에 설치된 각종 등화는 1개의 등화로 2 이상의 용도로 겸용할 수 있다. 다만, 화약류를 운송할 때에 사용되는 적색등화의 경우에는 그러하지 아니하다.

② 삭제 〈2008.12.8.〉

③자동차의 등화장치에 사용하는 전구는 별표 6의21의 자동차의 등화별 전구형식 및 전력기준에 적합하여야 한다. 〈신설 1997.8.25., 2008.12.8., 2009.6.18., 2014.6.10.〉

④어린이운송용 승합자동차에는 다음 각호의 기준에 적합한 표시등을 설치하여야 한다. 〈신설 1997.8.25., 1999.2.19., 1999.6.28., 2008.12.8.〉

1. 앞면과 뒷면에는 분당 60회이상 120회이하로 점멸되는 각각 2개의 적색표시등과 2개의 황색표시등 또는 호박색표시등을 설치할 것
2. 적색표시등은 바깥쪽에, 황색표시등은 안쪽에 설치하되, 차량중심선으로부터 좌·우대칭이 되도록 설치할 것
3. 앞면표시등은 앞면창유리 위로 앞에서 가능한 한 높게 하고, 뒷면표시등의 렌즈하단부는 뒷면 옆창문 개구부의 상단선보다 높게 하되, 좌·우의 높이가 같게 설치할 것
4. 각 표시등의 발광면적은 120제곱센티미터 이상일 것
5. 도로에 정지하려고 하거나 출발하려고 하는 때에는 다음 각 목의 기준에 적합할 것
   가. 도로에 정지하려는 때에는 황색표시등 또는 호박색표시등이 점멸되도록 운전자가 조작할 수 있어야 할 것
   나. 가목의 점멸 이후 어린이의 승하차를 위한 승강구가 열릴 때에는 자동으로 적색표시등이 점멸될 것
   다. 출발하기 위하여 승강구가 닫혔을 때에는 다시 자동으로 황색표시등 또는 호박색표시등이 점멸될 것
   라. 다목의 점멸 시 적색표시등과 황색표시등 또는 호박색표시등이 동시에 점멸되지 아니할 것
6. 앞면과 뒷면에 설치하는 표시등은 별표 28의2의 광도기준에 적합할 것

⑤ 자동차 등화장치 및 반사장치의 색도기준은 별표 6의22에 적합하여야 한다 〈신설 2014.6.10.〉

제49조(후부반사기 등) ① 자동차의 뒷면에는 다음 각 호의 기준에 적합한 후부반사기를 설치하여야 한다.

1. 좌·우에 각각 1개를 설치할 것
2. 반사광은 적색일 것

3. 후부반사기의 설치기준은 별표 6의23에 적합할 것

② 피견인자동차의 뒷면에는 다음 각 호의 기준에 적합한 피견인자동차용 삼각형 반사기를 설치하여야 한다.

1. 좌·우에 각각 1개를 설치할 것
2. 반사광은 적색일 것
3. 피견인자동차용 삼각형 반사기의 설치기준은 별표 6의24에 적합할 것

③ 피견인자동차의 앞면에는 다음 각 호의 기준에 적합한 앞면반사기를 설치하여야 한다.

1. 좌·우에 각각 1개를 설치할 것
2. 반사광은 백색 또는 무색일 것
3. 앞면반사기의 설치기준은 별표 6의25에 적합할 것

④ 피견인자동차와 자동차 길이 600센티미터 이상인 자동차에는 다음 각 호의 기준에 적합한 옆면반사기를 설치하여야 하고, 그 밖의 자동차에 옆면반사기를 설치하는 경우에는 다음 각 호의 기준에 적합하게 설치하여야 한다.

1. 옆면반사기의 색상은 호박색(자동차의 가장 뒷부분 옆면에 설치된 경우에는 호박색 또는 적색)일 것
2. 옆면반사기의 설치기준은 별표 6의26에 적합할 것

⑤ 제1항부터 제4항까지의 규정에 따른 반사기의 반사성능은 별표 6의27의 기준에 적합하여야 한다.

⑥ 차량총중량 7.5톤 이상인 화물자동차와 특수자동차의 뒷면에는 다음 각 호의 기준에 적합한 후부반사판 또는 후부반사지를 설치하여야 한다.

1. 후부반사판 또는 후부반사지의 반사광은 다음 각 목에 적합한 색상일 것
   가. 반사부: 황색 또는 적색
   나. 형광부: 적색
2. 후부반사판 또는 후부반사지는 차량중심선으로부터 좌·우 대칭이 되도록 설치할 것
3. 후부반사판 또는 후부반사지의 중심점은 공차상태에서 지상 250밀리미터 이상 2,100밀리미터 이하일 것
4. 후부반사판 또는 후부반사지의 반사성능은 별표 6의28의 기준에 적합할 것

[전문개정 2014.6.10.]

제50조(후사경 등) ①자동차에는 운전자가 좌·우측 및 뒤쪽의 교통상황을 확인할 수 있도록 적차상태에서 다음 각 호의 기준에 적합한 후사경을 설치하여야 한다. 〈개정 1995.7.21., 1999.2.19., 2008.1.14., 2010.11.10.〉

1. 승용자동차와 경형승합자동차는 다음 각 목의 기준에 적합한 단일배율의 실내후사경을 설치할 것
   가. 운전자가 최소 20도의 후방수평각의 시계와 자동차의 뒤쪽 61미터지점의 평탄한 노면을 확인할 수 있는 수직간의 시계를 확보할 수 있을 것. 다만, 제2호의 기준에 적합한 후사경을 이용하여 기준을 충족할 경우에는 그러하지 아니하다.
   나. 지지부는 수평·수직의 양방향으로 조절이 가능하고, 거울이 흔들리지 아니하는 견고한 것일 것
2. 자동차의 외부에는 다음 각 목의 기준에 적합한 실외후사경을 별표 5의6과 같이 설치할 것
   가. 반사면은 수평·수직 양방향으로 조절이 가능하여야 하고[한쪽 방향만의 조절에 의하여 충분한 시계(視界)를 확보할 수 있는 구조의 후사경은 제외한다], 지지부는 예리한 돌출물이나 모서리가 없어야 하며, 거울이 흔들리지 아니하는 견고한 구조일 것
   나. 다음 구분에 따른 후사경별 시계범위에 적합할 것
      1) 실외후사경의 후방 시계범위: 별표 5의7
      2) 광각 실외후사경(실외후사경보다 넓은 범위의 뒷면을 확인할 수 있는 실외후사경을 말한다)의 후방 시계범위: 별표 5의8
      3) 근접 실외후사경(조수석 하단 범위를 확인할 수 있는 실외후사경을 말한다)의 후방 시계범위: 별표 5의9
   다. 측면 창유리 또는 앞면 창유리의 창닦이기에 의하여 세척되는 부분을 통하여 나목의 시계범위를 확인할 수 있을 것. 다만, 10인승 승용자동차 및 승합자동차의 우측에 설치하는 실외후사경의 경우는 그러하지 아니하다.
   라. 실외후사경 및 광각 실외후사경의 아랫부분에는 4.5밀리미터 이상 6.5밀리미터 이하 글자크기로 사물이 거울에 보이는 것보다 가까이 있음을 알리는 표시를 할 것

3. 삭제 〈2010.11.10.〉
4. 삭제 〈2010.11.10.〉
5. 삭제 〈2010.11.10.〉
6. 삭제 〈2010.11.10.〉

②다음 각 호의 어느 하나에 해당하는 자동차(원동기가 운전석으로부터 앞쪽에 위치해 있는 자동차는 제외한다)에는 차체 바로앞에 있는 장애물을 확인할 수 있는 장치를 설치하여야 한다. 〈개정 1995.7.21., 1997.8.25., 2008.3.14., 2010.11.10., 2014.2.21.〉

1. 차량총중량 8톤 이상의 자동차 또는 최대적재량 5톤 이상의 화물자동차(피견인자동차는 제외한다)
2. 승차정원 16인이상의 자동차
3. 어린이운송용 승합자동차

③ 어린이운송용 승합자동차의 좌우에 설치하는 광각 실외후사경은 승강구의 가장 늦게 닫히는 부분의 차체(승강구가 없는 차체 쪽의 경우는 승강구가 있는 차체의 지점과 대칭인 지점을 말한다)로부터 자동차길이방향의 수직으로 300밀리미터 떨어진 지점에 직경 30밀리미터 및 높이 1천 200밀리미터의 관측봉을 설치하고, 운전자의 착석기준점으로부터 위로 635밀리미터의 높이에서 관측봉을 확인하였을 때 관측봉의 전부가 보일 수 있는 구조로 하여야 한다. 〈신설 2008.1.14., 2011.8.31., 2014.2.21.〉

④ 제1항에 따른 승합자동차의 실외후사경에 추가로 평균곡률반경이 200밀리미터 이상이고 반사면이 1만제곱밀리미터 이상인 광각 실외후사경 또는 영상장치를 설치하여 제3항에 따른 기준에 적합한 경우에는 어린이운송용 승합자동차에 적합한 것으로 본다. 〈신설 2011.8.31.〉

⑤ 자동차에는 제1항에 따른 실외후사경을 보조하는 후사경 보조용 영상장치를 설치할 수 있다. 이 경우 후사경 보조용 영상장치는 별표 5의26의 기준에 적합하여야 한다. 〈신설 2015.11.24.〉

제51조(창닦이기 장치등) ①자동차의 앞면창유리(천정개방2층대형승합자동차의 위층 앞면창유리는 제외한다)에는 시야확보를 위한 자동식창닦이기·세정액분사장치·서리제거장치 및 안개제거장치를 설치하여야 하며, 필요한 경우 뒷면 및 기타 창유리의 경우에도 창닦이기·세정액분사장치·서리제거장치 또는 안개제거장치 등을 설치할 수 있다. 〈개정

1997.1.17., 2014.6.10.〉

②자동차의 앞면창유리에 설치하는 창닦이기는 다음 각호의 기준에 적합하여야 한다. 〈개정 1997.1.17.〉

1. 작동주기의 종류는 2가지 이상일 것
2. 최저작동주기는 매분당 20회 이상이고, 다른 하나의 작동주기는 매분당 45회 이상일 것
3. 최고작동주기와 다른 하나의 작동주기의 차이는 매분당 15회 이상일 것
4. 작동을 정지시킨 경우 자동적으로 최초의 위치로 복귀되는 구조일 것

제52조 삭제 〈2009.6.18.〉

제53조(경음기) 자동차의 경음기(싸이렌 및 종은 제외한다)는 다음 각 호의 기준에 적합하여야 한다. 〈개정 1997.8.25., 2001.4.28., 2005.8.10., 2008.12.31., 2010.6.30.〉

1. 동일한 음색으로 연속하여 소리를 내는 것일 것
2. 경적음의 크기는 일정하여야 하며, 차체전방에서 2미터 떨어진 지상높이 1.2±0.05미터가 되는 지점에서 측정한 값이 다음 각 목의 기준에 적합할 것
   가. 음의 최소크기는 90데시벨(C) 이상일 것
   나. 음의 최대크기는 「소음·진동관리법」 제30조 및 제35조에 따른 자동차의 소음허용기준에 적합할 것

제53조의2(후방 확인을 위한 영상장치 등) 다음 각 호의 자동차에는 자동차 후방 끝단 중심으로부터 좌우 1천밀리미터 및 후방 300밀리미터부터 2천밀리미터까지의 영역에 설치된 직경 30밀리미터 및 높이 500밀리미터의 관측봉 전부가 보일 수 있는 영상장치 또는 보행자에게 자동차가 후진 중임을 알리거나 운전자에게 자동차 후방 보행자의 근접 여부를 알리는 후진경고음 발생장치를 설치하여야 한다.

1. 대형 화물자동차
2. 대형 특수자동차
3. 밴형 화물자동차
4. 특수용도형 화물자동차로서 박스형 적재함이 있는 자동차
5. 어린이운송용 승합자동차

[본조신설 2014.2.21.]

제54조(속도계 및 주행거리계) ① 자동차에는 제110조에 따른 속도계와 통산 운행거리를 표시할 수 있는 구조의 주행거리계를 설치하여야 한다. 〈개정 2014.6.10.〉

②다음 각 호의 자동차(「도로교통법」 제2조제22호에 따른 긴급자동차와 당해 자동차의 최고속도가 제3항의 규정에서 정한 속도를 초과하지 아니하는 구조의 자동차를 제외한다)에는 최고속도제한장치를 설치하여야 한다. 〈개정 1995.7.21., 1995.12.30., 1997.1.17., 2003.2.25., 2005.8.10., 2010.3.29., 2012.2.15.〉

1. 승합자동차
2. 차량총중량이 3.5톤을 초과하는 화물자동차·특수자동차(피견인자동차를 연결하는 견인자동차를 포함한다)
3. 「고압가스 안전관리법 시행령」 제2조의 규정에 의한 고압가스를 운송하기 위하여 필요한 탱크를 설치한 화물자동차(피견인자동차를 연결한 경우에는 이를 연결한 견인자동차를 포함한다)
4. 저속전기자동차

③제2항의 규정에 의한 최고속도제한장치는 자동차의 최고속도가 다음 각 호의 기준을 초과하지 아니하는 구조이어야 한다. 〈신설 1995.7.21., 1995.12.30., 2003.2.25., 2005.8.10., 2010.3.29.〉

1. 제2항제1호의 규정에 의한 자동차 : 매시 110킬로미터
2. 제2항제2호 및 제3호의 규정에 의한 자동차 : 매시 90킬로미터
3. 제2항제4호에 따른 저속전기자동차: 매시 60킬로미터

④ 삭제 〈2012.2.15.〉

제55조 삭제 〈2001.4.28.〉

제56조(운행기록장치) 운행기록장치를 장착하여야 하는 운송사업용 자동차의 범위와 운행기록장치의 장착기준은 「교통안전법」 제55조제1항에 따른다.

[전문개정 2014.2.21.]

제56조의2(사고기록장치) ① 법 제2조제10호에서 "자동차의 충돌 등 국토교통부령으로 정하는 사고"란 다음 각 호의 어느 하나에 해당하는 상황이 발생한 경우를 말한다.

1. 0.15초 이내에 진행방향의 속도 변화 누계가 시속 8킬로미터 이상에 도

달하는 경우(측면방향의 속도 변화가 기록되는 자동차의 경우에는 측면 방향 속도 변화 누계가 0.15초 이내에 시속 8킬로미터 이상에 도달하는 경우를 포함한다)

2. 에어백 또는 좌석안전띠 프리로딩 장치 등 비가역안전장치가 전개되는 경우

② 「자동차관리법」 제29조의3제1항에 따라 승용자동차와 차량 총중량 3.85톤 이하의 승합자동차·화물자동차에 사고기록장치를 장착할 경우에는 별표 5의25에 따른 사고기록장치 장착기준에 적합하게 장착하여야 한다.

[본조신설 2014.2.21.]

제57조(소화설비) 자동차에는 에이·비·씨 소화기를 다음 각 호의 기준에 따라 사용하기 쉬운 위치에 설치하여야 한다. 다만, 승차정원 11인 이상의 승합자동차의 경우에는 운전석 또는 운전석과 옆으로 나란한 좌석 주위에 1개 이상의 소화기를 설치하여야 한다. 〈개정 2005.8.10., 2006.4.14., 2006.10.26., 2008.1.14., 2008.12.31.〉

1. 승차정원 7인 이상의 승용자동차 및 경형승합자동차 : 「소방시설설치유지 및 안전관리에 관한 법률」 제36조제2항의 규정에 의한 능력단위(이하 "능력단위"라 한다) 1 이상인 소화기 1개 이상

2. 승합자동차(경형승합자동차를 제외한다)

가. 승차정원 15인 이하의 승합자동차 : 능력단위 2 이상인 소화기 1개 이상 또는 능력단위 1 이상인 소화기 2개 이상

나. 승차정원 16인 이상 35인 이하의 승합자동차 : 능력단위 2 이상인 소화기 2개 이상

다. 승차정원 36인 이상의 승합자동차 : 능력단위 3 이상인 소화기 1개 이상 및 능력단위 2 이상인 소화기 1개 이상. 다만, 2층대형승합자동차의 경우에는 위층 차실에 능력단위 3 이상인 소화기 1개 이상을 추가로 설치하여야 한다.

3. 화물자동차(피견인자동차는 제외한다) 및 특수자동차

가. 중형: 능력단위 1 이상인 소화기 1개 이상

나. 대형: 능력단위 2 이상인 소화기 1개 이상 또는 능력단위 1 이상인 소화기 2개 이상

4. 「위험물안전관리법 시행령」 제3조의 규정에 의한 지정수량 이상의 위험

물과 「고압가스 안전관리법 시행령」 제2조의 규정에 의한 고압가스를 운송하는 자동차(피견인자동차를 연결한 경우에는 이를 연결한 견인자동차를 포함한다) : 「위험물안전관리법 시행규칙」 제41조 및 별표 17 제3호나목중 이동탱크저장소란 및 비고란에 해당하는 능력단위와 수량
[전문개정 2003.2.25.]

제58조(경광등 및 싸이렌) ① 「도로교통법」 제2조제22호에 따른 긴급자동차에는 다음 각 호의 기준에 적합한 경광등 및 싸이렌을 설치할 수 있다. 〈개정 1997.1.17., 2005.8.10., 2006.5.30., 2012.8.31., 2014.6.10.〉

1. 경광등은 다음 각목의 기준에 적합할 것
   가. 1등당 광도는 135칸델라이상 2천5백칸델라이하일 것
   나. 등광색은 다음 기준에 적합할 것

구분	등광색
(가) 경찰용 자동차중 범죄수사 · 교통단속 그밖의 긴급한 경찰임무 수행에 사용되는 자동차 (나) 국군 및 주 주한국제연합군용 자동차중 군내부의 질서유지 및 부대의 질서있는 이동을 유도하는데 사용되는 자동차 (다) 교도소 또는 교도기관의 자동차중 도주자의 체포 또는 피수용자의 호송 · 경비를 위하여 사용되는 자동차 (라) 소방용 자동차	적색 또는 청색
(가) 전신 · 전화의 수리공사등 응급작업에 사용되는 자동차와 우편물의 운송에 사용되는 자동차중 긴급배달우편물의 운송에 사용되는 자동차 (나) 전기사업 · 가스사업 그 밖의 공익사업 기관에서 위해방지를 위한 응급작업에 사용되는 자동차 (다) 민방위업무를 수행하는 기관에서 긴급예방 또는 복구를 위한 출동에 사용되는 자동차 (라) 도로의 관리를 위하여 사용되는 자동차중 도로상의 위험을 방지하기 위하여 응급작업에 사용되는 자동차 (마) 전파감시업무에 사용되는 자동차 (바) 기타자동차	황색
구급차 · 혈액 공급차량	녹색

2. 싸이렌음의 크기는 자동차의 전방 30미터의 위치에서 90데시벨 이상 120데시벨이하일 것

② 「자동차관리법」 에 의한 구난형특수자동차와 도로의 청소를 위한 노면청소용자동차에는 다음 각호의 기준에 적합한 경광등을 설치할 수 있다.

〈신설 1995.7.21., 1997.1.17., 2005.8.10.〉

1. 경광등의 광도는 제1항제1호 가목의 기준에 적합할 것
2. 등광색은 황색일 것

제2절 이륜자동차의 안전기준

제59조(길이·너비·높이) 이륜자동차는 측차를 제외한 공차상태에서 길이 2.5미터(대형의 경우에는 4미터), 너비 2미터, 높이 2미터를 초과하여서는 아니된다. 〈개정 2003.2.25., 2014.12.31.〉

제60조(차량총중량) 이륜자동차의 차량총중량은 일반형 및 특수형의 경우에는 600킬로그램, 기타형의 경우에는 1천킬로그램을 초과하지 아니하여야 한다. 〈개정 2008.12.8., 2014.12.31.〉

제61조(중량분포) 이륜자동차의 조향바퀴에 작용하는 하중은 차량중량 및 차량총중량의 각각에 대하여 18퍼센트 이상이어야 한다.

제62조(접지부분 및 접지압력) ①이륜자동차의 접지부분은 소음발생이 적고 도로를 파손할 위험이 없는 구조이어야 한다.

②삼륜형 이륜자동차의 뒷차축에 설치하는 공기압고무타이어의 접지압력은 타이어접지부분의 너비 1센티미터당 150킬로그램(타이어 접지부분의 너비가 25밀리미터 이하인 경우에는 100킬로그램)을 초과하지 아니하여야 한다. 〈개정 1995.7.21.〉

제63조(원동기 및 동력전달장치) ①이륜자동차의 원동기는 다음 각 호의 기준에 적합하여야 한다. 〈개정 2008.12.8.〉

1. 원동기 각부의 작동에 이상이 없어야 하며, 운전자의 좌석에서 시동 또는 정지시킬 수 있는 장치를 갖출 것
2. 차량총중량 100킬로그램당 출력이 1마력(PS)이상일 것. 다만, 전기를 동력으로 사용하는 이륜자동차의 경우에는 그러하지 아니하다.
3. 사륜형 이륜자동차의 원동기 최대출력은 20마력(PS) 이하일 것

② 사륜형 이륜자동차는 적차상태에서 다음 각 호의 성능을 갖추어야 한다. 〈개정 2008.12.8.〉

1. 정지상태에서 최초 100미터 지점까지의 도달시간이 다음 계산식을 만족할 것

   $t \leq 10+4G$

   t : 정지상태에서 최초 100미터 지점까지의 도달시간(초)

G : 차량총중량(톤)

2. 20퍼센트(길이에 대한 높이의 비율을 말한다) 경사로에서 정지상태에서 위 방향으로 주행 시 소요시간이 다음 계산식을 만족할 것

t1 ≥ t2 - t1

t1 : 원점에서 10m 표시점까지 소요시간(초)

t2 : 원점에서 20m 표시점까지 소요시간(초)

③ 사륜형 이륜자동차는 구동축의 안쪽바퀴와 바깥쪽바퀴의 회전 차이를 만들어 안전하게 회전할 수 있도록 하는 동력전달장치를 갖추어야 한다. 〈신설 2008.12.8.〉

제63조의2(원동기의 출력 오차 등) ① 이륜자동차의 원동기 및 구동전동기의 출력 오차는 다음 각 호의 구분에 따른 범위 이내이어야 한다.

1. 최고출력

가. 원동기

1) 11킬로와트 이하인 원동기: 해당 최고출력의 ±10퍼센트

2) 11킬로와트를 초과하는 원동기: 해당 최고출력의 ±5퍼센트

나. 구동전동기

최고출력으로 30분 동안 유지한 상태에서 해당 최고출력의 ±5퍼센트

2. 최고출력 외의 출력

가. 원동기: 해당 출력의 ±4퍼센트

나. 구동전동기: 해당 출력의 ±5퍼센트

② 이륜자동차의 원동기 및 구동전동기의 회전수 오차는 다음 각 호의 구분에 따른다.

1. 원동기: 최고 회전수의 ±1.5퍼센트

2. 구동전동기: 최고 회전수의 ±2퍼센트

[본조신설 2012.2.15.]

제64조(주행장치) ①이륜자동차의 공기압 고무타이어는 적차상태에서 타이어에 적용되는 하중이 당해 타이어의 제작자가 표시하는 최대허용하중(최대허용하중이 표시되지 아니한 경우에는 당해 타이어제작국가의 공업규격에서 정한 최대허용하중을 말한다)의 범위 이내이어야 한다. 〈개정 1997.8.25.〉

② 이륜자동차 타이어는 타이어의 제작자가 도로주행용으로 적합하게 제작

한 구조이어야 한다. 〈개정 2008.12.8.〉

③ 사륜형 이륜자동차는 적차상태에서 다음 각 호에 적합한 주행 안정성능을 갖추어야 한다. 〈신설 2008.12.8., 2010.11.10.〉

1. 최고속도의 70퍼센트에 해당하는 속도에서 가속제어장치 작용력을 제거한 상태로 자동차의 앞면 내측 모서리가 반경 12미터인 원에 접하여 선회할 때 안쪽바퀴가 시험노면에서부터 동시에 50밀리미터 이상 떨어지지 아니할 것
2. 20퍼센트(길이에 대한 높이의 비율을 말한다)의 경사로에서 정지상태에서 위 방향으로 급가속 시 앞바퀴가 동시에 시험노면에서부터 50밀리미터 이상 떨어지지 아니할 것
3. 최고속도에서 가속제어장치 작용력을 제거한 상태로 진입하여 별표 5의10의 경로를 따라 주행 시 안쪽바퀴가 시험노면에서부터 동시에 50밀리미터 이상 떨어지지 아니하고 경로이탈 없이 안전하게 주행할 수 있을 것

제65조(조종장치) ① 이륜자동차에 설치된 다음 각 호의 장치는 차량중심선에서부터 좌우 각각 60센티미터 이내에 배치하여야 한다.

1. 시동장치, 가속제어장치, 변속장치 및 그 밖에 원동기의 조작장치
2. 제동장치 및 동력전달장치의 조작장치
3. 등화점등장치, 경음기, 방향지시등의 조작장치

② 이륜자동차에 별표 5의11에서 정하고 있는 손조작식 조종장치를 설치하는 경우에는 같은 표에서 정하는 조종장치의 식별단어·약어 또는 식별부호(이하 "식별표시"라 한다)를 표시하여야 하며, 조명 및 색상기준에 적합하여야 한다. 〈개정 2010.11.10.〉

③ 이륜자동차에 별표 5의12에서 정하고 있는 표시장치를 설치하는 경우에는 같은 표에서 정하는 식별표시를 표시하여야 하며 조명 및 색상기준에 적합하여야 한다. 다만, 이륜자동차 장치의 자동표시기가 자동표시기 외의 표시장치와 함께 사용되는 경우 해당 자동표시기에 대하여는 그러하지 아니하다. 〈개정 2010.11.10.〉

[전문개정 2008.12.8.]

제66조(조향장치) 이륜자동차의 조향장치의 각 구성부품은 조작 시에 차대 및 차체 등 이륜자동차의 다른 부분과 접촉되지 아니하여야 하고, 갈라지거나 금이 가고 파손되는 등의 손상이 없어야 하며, 작동에 이상이 없

어야 한다. 〈개정 2014.6.10.〉

제67조(제동장치) ① 이륜자동차(사륜형 이륜자동차는 제외한다)의 제동장치와 제동능력은 다음 각 호의 기준에 적합하여야 한다. 다만, 최고속도가 시속 25킬로미터 미만인 이륜자동차는 그러하지 아니하다. 〈개정 2010.11.10., 2011.12.23., 2014.6.10.〉

1. 주제동장치는 운전자가 운전석에 정상적으로 앉아서 조향장치를 양손으로 잡은 채로 조종장치를 작동시킬 수 있는 구조일 것
2. 보조제동장치는 운전자가 운전석에 정상적으로 앉아서 조향장치를 적어도 한손으로 잡은 채로 조종장치를 작동시킬 수 있는 구조일 것
3. 주차제동장치를 갖춘 경우에는 조종장치가 주제동장치의 조종장치와 분리되어야 하고, 운전자가 운전석에 정상적으로 앉아서 조종장치를 작동시킬 수 있어야 하며, 기계적인 장치에 의하여 잠김상태가 유지되는 구조로서 18퍼센트(길이에 대한 높이의 비율을 말한다) 경사로에서 적차상태의 이륜자동차를 정지상태로 유지시킬 수 있는 구조일 것
4. 이륜형 이륜자동차 및 측차를 붙인 삼륜형 이륜자동차의 경우에는 앞바퀴와 뒷바퀴가 서로 독립적으로 작동하는 주제동장치를 갖추거나 앞바퀴의 1개 이상 브레이크와 뒷바퀴의 1개 이상 브레이크가 작동하는 분할제동장치를 갖춘 구조일 것. 다만, 측차를 붙인 삼륜형 이륜자동차가 별표 5의13의 제동능력 기준에 적합한 경우 측차의 브레이크에 대하여는 그러하지 아니하다.
5. 삼륜형 이륜자동차의 경우에는 주차제동장치와 다음 각 목의 구분에 따른 제동장치를 갖춘 구조일 것
   가. 배기량이 50cc 이하이며 최고속도가 매시 50킬로미터 이하인 경우: 앞바퀴와 뒷바퀴가 서로 독립적으로 작동하는 주제동장치 또는 분할제동장치 또는 연동제동장치와 보조제동장치
   나. 배기량이 50cc 초과이거나 최고속도가 매시 50킬로미터 초과인 경우: 발조작식 분할제동장치 또는 발조작식 연동제동장치와 보조제동장치. 다만, 장애인용의 경우에는 발조작식 외에 다른 형태의 조작방식에 따른 주제동장치를 갖출 수 있다.
6. 제동력을 전달하기 위하여 유압유체를 사용하는 마스터실린더를 갖춘 경우에는 다음 각 목의 기준에 적합한 제동액 저장장치를 갖출 것

가. 덮개를 갖추고 밀봉하여 제동액을 외부와 격리시키는 구조일 것

나. 브레이크 라이닝 간극을 최대로 한 상태에서 새 라이닝이 완전히 마모될 때까지의 유체 소요량의 1.5배에 상당하는 저장장치 용량을 갖출 것

다. 덮개를 열지 아니하여도 유량 수준을 확인할 수 있는 구조일 것

7. 모든 경고장치의 경고등은 운전자가 확인할 수 있는 위치에 있는 구조일 것
8. 분할제동장치를 갖춘 이륜자동차에는 적색경고등이 설치되어야 하며, 시동장치의 열쇠를 작동위치로 조작할 때 켜졌다가 고장이 없으면 꺼지고, 고장이 있으면 켜진 상태가 지속되는 구조일 것
9. 바퀴잠김방지식 주제동장치를 갖춘 이륜자동차에는 황색경고등이 설치되어야 하며, 시동장치의 열쇠를 작동위치로 조작할 때 켜졌다가 고장이 없으면 꺼지고, 고장이 있으면 켜진 상태가 지속되는 구조일 것
10. 브레이크는 자동적이거나 수동적인 장치에 의하여 라이닝 마모를 조정할 수 있는 구조일 것
11. 브레이크를 분해하지 아니하고 눈으로 라이닝의 마모상태를 확인할 수 있거나, 눈으로 확인할 수 없는 경우에는 적절한 장치에 의하여 라이닝의 마모상태를 확인할 수 있는 구조일 것
12. 이륜자동차의 제동능력은 별표 5의13의 제동능력 기준에 적합할 것

② 사륜형 이륜자동차의 제동장치는 다음 각 호의 기준에 적합하여야 한다. 〈개정 2010.11.10.〉

1. 제1항제1호부터 제3호까지 및 제5호부터 제11호까지의 기준에 적합할 것
2. 별표 5의13의 제동능력 기준 중 삼륜형 이륜자동차의 제동능력에 해당하는 기준에 적합할 것

[전문개정 2008.12.8.]

제68조(완충장치) 제16조의 규정은 이륜자동차의 완충장치에 관하여 이를 준용한다.

제69조(연료장치 및 전기장치) ①이륜자동차의 연료장치는 운행중 진동등에 의하여 연료가 새지 아니하여야 하며, 연료장치 및 그 구성부품은 별표 5의15의 기준에 적합하여야 한다. 〈개정 2011.12.23.〉

②이륜자동차의 전기배선은 모두 절연물질로 덮어씌워야 한다.

제70조(차체) ① 이륜자동차의 차체(타이어를 포함한다) 외형은 예리하게 각이 지거나 차체의 외부로 돌출되어 안전운행에 위험을 줄 우려가 있어서는 아니 된다. 이 경우 해당 금지 외형의 세부적 기준 및 유형 등에 관하여는 국토교통부장관이 정하여 고시한다. 〈개정 2011.12.23., 2013.3.23.〉

② 이륜자동차에는 사람 또는 화물 등을 운송하기 위한 견인장치를 설치하여서는 아니 된다.

[전문개정 2008.12.8.]

제71조(승차장치 및 물품적재장치등) ①이륜자동차의 승차장치는 다음 각 호의 기준에 적합하여야 한다. 〈개정 2008.12.8., 2011.12.23.〉

1. 운전자의 좌석과 기타의 좌석에는 승차에 적합한 설비를 갖출 것
2. 운전자 좌석 외의 좌석을 설치하는 경우에는 운행 중 승차인의 이탈방지에 필요한 손잡이, 발걸이 또는 그 밖의 안전장치를 설치할 것. 이 경우 손잡이는 별표 5의16의 설치기준에 적합하여야 한다.
3. 사륜형 이륜자동차의 경우에는 차실을 설치하지 아니할 것

② 이륜자동차의 적재함 또는 그 밖의 물품적재장치는 다음 각 호의 기준에 적합하여야 한다. 〈개정 2010.3.29.〉

1. 견고하고 안전하게 물품을 적재·운반할 수 있는 구조일 것
2. 삼륜형 이륜자동차의 경우에는 차체 뒷면에 최대적재량을 표시할 것
3. 사륜형 이륜자동차의 경우에는 물품적재장치를 설치하지 아니할 것

③ 삭제 〈2010.3.29.〉

제72조(방풍장치) 이륜자동차에 방풍장치를 설치할 경우에는 다음 각호의 기준에 적합하여야 한다.

1. 운행중 진동·충격등에 의하여 이탈되지 아니할 것
2. 운전자의 시계를 방해하지 아니할 것

제73조(소음방지장치 및 배기가스발산방지장치의 허용기준) 제35조 및 제36조의 규정은 이륜자동차의 소음방지장치 및 배기가스발산방지장치에 관하여 이를 준용한다

제74조(배기관) 이륜자동차의 배기관은 적재물등을 발화시키거나 이륜자동차의 다른 기능을 저해할 우려가 없어야 하며, 견고하게 설치되어야 한다.

제75조(전조등) ① 이륜자동차(측차를 제외한다)의 앞면에는 시동과 동시에

점등되는 2개 이하의 전조등을 설치하여야 한다. 다만, 제75조의2에 따른 주간주행등을 설치하는 경우에는 시동과 동시에 점등되는 구조로 설치하지 아니할 수 있다.

② 제1항에 따른 전조등의 주행빔은 다음 각 호의 기준에 적합하여야 한다.

1. 1등당 광도는 2만칸델라 이상 15만칸델라 이하이어야 하며, 별표 5의17의 광도기준에 적합할 것
2. 등광색은 백색이어야 하며, 별표 5의18의 색도기준에 적합할 것
3. 등화의 발광면은 공차상태에서 지상 500밀리미터 이상 1천300밀리미터 이하일 것
4. 주행빔의 최고광도의 합(이륜자동차에 설치된 각각의 전조등에 대한 주행빔의 최고광도의 총합을 말한다)은 22만5천칸델라 이하일 것
5. 2개의 주행빔을 설치하는 경우 주행빔간 설치거리는 200밀리미터 이내일 것

③ 제1항에 따른 전조등의 변환빔은 다음 각 호의 기준에 적합하여야 한다.

1. 1등당 광도는 4만5천칸델라 이하이어야 하며, 별표 5의17의 광도기준에 적합할 것
2. 등광색은 백색이어야 하며, 별표 5의18의 색도기준에 적합할 것
3. 등화의 발광면은 공차상태에서 지상 500밀리미터 이상 1천200밀리미터 이하일 것

[전문개정 2012.2.15.]

제75조의2(주간주행등) 이륜자동차의 앞면에 주간주행등을 설치하는 경우에는 다음 각 호의 기준에 적합하여야 한다. 〈개정 2014.6.10.〉

1. 등광색은 백색으로 할 것
2. 원동기의 시동과 동시에 점등되어야 하며, 원동기가 정지되는 경우에는 자동으로 소등될 것
3. 주간주행등의 광도는 별표 6의8 제2호의 광도기준에 적합할 것

[본조신설 2010.11.10.]

제75조의3(안개등) ① 이륜자동차에는 다음 각 호의 기준에 적합한 앞면안개등을 설치할 수 있다.

1. 별표 20의 광도기준에 적합할 것
2. 등광색은 백색 또는 황색이어야 하며, 별표 5의18의 색도기준에 적합할 것

3. 등화의 발광면은 공차상태에서 지상 250밀리미터 이상이어야 하며, 전조등보다 낮은 높이에 설치할 것
4. 전조등과 독립적으로 점등 또는 소등할 수 있는 구조일 것
5. 2개 이하일 것

② 이륜자동차에는 다음 기준에 적합한 뒷면안개등을 설치할 수 있다.

1. 별표 20의 광도기준에 적합할 것
2. 등광색은 적색이어야 하며, 별표 5의18의 색도기준에 적합할 것
3. 등화의 발광면은 공차상태에서 지상 250밀리미터 이상 1천밀리미터 이하일 것
4. 제동등과의 거리는 100밀리미터 이상 떨어져 있을 것
5. 2개 이하일 것

[본조신설 2012.2.15.]

제76조(번호등) 이륜자동차의 뒷면 중앙에는 다음 각호의 기준에 적합한 번호등을 설치하여야 한다. 〈개정 2012.2.15.〉

1. 등록번호판 위의 각 측정점별 밝기는 1제곱미터당 2칸델라 이상일 것
2. 등광색은 백색이어야 하며, 별표 5의18의 색도기준에 적합할 것
3. 번호등은 전조등 또는 후미등과 동시에 점등 또는 소등되는 구조일 것
4. 등화의 입사각(발광면의 가장 바깥 부분과 등록번호표의 가장 먼 점이 이루는 각도를 말한다)은 8도 이상일 것
5. 번호등의 바로 뒤쪽에서 광원이 직접 보이지 아니하는 구조일 것

제77조(후미등) 이륜자동차의 뒷면 중앙 또는 양쪽에는 다음 각 호의 기준에 적합한 후미등을 설치하여야 한다. 다만, 측차를 붙인 삼륜형 및 사륜형의 경우에는 해당 측차의 뒷부분에도 설치하여야 한다.

1. 별표 5의19의 광도기준에 적합할 것
2. 등광색은 적색이어야 하며, 별표 5의18의 색도기준에 적합할 것
3. 등화의 발광면은 공차상태에서 지상 250밀리미터 이상 1천5백밀리미터 이하일 것
4. 2개 이하일 것

[전문개정 2012.2.15.]

제77조의2(차폭등) 이륜자동차의 앞면에는 다음 각 호의 기준에 적합한 차폭등을 설치할 수 있다.

1. 별표 5의20의 광도기준에 적합할 것
2. 등광색은 백색이어야 하며, 별표 5의18의 색도기준에 적합할 것
3. 등화의 발광면은 공차상태에서 지상 350밀리미터 이상 1천200밀리미터 이하일 것
4. 2개 이하일 것

[본조신설 2012.2.15.]

제78조(제동등) 이륜자동차의 뒷면 중앙 또는 양쪽에는 다음 각 호의 기준에 적합한 제동등을 설치하여야 한다. 다만, 측차를 붙인 삼륜형 및 사륜형의 경우에는 해당 측차의 뒷부분에도 설치하여야 한다.

1. 별표 5의21의 광도기준에 적합할 것
2. 다른 등화와 겸용하는 제동등의 경우에는 제동조작을 할 때에 그 광도가 3배 이상으로 증가할 것
3. 등광색은 적색이어야 하며, 별표 5의18의 색도기준에 적합할 것
4. 등화의 발광면은 공차상태에서 지상 250밀리미터 이상 1천500밀리미터 이하일 것
5. 2개 이하일 것

[전문개정 2012.2.15.]

제79조(방향지시등) 이륜자동차에는 다음 각호의 기준에 적합한 방향지시등을 설치하여야 한다. 〈개정 2012.2.15.〉

1. 별표 5의22의 광도기준에 적합할 것
2. 등광색은 황색 또는 호박색이어야 하며, 별표 5의18의 색도기준에 적합할 것
3. 등화의 발광면은 공차상태에서 지상 350밀리미터 이상 1천200밀리미터 이하일 것
4. 앞면 및 뒷면의 양쪽에 각각 1개씩 설치하되, 차량중심선을 기준으로 좌우가 대칭이 되도록 할 것
5. 등화의 간격은 앞면 등화는 240밀리미터 이상, 뒷면 등화는 180밀리미터(측차를 붙인 삼륜형·사륜형의 경우에는 차체 너비의 50퍼센트) 이상일 것
6. 매분 60회 이상 120회 이하의 일정한 주기로 점멸하거나 광도가 증감하는 구조일 것
7. 뒷면방향지시등은 후방 끝단에서 안쪽으로 300밀리미터 이내일 것

제79조의2(비상점멸표시등) ① 사륜형 이륜자동차의 앞면과 뒷면에는 제45조 및 제79조 각 호의 기준에 적합한 비상점멸표시등을 설치하여야 한다. 〈개정 2014.6.10.〉

② 이륜형 및 삼륜형 이륜자동차의 앞면과 뒷면에는 비상점멸표시등을 설치할 수 있다. 이 경우 제79조 각 호의 기준에 적합하게 설치하여야 한다.

[전문개정 2009.6.18.]

제80조(후부반사기 및 보조반사기) ① 이륜자동차의 뒷면 중앙 또는 양쪽에는 다음 각 호의 기준에 적합한 후부반사기를 설치하여야 한다. 다만, 측차를 붙인 삼륜형 및 사륜형의 경우에는 해당 측차의 뒷부분에도 설치하여야 한다.

1. 반사광은 적색이어야 하며, 반사성능은 별표 5의23의 기준에 적합할 것
2. 반사기의 반사면은 공차상태에서 지상 250밀리미터 이상 900밀리미터 이하일 것
3. 2개 이하일 것

② 이륜자동차의 옆면의 앞부분 또는 뒷부분에는 다음 각 호 기준에 적합한 보조반사기를 설치할 수 있다.

1. 제1항에 따른 후부반사기의 설치 기준에 적합할 것
2. 옆면 앞부분의 보조반사기의 반사광은 호박색, 옆면 뒷부분의 보조반사기의 반사광은 호박색 또는 적색일 것

[전문개정 2012.2.15.]

제80조의2(후퇴등) 사륜형 이륜자동차의 뒷면에는 제39조의 기준에 적합하게 후퇴등을 설치하여야 한다.

[본조신설 2008.12.8.]

제81조(기타의 등화) ①이륜자동차의 앞면에는 적색의 등화, 반사기 또는 방향지시등과 혼동하기 쉬운 점멸하는 등화를 설치하여서는 아니된다.

②이륜자동차의 뒷면에는 제동등 및 방향지시등과 혼동하기 쉬운 등화나 점멸하는 등화를 설치하여서는 아니된다.

③이륜자동차의 각종 표시장치에는 야간 운행시 운전자가 계기내용을 알아볼 수 있도록 조명장치를 설치하여야 한다. 다만, 문자·도형 또는 지시침등에 발광도료등을 사용하여 조명장치를 대신하게 한 경우에는 그러하지 아니하다.

제82조(등화에 대한 그 밖의 기준) ①이륜자동차에 설치된 각종 등화는 1개의 등화로 2 이상의 용도로 겸용할 수 있다.

②국토교통부장관은 필요하다고 인정할 때에는 제75조 내지 제80조의 규정에 의한 등화외의 등화를 설치하게 할 수 있다. 〈개정 1995.7.21., 2008.3.14., 2013.3.23.〉

③ 이륜자동차의 등화장치에 사용하는 전구는 별표 5의14의 이륜자동차의 등화별 전구형식 및 전력기준에 적합하여야 한다. 〈개정 2009.6.18., 2010.11.10.〉

제83조(경음기) 제53조의 규정은 이륜자동차의 경음기에 관하여 이를 준용한다.

제84조(후사경) 이륜자동차에는 운전자가 좌·우측의 뒤쪽 50미터 사이에 있는 교통상황을 확인할 수 있는 후사경을 설치하여야 한다.

제85조(속도계) ① 이륜자동차에는 속도계를 설치하여야 하며, 속도계의 속도 표시부는 제110조제1항의 기준에 적합하여야 한다.

②이륜자동차에 설치한 속도계의 지시오차는 평탄한 노면에서의 속도가 시속 25킬로미터 이상에서 다음 계산식에 적합하여야 한다.

$0 \le V_1 - V_2 \le V_2 / 10 + 8$ (킬로미터/시간)

V_1 : 지시속도(킬로미터/시간)

V_2 : 실제속도(킬로미터/시간)

③ 사륜형 이륜자동차(해당 자동차의 최고속도가 제4항에서 정한 속도를 초과하지 아니하는 구조의 자동차는 제외한다)에는 최고속도제한장치를 설치하여야 한다.

④ 제3항에 따른 최고속도제한장치는 사륜형 이륜자동차의 최고속도가 시속 60킬로미터를 초과하지 아니하도록 하는 구조이어야 하며 최고속도를 임의로 조정할 수 없도록 봉인되어야 한다.

[전문개정 2008.12.8.]

제3장 제작자동차등의 안전기준 <개정 1997.1.17.>

제85조의2(적용범위) 이 장은 제작 ·조립 또는 수입하고자 하는 자동차에 한하여 적용한다.

[본조신설 1997.1.17.]

제86조 삭제 〈2003.2.25.〉

제87조(가속제어장치) 승용자동차와 차량총중량 4.5톤 이하인 승합자동차·화물자동차·특수자동차의 가속제어장치는 자동차를 섭씨 영하 18도부터 섭씨 영상 52도까지의 주변온도에서 12시간 안정화시킨 상태에서 다음 각 호의 기준에 적합하여야 한다.

1. 가속페달에서 작용력을 제거하거나 1개의 복귀동력원을 절단하여 작용력을 제거할 경우: 운전자가 작용력을 제거한 시점부터 1초 이내에 가속위치에서 공회전 상태로 복귀할 것
2. 제어계통이 전기식인 가속제어장치로서 제어계통의 어느 한 부분이 절단되거나 단락될 경우: 운전자가 작용력을 제거한 시점 또는 절단이나 단락 발생 시점으로부터 1초 이내에 가속위치에서 공회전 상태로 복귀할 것

[전문개정 2014.6.10.]

제88조(계기판넬) 승용자동차와 차량총중량 4.5톤이하의 승합자동차·화물자동차 및 특수자동차(경형화물자동차 및 경형특수자동차를 제외한다)의 머리충격부위안의 계기판넬중 다음 각호의 부분을 제외한 계기판넬은 지름 165밀리미터, 무게 6.8킬로그램의 머리모형을 매시 24.2킬로미터(승객측 계기판넬에 에어백을 장착한 경우에는 매시 19.2킬로미터)의 속도로 계기판넬에 충돌시킬 경우 머리모형이 받는 감속도가 1천분의 3초이상 연속적으로 중력가속도의 80배를 초과하지 아니하는 구조이어야 하며 내부격실문이 설치된 자동차의 경우에는 내부격실문이 열리지 아니하여야 한다. 〈개정 1995.7.21., 1995.12.30.〉

1. 라디오·변속레버·재털이등을 설치한 콘솔부분
2. 차체옆면에서 차실안쪽으로 127밀리미터지점까지의 부분
3. 머리모형이 앞면창유리와 계기판넬에 동시에 접할 경우 계기판넬의 접점부분에서 앞면창유리까지의 부분
4. 머리모형이 조향핸들의 승객측 가장자리에 접하는 수직종단면과 계기판넬에 동시에 접할 경우 계기판넬의 접점부분에서 운전자측 차체옆면까지의 부분
5. 계기판넬 가장뒤끝의 아래부분

제88조의2(타이어) 승용자동차가 시속 97킬로미터의 속도로 직선 주행하는 상태에서 그 자동차의 타이어를 파열시켜 급속하게 공기를 빠지게 하고, 동시에 자동차의 제동장치를 작동하여 바퀴의 잠김없이 일정

한 감속도로 정지시킬 경우 정지할 때까지 파열된 타이어가 타이어림에서 이탈되지 아니하여야 한다.

[본조신설 2003.2.25.]

제88조의3(타이어공기압경고장치) 제12조의2에 따라 설치된 타이어공기압경고장치의 성능·경고표시 및 표기기준 등은 별표 6의 기준에 적합하여야 한다.

[본조신설 2011.3.16.]

제89조(조향장치) ①승용자동차와 차량총중량이 4.5톤 이하인 승합자동차·화물자동차 및 특수자동차의 조향장치의 충격흡수능력은 다음 각호의 기준에 적합하여야 한다. 〈개정 1995.7.21., 2003.2.25.〉

1. 조향핸들에 몸체모형을 매시 24.2킬로미터의 속도로 충돌시킬 경우 몸체모형에 의하여 조향장치에 전달되는 충격하중이 1천분의 3초 이상 연속적으로 1천130킬로그램을 초과하지 아니하는 구조일 것. 다만, 조향축의 수평면에 대한 설치각도가 35도를 초과하는 조향장치를 설치한 자동차의 경우에는 그러하지 아니하다.
2. 자동차(전방조종자동차를 제외한다)를 매시 48.3킬로미터의 속도로 고정벽에 정면충돌시킬 경우 조향기둥과 조향핸들축 위끝의 후방변위량이 자동차길이 방향으로 127밀리미터 이하일 것

② 자동차의 조향장치에 대한 구조 및 성능, 고장 시 기준 및 경고장치 기준 등은 별표 6의2의 기준에 적합하여야 한다. 〈개정 2010.11.10.〉

제90조(제동장치) 자동차의 제동능력은 다음 각 호의 기준에 적합하여야 한다. 다만, 피견인자동차는 공기식(공기배력유압식을 포함한다) 주제동장치를 설치한 경우에 한한다. 〈개정 2006.4.14.〉

1. 승용자동차의 제동능력은 별표 7의 기준에 적합할 것
2. 승합자동차·화물자동차(피견인자동차를 제외한다) 및 특수자동차의 제동능력은 별표 7의2의 기준에 적합할 것
3. 피견인자동차의 제동능력은 별표 7의3의 기준에 적합할 것
4. 바퀴잠김방지식 주제동장치를 설치한 자동차(피견인자동차를 제외한다)의 제동능력은 별표 7의4의 기준에 적합할 것
5. 바퀴잠김방지식 주제동장치를 설치한 피견인자동차의 제동능력은 별표 7의5의 기준에 적합할 것

6. 공기식(공기배력유압식을 포함한다) 주제동장치를 설치한 연결자동차의 선회시 제동능력은 별표 7의6의 기준에 적합할 것. 다만, 최고속도가 시속 60킬로미터 이하인 풀트레일러 형식의 연결자동차와 제2호 또는 제3호의 기준에 적합한 자동차를 제외한다.

[전문개정 2003.2.25.]

제90조의2(자동차안정성제어장치) 자동차안정성제어장치의 구조 및 성능, 기능고장 식별표시 기준 등은 별표 7의7의 기준에 적합하여야 한다.

[본조신설 2010.11.10.]

제91조(연료장치) ①인화성액체를 연료로 사용하는 자동차중 승용자동차와 차량총중량이 4.5톤 이하인 승합자동차의 연료장치는 별표 10의 연료장치의 충돌시험기준에 적합하여야 한다. 〈개정 1995.12.30., 1997.8.25., 2001.4.28.〉

1. 삭제 〈2001.4.28.〉
2. 삭제 〈2001.4.28.〉

②액화석유가스를 연료로 사용하는 승용자동차와 차량총중량이 4.5톤 이하인 승합자동차는 별표 11의 액화석유가스자동차의 연료장치 충돌시험기준에 적합하여야 한다. 〈신설 2001.4.28.〉

③천연가스를 연료로 사용하는 자동차중 승용자동차와 차량총중량이 4.5톤 이하인 승합자동차는 별표 11의2의 천연가스자동차의 연료장치충돌시험기준에 적합하여야 한다. 〈신설 1997.8.25.〉

④ 승용자동차 및 차량총중량 4.5톤 이하 승합자동차에 해당하는 하이브리드자동차·전기자동차·연료전지자동차는 별표 11의3의 고전원전기장치의 충돌시험기준에 적합하여야 한다. 〈개정 2014.6.10.〉

⑤ 수소가스를 연료로 사용하는 승용자동차와 차량총중량이 4.5톤 이하인 승합자동차는 별표 11의5의 수소가스를 연료로 사용하는 자동차의 연료장치 충돌시험기준에 적합하여야 한다. 〈신설 2014.6.10.〉

⑥ 내압용기를 사용하는 차량총중량 4.5톤을 초과하는 승합자동차 및 화물자동차의 내압용기 고정장치는 다음 각 호의 구분에 따른 하중을 가할 때 파손되는 현상이 없어야 한다. 〈신설 2014.6.10.〉

1. 차량총중량 4.5톤 초과 5톤 이하의 승합자동차 및 차량총중중량 4.5톤 초과 12톤 이하의 화물자동차

가. 자동차 길이방향으로 중력가속도의 10.0배

나. 자동차 수평횡방향으로 중력가속도의 5.0배

2. 차량총중량 5톤 초과 승합자동차 및 차량총중량 12톤 초과 화물자동차

가. 자동차 길이방향으로 중력가속도의 6.6배

나. 자동차 수평횡방향으로 중력가속도의 5.0배

[전문개정 1995.7.21.]

제92조(천정구조) 승용자동차(별표 14의 동적전복시험기준에 적합한 자동차 및 컨버터블자동차를 제외한다)의 천정은 바닥면의 가로 및 세로의 길이가 각각 75센티미터 및 180센티미터 이상인 직사각형 시험장치를 이용하여 120초 이내의 시간에 매초 12.7밀리미터 이하의 속도로 하중값이 차량중량의 1.5배 또는 2천270킬로그램중 작은 값에 도달할 때까지 하중을 가할때에 천정의 변위량이 127밀리미터 이하이어야 한다. 〈개정 1995.7.21.〉

제93조(범퍼) 승용자동차에는 별표 11의4에 따른 안전기준에 적합한 범퍼를 설치하여야 한다.

[전문개정 2011.10.6.]

제94조(운전자의 시계범위) ①승용자동차와 경형승합자동차는 별표 12의 운전자의 전방시계범위와 제50조에 따른 운전자의 후방시계범위를 확보하는 구조이어야 한다. 〈개정 2008.1.14.〉

②자동차의 앞면창유리[승용자동차(컨버터블자동차 등 특수한 구조의 승용자동차를 포함한다)의 경우에는 뒷면창유리 또는 창을 포함함다] 및 운전자 좌석 좌우의 창유리 또는 창은 가시광선 투과율이 70퍼센트 이상이어야 한다. 다만, 운전자의 시계범위외의 차광을 위한 부분은 그러하지 아니하다. 〈신설 1999.2.19.〉

[전문개정 1995.7.21.]

제95조(차실내장재의 내인화성) 자동차의 차실안에 설치되어 있는 다음 각호의 내장재는 매분당 102밀리미터 이상의 속도로 연소가 진행되지 아니하여야 한다. 〈개정 2003.2.25.〉

1. 좌석·좌석등받이 및 안전띠
2. 팔걸이·머리지지대 및 햇빛가리개
3. 차실천정·차실바닥 및 깔판

4. 내부판넬

제96조(후부안전판) 제19조제4항의 규정에 의한 후부안전판은 별표 13의 후부안전판의 시험하중 및 설치강도기준에 적합하여야 한다.

[전문개정 2001.4.28.]

제97조(운전자 및 승객좌석의 설치) ①자동차의 좌석(옆면을 향한 좌석, 접이식보조좌석 및 승합자동차의 승객용 좌석을 제외한다)은 조절이 가능한 어느 위치에 있을 경우에도 제1호 또는 제2호의 힘을 가할 때와 좌석을 가장 뒤쪽에 위치시키고 제3호의 힘을 가할 때에 이에 견디는 견고한 구조이어야 하며, 힘을 가하기 이전의 위치에서 이탈하지 아니하여야 한다. 〈개정 1995.7.21.〉

1. 안전띠가 좌석에 부착되지 아니한 경우에는 좌석무게의 20배에 해당하는 앞과 뒤로 가하여지는 자동차길이방향의 힘
2. 안전띠가 좌석에 부착된 경우에는 제1호의 규정에 의한 힘과 제103조제3항의 규정에 의하여 안전띠에 가하여지는 힘을 합산한 힘
3. 전방을 향한 좌석의 경우에는 착석기준점에 대한 38킬로그램·미터의 후방모멘트, 후방을 향한 좌석의 경우에는 착석기준점에 대한 38킬로그램·미터의 전방모멘트

②경첩식좌석과 접이식좌석(화물 및 특수자동차의 좌석과 승합자동차의 승객용 좌석을 제외한다)에는 좌석과 좌석등받이의 움직임을 방지할 수 있는 잠금장치와 잠금상태를 풀 수 있는 장치를 설치하여야 한다.

③제2항의 규정에 의한 잠금장치는 다음 각호의 힘을 잠금장치에 가할 때에 풀어지지 아니하여야 한다.

1. 앞쪽을 향한 좌석에 있어서는 좌석이 젖혀지거나 접히는 부분의 중량의 20배에 상당하는 앞으로 가하여지는 자동차길이방향의 힘
2. 뒷쪽을 향한 좌석에 있어서는 좌석이 젖혀지거나 접히는 부분의 중량의 8배에 상당하는 뒤로 가하여지는 자동차길이방향의 힘
3. 좌석이 젖혀지거나 접히는 방향의 반대쪽으로 가하여지는 중력가속도의 20배에 상당하는 자동차길이방향의 관성하중

제98조(좌석등받이) 승용자동차와 차량총중량 4.5톤 이하의 승합자동차·화물자동차 및 특수자동차의 머리충격부위안의 좌석 등받이는 지름 165밀리미터, 무게 6.8킬로그램의 머리모형을 매시 24.2킬로미터의 속도로

좌석등받이(머리지지대가 설치된 좌석의 경우에는 머리지지대)에 충돌시킬 때에 머리모형이 받는 감속도가 1천분의 3초 이상 연속적으로 중력가속도의 80배를 초과하지 아니하는 구조이어야 하며, 내부 격실문이 설치된 자동차의 경우에는 내부 격실문이 열리지 아니하여야 한다. 다만, 다음 각호에서 정한 좌석등받이의 경우에는 그러하지 아니하다. 〈개정 1995.7.21., 2008.3.14., 2013.3.23.〉

1. 가장뒷열에 있는 좌석등받이
2. 측면을 향한 좌석등받이
3. 서로 마주붙은 좌석등받이
4. 접이식보조좌석의 좌석등받이
5. 국토교통부장관이 자동차의 구조상 부득이하다고 인정하는 좌석등받이

제99조(머리지지대) 제26조 각 호에 해당하는 자동차의 앞좌석(중간좌석을 제외한다) 및 그 밖의 좌석(머리지지대를 설치한 좌석만 해당한다)의 머리지지대는 국토교통부장관이 정하는 세부기준에 적합한 구조이어야 한다. 다만, 접이식 보조좌석, 옆보기 좌석 및 뒤보기 좌석의 머리지지대는 제외한다. 〈개정 2013.3.23.〉

[전문개정 2010.3.29.]

제100조(팔걸이) 승용자동차와 차량총중량 4.5톤이하의 승합·화물 및 특수자동차에 설치하는 팔걸이는 다음 각호의 1에 적합하여야 한다. 다만, 에너지흡수재로 제작되는 접이식팔걸이의 경우에는 그러하지 아니하다.

1. 에너지흡수재로 제작되고 옆방향으로 하중을 가할 때에 하중을 가하는 물체와 팔걸이 내부의 단단한 부분이 접촉하지 아니하는 상태에서 50밀리미터이상 옆방향으로 비틀리거나 찌그러지는 구조일 것
2. 골반충격부위안에서 수직방향으로 높이가 50밀리미터이상인 부분이 연속하여 50밀리미터이상일 것

제101조(햇빛가리개) 승용자동차와 차량총중량 4.5톤이하의 승합·화물 및 특수자동차의 운전자의 좌석 및 운전자의 좌석과 나란히 되어있는 좌석(중간좌석을 제외한다)에는 다음 각호의 기준에 적합한 햇빛가리개를 설치하여야 한다.

1. 에너지흡수재로 제작되거나 감싸여져 있을 것
2. 지름 165밀리미터의 머리모형과 정적으로 접할 수 있는 머리충격부위안

의 단단한 재질로 된 모서리의 반경은 3.2밀리미터이상일 것

제102조(충돌시의 승객보호) ①승용자동차는 별표 14의 충돌시 인체모형의 상해기준과 별표 14의2의 측면충돌시 인체모형의 상해기준에 적합하여야 한다. 다만, 저속전기자동차의 경우에는 별표 14의2를 적용하지 아니한다. 〈개정 2010.3.29.〉

②차량총중량 4.5톤 이하인 승합자동차(경형승합자동차를 제외한다)는 별표 14의3의 충돌시 차체구조기준에 적합하여야 하며, 차량총중량 4.5톤을 초과하는 승합자동차(천정개방2층대형승합자동차는 제외한다)의 경우는 별표 14의4의 승합자동차의 차체강도기준의 시험조건중 하나로 시험하였을 경우 차체강도기준에 적합하여야 한다. 〈개정 2003.2.25., 2014.6.10.〉

③앞좌석 승객석에 에어백을 설치한 자동차는 운전석 햇빛가리개의 바깥면에 별표 14의5의 자동차에어백 경고문구를 표기하여야 한다.

[전문개정 2001.4.28.]

제102조의2(보행자 보호) 승용자동차, 차량총중량 4.5톤 이하의 승합자동차, 화물자동차 및 특수자동차는 다음 각 호에 적합한 구조이어야 한다. 다만, 자동차의 앞바퀴 중심축에서 운전자 좌석의 착석기준점까지의 거리가 1천1백밀리미터 이하인 승합자동차, 화물자동차 및 특수자동차는 제외한다. 〈개정 2011.10.6.〉

1. 보행자머리모형을 자동차길이방향의 수평선으로부터 아래방향(성인머리모형의 경우 65도, 어린이머리모형의 경우 50도의 각도를 말한다)으로 시속 35킬로미터의 속도로 보행자머리모형충격부위에 충돌시킬 때 별표 14의6의 보행자머리모형 상해기준에 적합할 것
2. 보행자다리모형을 다음 각 목의 구분에 따라 보행자다리충격부위에 충돌시킬 때 별표 14의6의 보행자다리모형 상해기준에 적합할 것
   가. 범퍼하부기준선높이가 지면에서 425밀리미터 미만인 경우: 보행자하부다리모형을 시속 40킬로미터의 속도로 보행자다리충격부위에 충돌
   나. 범퍼하부기준선높이가 지면에서 425밀리미터 이상 500밀리미터 미만인 경우: 보행자하부다리모형 또는 보행자상부다리모형을 시속 40킬로미터의 속도로 보행자다리충격부위에 충돌
   다. 범퍼하부기준선높이가 지면에서 500밀리미터 이상인 경우: 보행자상부다리모형을 시속 40킬로미터의 속도로 보행자다리충격부위에 충돌

[본조신설 2008.12.8.]

[시행일:2018.1.1.] 차량총중량 4.5톤 이하의 승합자동차, 화물자동차 및 특수자동차

제103조(좌석안전띠장치 등) ① 자동차에 설치하는 안전띠는 별표 15의 좌석안전띠의 조절기준 및 별표 16의 좌석안전띠의 정적강도기준에 적합하여야 한다. 〈개정 2014.6.10.〉

② 삭제 〈2014.6.10.〉

③자동차의 안전띠부착장치는 다음 각호의 기준에 적합하여야 한다. 〈개정 1995.7.21., 1995.12.30., 1997.8.25., 2005.8.10.〉

1. 2점식 또는 어깨부분과 골반부분이 분리되는 3점식 안전띠의 골반부분부착장치는 2천270킬로그램의 하중에 10초이상 견딜 것. 다만, 경형자동차에 설치된 경우에는 1천820킬로그램, 승합자동차의 제1열좌석(운전자석을 포함한다) 외의 좌석에 설치된 경우에는 300킬로그램(차량총중량 4.5톤 이하의 승합자동차의 경우에는 1천130킬로그램)의 하중에 0.2초이상 견디어야 한다.
2. 3점식 안전띠의 어깨부분 및 골반부분에 동시에 1천360킬로그램의 하중을 가할 때에 10초이상 견딜 것. 다만, 경형자동차에 설치된 경우에는 1천100킬로그램, 승합자동차의 제1열좌석(운전자석을 포함한다) 외의 좌석에 설치된 경우에는 300킬로그램(차량총중량 4.5톤 이하의 승합자동차의 경우에는 690킬로그램)의 하중에 0.2초이상 견디어야 한다.
3. 2점식 또는 3점식 안전띠의 골반부분부착장치는 착석기준점과 골반부분부착장치의 설치지점을 동시에 지나고 차량중심면(차량중심면을 포함하며 지면에 수직인 평면을 말한다. 이하 같다)에 수직인 평면이 지면과 이루는 각도가 30도이상 75도이하이어야 하고, 부착장치의 설치지점을 지나고 차량중심면에 평행한 두 평면사이의 거리가 165밀리미터이상일 것
4. 3점식 안전띠의 어깨부분부착장치는 별표 17에 표시된 범위안에 설치할 것

④ 삭제 〈2008.1.14.〉

제103조의2(어린이보호용 좌석부착장치) 승용자동차에 설치하는 어린이보호용 좌석부착장치는 다음 각 호의 기준에 적합하여야 한다.

1. 제27조의2의 기준에 적합할 것
2. 상부부착구는 자동차길이방향으로 816킬로그램의 하중을 0.2초 이상 가

할 때 견딜 수 있는 구조이어야 하고, 변위량은 125밀리미터 이내이어야 한다.

3. 하부부착구는 자동차길이방향으로 816킬로그램 및 자동차길이방향의 75도 방향으로 510킬로그램의 하중을 각각 0.2초 이상 가할 때 견딜 수 있는 구조이어야 하고, 변위량은 125밀리미터 이내이어야 한다.

[본조신설 2008.1.14.]

제104조(승강구) ①승용자동차의 옆문은 지름 305밀리미터의 강철제 원형 또는 반원형기둥의 시험장치를 이용하여 매초 12.7밀리미터이하의 속도로 하중을 가할 때에 다음 각호의 1에 해당하는 기준에 적합한 구조이어야 한다. 〈개정 1995.7.21., 2001.4.28.〉

1. 승강구의 옆좌석을 떼어내고 시험할 경우
   가. 155밀리미터의 변위량에 도달할 때까지의 평균저항하중값이 차량중량의 0.83배 또는 1천20킬로그램중 작은 값이상일 것
   나. 310밀리미터의 변위량에 도달할 때까지의 평균저항하중값이 차량중량의 1.3배 또는 1천580킬로그램중 작은 값이상일 것
   다. 460밀리미터의 변위량에 도달할 때까지의 최대저항하중값이 차량중량의 2배 또는 3천160킬로그램중 작은 값이상일 것
2. 승강구의 옆좌석을 떼어내지 아니하고 시험할 경우
   가. 155밀리미터의 변위량에 도달할 때까지의 평균저항하중값이 차량중량의 0.83배 또는 1천20킬로그램중 작은 값이상일 것
   나. 310밀리미터의 변위량에 도달할 때까지의 평균저항하중값이 차량중량의 1.63배 또는 1천980킬로그램중 작은 값이상일 것
   다. 460밀리미터의 변위량에 도달할 때까지의 최대저항하중값이 차량중량의 3.5배 또는 5천645킬로그램중 작은 값이상일 것

②중형 및 대형승합자동차를 제외한 자동차의 옆문 승강구와 탑승자의 승하차가 가능하거나 수화물을 싣고 내릴 수 있는 뒷문 승강구(이하 "뒷문"이라 한다)의 문결쇠장치 및 문경첩장치는 다음 각 호의 구분에 따른 기준에 적합한 구조이어야 한다. 다만, 휠체어승강기가 설치된 승강구, 접이식승강구, 말려올라가는 구조의 승강구, 탈착식 승강구의 경우에는 그러하지 아니하다. 〈개정 1995.7.21., 1995.12.30., 2006.4.14.〉

1. 여닫이식 승강구의 경우

가. 문걸쇠장치는 완전닫힘위치와 중간닫힘위치로 구분되는 구조일 것

나. 문걸쇠장치는 완전닫힘위치에서 문걸쇠장치면에 수직인 방향으로 1천130킬로그램의 하중과 문걸쇠장치면에 나란하면서 열리는 방향으로 905킬로그램의 하중에 각각 견디는 구조이어야 하고, 뒷문은 문걸쇠장치면에 수직인 방향과 문걸쇠장치면에 나란하면서 열리는 방향에 모두 수직인 방향으로 905킬로그램의 하중에도 견디는 구조이어야 한다. 다만, 경형자동차의 경우에는 문걸쇠장치에 수직인 방향으로 910킬로그램의 하중과 문걸쇠장치면에 나란하면서 열리는 방향으로 730킬로그램의 하중에 각각 견디는 구조이어야 하고, 뒷문은 문걸쇠장치면에 수직인 방향과 문걸쇠장치면에 나란하면서 열리는 방향에 모두 수직인 방향으로 730킬로그램의 하중에도 견디는 구조이어야 한다.

다. 문걸쇠장치는 완전닫힘위치에서 자동차길이방향과 자동차너비방향으로 중력가속도의 30배에 해당하는 관성하중을 가할 때에 완전닫힘위치를 유지할 수 있는 구조이고, 뒷문은 자동차수직방향으로 중력가속도의 30배에 해당하는 관성하중을 가할 때에도 완전닫힘위치를 유지할 수 있는 구조일 것

라. 문걸쇠장치는 중간닫힘위치에서 450킬로그램의 자동차길이방향의 하중과 자동차너비방향의 하중에 각각 견디는 구조일 것. 다만, 경형자동차의 경우에는 360킬로그램의 자동차길이방향의 하중과 자동차너비방향의 하중에 각각 견디어야 한다.

마. 문경첩장치는 1천130킬로그램의 자동차길이방향의 하중과 905킬로그램의 자동차너비방향의 하중에 각각 견디는 구조이고, 뒷문은 905킬로그램의 자동차수직방향의 하중에도 견디는 구조일 것. 다만, 경형자동차의 경우에는 910킬로그램의 자동차길이방향의 하중과 730킬로그램의 자동차너비방향의 하중에 각각 견디는 구조이고, 뒷문은 730킬로그램의 자동차수직방향의 하중에도 견디는 구조이어야 한다.

2. 미닫이식 승강구(경형자동차의 승강구를 제외한다)의 경우

가. 문걸쇠장치는 완전닫힘위치와 중간닫힘위치로 구분되는 구조일 것

나. 문걸쇠장치는 완전닫힘위치에서 문걸쇠장치면에 수직인 방향으로 1천130킬로그램의 하중과 문걸쇠장치면에 나란하면서 열리는 방향으로 905킬로그램의 하중에 각각 견디는 구조일 것

다. 문걸쇠장치는 완전닫힘위치에서 자동차길이방향과 자동차너비방향으로 중력가속도의 30배에 해당하는 관성하중을 가할 때에 완전닫힘위치를 유지할 수 있는 구조일 것

라. 문걸쇠장치는 중간닫힘위치에서 문걸쇠장치면에 수직인 방향으로, 문걸쇠장치면에 나란하면서 열리는 방향으로 각각 450킬로그램의 하중에 견디는 구조일 것

마. 문이 닫힌 상태에서 문의 양쪽 끝에 있는 승강구의 지지부분에 자동차너비방향으로 각각 905킬로그램의 하중을 동시에 가할 때 승강구의 지지부분과 문 사이의 간격이 100밀리미터 이하이고, 각각의 하중부과장치의 너비방향 최종변위가 300밀리미터 이하일 것

제105조(창유리의 안전성 등) ① 제34조제1항의 창유리는 국토교통부장관이 정하는 기계적 강성 등의 성능을 갖추어야 한다. 〈신설 2010.3.29., 2013.3.23.〉

②승용자동차의 앞면창유리는 자동차를 매시 48.3킬로미터의 속도로 고정벽에 정면충돌시킬 때에 다음 각호의 기준에 적합하여야 한다. 〈개정 2010.3.29.〉

1. 에어백 또는 자동안전띠등과 같은 승객자동보호장치가 설치된 자동차는 창유리가 붙어 있는 창유리지지틀의 길이가 차량중심선을 기준으로 좌우 각각 창유리지지틀 둘레의 50퍼센트이상일 것
2. 승객자동보호장치가 설치되지 아니한 자동차는 창유리가 붙어 있는 창유리지지틀의 길이가 전체 창유리지지틀 둘레의 75퍼센트이상일 것
3. 창유리지지틀 및 창유리와 접하여 설치된 장치를 제외한 차실밖에 있는 부품이 별표 18의 앞면창유리보호구역에 설치된 보호형판의 내부로 6.3밀리미터를 초과하여 들어오지 아니하여야 하고, 보호구역 아래의 창유리부분을 관통하여 차실안으로 들어오지 아니하는 구조일 것

③다음 각호의 자동차는 제2항의 규정을 적용하지 아니한다. 〈개정 1995.7.21., 1995.12.30., 2010.3.29.〉

1. 앞면창유리를 뗄 수 있거나 접을 수 있도록 제작된 무개자동차
2. 전방조종자동차
3. 경형자동차

[제목개정 2010.3.29.]

제106조 삭제 〈2014.6.10.〉

제107조 삭제 〈2014.6.10.〉

제108조(후사경) 승용자동차와 경형승합자동차의 머리충격부위안에 설치된 실내후사경의 지지부는 40킬로그램의 하중을 자동차의 길이방향과 45도 이내의 각을 이루도록 거울면에 가할 때에 휘어지거나 예리한 돌출부가 없이 분리되는 구조이어야 한다. 〈개정 2008.1.14.〉

제109조(창닦이기장치등) 승용자동차와 경형승합자동차에 설치하는 창닦이기·서리제거장치·안개제거장치 및 세정액분사장치는 다음 각 호의 기준에 적합하여야 한다. 〈개정 2008.1.14.〉

1. 창닦이기는 제51조제2항 및 다음 각목의 기준에 적합할 것
   가. 별표 30의 구분에 따른 "가"부분 면적의 98퍼센트이상을, 동 "나"부분 면적의 80퍼센트이상을 각각 세척할 수 있을 것
   나. 섭씨 영하 18도의 주변온도에서 4시간동안 안정화시킨후 2분이상 정상작동을 할 수 있을 것
   다. 최고속도의 80퍼센트 또는 매시 120킬로미터의 속도에 해당하는 상대공기속도를 가하였을 때 별표 30의 구분에 따른 "가"부분 면적의 98퍼센트이상을 세척할 수 있을 것
2. 서리제거장치는 섭씨 영하 18도의 주변온도에서 10시간동안 안정화시킨 후 작동시켰을 때 다음 각목의 기준에 적합할 것
   가. 작동후 20분이내에 별표 30의 구분에 따른 "가"부분 면적의 80퍼센트이상의 서리를 제거할 수 있을 것
   나. 작동후 25분이내에 별표 30의 구분에 따른 "가"부분과 자동차길이방향으로 대칭되는 앞면창유리 면적의 80퍼센트이상의 서리를 제거할 수 있을 것
   다. 작동후 40분이내에 별표 30의 구분에 따른 "나"부분 면적의 95퍼센트이상의 서리를 제거할 수 있을 것
3. 안개제거장치는 섭씨 영하 3도의 주변온도에서 10시간동안 안정화시킨 후 작동시켰을 때 10분이내에 별표 30의 구분에 따른 "가"부분 면적의 90퍼센트이상, 동 "나"부분 면적의 80퍼센트이상의 안개를 제거할 수 있을 것
4. 세정액분사장치는 다음 각목의 기준에 적합할 것

가. 창닦이기를 최대속도로 10회 작동시키는 동안 별표 30의 구분에 따른 "가"부분의 60퍼센트이상의 면적을 세척하는데 필요한 양의 세정액을 분사할 수 있을 것

나. 섭씨 영하 18도의 주변온도에서 4시간동안 안정화시킨후 정상작동을 할 수 있을 것

다. 섭씨 영상 60도의 주변온도에서 8시간동안 안정화시킨후 정상작동을 할 수 있을 것

[전문개정 1997.1.17.]

제110조(속도계) ①자동차에 설치한 속도계의 속도표시부는 다음 각 호의 기준에 적합하여야 한다. 〈개정 2008.12.8.〉

1. 속도표시부는 운전자의 직접시계의 범위내에 위치하고, 주·야간에 속도값을 명확히 읽을 수 있을 것
2. 속도표시범위는 자동차의 최고속도가 포함되도록 할 것
3. 눈금은 시속 1킬로미터·2킬로미터·5킬로미터 또는 10킬로미터 단위로 구분되고, 다음 각목의 값들이 숫자로 표시될 것. 다만, 속도표시값의 간격은 균등하지 아니하여도 된다.

가. 속도표시부의 최고속도값이 시속 200킬로미터 이하인 경우 시속 20킬로미터 이하 간격의 속도값

나. 속도표시부의 최고속도값이 시속 200킬로미터를 초과하는 경우 시속 30킬로미터 이하 간격의 속도값

②자동차에 설치한 속도계의 지시오차는 평탄한 노면에서의 속도가 시속 25킬로미터 이상에서 다음 계산식에 적합하여야 한다.

$0 \le V_1 - V_2 \le V_2 / 10 + 6$(킬로미터/시간)

V_1 : 지시속도(킬로미터/시간)

V_2 : 실제속도(킬로미터/시간)

[전문개정 2003.2.25.]

제110조의2(최고속도제한장치) 자동차의 최고속도제한장치는 별표 30의2의 기준에 적합하여야 한다

[본조신설 2003.2.25.]

제111조(원동기출력) 자동차의 원동기(내연기관, 구동전동기, 연료전지를 포함한다) 출력은 다음 각 호의 기준에 적합하여야 한다.

1. 자동차의 내연기관 출력 및 해당 회전수에 대한 제원의 허용차가 다음 각 목의 기준을 초과하지 아니할 것. 다만, 양산자동차의 경우에는 각각 ±5퍼센트를 초과하지 아니하여야 한다.
   가. 최고출력의 경우: ±2퍼센트
   나. 그 밖의 부분출력의 경우: ±4퍼센트
   다. 회전수의 경우: ±1.5퍼센트
2. 자동차의 구동전동기 출력 및 해당 회전수에 대한 제원의 허용차가 다음 각 목의 기준을 초과하지 아니할 것. 다만, 양산자동차의 경우에는 각각 −5퍼센트를 초과하지 아니하여야 한다.
   가. 최고출력의 경우: ±5퍼센트
   나. 그 밖의 부분출력(최고 30분 출력은 제외한다)의 경우: ±5퍼센트
   다. 회전수의 경우: ±2퍼센트
   라. 최고 30분 출력의 경우: ±5퍼센트
3. 자동차용 연료전지의 최고출력에 대한 제원의 허용차는 −5퍼센트를 초과하지 아니할 것

[전문개정 2014.6.10.]

제111조의2(전자파 적합성) 자동차는 별표 30의3의 전자파 적합성기준에 적합하여야 한다.

[전문개정 2009.1.23.]

제111조의3(내부격실문) 승용자동차와 차량총중량이 4.5톤이하인 승합자동차·화물자동차 및 특수자동차(경형화물자동차 및 경형특수자동차를 제외한다)의 계기판넬·좌석등받이 및 설계착석위치와 인접한 측면판넬 등에 설치된 내부격실문은 내부격실문의 잠금장치를 잠그지 아니한 상태에서 다음 각호중 제1호 및 제2호 또는 제1호 및 제3호의 기준에 적합하여야 한다.

1. 내부격실문의 걸쇠장치에 자동차의 수직방향과 수평횡방향으로 중력가속도의 10배에 해당하는 관성하중을 가할 때 열리지 아니할 것
2. 매시 48.3킬로미터(승합자동차의 경우에는 40킬로미터)의 속도로 자동차를 고정벽에 정면충돌시킬 때 열리지 아니할 것
3. 내부격실문의 걸쇠장치에 자동차의 길이방향으로 중력가속도의 30배에 해당하는 관성하중을 가할 때 열리지 아니할 것

[본조신설 1997.1.17.]

제111조의4(연료소비율) ① 소비자에게 판매된 자동차의 연료소비율은 제작자등이 제시한 값과 비교하여 다음 각 호의 기준에 적합하여야 한다. 〈개정 2014.12.31.〉

1. 시가지주행 연료소비율: -5퍼센트 이내
2. 고속도로주행 연료소비율: -5퍼센트 이내
3. 정속주행 연료소비율: -5퍼센트 이내

②제1항의 기준에 의한 연료소비율 시험대상자동차는 다음 각 호와 같다. 다만, 국토교통부장관이 시험이 곤란하거나 불필요하다고 특별히 인정하여 고시하는 자동차의 경우에는 시험대상에서 제외할 수 있다. 〈개정 2006.4.14., 2010.11.10., 2013.3.23., 2014.12.31.〉

1. 시가지주행 연료소비율 및 고속도로주행 연료소비율: 승용자동차, 승차정원 15인 이하이며 차량총중량 3.5톤 이하인 승합자동차(특수형은 제외한다), 경형화물자동차 및 소형화물자동차
2. 정속주행 연료소비율: 제1호에 따른 시험대상자동차 외의 자동차

[전문개정 2003.2.25.]

제112조(부품 또는 장치의 성능시험기준) 법 제32조제1항의 규정에 의한 자동차에 사용되는 부품 또는 장치에 대한 안전 및 성능에 관한 시험의 기준에 대하여는 제2장 및 이 장의 해당규정을 준용한다.

[전문개정 2003.2.25.]

제3장의2 부품의 안전기준 <신설 2011.12.23.>

제112조의2(브레이크호스) 자동차에 사용되는 브레이크호스는 별표 30의4의 기준에 적합하여야 하며, 공기압브레이크호스를 제외한 다른 브레이크호스는 분해되지 아니하는 일체형 구조이어야 한다.

[본조신설 2011.12.23.]

제112조의3(좌석안전띠장치) 자동차에 사용되는 좌석안전띠는 별표 16의 기준에 적합하여야 한다.

[본조신설 2011.12.23.]

제112조의4(등화장치) 자동차에 사용되는 전조등은 별표 6의3부터 별표 6의5까지의 광도기준 및 별표 6의22의 색도기준에 적합하여야 한다. 〈개정 2014.6.10.〉

[본조신설 2011.12.23.]

제112조의5(후부반사기) 자동차에 사용되는 후부반사기(보조반사기를 포함한다)는 다음 각 호의 기준에 적합하여야 한다. 〈개정 2014.6.10.〉

1. 후부반사기의 반사부 모양은 삼각형 모양 외의 것일 것. 다만, 피견인자동차에 사용되는 후부반사기는 그러하지 아니하다.
2. 후부반사기에 의한 반사광은 적색이어야 할 것. 다만, 보조반사기의 경우에는 황색 또는 호박색으로 할 수 있다.
3. 후부반사기의 반사성능은 별표 6의27의 기준에 적합할 것

[본조신설 2011.12.23.]

제112조의6(후부안전판) 자동차에 사용되는 후부안전판은 별표 13의 기준에 적합하여야 한다.

[본조신설 2011.12.23.]

제4장 보칙

제113조(승차정원 및 최대적재량) ①자동차의 승차정원 또는 최대적재량은 제2장제1절 및 제3장의 규정에 적합한 범위 안에 있어야 한다. 〈개정 1995.7.21., 2008.3.14., 2010.3.29.〉

② 이륜자동차의 승차정원 또는 최대적재량은 제2장제2절의 규정과 다음 각 호의 기준에 적합한 범위 안에 있어야 한다. 〈개정 2008.12.8., 2010.3.29.〉

1. 승차정원
   가. 이륜·삼륜형: 2명 이하
   나. 사륜형: 1명
2. 최대적재량
   가. 이륜형: 60킬로그램 이하
   나. 삼륜형: 100킬로그램 이하

제114조(기준적용의 특례) ①국토교통부장관은 보도용자동차, 분리하여 운반할 수 없는 규격화된 물품을 운송하는 자동차, 최고속도가 매시 25킬로미터 미만인 자동차 2층대형승합자동차(「여객자동차 운수사업법 시행규칙」 제17조제1항제1호 나목에 따라 한정면허를 하는 경우만을 말한다), 그 밖의 특수용도에 사용하는 자동차 등에 대하여는 길이·너비·최대안전경사각도 및 최소회전반경등에 관하여 별표 31의 기준을

적용할 수 있다. 〈개정 1997.8.25., 2006.10.26., 2008.1.14., 2008.3.14., 2008.11.6., 2013.3.23.〉

②최고속도가 매시 25킬로미터 미만인 자동차에 대하여는 제12조의2, 제13조제2항, 제15조, 제15조의2, 제16조제1항, 제27조제4항, 제54조제1항, 제87조 내지 제89조, 제90조, 제90조의2, 제91조, 제96조 내지 제99조, 제101조 내지 제103조, 제104조제2항, 제105조, 제108조부터 110조까지, 제110조의2, 제111조, 제111조의2 및 제111조의3의 규정을 적용하지 아니하며, 노면청소작업차에 대하여는 제16조 및 제22조제2호의 규정을 적용하지 아니한다. 〈신설 1997.8.25., 2003.2.25., 2011.10.6., 2011.12.23., 2014.6.10.〉

③국토교통부장관은 국가안보·치안등 공공목적을 위하여 제작하거나 공항 또는 공장시설·광산·건설공사현장등 도로외의 장소에서 사용할 목적으로 제작하는 자동차등에 대하여는 특히 필요하다고 인정하는 경우 당해자동차의 제작목적·용도 및 기능등을 고려하여 특례를 인정할 수 있으며, 이 경우 운행에 필요한 조건을 부칠 수 있다. 〈개정 1995.7.21., 2008.3.14., 2013.3.23.〉

④도로외의 장소에서 사용할 목적으로 제작하는 자동차에는 당해자동차의 차체뒷면 오른쪽아랫부분에 외부에서 쉽게 알아 볼 수 있도록 별표 32에서 정하는 표시를 하여야 한다.

⑤제1항, 제2항 및 제9항에 따라 특례를 인정받은 자동차의 경우에도 「도로법」·「도로교통법」 등 자동차의 운행과 관련되는 다른 법령의 적용을 배제하지 아니한다. 〈개정 1995.7.21., 2005.8.10., 2008.1.14.〉

⑥ 국토교통부장관은 이 규칙에서 정한 장치보다 우수한 새로운 장치 또는 안전확보를 위하여 필요하다고 인정하는 장치가 있는 경우에는 이 규칙에도 불구하고 해당 장치를 설치하게 할 수 있다. 〈개정 2008.12.8., 2013.3.23.〉

⑦국토교통부장관은 외국의 자동차의 안전 및 성능에 관한 기준중 이 규칙에서 정한 안전기준 이상으로 인정되는 국가별 기준을 고시할 수 있으며, 이 경우 고시된 외국의 기준에 의한 시험성적서를 이 규칙의 안전기준에 의한 시험성적서로 갈음할 수 있다. 〈신설 2003.2.25., 2008.3.14., 2011.10.6., 2013.3.23.〉

⑧도로의 보수·제설 등 공공목적을 위하여 일시적으로 자동차에 부착하는 충격완화장치 또는 모래살포장치 등에 대하여는 이 규칙에서 정한 기준을 적용하지 아니한다. 〈신설 2006.4.14.〉
⑨ 모듈트레일러에 대하여는 제4조제1항제1호 및 제2호, 제6조, 제7조, 제12조, 제15조 및 제90조를 적용하지 아니한다. 〈개정 2008.12.8.〉
⑩ 총중량 100톤 이상의 화물을 운송하는 화물자동차로서 국토교통부장관이 정하여 고시하는 자동차에 대해서는 제35조, 제36조, 제38조 및 제40조부터 제44조까지의 규정 외의 규정은 적용하지 아니한다. 〈신설 2011.10.6., 2013.3.23.〉
⑪ 제1항, 제9항 및 제10항에 따라 길이 및 너비에 대한 기준적용의 특례를 적용받는 자동차(굴절버스, 보도용 자동차, 환경측정용 자동차, 2층대형승합자동차는 제외한다)에는 해당 자동차의 좌우 측면과 뒷면에 외부에서 알아보기 쉽도록 별표 32의2에서 정하는 바에 따라 반사띠를 부착하고, 해당되는 표시를 하여야 한다. 〈신설 2008.1.14., 2008.12.8., 2011.10.6.〉
⑫ 저속전기자동차에 대하여는 제12조의2·제15조의2·제87조·제88조·제88조의2·제88조의3·제89조제1항·제90조의2·제92조·제93조·제94조제2항·제95조부터 제101조까지·제102조의2·제103조의2·제104조·제105조·제108조·제110조의2·제111조의3·제111조의4 및 별표 7 제5호의 규정을 적용하지 아니하며, 제48조제3항·제51조·제109조제1호·제2호·제4호 및 별표 7 제4호·제6호·제8호의 규정에도 불구하고 별표 34의 저속전기자동차의 특례기준에 만족하는 경우 해당 기준에 적합한 것으로 할 수 있다. 〈신설 2010.3.29., 2010.11.10., 2011.3.16., 2011.10.6., 2011.12.23., 2014.6.10.〉
⑬ 안전기준에 관한 외국과의 자유무역협정이 체결되어 시행되는 경우에는 이 규칙에도 불구하고 해당 자유무역협정에 따라 인정되는 안전기준은 이 규칙에 적합한 것으로 본다. 이 경우 국토교통부장관은 이에 대한 세부 내용을 정하여 고시할 수 있다. 〈신설 2011.6.28., 2011.10.6., 2013.3.23.〉
⑭ 수륙양용자동차에 대해서는 다음 각 호의 구분에 따라 해당 안전기준에 대한 특례를 인정할 수 있다. 이 경우 국토교통부장관은 그 운행에 필요한 조건을 붙일 수 있다. 〈신설 2012.7.9., 2013.3.23.〉
1. 제23조제4항 본문에 따른 차실(車室)의 유효높이: 168센티미터 이상일 것
2. 제102조제2항에 따른 차체강도기준: 국토교통부장관이 정하여 고시하는

강도계산법에 따른 시험에 적합할 것. 다만, 연간 10대 이하의 수륙양용 자동차를 제작·조립 또는 수입하는 경우만 해당한다.

⑮ 초소형 전기자동차 등 친환경·첨단미래형 자동차로서 국토교통부장관이 인정하는 자동차 또는 이륜자동차에 대해서는 외국의 자동차 안전 및 성능에 관한 기준 등을 적용할 수 있다. 〈신설 2016.7.4.〉

제115조(제원의 허용차) 국토교통부장관은 제작자동차의 각종 구조 및 장치의 제원이 이 규칙에 의한 기준과 다른 경우 별표 33에서 정하는 범위 안에서 이 규칙에 의한 기준에 적합한 것으로 인정할 수 있다. 〈개정 1995.7.21., 2008.3.14., 2013.3.23.〉

제116조(시험방법 등의 고시) 국토교통부장관은 이 규칙에서 정하는 기준의 시행에 필요한 세부기준 및 시험방법등을 정하여 고시할 수 있다. 〈개정 1995.7.21., 2008.3.14., 2010.3.29., 2013.3.23.〉

[제목개정 2010.3.29.]

부칙 〈제335호, 2016.7.4.〉 (선제적 규제정비 및 신산업 규제혁신을 위한 여객자동차 운수사업법 시행규칙 등 일부개정령)

제1조(시행일) 이 규칙은 공포한 날부터 시행한다.

제2조부터 제4조까지 생략

[1] 단원별 문제

제1장 자동차 검사 개요

1. 화물자동차의 유형이 아닌 것은?

① 덤프형 ② 밴형 ③ 일반형 ④ 다목적형

2. 자동차 등록 후 10년 8개월된 승용자동차의 검사기간은?

① 6개월 ② 4년 ③ 2년 ④ 1년

3. 유효기간 만료일 전에 정기검사 결과 부적합을 통보받은 자동차는 재검사를 언제까지 받아야 하는 가?

① 검사유효기간 만료일로부터 5일 이내
② 부적합 받은 날로부터 10일 이내
③ 부적합 받은 날로부터 5일 이내
④ 검사유효기간 만료일로부터 10일 이내

4. 조향장치의 검사기준 및 방법으로 잘못된 것은?

① 조향핸들에 힘을 가하지 아니한 상태에서 사이드 슬립 측정기의 답판 위를 직진할 때 조향바퀴의 옆 미끄럼 량을 사이드슬립 측정기로 측정한다.
② 기어박스, 로드 암, 파워실린더, 너클 등의 설치상태 및 누유여부를 확인한다.
③ 변형, 느슨함 및 누유가 없어야 한다.
④ 조향륜 옆 미끄럼량은 1미터 주행에 5밀리미터 이상이어야 한다.

5. 자동차의 정기검사 시 시행하는 검사항목이 아닌 것은?

① 동일성 확인 ② 제원측정 ③ 계기장치 ④ 소음장치

6. 신규검사 및 정기검사의 원동기 항목의 검사기준에 포함되지 않는 것은?

① 원동기의 설치 상태가 확실할 것

② 원동기 제작 일련번호가 등록증에 기재된 것과 일치할 것

③ 점화・충전・시동장치의 작동에 이상이 없을 것

④ 윤활유 계통에서 윤활유의 누출이 없을 것

7. 자동차 배기가스 발산방지장치의 검사기준으로 맞지 않는 것은?

① 배기관의 손상여부　　② 배기가스 누출 여부

③ 배기구의 방향 적부　　④ 소음기 형태의 적부

8. 자동차 하체부 조향장치의 검사기준에 해당되지 않는 것은 ?

① 핸들 유격의 양부　　② 차륜 정렬의 적부

③ 물품적재 장치의 적부　　④ 드래그 링크 및 타이로드 엔드의 연결상태

9. 정기검사에서 동일성 확인의 기준 및 방법에 해당되지 않는 것은?

① 등록 번호표 및 봉인 상태 확인

② 차대형식 각자 확인

③ 길이, 너비, 높이, 최저 지상고 및 중량 측정

④ 각자와 등록번호표가 자동차 등록증에 기재된 것과 일치 여부

10. 승차정원 16인의 운송사업용 버스의 구분은 어디에 속하는 가?

① 대형버스　　② 중형버스

③ 소형버스　　④ 특수형 버스

11. 조향기어 박스 검사 시 검사 내용에 해당되지 않는 것은?

① 설치상태　　② 년식　　③ 누유　　④ 변형

12. 다음 중 자동차 검사의 종류에 속하지 않는 것은?

① 신규검사　　② 임시검사
③ 정기검사　　④ 말소검사

13. 자동차의 검사 중 검사기계로 행하는 것 중 재검사 사항이 아닌 것은?

① 제동능력　　② 속도계 오차
③ 전조등의 광도　　④ 조향장치

14. 지정정비사업자의 검사 진로당 검사원이 1인인 경우 월간 검사능력 대수는?

① 월간 800대 이하　　② 월간 1500대 이하
③ 월간 1800대 이하　　④ 월간 2000대 이하

15. 도로상을 운행하던 화물자동차가 적재장치를 임의로 개조하여 운행하다가 경찰 또는 해당 단속요원에게 적발되어 법에 의한 처분을 받았을 때 자동차소유자가 받아야하는 검사에 해당하는 것은?

① 신규검사　　② 구조변경검사
③ 정기검사　　④ 임시검사

16. 다음에서 자동차의 구조 및 장치 중 구조에 해당되는 것으로 맞는 것은?

a:총중량, b:주행장치, c:최저지상고, d:제동장치, e:차체장치,
f:중량분포, g:지시장치, h:최소회전반경

① a, c, h　　② a, d, g
③ b, e, f　　④ b, c, h

17. 배기가스 정밀검사 대행자가 갖추어야할 시설·장비가 아닌 것은?

① 차대동력계 및 그 부속기기 1조 이상
② 검사자동차 기록용 사진기 1조
③ 엔진 전자제어 진단기 1조 이상
④ 교정용 매연 표준지 5조 이상

18. 다음 자동차 중 신규검사를 받아야 하는 자동차에 해당하지 않는 것은?

① 이삿짐으로 반입하여 수입되는 자동차로 대외무역법규정에 의하여 수입승인 면제된 경우

② 대한민국주재 외교관이나 국제기구 직원이 소유한 자동차 중 국내에서 운행한 자동차를 수입하는 경우

③ 정부 또는 지방단체, 자동차 제작자, 연구기관 등이 특별법에 의하여 시험연구 목적으로 제작을 하는 경우

④ 국내제작자에 의하여 기제작되어 자기인증이 된 자동차로 그 형식의 일부를 변경하여 제작하는 경우

19. 최초 등록일이 1991년 12월 24일인 승용자동차가 정기검사 유효기간 만료일이 2001년 12월 23일이고 검사일이 2001년 12월 26일일 때 승용자동차의 유효기간 부여가 바른 것은?

① 만료일 다음날부터 36개월　② 만료일 다음날부터 24개월

③ 만료일 다음날부터 12개월　④ 만료일 다음날부터 6개월

20. 승용 자동차의 외관검사 중 아래와 같은 사항이 발견되었다. 적합한 것은?

① 번호표 테두리 등 설치

② 차체전면에 광도 15000cd의 안개등 좌・우 설치

③ 방향지시등 청색등 설치

④ 차실 후면 중앙에 제동등 추가설치

21. 승합자동차의 소, 중, 대형 규모별 분류기준은?

① 소형:승차정원 15인 이하, 중형:승차정원 16~35인, 대형:36인 이상

② 소형:승차정원 12인 이하, 중형:승차정원 13~30인, 대형:31인 이상

③ 소형:승차정원 10인 이하, 중형:승차정원 11~15인, 대형:15인 이상

④ 소형:승차정원 15인 이하, 중형:승차정원 16~44인, 대형:45인 이상

22. 부적합 판정을 받은 자동차의 소유자가 재검사를 받고자 할 때 재검사 기간에 적합하지 않은 것은?

① 검사기간 경과 후에 정기검사를 신청한 경우에는 자동차 검사부적합 통지서를 교부받은 날의 다음날부터 15일 이내

② 신규검사의 부적합통지서를 교부받은 날부터 10일 이내

③ 구조변경검사의 부적합통지서를 교부받은 날부터 10일 이내

④ 임시검사의 부적합통지서를 교부받은 날부터 10일 이내

23. 조향장치의 차량 검사 기준으로 알맞는 것은?

① 조향 차륜의 최대 조향각도

② 변형 · 느슨함 및 누유 여부

③ 조향 핸들의 크기 여부

④ 좌 · 우 후차륜 동심원 선회의 양부

24. 자동차의 전기장치의 검사기준으로 틀린 것은?

① 전기배선의 손상이 없을 것

② 발전기와 축전지는 멀리 있을 것

③ 축전지의 접속 및 절연상태가 양호할 것

④ 전기배선의 설치상태가 양호할 것

25. 다음과 같은 제원을 가진 화물자동차를 출력이 170PS이고, 형식이 상이한 원동기로 튜닝검사 신청을 받은 때 검사결과 판정으로 맞는 것은? (승차정원:3명, 차량중량:6805kgf, 최대적재량:10000kgf, 원동기출력:175PS)

① 적합 - 차량중량 1톤당 원동기 출력이 10PS이상

② 부적합 - 차량총중량 1톤당 원동기 출력이 10PS

③ 부적합 - 원동기 출력이 변경전보다 저하됨

④ 적합 - 최대적재량 1톤당 원동기 출력이 10PS이상

26. 자동차의 정기검사에서 전기장치의 검사기준으로 맞는 것은?

① 변형·느슨함 및 누유가 없을 것

② 축전지의 접속·절연 및 설치상태가 양호할 것

③ 전기배선의 손상이 크지 않고 설치상태가 적당할 것

④ 방향지시등, 제동등의 점등 시간이 양호할 것

27. 정기검사 시 차체 및 차대의 검사항목 중 적합판정을 하고 이의 시정을 권고할 수 있는 사항은?

① 차체 및 차대의 심한 부식 ② 측면보호대의 손상

③ 최대적재량표시 훼손 ④ 후부 안전판의 손상

28. 자동차의 조향장치에 대한 설명으로 적합하지 않는 것은?

① 조향핸들의 회전조작력과 조향비는 좌·우로 현저한 차이가 없을 것

② 조향핸들의 회전각도와 조향바퀴의 조향각도는 비연속적일 것

③ 조향장치는 조작시에 운전자의 옷이나 장신구 등에 걸리지 아니할 것

④ 조향기능을 기계적으로 전달하는 부품을 제외한 부품의 고장이 발생하나 경우에도 조향할 수 있어야 한다.

29. 배출가스 정밀검사 지정사업자가 시 · 도지사에게 신고해야하는 변경사항이 아닌 것은?

① 상호 또는 대표자

② 검사장비의 교체

③ 사업장소재지 또는 검사진로의 위치

④ 지정사업자의 양도·상속 또는 합병

30. 자동차기능 종합 진단서를 발급한 다음 수검자에게 냉각수가 감소하는 원인을 설명한 것이다. 적합하지 않은 것은?

① 물 펌프 가스킷 불량 ② 방열기 캡의 불량

③ 실린더 헤드 또는 실린더 블록의 균열 ④ 냉각핀의 불량

31. 승용자동차 정기검사 결과 적합판정을 할 수 있는 것은?

① 번호판 주위에 점멸 등화 설치

② 차체 전면에 적색 안개등 설치

③ 방향지시등 청색등 설치

④ 차실 후면 중앙에 보조제동등 추가 설치

32. 주행장치의 검사기준으로 맞지 않는 것은?

① 휠 및 타이어는 후사경 보다 돌출되지 않을 것

② 타이어 요철형 무늬의 깊이는 안전기준에 적합할 것

③ 여객자동차 운수사업용 버스의 앞바퀴에는 재생타이어를 사용하지 아니할 것

④ 시외고속버스의 앞바퀴는 튜브가 없는 타이어를 사용할 것

33. 정기검사 시 운행기록계(타코미터) 장착 여부를 확인하여야 하는 자동차에 해당하는 것은?

① 97년 1월 1일 이후 제작한 소형 화물 자동차

② 97년 1월 1일 이후 제작한 소형 승합 자동차

③ 97년 1월 1일 이후 제작한 대형 승합 자동차

④ 96년 1월 1일 이후 제작한 대형 승합 자동차

34. 시내버스 승차장치 검사방법으로 적절하지 않는 것은?

① 비상구의 설치 상태

② 좌석 안전띠의 설치 상태

③ 입석 손잡이의 설치 상태

④ 하차 문이 열린 상태에서 원동기 가속페달 작동 여부

35. 다음 중 등화장치에 대한 정기검사결과 시정권고 할 수 있는 것은?

① 적색 방향지시등 설치 ② 안개등의 미점등

③ 흑색 제동등 설치 ④ 번호등의 미점등

36. 운행차 정밀검사의 관능 및 기능검사에서 배출가스 재순환장치의 정상적 작동상태를 확인하는 검사방법으로 틀린 것은?

① 정화용 촉매의 정상부착 여부 확인

② 재순환 밸브의 수정 또는 파손 여부를 확인

③ 진공호스 및 라인 설치 여부, 호스 폐쇄 여부 확인

④ 진공밸브 등 부속장치의 유·무, 우회로 설치 및 변경여부를 확인

37. 원동기의 검사방법에 해당하지 않는 것은?

① 시동상태 확인 ② 냉각수 온도 측정

③ 윤활유 유량 확인 ④ 냉각수 누출 여부 확인

38. 정기검사를 실시한 결과 시정권고를 할 수 없는 사항은?

① 택시표시등의 자동점등상태 불량

② 원동기의 과다한 진동음 및 이상음 발생

③ 윤활계통에서 윤활유의 다량 누출

④ 냉각계통의 심한 손상 및 냉각수의 다량누출

39. 자동차의 유효기간 기산에 대한 설명으로 맞는 것은?

① 정기검사 기간 중에 정기검사를 받아 합격한 경우 종전 검사유효기간 만료일의 다음날부터 기산

② 구조변경검사를 받은 경우 구조변경검사를 받은 날의 다음 날부터 기산

③ 검사유효기간이 경과 된 경우 정기검사 받은 날부터 기산

④ 임시검사를 받은 경우 임시검사를 받은 다음 날부터 기산

40. 다음 중 성능시험대행자가 법적으로 갖추어야 할 안전검사 시설이 아닌 것은?

① 중량계 ② 최대 안전경사각도 시험기

③ 가시광선 투과율 측정기 ④ 차대동력계

41. 정기검사를 실시한 결과 적합 판정을 하고 시정을 권고할 수 있는 사항은?

① 차대번호의 상이　　② 원동기 형식의 상이

③ 등록번호판의 봉인 훼손　　④ 엔진 오일의 누유

42. 원동기의 검사기준 설명 중 틀린 것은?

① 시동상태에서 심한 진동 및 이상 음이 없을 것.

② 방열기를 떼어내고 충분한 냉각이 가능한 장치를 부착할 것.

③ 윤활계통의 윤활유 누설이 없을 것.

④ 원동기 설치 상태가 확실하고 점화, 충전, 시동장치 작동에 이상이 없을 것.

43. 운행차 배출가스 정밀검사 유효기간을 기산하는 기준으로 틀린 것은?

① 정밀검사 기간 내에 정밀검사를 신청하여 적합 판정을 받은 경우에는 종전 정밀검사 유효기간 만료일 다음날부터 기산한다.

② 정밀검사 기간 내에 신청하여 부적합 판정을 받아 재검사기간 안에 적합 판정을 받은 경우에는 종전 정밀검사 유효기간 만료일다음날부터 기산한다.

③ 정밀검사 유효기간 만료일부터 31일 이전에 정밀검사를 신청하여 적합 판정을 받은 경우에는 종전 정밀검사 유효기간 만료일다음날부터 기산한다.

④ 정밀검사 유효기간 만료일부터 31일 경과하여 정밀검사를 신청하여 적합 판정을 받은 경우에는 당해 정밀검사를 받은 날의 다음날부터 기산한다.

44. 자동차 정기검사 신청 시 책임보험 가입 여부를 확인하는 목적으로 맞는 것은?

① 안전기준 적합 여부를 판단하여 도로 운행 여부를 결정

② 자동차의 동일성과 소유자 확인

③ 교통사고 미연방지

④ 교통사고 등으로부터 국민피해 예방

45. 자동차 주행장치의 검사기준 설명으로 틀린 것은?

① 휠의 균열이 없을 것.

② 휠의 암나사 및 수나사가 견고하게 조여 있을 것.

③ 타이어 코드층이 노출될 정도의 손상이 없을 것.

④ 타이어 공기압이 규정압력 이하일 것.

46. 자동차 정기검사 시 실시하는 택시미터 검정은?

① 제작 검정 ② 수리 검정 ③ 정기 검정 ④ 사용 검정

47. 자동차 타이어 검사 시 검사내용에 해당되지 않는 것은?

① 손상 · 변형 여부의 확인

② 타이어 재질 확인

③ 타이어의 요철 무늬 깊이 확인

④ 재생타이어 장착 여부 확인

48. 조향장치의 자동차 검사기준으로 틀린 것은?

① 조향륜 옆미끄럼량 확인

② 조향 차륜의 최대 조향각도 확인

③ 조향계통의 변형 · 느슨함 여부 확인

④ 동력 조향 작동유의 유량 적정 여부 확인

49. 전기장치의 신규검사 및 정기검사 방법에 해당되지 않는 것은?

① 축전지의 접속 · 절연 상태를 확인한다.

② 전기배선의 손상 여부를 확인한다.

③ 축전지의 살치상태를 확인한다.

④ 전기선의 허용 전류량을 측정한다.

50. 자동차의 튜닝 승인 제한 대상이 아닌 것은?

① 자동차의 종류가 변경되는 구조 및 장치

② 자동차의 총중량이 증가되는 구조 및 장치의 변경

③ 변경전보다 성능 또는 안전도가 저하될 우려가 있는 경우

④ 승차정원 또는 최대적재량을 감소시켰던 자동차를 원상회복하는 경우

51. 다음 중 원동기 검사 항목에 해당되지 않는 것은?

① 시동 전동기 ② 팬 벨트 ③ 발전기 ④ 베이퍼라이저

제2장 자동차의 동일성 확인

1. 자동차 제작사가 시행하는 차대번호의 표기는 몇 자로 구성되어 있는 가?

① 11자 ② 13자 ③ 15자 ④ 17자

2. 자동차 검사 기준에서 동일성 확인의 내용으로 가장 알맞은 것은?

① 변속기 각자 ② 자동차의 차대번호와 등록 번호판
③ 원동기 고유번호 ④ 제작 일련번호

3. 자동차 정기 검사 시 동일성 확인에 해당 되는 것은?

① 차축의 휨 ② 차대의 변형
③ 등록번호판의 망실 ④ 후부안전판의 손상

4. 다음 중 자동차 등록 번호판이 차종별 분류기호로 적합하지 않은 것은?

① 승합 : 80 ② 화물 : 97
③ 특수 : 99 ④ 승용 : 43

5. 자동차 차대번호 표기에서 [ ] 부분은 무엇을 나타내는 가?

KNHUP7523X[S]XXXXXX

① 제작공장표시 ② 원동기 번호각자
③ 제작사 표시 ④ 등급별로 분류

6. 자동차 등록 번호판의 용도별 분류에 속하지 않는 것은?

① 특장용 ② 사업용 ③ 비사업용 ④ 외교용

7. 자동차 등록 번호표의 분류구분에 들지 않는 것은?

① 대형 ② 중형 ③ 보통 ④ 2륜자동차

8. 자동차 차대번호에 나타나도록 하는 사항이 아닌 것은?

① 제조일자 ② 제작회사

③ 자동차 특성 ④ 제작일련번호

9. 자동차의 동일성을 확인하는 차대표기 17자리 중 10번째 자리가 나타내는 것은?

① 제작회사 ② 모델 년도 ③ 관할관청 ④ 배기량

10. 자동차의 차대번호 표기부호 중 사용하지 않는 기호는?

① A ② Q ③ P ④ N

11. 자동차 등록번호판의 차종별 분류기호 중 승합자동차에 해당하는 것은?

① 11~69 ② 70~79 ③ 80~97 ④ 98, 99

12. 운행자동차의 차대 각자 검사결과 10번째 자리가 W 이었다면 W 가 나타내는 것은?

① 제작년도 표기 부호이며, 1990년식 자동차이다.

② 원동기류별(배기량)이며, 2000cc 이상의 자동차이다.

③ 제작년도 표기 부호이며, 1996년식 자동차이다.

④ 원동기류별(배기량)이며, 1500cc 이하의 자동차이다.

제3장 제원 측정

1. 자동차 제원에서 대형 자동차 차량중량의 허용차는?

① ±100kgf ② ±200kgf ③ ±3% ④ ±5%

2. 다음의 용어 정의 중 축중이란? (단, 자동차는 수평상태에 놓여 있다고 가정한다.)

① 1개의 차축에 연결된 모든 바퀴의 윤중을 합한 것

② 1개의 차축의 무게

③ 공차상태의 모든 차축의 무게

④ 조향차축에 연결된 모든 바퀴의 윤중의 합

3. 공차상태나 적차상태의 자동차에서 조향륜 접지부에 걸리는 하중은 차량중량 및 차량총중량의 몇 %이상이어야 하는가?

① 20% ② 25% ③ 30% ④ 35%

4. 중심고가 1m이고, 좌측안전폭이 0.8m, 우측안전폭이 0.79m인 자동차의 우측 최대안전경사각도는?

① 38.30° ② 37.45° ③ 36.39° ④ 35.35°

5. 5%의 경사각도는 약 몇 도의 언덕인가?

① 3도 ② 5도 ③ 6도 ④ 12도

6. 축거가 2.7m, 전륜윤거가 1.3m, 외측차륜 조향각이 29o30', 내측 차륜 조향각이 38o인 자동차의 최소회전반경은 검사시행요령 공식 $R=\frac{L}{\sin\alpha}$에 적용할 수 있는 계산과 판정이 바르게 된 것은? 단, tan29o30'은 0.5658, tan38o 는 0.7813

① 1.32m, 가능 ② 1.39m, 가능

③ 1.69m, 불가 ④ 1.72m, 불가

7. 30도의 언덕길은 몇 %로 표시되는 가?

① 약 30%　② 약 38%　③ 약 58%　④ 약 88%

8. 최대안전 경사각도를 알기 위해서 필요한 것은?

① 안전각과 안전폭　② 무게중심높이와 안전폭

③ 축거와 안전폭　④ 타이어 유효반경과 축거

9. 자동차의 최소회전반경을 구하는 식 $R = \frac{L}{\sin\alpha}$ 로 구할 때 만족해야 하는 식은?

단, L=축거, Tf=전차륜의 윤거, α =외측차륜의조향각도, β =내측차륜의 조향각도이다.

① $T_f = L(\frac{1}{\sin\alpha} - \frac{1}{\sin\beta})$　② $T_f = L(\frac{1}{\sin\alpha} + \frac{1}{\sin\beta})$

③ $T_f = L(\frac{1}{\tan\alpha} - \frac{1}{\tan\beta})$　④ $T_f = L(\frac{1}{\tan\alpha} + \frac{1}{\tan\beta})$

10. 공차 시에 있어서 전축중이 780kgf, 후축중이 530kgf인 자동차의 조향륜 하중비율은 약 얼마인가?

① 68%　② 60%　③ 41%　④ 32%

11. 차량중량 및 공차시 축중을 기초로 한 산식에 의하여 하는 방법을 나타낸 것이다. 차량 총중량 계산 방법으로 옳은 것은?

① 차량총중량 = 최대적재량 + 승차정원 × 65kgf

② 차량총중량 = 차량중량 + 승차정원 × 65kgf

③ 차량총중량 = 차량중량 + 최대적재량 + 승차정원 × 65kgf

④ 차량총중량 = 최대적재량 + 전축중 + 승차정원 × 65kgf

12. 다음과 같은 제원을 가진 차량의 적차 시 타이어 부하율은? 단, 차량중량 6015kgf, 승차정원 3명, 최대적재량 8000kgf, 공차 시 전축중 3150kgf, 적차시 전축중 4745kgf, 전륜은 단륜, 후륜은 복륜, 전륜 타이어 허용하중 2470kgf, 후륜타이어 허용하중 2470kgf, 타이어 접지폭 19.5cm

① 전 96.05%, 후 95.80%
② 전 96.50%, 후 96.80%
③ 전 96.70%, 후 95.08%
④ 전 96.60%, 후 95.60%

13. 다음 그림에서 d=500mm, l=1000mm, l1=12mm, l2=12mm인 탱크의 용량은?

① 0.1981
② 0.2121
③ 2121
④ 1981

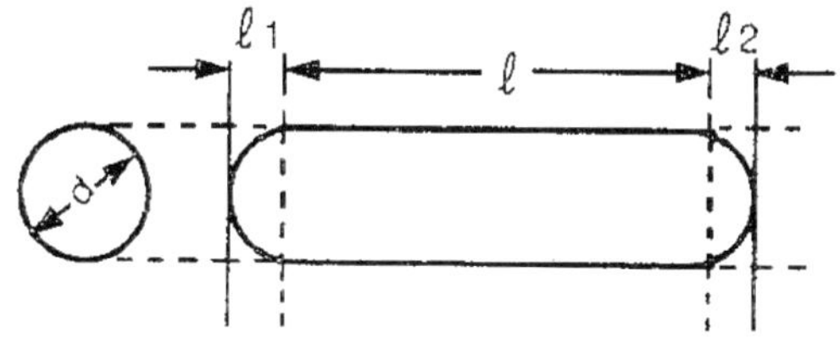

14. 중형 및 대형자동차 제원의 허용차로 맞지 않은 것은?

① 길이:±50mm
② 너비:±40mm
③ 높이:±60mm
④ 오우버행:±30mm

15. 후륜이 복륜인 화물자동차의 공차 시 축중이 5300kgf일 때 윤중은?

① 1325kgf
② 2650kgf
③ 2800kgf
④ 3750kgf

16. 다음과 같은 제원을 가진 자동차에서 공차 시와 적차 시 조향륜 하중분포에 대한 판정을 바르게 한 것은?

〈제원〉
- 공차 시 차량중량 5200kgf
- 전축중 2850kgf
- 후축중 2350kgf
- 적차 시 전축중 4720kgf
- 총중량 12955kgf
- 후축중 8235kgf

① 공차 시 하중분포 36〉 20%(적합), 적차 시 하중분포56〉 20%(적합)
② 공차 시 하중분포 48〉 30%(적합), 적차 시 하중분포38〉 40%(부적합)
③ 공차 시 하중분포 54〉 20%(적합), 적차 시 하중분포36〉 20%(적합)
④ 공차 시 하중분포 15〉 20%(적합), 적차 시 하중분포28〉 20%(부적합)

17. 13세 미만인 자는 승차정원 산정 시 몇 명을 승차정원 1인으로 산정하는 가?

① 1 ② 1.5 ③ 2 ④ 2.5

18. 차량총중량 12톤, 차량중량 10.5톤인 자동차의 경우 자동차 안전기준에 관한 규칙에 의하면 최대 안전경사각도는 좌우각각 몇도 기울인 상태에서 전복되지 않아야 하는가?

① 28도 ② 30도 ③ 32도 ④ 35도

19. 그림과 같은 차량에서 차대 및 차체 오버행은 각각 몇 m인가?

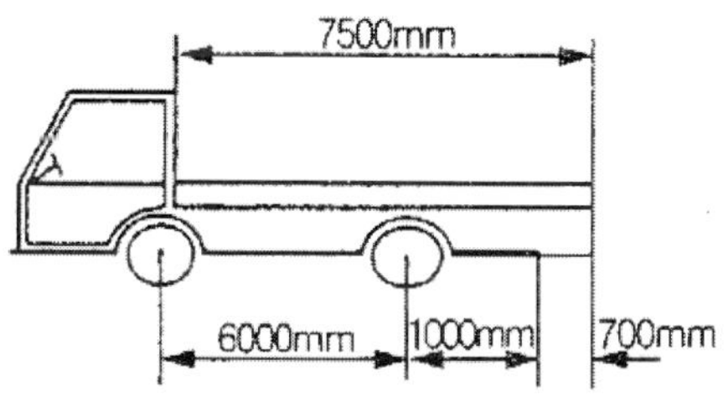

① 0.75, 0.87 ② 1.0, 1.7 ③ 1.51, 1.63 ④ 0.6, 1.7

20. 축거가 3m이고 바깥쪽 바퀴의 조향각이 30o이다 이 자동차의 최소회전반경은? 단, 바퀴의 접지면 중심과 킹핀과의 거리는 15cm이다.

① 3.15m ② 4.15m ③ 5.15m ④ 6.15m

21. 최대적재량 산정 시 적용 비중으로 적합하지 않은 것은?

① 경질유: 0.8 ② 중질유: 0.9 ③ 우유: 1.0 ④ 곡물: 0.8

22. 중심고가 0.73m, 좌우안정폭이 각각 0.71, 0.67m였다면 좌우최대안전경사각도와 적합 여부는?

① 44o, 43o (적합) ② 45o, 47o (적합)

③ 40o, 44o (부적합) ④ 47o, 45o (부적합)

23. 승차정원 16인승 승합자동차의 차량중량 제작공차이다. 알맞은 것은?

① ±40kgf ② ±60kgf ③ ±100kgf ④ ±200kgf

24. 타이어의 마모상태는 타이어 접지부의 임의의 한점에서 몇도가 되는 지점마다 접지부의 1/4, 3/4지점 주위에서 트레드홈 깊이를 측정하는 가?

① 60도 ② 100도 ③ 120도 ④ 240도

25. 튜닝 검사 때 적용되는 제원허용차이다. 차량중량 허용차 중 바른 것은?

① 경형 및 소형 자동차 : ±40kgf

② 중형 및 대형 자동차 : ±100kgf

③ 중형 자동차 : ±60kgf

④ 대형 자동차 : ±3%

26. 총중량이 2890kgf, 최대적재량이 1000kgf, 축간거리가 2,200mm인 소형 화물자동차의 뒷오버행의 안전기준은?

① 1,110mm이하 ② 1,210mm이하 ③ 1.310mm이하 ④ 1,410mm이하

27. 어떤 카고트럭의 하대 내측 길이가 8500mm, 오버행의 길이가 2250mm인 자동차의 옵세트는?

① 1600mm ② 1750mm ③ 1900mm ④ 2000mm

28. 공차 시 전륜하중과 후륜하중이 각각 2000kgf, 3000kgf이고, 적재시 전륜하중과 후륜하중이 각각 2500kgf, 4000kgf인 경우 공차시와 적재시의 전륜하중 분포율은?

① 30%, 50% ② 30%, 27% ③ 40%, 38% ④ 50%, 46%

29. 중심높이가 0.95m, 우측안정너비가 0.8m, 좌측안정너비가 0.85m인 자동차의 좌측 최대안전경사각도는?

① 36.7o ② 39.6o ③ 40.3o ④ 41.8o

30. 적차상태의 뒤축중이 8750kgf인 자동차에 접지폭이 15cm인 타이어 4개를 장착한다면 그 접지압력은?

① 135kgf/cm
② 145.8kgf/cm
③ 367.8kgf/cm
④ 583.3kgf/cm

31. 안지름이 400mm, 깊이 1000mm인 원통탱크의 내용적은 몇 l 인가?

① 1256l ② 4000l ③ 0.125l ④ 125.6l

32. 축간거리가 2.48m, 바깥쪽 바퀴의 조향각이 31o인 자동차의 최소회전반지름은 얼마인가?

① 4.82m ② 4.96m ③ 2.48m ④ 24.8m

33. 통로 유효너비를 제외한 입석 가능 크기가 가로 1200mm, 세로 5000mm인 상면에서 입석가능 인원은 몇명인가 ?

① 38명 ② 40명 ③ 42명 ④ 43명

34. 차량중량이 4500kgf이고, 최대 적재량이 3500kgf인 자동차의 승차정원이 2명이라면 차량 총중량은 몇 kgf인가?

① 8110kgf ② 8130kgf ③ 8200kgf ④ 8300kgf

35. 통로에서 유효폭등을 빼고 난 후 세로가 4600mm, 가로가 1230mm인 버스의 입석정원은?

① 32명 ② 40명 ③ 41명 ④ 43명

36. 어떤 자동차의 축간거리가 2.6m이고, 조향각이 30o이다. 이 자동차의 최소회전반지름은? 단, 바퀴의 접지면 중심과 킹핀과의 거리는 20cm이다.

① 5.2m ② 5.4m ③ 5.8m ④ 6.4m

37. 그림과 같은 제원을 가진 자동차에 대하여 적차시 전축 및 후축에 걸리는 하중 계산이 옳은 것은?

- 승차정원 : 5명
- 최대적재량 : 1200kgf
- 공차시 전축중 : 860kgf
- 공차시 후축중 : 540kgf
- 하대 오프셋 : 230mm

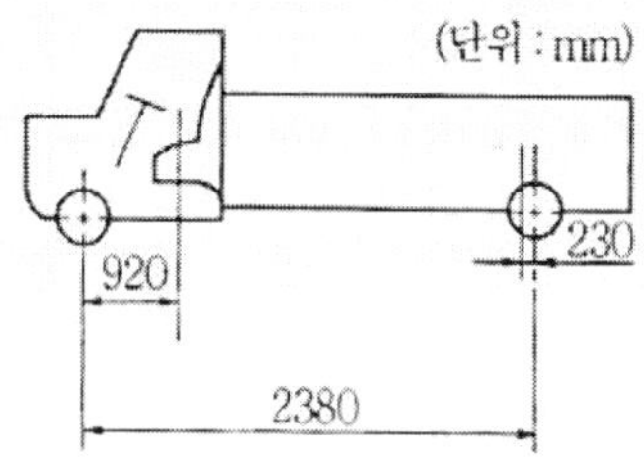

① 전축 : 1175.34kgf, 후축 : 1749.66kgf

② 전축 : 1630.34kgf, 후축 : 1820.66kgf

③ 전축 : 1528.38kgf, 후축 : 1620.25kgf

④ 전축 : 1682.38kgf, 후축 : 1922.56kg

38. 경유를 실어 나르는 탱크로리의 후면에 최대 적재량의 표시가 5,950kg라고 적혀있다. 이 탱크의 최대용량은 얼마나 되겠는 가? 단, 경유의 비중은 0.85이다.

① 6,000L ② 6,500L ③ 7,000L ④ 7,500L

39. 승차정원 12명인 승합 자동차의 운전요원을 제외한 소아의 승차 정원은 몇 명인가?

① 15명 ② 16명 ③ 17명 ④ 18명

40. 축간거리가 2.68m, 외측차륜의 조향각이 30o인 자동차의 최소회전반경은?

① 5.36m ② 5.45m ③ 4.98m ④ 4.54m

41. 자동차의 제원에서 기준면에서 적재함 바닥면까지의 수직거리는?

① 상면지상고 ② 최저지상고 ③ 하대오프셋 ④ 오버행

42. 어떤 자동차의 중심고가 0.5m이고, 좌우안전폭이 각각 0.8m, 0.6m 이었다. 최대 안전경사각도는 얼마이며 합격인가 불합격인가?

① 52.19o, 54.19o (합격) ② 57.99o, 50.19o (합격)
③ 35.99o, 37.19o (합격) ④ 34.99o, 36.99o (합격)

43. 승차정원 50명(어른), 공차상태의 전,후축중이 각각 1700kg, 2100kg이고 최대적재량이 6000kg인 자동차의 차량총중량은 몇 kg인가?

① 6,550 ② 13,050 ③ 13,925 ④ 18,550

44. 외측차륜의 조향각도 31o, 내측차륜의 조향각도 39.3o, 축거 4450mm, 윤거 1960mm인 자동차의 최소회전반경은?

① 8.64m ② 7.02m ③ 7.41m ④ 12m

45. 어떤 자동차의 우측 안정폭 0.472m, 좌측 안정폭 0.48m, 중심고 0.65m인 차가 있다. 이 차의 좌,우 안정경사각도를 산출하시오?

① 우측 약 30o, 좌측 약 30o30‘ ② 우측 약 36o, 좌측 약 36o30‘
③ 우측 약 40o, 좌측 약 40o30‘ ④ 우측 약 45o, 좌측 약 45o30

46. 적차 시 후축중이 8420kg인 자동차 타이어의 접지폭이 20cm일 때 더블 타이어를 장착하고 있는 타이어의 접지압은(kg/cm)?

① 2,105 ② 421 ③ 350.8 ④ 105.25

47. 공차 시에 있어서 전축중이 780kg, 후축중이 530kg인 자동차의 조향륜 하중비율은 얼마인가?

① 68% ② 60% ③ 41% ④ 32%

48. 어떤 승용자동차의 좌석에서 종측으로는 4000mm, 횡측방향으로는 1580mm인 상면의 입석인원으로 다음 중 가장 적당한 것은?

① 45명 ② 50명 ③ 56명 ④ 60명

49. 지금 어떤 차량을 검사하였더니 중심고가 0.73m, 좌우안전폭이 0.71 및 0.67m였다면 좌우 최대안전 경사각도는 얼마인가?

① 44o−43o(합격) ② 45o−47o(합격)

③ 40o−44o(불합격) ④ 47o−45o(불합격)

50. 도면에 표시된 타원형 탱크의 용적은 몇 리터인가?

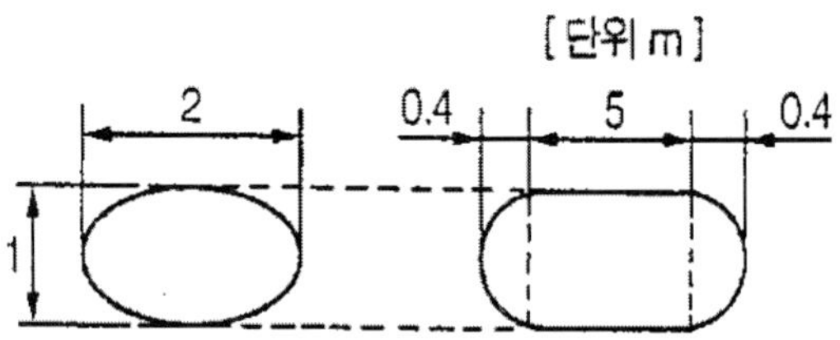

① 약 9106 ② 약 4186 ③ 약 6594 ④ 약 8268

51. 적차상태에서 조향륜의 하중 분포 %는?

① $= \frac{\text{공차시 조향륜의 윤중의 합}}{\text{차량중량}} \times 100$

② $= \frac{\text{공차시 조향륜의 윤중의 합}}{\text{차량총중량}} \times 100$

③ $= \frac{\text{적차시 조향륜의 윤중의 합}}{\text{차량중량}} \times 100$

④ $= \frac{\text{적차시 조향륜의 윤중의 합}}{\text{차량총중량}} \times 100$

52. 다음 그림과 같은 더블 캡 오버 타입 화물 자동차의 제원을 기초로 하여 하대옵셋은? (단위 : mm)

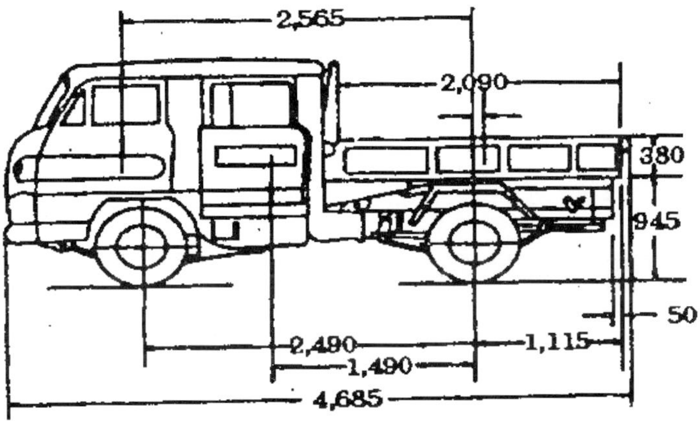

① −20mm　　② −50mm　　③ 20mm　　④ 50mm

53. 좌석의 크기가 가로 2800mm, 세로 450mm인 승합차 좌석의 승차정원은?

① 5명　　② 6명　　③ 7명　　④ 9명

54. 8톤 카고트럭의 적차 시 후축중이 9412kgf, 접지폭 20cm인 타이어를 4개 장착 시 접지압은?

① 108kgf/cm　　② 118kgf/cm　　③ 128kgf/cm　　④ 138kgf/cm

55. 공차상태 중량 측정 시 만재하여야 하는 것이 아닌 것은?

① 공구　　② 윤활유　　③ 냉각수　　④ 연료

56. 다음과 같은 제원을 가진 차량의 적차시 타이어 부하율은? (단, 차량중량 6015kgf, 승차정원 3명, 최대적재량 8000kgf, 공차시 전축중 3150kgf, 적차시 전축중 4745kgf, 전륜은 단륜, 후륜은 복륜, 전륜타이어 허용하중 2470kgf, 후륜타이어 허용하중 2470kgf, 타이어 접지폭 19.5cm)

① 전 96.05%, 후 95.80%　　② 전 96.50%, 후 96.80%

③ 전 96.70%, 후 95.08%　　④ 전 96.60%, 후 95.60%

57. 다음과 같은 제원을 가진 덤프 트럭에서 최대적재량 적합한가의 판정이 맞는 것은?

- 최대 적재량 : 6000kgf, • 하대길이 : 4830㎜,
- 하대높이 : 450㎜, • 하대폭 : 2220㎜, • 승차인원 : 3명

① 1.24t/m3 (적합) ② 1.24t/m3 (부적합)
③ 1.50t/m3 (적합) ④ 1.50t/m3 (부적합)

58. 어떤 승합자동차의 입석을 허용할 수 있는 면적이 4.2㎡ 이면 입석정원은?

① 24명 ② 26명 ③ 28명 ④ 30명

59. 우측안전폭 0.672m, 좌측안전폭 0.672m 인 일반형화물자동차의 무게중심고가 0.978m일 때 좌측최대 안전경사각도 및 안전기준에 따른 적, 부 판정이 바른 것은?

① 안전경사각도 : 36°, 판정 : 적합
② 안전경사각도 : 34.6°, 판정 : 부적합
③ 안전경사각도 : 43.6°, 판정 : 적합
④ 안전경사각도 : 36.8°, 판정 : 부적합

60. 축거 4.1m, 후륜 타이어에 부하할 수 있는 하중 854kgf(더블타이어), 승차정원의 후륜 하중 5kgf, 공차시 후륜하중 1740kgf, 하대 옵셋이 0.20m인 자동차의 최대적재량은?

① 1000kgf ② 4270kgf ③ 1757kgf ④ 6851kgf

61. 다음 표와 같은 제원을 갖는 승용차의 최소회전반경은 몇m 인가?

- 축거 : 2300mm • 윤거 : 1040mm
- 외측전륜조향각도(최대) : 30°
- 내측전륜조향각도(최대) : 38°

① 2.65 ② 2.92 ③ 3.73 ④ 4.6

62. 그림과 같은 형태의 탱크로리 용적의 산출 계산식으로 옳은 것은?

① 용적 $V = \frac{\pi \cdot d^2}{4} \cdot L$ ② 용적 $V = \frac{\pi \cdot d^2}{4} \cdot a \cdot b$

③ 용적 $V = \frac{\pi \cdot a \cdot b}{4} \cdot L$ ④ 용적 $V = \frac{\pi \cdot a \cdot b}{4} \cdot (L + \frac{L_1 + L_2}{3})$

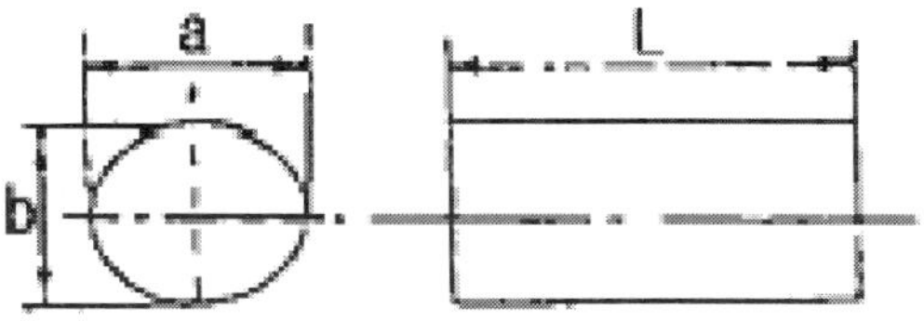

63. 자동차안전기준에서 소형자동차 객실길이의 제작공차 허용기준은?

① ±40mm ② ±50mm ③ ±20mm ④ ±30mm

64. 그림과 같은 자동차에서 e:하대옵셋, wb:축간거리, a:하대길이, c:뒤오버행 일 때 하대옵셋은? (단, 하대길이 끝단과 뒤오버행의 끝단은 일치한다고 본다.)

① $e = \frac{a}{2} - c$ ② $e = \frac{wb}{2} - c$ ③ $e = wb - c$ ④ $e = a - wbe$

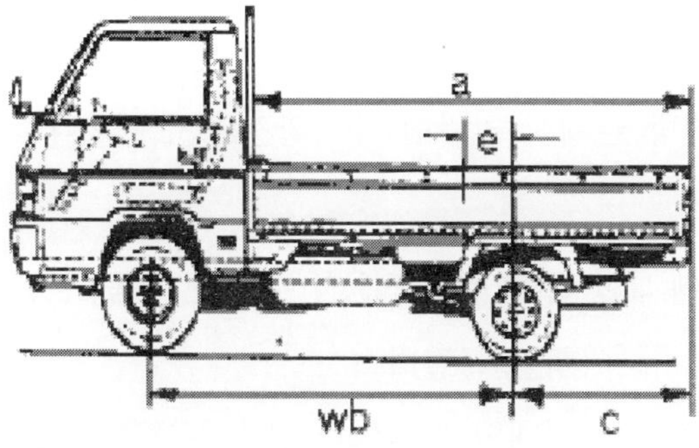

65. 뒤차축 중심과 하대 내측길이 중심과의 수평거리는?

① 하대옵셋 ② 바닥높이 ③ 오버행 ④ 윤거

66. 자동차 구조 및 장치의 제원이 허용차 범위로 맞는 것은?

① 중형 자동차의 오버행은 ±40㎜

② 소형 자동차의 길이는 ±50㎜

③ 중형 자동차의 차량 중량은 ±400kgf

④ 대형 자동차의 너비는 ±30㎜

67. 적재상태의 전축중이 4000 kgf, 후축중이 9640 kgf, 전륜타이어 허용하중이 2020 kgf, 후륜 타이어 허용하중이2095 kgf이며 후륜이 복륜일 때 적재시 후륜 타이어 부하율은 얼마인가?

① 약 99 % ② 약 100 % ③ 약 115 % ④ 약 125 %

68. 축거가 2.65m, 바깥쪽 앞바퀴의 조향각은 30° 이다. 이 자동차의 최소회전반경은?

① 4.86m ② 5.3m ③ 6.2m ④ 8m

69. 하대옵셋의 설명으로 옳은 것은?

① 하대 내측 길이의 중심에서 후차축 중심까지의 차량 중심선 방향의 수평거리

② 축거의 중심에서 후차축 중심까지의 차량 중심선 방향의 수평거리

③ 차량 전체의 길이에서 하대 내측 길이의 중심까지의 수평거리

④ 하대 최전방 끝에서 앞바퀴 중심까지의 수평거리

70. 길이, 너비 등에 대한 특례기준을 적용할 수 없는 자동차는?

① 길이가 19 m 이내인 굴절버스

② 너비가 2.75 m 이내인 컨테이너 운송용 풀카고 트럭 및 풀카고 트레일러

③ 길이가 19 m 이내인 보도용 자동차(TV중계차 등)

④ 너비가 2.75 m 이내인 보도용 자동차(TV중계차 등)

71. 덤프트럭의 하대내측길이가 8000 mm, 후차축 중심으로부터 하대내측 후단까지의 길이가 2000 mm인 자동차의 옵셋은?

① 2000 mm ② 2100 mm ③ 2200 mm ④ 6000 mm

72. 대형승합자동차의 경우 차실내의 유효높이는 얼마 이상이어야 하는가?

① 1700 mm ② 1800 mm ③ 1900 mm ④ 2000 mm

73. 자동차 제원에 대한 설명으로 틀린 것은?

① 길이는 12 m 이하일 것

② 연결자동차의 길이는 16.7 m 이하일 것

③ 너비는 2.5 m 이하일 것

④ 높이는 4 m 이하일 것

74. 경형 및 소형, 승합자동차를 제외한 기타 자동차는 주행 안전상 뒤오버행은 가장 앞의 차축중심에서 가장 뒤의 차 축 중심까지 거리의 얼마 이내로 하여야 하는가?

① 0.4배 ② 0.5배 ③ 0.6배 ④ 0.7배

75. 운행자동차의 제원측정 조건 중 맞지 않는 것은?

① 자동차는 공차상태에서 측정한다.

② 자동차의 고정 탑재장치는 탑재된 상태로 하며 접을 수 있는 장치는 접은 상태로 한다.

③ 견인장치를 부착한 경우에는 드로우아이의 중심축이 연직인 상태에서 측정한다.

④ 피견인 자동차의 높이 측정은 제작자가 지정한 연결 트랙터에 연결된 상태로 한다.

76. 중심높이 0.76 m, 우측안전폭 0.83m, 좌측안전폭 0.84m인 자동차의 좌, 우 최대안전경사각도는?

① 좌 65.5, 우 49 ② 좌 48.3, 우 49.8

③ 좌 45.2, 우 46.7 ④ 좌 47.9, 우 47.5

77. 그림과 같은 탱크에 가솔린(비중 0.75)을 최대로 적재할 수 있는 양은?(단, 공간 용적은 고려하지 않는다)

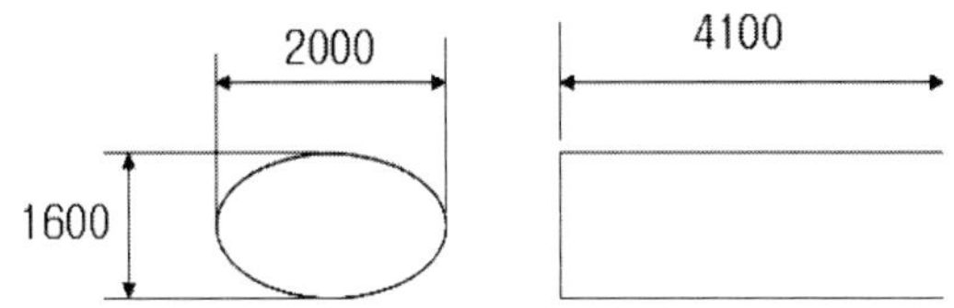

① 약 7800kgf ② 약 7728kgf ③ 약 7624kgf ④ 약 7500kgf

78. 전향좌석 설치 자동차의 입석정원 계산 방법으로 옳지 않은 것은?

① 승강구에서 차실내로 통하는 통로 폭 30cm를 제외한다.

② 뒤 연속좌석의 앞부분 30cm를 제외한다.

③ 차실의 유효높이가 160cm 이상인 부분에 한한다.

④ 1인 입석의 면적은 0.14m^2 이상이다

79. 다음 설명 중 옳지 않은 것은?

① 자동차의 길이는 13미터를 초과하여서는 아니된다.

② 자동차의 너비는 2.5미터를 초과하여서는 아니된다.

③ 공차상태에 있어서 접지부분 외의 부분은 지면과의 사이에 15센티미터 이상의 간격이 있어야 한다.

④ 자동차의 높이는 4미터를 초과하여서는 아니된다.

80. 그림과 같은 자동차에 있어서 제원을 참고하여 적재시의 전축과 후축에 가해지는 하중은?(승차정원 2명, 최대적재량 2000kgf, 공차시의 전축중 980kgf, 공차시의 후축중 650kgf)

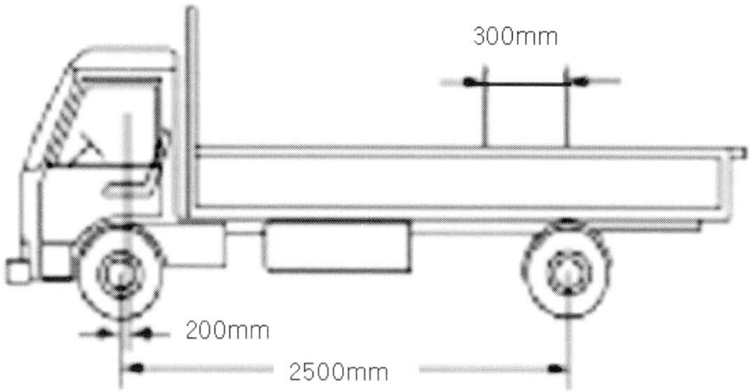

① 1310kgf, 2450kgf ② 1340kgf, 2420kgf

③ 1360kgf, 2520kgf ④ 1380kgf, 2560kgf

81. 밴형 화물자동차에서 차체 오버행의 허용한도로 적합한 것은? (단, L : 축간거리, C : 오버행)

① C/L ≦ 11/20 ② C/L ≦ 2/3 ③ C/L ≦ 1/2 ④ C/L ≦ 3/5

82. 무한궤도를 장착한 자동차의 접지압력은 무한궤도 $1cm^2$ 당 몇 kgf을 초과하지 아니하여야 하는가?

① 3 ② 6 ③ 9 ④ 12

83. 차체의 길이가 5600mm이고 축간거리가 3200mm인 일반형 중형 화물자동차의 뒤오버행은?

① 1600mm 이하 ② 1760mm 이하 ③ 2400mm 이하 ④ 2800mm 이하

84. 자동차의 실내에 통로를 설치하여야 하는 자동차의 경우 통로의 너비는 최소 얼마이상이어야 하는 가?

① 25cm ② 30cm ③ 35cm ④ 40cm

85. 입석을 할 수 있는 자동차의 차실 안의 유효높이는 (a) 센티미터 이상, 통로의 유효너비는 (b) 센티미터 이상이어야 한다. a, b에 들어갈 적절한 숫자로 구성된 것은?

① a=160, b=25　　② a=180, b=25

③ a=160, b=30　　④ a=180, b=30

86. 적재 시의 전(앞)축중이 1450N이고, 차량 총중량은 3000N, 타이어 허용하중은 820N, 접지폭이 12.5cm인 자동차에 있어서 전(앞)륜의 타이어 부하율은?(단, 차량 타이어는 전 : 2개, 후 : 2개임)

① 48.3%　　② 88.4%　　③ 116%　　④ 176.8%

87. 자동차의 축거 3.7m, 윤거 2.8m인 자동차를 완전 조향하여 안쪽이 38°, 바깥쪽이 36°로 되었을 때 이 자동차의 최소회전반경은?(단, 바퀴의 접지면 중심과 킹핀과의 거리 30cm이다.)

① 6.00m　　② 6.31m　　③ 6.59m　　④ 6.29m

88. 차량이 우회전할 때 우측이 38°, 좌측이 29° 조향된다. 축거가 3200mm이고, 킹핀과 바퀴접지면의 중심거리가 100mm 라면 최소회전반경은 약 얼마인가?

① 5.3m　　② 5.2m　　③ 6.7m　　④ 6.9m

89. 탱크로리나 콘크리트믹서 트럭과 같이 형상이 복잡한 자동차 하대 바닥면의 중심은 어떻게 기준을 정하는가?

① 적재실 중심　　② 천장의 1/2지점

③ 차체의 1/2지점　　④ 용적중심

90. 적차상태의 후축중이 6000kgf, 접지폭이 50cm, 후륜타이어 개수가 4개인 자동차에서 타이어 접지압은 몇 kgf/cm인가?

① 30　　② 60　　③ 100　　④ 120

91. 자동차 제원 측정에서 견인자동차의 제5륜에 해당되는 것은?

① 견인차의 승차중심

② 피견인 자동차의 후륜

③ 견인자동차의 커플러

④ 견인자동차의 후륜

92. 그림과 같은 모양의 화물자동차에 대하여 하대 옵셋은?(단, 하중 중심이 뒷차축 중심보다 앞에 있으면 +, 뒤에 있으면 −로 표시)

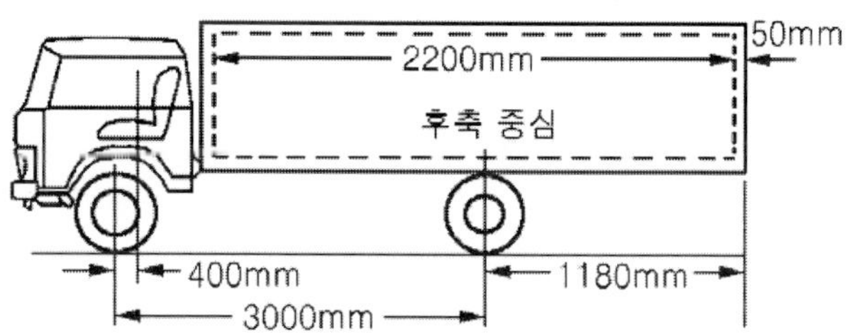

① −30mm ② −150mm ③ +400mm ④ +1520mm

93. 축거 2000mm, 후륜 타이어 부하 허용하중 200kgf, 공차시 후륜하중 150kgf, 정원 승차시 후륜하중 증가 8kgf, 하대 옵셋 20mm, 타이어는 좌 · 우 각 1개씩인 자동차의 최대 적재량은?

① 168kgf ② 192kgf ③ 215kgf ④ 244kgf

94. 아래 그림에서 L : 1.87m, L_1 : 0.57m, L_2 : 1.47m, 공차시 전축중(Wfo) : 723kgf, 공시 후축중(Wro) : 642kgf, 앞좌석 승차인원(P_1) : 2명, 뒷좌석 승차인원(P_2) : 3명의 제원으로 2001년 3월 5일 제작된 승용차에 승차정원 5명이 탑승하였을 때 후축중은 얼마인가?(단, P_1 : 승차정원 2명 제1하중, P_2 : 승차정원 3명 제2하중, L : 축거, a_1 : P_1 에서 후차축 중심까지의 거리, a_2 : P_2 에서 후차축 중심까지의 거리, L_1 : P_1 에서 앞차축 중심까지의 거리, L_2 : P_2 에서 앞차축 중심까지의 거리)

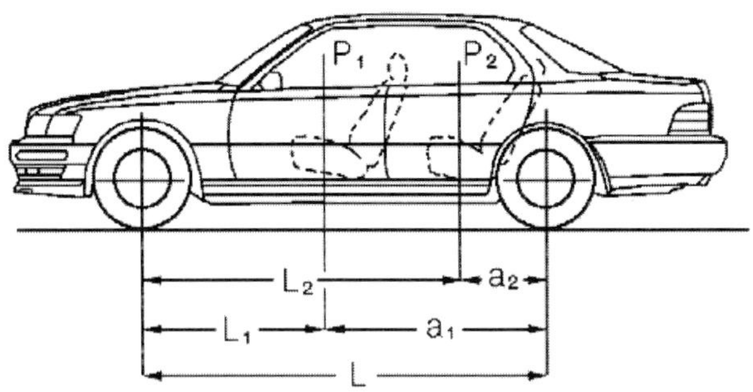

① 835kgf ② 845kgf ③ 837kgf ④ 772kgf

95. 그림과 같은 탱크의 용적(L)과 비중 0.785의 유류 적재 시 적재 정량은?

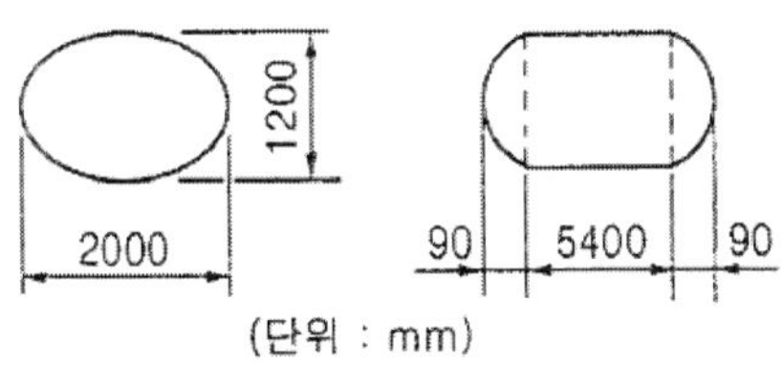

(단위 : mm)

① 17153L, 13465kgf ② 8078L, 10261kgf

③ 10291L, 8078kgf ④ 6175L, 4847kgf

96. 전(앞) 축중이 1800kgf 이고 타이어 부하율이 90%인 자동차에 크레인을 장착하여 전(앞) 축중이 400kgf 증가하였다. 구조변경 후 타이어 부하율은?

① 90% ② 100% ③ 110% ④ 120%

97. 다음과 같은 제원을 가진 덤프 트럭에서 최대 적재량과 적합여부의 판정이 옳은 것은?

[제 원]
- 최대 적재량 : 6000kgf
- 하대길이 : 4380mm
- 하대높이 : 450mm
- 하대폭 : 2220mm
- 승차인원 : 3명

① 1.24 t/㎥, 적합
② 1.24 t/㎥, 부적합
③ 1.50 t/㎥, 적합
④ 1.50 t/㎥, 부적합

98. 차량중량에 포함되지 않는 것은?

① 운전자 1인의 중량
② 연료의 중량
③ 예비타이어 중량
④ 냉각수 중량

99. 최대적재량이 6톤인 탱크로리 차에 휘발유(비중=0.8)를 적재할 경우 최대적재용량은?

① 4800L
② 6000L
③ 7000L
④ 7500L

100. 자동차의 중량 및 하중분포 측정에 관한 내용으로 공차상태의 중량 분포로서 적차상태의 중량분포를 산출하기 어려울 때 측정하는 방법으로 틀린 것은?

① 좌석정원의 인원은 정 위치한 것으로 한다.
② 입석정원의 인원은 입석에 균등하게 승차한 것으로 한다.
③ 공차상태의 중량에 입석정원의 무게를 곱하여 산출한다.
④ 물품은 물품 적재장치에 균등하게 적재한 것으로 한다.

제4장 자동차 검사 실무

1. 다음 제원 차량에 대해서 제동시험을 한 결과 제동력이 전우 80kgf, 전좌 85kgf, 후우 90kgf, 후좌 75kgf 이었다. 검사 기준에 의거 부적합한 것은 다음 중 어느 것인가 ?

- 차량중량 : 705kgf(앞축 380kgf, 뒤축 325kgf)
- 차량총중량 : 880kgf • 최고속도: 120km/h • 승차정원 : 5명

① 제동력의 합 ②후륜제동력 ③ 전륜좌우편차 ④ 후륜좌우편차

2. 검사 대상 자동차가 1998년식 승용자동차일 때 CO, HC 배출가스 허용기준은 얼마인가?

① CO 5%, HC 1400ppm ② CO 4.5%, HC 1200ppm

③ CO 1.2%, HC 450ppm ④ CO 1.2%, HC 220ppm

3. 자동차의 경적 소음을 시험할 때 경음기를 얼마동안 작동시켜야 하는 가?

① 3초 ② 5초 ③ 7초 ④ 10초

4. 어느 자동차의 전·후 축중이 각각 1850kgf, 2250kgf 이라고 할 때 주제동장치의 각축 제동력의 합은 몇 kgf 이상 필요한가?

① 2050kgf ② 2460kgf ③ 2870kgf ④ 3280kgf

5. 주제동장치는 좌우 바퀴에 작용하는 제동력의 차이가 공차상태의 당해 축중의 몇 %이하 이어야 하는 가?

① 8% ② 20% ③ 50% ④ 60%

6. 다음과 같은 제원을 가진 자동차에 있어서 제동력의 합이 얼마이상이면 안전기준에 적합한가?

- 차량중량 : 2000kgf • 차량총중량 : 2665kgf • 최고속도: 60km/h

① 1066kgf ② 1333kgf ③ 1588kgf ④ 100kgf

7. 매연을 측정할 때 측정기의 시료채취관을 배기관의 중앙에 오도록 하고, 어느 정도 깊이로 삽입하는 것이 적당한가?

① 50cm ② 30cm ③ 20cm ④ 10cm

8. 차량중량이 1000kgf인 자동차가 건조한 포장노면에서 정지상태를 유지하려면 주차제동력은 몇 kgf이상이어야 하는 가?

① 185kgf ② 196kgf ③ 198kgf ④ 200kgf

9. 주제동장치의 급제동 정지거리 측정 시 최고속도가 매시 80km이상 자동차이 제동 초속도는 몇 km/h인가?

① 30km/h ② 40km/h ③ 50km/h ④ 60km/h

10. 15000cd를 갖는 광원에서 10m 떨어진 위치에서의 밝기는 몇 lx인가?

① 1500 lx ② 150 lx ③ 15 lx ④ 1.5 lx

11. 속도계 시험기에서 지시침의 진동폭의 범위는?

① ±3km/h 이하 ② ±4km/h 이하
③ ±5km/h 이하 ④ ±10km/h 이하

12. 주제동장치의 급제동 정지거리 측정 시 조작력 기준으로 적합한 것은?

① 발조작식의 경우 50kgf이하, 손조작식의 경우 30kgf이하
② 발조작식의 경우 60kgf이하, 손조작식의 경우 20kgf이하
③ 발조작식의 경우 70kgf이하, 손조작식의 경우 20kgf이하
④ 발조작식의 경우 90kgf이하, 손조작식의 경우 30kgf이하

13. 자동차 전소능의 등화 중심점이 지상 1120mm 높이로 취부되어 있다. 전조등 주광축의 하향 진폭은 전방 10m에서 얼마 이내에서 조정되어야 하는 가?

① 0.2m ② 0.312m ③ 0.336m ④ 0.348m

14. 축중이 1850kgf인 운행자동차의 주제동장치 좌우 차륜의 제동력 편차가 몇 kgf이하이어야 하는 가?

① 92.5 ② 130 ③ 139 ④ 148

15. 속도계 시험기의 속도가 40km/h일 때 측정 자동차 속도계의 합격범위로 적합한 것은?

① 34.78~44.44km/h ② 30~55km/h
③ 36~50km/h ④ 32.7~42.78km/h

16. 2000년 3월에 신규제작 등록한 중간 냉각기(intercooler) 설치 소형 화물자동차의 운행차 매연 배출허용기준은?

① 40% 이하 ② 35% 이하 ③ 30%이하 ④ 25%이하

17. 차량중량 1080kgf(전축중 590kgf, 후축중 490kgf),, 최고속도 160km/h, 회전부분상당중량 7%일 때 제동시험기로 측정한 결과는 다음과 같다. 이 자동차의 정지거리는 얼마인가?(단, 공주시간은 0.1초이다)

- 전좌륜 : 190 kgf
- 후좌륜 : 170 kgf
- 전우륜 : 200 kgf
- 후우륜 : 160 kgf

① 13.7m ② 17.2m ③ 18.5m ④ 19.5m

18. 차량의 중량이 2800kgf인 자동차를 제동초속도 50km/h에서 제동시험을 하였더니 19m에서 완전 정지하였다. 이 때 작용한 제동력은?(단, 회전부분 상당중량은 무시)

① 1260kgf ② 1370kgf ③ 1450kgf ④ 1530kgf

19. 제동 초속도 70km/h인 소형승용차에 제동을 걸기 위해 공주한 시간이 0.2초라면 공주거리는?

① 2.7m ② 3.0m ③ 3.2m ④ 3.9m

20. 차량중량 1000kgf, 최고속도 140km/h의 자동차를 브레이크 시험한 결과 주 제동력이 총 720kgf이었다. 이 자동차가 50km/h에서 급제동하였을 때 정지거리는 몇 m 인가? (단 공주시간은 0.1초, 회전부분 상당중량은 차량중량의 5%이다.)

① 1.574m　② 15.74m　③ 7.87m　④ 78.7m

21. 자동차 검사 시 추진축의 조립 방향이 맞지 않는 것을 발견하였다. 향후 발생할 수 있는 현상에 대하여 가장 거리가 먼 것은?

① 밸런스가 맞지 않아 진동이 커진다.
② 센터베어링의 유격이 커지고 손상을 유발한다.
③ 연결부 볼트 너트의 풀림 현상이 발생할 수 있다.
④ 차동기어의 손상을 유발할 수 있다.

22. 자동차의 매연을 3회 측정하고 다시 2회를 측정하여 총 5회를 측정한 값이 다음과 같다. 산출한 최종 측정치? (1회:44%, 2회:38%, 3회:28%, 4회:40%, 5회:36%)

① 34.3%　② 35%　③ 36%　④ 38%

23. 사이드슬립측정기로 옆 미끄럼질량을 검사할 때 다음 사항 중 맞지 않는 것은?

① 5km/h로 답판을 직진으로 통과할 것
② 답판 통과 중에는 핸들을 잡고 통과할 것
③ 답판 상에는 브레이크를 밟지 말 것
④ 답판 상에서는 핸들을 좌우로 틀지 말 것

24. 전조등 등화의 중심점은 공차상태에서 지상 50cm 이상 몇 cm 이하에 있어야 하는가?

① 120　② 110　③ 1057　④ 100

25. 운행자동차 주 제동장치의 급제동 정지거리 기준 중 최고 속도가 35km/h이상 80km/h 미만인 자동차의 정지거리는?

① 5m 이하　② 14m 이하　③ 22m 이하　④ 25m 이하

26. 휘발유 승용 제작 자동차의 배출가스 측정 방법은?

① D-3 모드 ② D-6 모드 ③ D-13 모드 ④ CVS-75 모드

27. 속도계 검사를 하였는데, 피측정차의 속도계가 40㎞/h를 지침하고 있다고 신고보턴을 눌렀을 때 시험기의 지침이 48㎞/h를 지시하고 있었다. 적합 여부는?

① 34.8 km/h 이상이므로 적합 ② 44.4 km/h 이상이므로 부적합

③ 44.4 km/h 이상이므로 적합 ④ 34.8 km/h 이상이므로 부적합

28. 운행자동차는 공차상태에서의 주차제동장치는 얼마의 경사면에서 정지상태를 유지할 수 있어야 하는가?

① 11도 30분 ② 10도 30분 ③ 9도 30분 ④ 8도 30분

29. 주행속도 86km/h의 자동차에 브레이크를 작용시켰을 때 제동거리는 얼마인가?

(단, 차륜과 노면과 마찰계수는 0.4이다.)

① 72.79m ② 11.94m ③ 86.78m ④ 3m

30. 자동차 검사 시 전조등의 하향진폭(운행자동차)은 10m거리 기준으로 몇 ㎝이내이어야 하는가?

① 30 ② 40 ③ 50 ④ 60

31. 운행자동차 경적소음 시험방법 중 적절하지 못한 것은?

① 자동차를 정차시키고 원동기를 가동한 상태에서 측정한다.

② 자동차의 경음기를 5초 동안 작동시켜 소음크기의 최대치를 측정한다.

③ 2개 이상의 경음기가 연동하여 음을 발하는 경우에는 연동하는 상태에서 측정한다.

④ 축전지는 측정 개시 전에 정규 충전된 상태이어야 한다.

32. 운행 자동차의 주제동장치의 제동능력 판정기준 중 틀린 것은?

① 기타 자동차는 각축 제동력의 합이 차량중량의 50%이상
② 최고속도가 80㎞/h 이상이고, 차량총중량이 차량중량의 1.2배 이하인 자동차는 각축 제동력의 합이 차량총중량의 50% 이상
③ 최고속도가 80㎞/h 미만이고, 차량총중량이 차량중량의 1.5배 이하인 자동차는 각축 제동력의 합이 차량 총중량의 40% 이상
④ 최고속도가 80㎞/h 미만이고, 차량총중량이 차량중량의 1.7배 이하인 자동차는 각축 제동력의 합이 차량 중량의 40% 이상

33. 자동차 경음기의 경적소음 측정위치가 옳은 것은?

① 전방 2m, 지상 1.0m의 위치에서 측정
② 전방 2m, 지상 1.2m의 위치에서 측정
③ 전방 1.2m, 지상 1.5m의 위치에서 측정
④ 전방 1.5m, 지상 1.2m의 위치에서 측정

34. 매연 측정기의 지시정도는 교정용 표준지로 교정한 후 1분 뒤 지시치가 최대눈금의 몇 %이내이어야 하는가?

① 10% 이내 ② 2% 이내 ③ 7% 이내 ④ 3% 이내

35. 제동시험기에 검사차량을 올려놓지 않고 롤러를 회전시켰을 때 시험기의 지침이 떨리고 있다. 그 원인으로 가장 적절한 것은?

① 지침의 0점이 순간적으로 잘못되었다.
② 모터의 전압에 변동이 생겼다.
③ 롤러의 베어링과 체인 등의 마찰력이 지시된 것이다.
④ 포텐쇼미터의 영점 조정이 틀렸기 때문이다.

36. 휘발유 및 가스사용 운행차의 배출가스 분석방식으로 적합한 것은?

① 비분산적외선식 ② 여지투과식 ③ 10모드식 ④ 6모드식

37. 최고 속도가 134㎞/h인 어떤 자동차의 차량 총중량이 차량 중량의 1.2배 이하인 자동차의 주제동 장치는 각축 제동력의 합이 차량 총중량의 몇 % 이상이어야 안전하다고 보는가?

① 20%　② 40%　③ 50%　④ 60%

38. 운행자동차 정기검사 대행자가 갖추어야할 장비 중 매연정도 교정용표준지 및 교정용가스의 검·교정검사 유효기간이 맞는 것은?

① 매연표준지:3개월, 교정용가스 : 1년

② 매연표준지:6개월, 교정용가스 : 6개월

③ 매연표준지:6개월, 교정용가스 : 1년

④ 매연표준지:1년, 교정용가스 : 2년

39. 속도계시험기 형식의 구분 중 자동차의 주행속도를 측정하여 지시 또는 지시 및 판정하는 형식은?

① 차륜구동형(표준형)　② 롤러구동형(자력식)

③ 단순형　④ 자동형

40. 제동 시험기의 정기정밀도 검사 기한은?

① 최초정밀도검사를 받은 날부터 3월이 되는 날이 속하는 달

② 최초정밀도검사를 받은 날부터 6월이 되는 날이 속하는 달

③ 최초정밀도검사를 받은 날부터 12월이 되는 날이 속하는 달

④ 최초정밀도검사를 받은 날부터 2년이 되는 날이 속하는 달

41. LPG가스를 연료로 사용하는 자동차의 베이퍼라이저(MAS1또는 MAS2 타입)내의 2차밸브 손상으로 인한 흡기다 기관으로의 가스누출 검사방법으로 가장 옳바른 것은?

① 시동상태로 흡기다기관 입구에서 가스누출감지기를 이용하여 누출가스를 측정한다.

② 시동을 정지하고 시동키를 뺀 상태에서 흡기다기관입구에서 가스누출감지기를 이용하여 누출가스를 측정한다.

③ 시동을 정지하고 키를 ON위치로 하여 흡기다기관 입구에서 가스누출감지기를 이용 누출가스를 측정한다.

④ 시동상태에서 비눗물을 이용하여 흡다기관 입구에서 누출가스를 측정한다.

42. 햇볕과 광화학 반응을 일으키는 배기가스는?

① NOx ② CO ③ PM ④ CO_2

43. 운행 자동차의 주제동 장치는 좌우바퀴에 작용하는 제동력의 차가 당해 축중의 몇 %이하이어야 하는가?

① 8% ② 20% ③ 50% ④ 60%

44. 제동시험기의 형식을 구분한 것 중 틀린 것은?

① 단순형 제동시험기 ② 판정형 제동시험기

③ 차륜 구동형 제동시험기 ④ 답판 연동형 제동시험기

45. 자동차의 제동정지거리는 다음 중 어느 것인가?

① 반응시간 + 답체시간 + 과도제동 + 제동시간

② 답체시간 + 답입시간 + 제동시간

③ 공주거리 + 제동거리

④ 답체시간 + 공주거리

46. 속도계 시험기의 속도가 40km/h일 때 측정자동차 속도계의 합격범위로 적합한 것은?

① 34.78~44.44km/h ② 30~55km/h

③ 36~50km/h ④ 32.7~42.78km/h

47. 속도계 시험기의 판정에 대한 정밀도 검사기준으로 적합한것은?

① 판정 기준값의 1km 이내 ② 판정 기준값의 2km 이내

③ 판정 기준값의 3km 이내 ④ 판정 기준값의 4km 이내

48. 사이드슬립 측정기의 정밀도에 대한 기준으로 적합하지 않는 것은?

① 20눈금 이하에서 ±0.2mm/m 이내

② 0점 지시 : ±0.2mm/m 이내

③ 5mm 지시 : ±0.2mm/m 이내

④ 판정 정밀도 : ±0.2mm/m 이내

49. 제동시험기의 정기정밀도검사 기간은?

① 3 개월　② 6 개월　③ 12 개월　④ 2 년

50. 휘발유, 가스를 연료로 사용하는 운행중인 자동차에서 일산화탄소 및 탄화수소의 측정 요령 중 틀린 것은?

① 원동기는 측정전에 적당히 예열되어야 한다.

② 주행 중이던 차량으로 원동기가 과열되었을 때는 정지 가동시킨 후 5분 정도 경과한 후 정상상태가 되었을 때 측정한다.

③ 수동변속기인 차의 경우 기어는 중립에 클러치는 밟지 않은 상태에서 한다.

④ 냉방장치 등 부속장치는 작동된 상태에서 원동기를 가동시킨다.

51. 다음과 같은 제원을 가진 디젤기관 버스의 좌우측 브레이크 편차와 판정이 바르게 된 것은?

- 차량총중량 : 6800kgf(전 2800, 후 4000) • 승차정원 : 6명 • 최고속도 : 71km/h
- 제동력 전좌 : 920kgf, 전우 : 800kgf, 후좌 : 1250kgf, 후우 : 1050kgf

① 약 2.8% 〈 8% (부적합)　② 약 3.2% 〈 8% (적합)

③ 약 3.6% 〈 8% (적합)　④ 약 4.3% 〈 8% (적합)

52. 배출가스 정밀검사에서 경유 자동차 매연 측정기의 매연 분석 방법은?

① 광반사식　② 여지 반사식

③ 전유량방식 광투과식　④ 부분유량 채취방식 광투과식

53. 주차제동장치의 조작력 기준중 승용이외의 자동차에 대한 측정시 조작력 기준으로 적합한 것은?

① 발조작식의 경우 : 60kgf 이하 손조작식의 경우 : 40kgf 이하

② 발조작식의 경우 : 70kgf 이하 손조작식의 경우 : 50kgf 이하

③ 발조작식의 경우 : 50kgf 이하 손조작식의 경우 : 30kgf 이하

④ 발조작식의 경우 : 90kgf 이하 손조작식의 경우 : 30kgf 이하

54. 최고속도 80 km/h, 차량 총중량 2185 kgf이고 공차시 전 축중 380 kgf, 후축중 1480 kgf, 전제동력 230 kgf, 후제동력 890 kgf일 때, 운행자동차의 제동력 합에 대한 적합 여부 판정으로 옳은 것은?

① 40 % 이하이므로 적합　　② 50 % 이상이므로 적합

③ 50 % 이하이므로 적합　　④ 60 % 이상이므로 부적합

55. NDIR(비분산 적외선) 분석방법을 채택한 배기가스 측정기로 측정하는 것은?

① HC　　② NOx　　③ O_2　　④ H_2O

56. 운행자동차의 주차제동장치의 주차제동력의 합은 차량 중량의 몇 % 이상이어야 하는가?

① 10　　② 20　　③ 30　　④ 45

57. 광도에 대한 설명으로 적합한 것은?

① 광원에서 공간으로 발산되는 빛의 다발

② 일정한 방향에 대한 광원의 밝기

③ 피조면에 대한 광속의 비

④ 피조면을 보고 느끼는 밝기 감각

58. 자동차의 속도계를 50㎞/h로 유지하고 100m의 구간을 통과 하는데 8초가 걸렸다. 자동차의 차속과 속도계 편차의 판정이 바른 것은?

① 40㎞/h(부적합)　　② 45㎞/h(적합)

③ 52㎞/h(부적합)　　④ 55㎞/h(부적합)

59. 자동차의 한쪽 조향바퀴만을 답판 위에 통과시켜 주행에 의하여 발생되는 옆미끄럼량을 측정하는 사이드 슬립 측정기의 형식은?

① 답판 연동형 ② 단일 답판형

③ 단순형 ④자동형

60. 2000년 1월에 제작되어 운행 중인 소형화물자동차(경유를 사용)의 정기검사 매연 배출 허용기준은?

① 40% 이하 ② 30% 이하 ③ 35% 이하 ④ 20% 이하

61. 제동시험기의 정밀도에 대한 검사기준 중 허용오차 범위에 맞지 않는 것은?

① 좌・우 제동력 지시 : ±5 % 이내(차륜 구동형은 ±2% 이내)

② 좌・우 합계 제동력 지시 : ±5 % 이내

③ 좌・우 차이 제동력 지시 : ±5 % 이내

④ 중량설정 지시 : ±5 % 이내

62. 원동기가 차체 후면에 장착된 승용자동차의 배기소음 최종측정치는 배기소음측정치에서 몇 dB을 빼는가?

① 5 dB ② 6 dB ③ 7 dB ④ 8 dB

63. 운행차 정기검사방법 중 소음도 측정에 관한 사항으로 옳은 것은?

① 경적소음은 자동차의 원동기를 가동시키지 아니한 정차 상태에서 자동차의 경음기를 3초동안 작동시켜 최대 소음도를 측정한다.

② 2개 이상의 경음기가 장치된 자동차에 대하여는 경음기를 동시에 작동시킨 상태에서 측정한다.

③ 자동차소음의 3회이상 측정치(보정한 것을 포함한다)중 가장 큰 값을 최종측정치로 한다.

④ 자동차의 소음과 암소음의 측정치 차이가 3dB일 때의 보정치는 2dB이다.

64. 차량총중량 1525kgf, 차량중량 1200kgf인 승용자동차를 ASM2525모드에 의하여 배출가스 정밀검사를 실시하려고 한다. 이 자동차의 관성중량은 몇 kgf으로 하여야 하는가?

① 1200 ② 1336 ③ 1363 ④ 1525

65. 전조등의 광도 및 광축의 측정방법 중 맞는 것은?

① 원동기는 시동을 끈 상태로 한다.

② 자동차의 축전지는 과충전 상태로 한다.

③ 운전자 1인이 승차하지 않은 공차상태에서 측정한다.

④ 4등식의 전조등의 경우에는 측정하지 아니하는 등화에서 발산하는 빛을 차단한 상태로 한다.

66. 조향륜 옆미끄럼량이 검사기준은 1m 주행시 몇 mm 이내인가?

① 3 mm ② 5 mm ③ 8 mm ④ 10 mm

67. 운행중인 승용자동차 주차제동장치의 조작력기준으로 맞는 것은?

① 발조작식 120 kgf 이하, 손조작식 30 kgf 이하

② 발조작식 110 kgf 이하, 손조작식 35 kgf 이하

③ 발조작식 100 kgf 이하, 손조작식 35 kgf 이하

④ 발조작식 60 kgf 이하, 손조작식 40 kgf 이하

68. 운행차 배출가스정밀검사에서 운행차의 정밀검사방법 · 기준 및 검사대상항목 중에 배출가스관련 부품 및 장치의 작동상태 확인 항목의 검사기준으로 틀린 것은?

① 엔진의 가속상태가 원활하게 작동할 것

② 전기점화조절장치가 정상적으로 작동될 것

③ 배출가스 전환장치가 정상적으로 작동할 것

④ 연료증발가스발생장치가 정상적으로 작동할 것

69. 축중 2800 kgf인 차량의 제동력이 우측 1110 kgf, 좌측 850 kgf이었다. 이 차의 좌 · 우 바퀴의 제동력 차이는 몇 %이며, 검사기준상 적합여부를 바르게 나타낸 것은?

① 9.29 % (적합) ② 9.29 % (부적합)
③ 7.28 % (부적합) ④ 7.28 % (적합)

70. 자동차 경적음 크기의 최소치와 측정기준이 적합한 것은?

① 최소치 : 90데시벨(A) 이상, 측정기준 : 차체 전방 2m 거리, 지상높이 1.2±0.5m
② 최소치 : 115데시벨(C) 이하, 측정기준 : 차체 전방 2m 거리, 지상높이 1±0.5m
③ 최소치 : 115데시벨(A) 이하, 측정기준 : 차체 전방 2m 거리, 지상높이 1.2±0.05m
④ 최소치 : 90데시벨(C) 이상, 측정기준 : 차체 전방 2m 거리, 지상높이 1.2±0.05m

71. 제동초속도 50km/h에서 정지거리 22m에 정지시키는데 필요한 제동력(각륜의 총화)은 몇 kgf인가?(단, 차량중량 2000kgf, 승차정원 6명, 회전부분의 상당중량은 총중량의 5%, 공주시간은 0.1초이다.)

① 1189 ② 1198.44 ③ 1098.44 ④ 1918.44

72. 자동차의 공주거리-제동거리-정지거리를 산출하고 안전기준에 의거 판정한 것으로 맞는 것은?

- 차량중량 : 920kgf
- 제동력합계 : 600kgf
- 회전부분 상당중량 : 차량중량의 5%
- 최고시속 : 140km/h
- 공주시간 : 0.3초

① 1.39m-11.48m-12.87m(부적합) ② 4.17m-15.85m-20.02m(적합)
③ 1.39m-11.45m-12.84m(적합) ④ 4.17m-11.48m-15.65m(부적합)

73. 정지가동상태의 매연측정을 위하여 급가속시 가속페달을 밟을 때부터 놓을 때까지의 소요시간은?

① 1s이내 ② 2s이내 ③ 3s이내 ④ 4s이내

74. 자동차 검사용으로 사용하는 사이드슬립측정기에 관한 설명으로 가장 적절한 것은?

① 제동력의 화, 차, 끌림 등을 시험
② 제동시의 사이드 슬립값을 측정
③ 자동차의 조향륜의 옆미끄럼량을 측정
④ 캐스터 및 킹핀각을 측정

75. 운행자동차의 배출가스 측정방법 중 일산화탄소 및 탄화수소 측정방법으로 맞지 않는 것은?

① 배출가스 채취관을 배기관 내에 30cm 이상 삽입하고 측정한다.
② 채취관 삽입 후 10초 이내로 측정한 배출가스 농도를 읽어 기록한다.
③ 배기관이 2개 이상일 때에는 임의로 배기관 1개를 선정하여 측정을 한 후 측정치를 삽입한다.
④ 자동차용 원동기 배기관과 냉·난방용 원동기 배기관이 별도로 있을 경우에는 자동차용 배기관에서만 측정한다.

76. 20000cd를 가진 광원에서 10m 떨어진 위치에 있어서의 밝기는 몇 lx인가?

① 20 ② 200 ③ 2000 ④ 200000

77. 최고속도가 85km/h, 차량총중량 10000kgf, 차량중량이 5000kgf인 자동차의 경우 안전기준 상 각 축의 제동력의 합은 몇 kgf 이상이어야 하는 가?

① 2000kgf ② 2500kgf ③ 3000kgf ④ 5000kgf

78. 운행자동차의 속도계를 시험할 때 기준이 되는 것은?

① 측정차의 속도계를 기준

② 시험기의 지시를 기준

③ 시험기와 측정차의 차이를 비교

④ 시험기와 측정차 중 아무 것이나 기준을 설정하여 시행

79. 자동차 차륜정렬 요소 중 캠버의 측정단위는?

① mm ② °(도) ③ inch ④ feet

80. 정밀검사 시행요령 중 배출가스 분석기의 사용에 관한 내용으로 틀린 것은?

① 배출가스 분석기는 형식 승인된 기기로 최근 1년 이내에 정도검사를 필한 것이어야 한다.

② 배출가스 분석기는 충분히 예열하여 안정화시킨 후 분석기 사용방법에 따라 조작한다.

③ 일산화탄소, 탄화수소, 이산화탄소, 산소 및 질소산화물 분석기의 영점 및 스팬(span)을 조정한다.

④ 배출가스 측정시 외부공기가 충분히 들어갈 수 있도록 시료채취관에 압축공기를 불어 넣는다.

81. 최고속도가 180km/h인 승용자동차의 차량총중량이 1340kgf이고, 차량중량이 1065kgf, 전축중이 635kgf일 때, 모든 축의 제동력의 합과 뒷축 제동력은 얼마 이상이어야 하는 가?

① 모든 축의 제동력의 합 : 532.5kgf, 뒷축 제동력의 합 : 86kgf 이상

② 모든 축의 제동력의 합 : 532.5kgf, 뒷축 제동력의 합 : 213kgf 이상

③ 모든 축의 제동력의 합 : 670kgf, 뒷축 제동력의 합 : 86kgf 이상

④ 모든 축의 제동력의 합 : 670kgf, 뒷축 제동력의 합 : 213kgf 이상

82. 운행차의 소음측정기에 있어서 지시계는 어떤 특성을 가진 것을 사용하여 측정하여야 하는 가?

① 빠른 동특성

② 느린 동특성

③ 측정 후 바늘이 정지되어 있는 특성

④ 4초 이내에 음량을 가리킬 수 있는 특성

83. 자동차의 검사에 사용되는 기계·기구 중 정밀도 검사를 받아야 하는 기계·기구가 아닌 것은?

① 전차륜정렬시험기 ② 제동시험기

③ 전조등 시험기 ④ 사이드슬립측정기

84. 주행속도가 80km/h인 자동차의 브레이크를 작동시켰을 때 제동거리는 약 얼마인가? (단 차륜과 도로면의 마찰계수는 0.2)

① 2m ② 5.7m ③ 55.6m ④ 126m

85. 배출가스 정밀검사에서 휘발유사용자동차의 부하검사 항목은?

① 일산화탄소, 탄화수소, 엔진정격회전수

② 일산화탄소, 이산화탄소, 공기과잉률

③ 일산화탄소, 탄화수소, 이산화탄소

④ 일산화탄소, 탄화수소, 질소산화물

86. 암소음이 84dB을 나타내는 장소에서 경음기의 음량을 측정한 결과 측정 대상음과 암소음의 차가 1dB이 되었다. 측정음은?

① 80dB ② 83dB ③ 측정치 무효 ④ 85dB

87. 자동차의 주제동장치 중 제동력의 복원상태는 브레이크 페달을 놓을 때 제동력이 몇 초 이내에 당해 축중의 20%이하로 감소되어야 하는가?

① 1초 ② 2초 ③ 3초 ④ 4초

88. 1999년 11월에 제작되어 운행중인 중량자동의 경적 소음 최종측정치가 109dB(C)일 경우 정기검사의 내용으로 맞는 것은?

① 허용기준이 100dB(C)이므로 부적합

② 허용기준이 105dB(C)이므로 부적합

③ 허용기준이 110dB(C)이므로 적합

④ 허용기준이 115dB(C)이므로 적합

89. 운행자동차 주차제동장치의 제동능력 기준 중 적합한 것은?

① 제동능력이 당해 축중의 50% 이상일 것

② 제동능력이 차량중량의 50% 이상일 것

③ 제동능력이 당해 축중의 20% 이상일 것

④ 제동능력이 차량중량의 20% 이상일 것

90. 매연 농도 측정치 산출시 3회 연속 측정한 매연 농도의 최대치와 최소치의 차이가 몇 %를 초과할 때 2회를 다시 측정해야 하는가?

① 3% ② 5% ③ 10% ④ 20%

91. 운행자동차의 전조등 설치높이가 지상 1.2m일 때 전방 10m 위치에서 하향 진폭을 측정한 결과 25cm 였다. 자동차검사 기준에 의한 판정이 바르게 된 것은?

① 12cm 이내(부적합) ② 25cm 이내(부적합)

③ 25cm 이내(적합) ④ 30cm 이내(적합)

92. 후축중이 4500kgf 인 자동차에서 후축의 제동력은 얼마 이상이어야 하는가?

① 450kgf ② 900kgf ③ 2250kgf ④ 2700kgf

93. 전조등 검사 시 좌측 전조등 주광축의 좌. 우측 진폭은?

① 좌 30cm 이내, 우 30cm 이내

② 좌 15cm 이내, 우 15cm 이내

③ 좌 15cm 이내, 우 30cm 이내

④ 좌 30cm 이내, 우 15cm 이내

94. 차량의 가속 주행소음을 측정한 결과 86dB 이며, 암소음이 82dB이었다면 이 때의 보정치를 적용한 가속 주행소음은?

① 84dB ② 83dB ③ 85dB ④ 86dB

95. 운행자동차 배출가스 정기검사대행자가 갖추어야 할 장비 중 여지 반사식 매연 측정기의 교정을 표준지 규격(농도)에 해당되는 것은?

① 20%, 30%, 40%, 50% ② 20%, 30%, 40%, 60%

③ 20%, 30%, 60%, 80% ④ 20%, 30%, 50%, 60%

96. 운행자동차 배출가스 정밀검사의 검사모드에 관한 설명으로 틀린 것은?

① 휘발유 사용 자동차 부하 검사방법은 ASM2525 모드이다.

② 경유 사용 자동차 무부하 검사방법은 무부하 정지가동 검사 모드이다.

③ 경유 사용 자동차 부하 검사방법은 Lug-Down3 모드이다.

④ 휘발유 사용 자동차 무부하 검사방법은 무부하 정지가동 검사 모드이다.

97. 운행자동차의 최고속도가 70km/h인 자동차가 있다. 주 제동장치의 급제동시험을 할 경우 제동초속도는?

① 35km/h ② 40km/h ③ 50km/h ④ 당해자동차의 최고속도

98. 제동시험기 롤러의 마모 한계는 기준 직경의 몇 % 이내인가?

① 2% ② 3% ③ 5% ④ 8%

99. 4륜 자동차 질량이 1500kg, 전륜 1개 제동력이 2500N, 후륜 1개 제동력이 2000N인 자동차에서 제동 감속도는?

① $5m/s^2$ ② $6m/s^2$ ③ $7m/s^2$ ④ $8m/s^2$

100. 1999년 이전 제작된 승용자동차 경음기에 대한 경적음 크기의 운행차 기준을 바르게 설명한 것은?

① 차체 전방 2m 거리에서 지상높이가 1.2±0.05m 높이가 되는 지점에서 측정한 값이 90dB 이상 115dB 이하

② 차체 전방 2m 거리에서 지상높이가 1.2±0.05m 높이가 되는 지점에서 측정한 값이 112dB 이상 115dB 이하

③ 차체 전방 2m 거리에서 지상높이가 1.2±0.05m 높이가 되는 지점에서 측정한 값이 95dB 이상 120dB 이하

④ 차체 전방 2m 거리에서 지상높이가 1.2±0.05m 높이가 되는 지점에서 측정한 값이 112dB 이상 115dB 이하

101. 제동장치의 제동력 복원에 대한 검사기준으로 적합한 것은?

① 3초 이내에 당해 축중의 8% 이하로 감소할 것.

② 5초 이내에 당해 축중의 8% 이하로 감소할 것.

③ 3초 이내에 당해 축중의 20% 이하로 감소할 것.

④ 5초 이내에 당해 축중의 20% 이하로 감소할 것.

102. 배출가스 정밀검사에서 Lug-Down3 모드의 검사항목이 아닌 것은?

① 매연 농도 ② 엔진출력

③ 엔진회전수 ④ 질소산화물(NOx)

103. 운행자동차의 경적소음 측정 시 마이크로폰 설치방법 중 틀린 것은?

① 마이크로폰 설치위치는 경음기가 설치된 위치에서 가장 소음도가 크다고 판단되는 자동차의 면에서 전방 2m 떨어진 지점에서 측정한다.

② 마이크로폰은 자동차의 면에서 전방으로 2m 떨어진 지점을 지나는 연직선으

로부터의 수평거리가 0.05m 이하의 지점에 설치하여 측정한다.

③ 마이크로폰은 지상 높이가 1±0.5m 인 지점에 설치하여 측정한다.

④ 마이크로폰은 시험 자동차를 향하여 차량 중심선에 평행하여야 한다.

104. 최고속도가 80km/h 미만인 운행자동차의 제동장치의 제동능력 기준으로 옳은 것은?

① 차량총중량이 차량중량의 3.5배 이하일 때 각축 제동력의 합이 차량총중량의 50% 이하일 것.

② 차량총중량이 차량중량의 2배 이상일 때 각축 제동력의 합이 차량총중량의 40% 이상일 것

③ 차량총중량이 차량중량의 1.5배 이하일 때 각축 제동력의 합이 차량총중량의 40% 이하일 것.

④ 차량총중량이 차량중량의 1배 이하일 때 각축 제동력의 합이 차량총중량의 40% 이하일것.

105. 운행자동차 배출가스 측정 시 매연측정 방법으로 틀린 것은?

① 측정기의 시료 채취관을 배기관의 중앙에 오도록 하고 20㎝ 정도의 깊이로 삽입한다.

② 가속페달을 밟을 때부터 놓을 때까지의 소요시간은 10초 이내로 한다.

③ 원동기의 급가속 시부터 시료 채취관의 압축공기 청소까지에 소요되는 시간은 15초 정도로 한다.

④ 매연 농도 측정은 3회 연속 측정한다.

106. 일산화탄소 및 탄화수소 측정기의 측정 전 준비사항으로 틀린 것은?

① 아날로그 측정기는 예열 전에 전원 스위치를 끊고 기계적 영점을 확인하여 필요시 영점을 맞춘다.

② 1주일 이상 계속 사용하지 않았다가 사용하고자 하는 경우 스팬 조정을 실시해야 한다.

③ 스팬 조정은 1개월에 1회 이상 실시해야 한다.

④ 측정기는 동작 확인된 기기로서 최근 2년 이내에 정도 검사를 필한 것이어야 한다.

107. 운행차 배출가스 정밀검사에 관한 설명 중 틀린 것은?

① 검사 결과 부적합 판정을 받은 자동차의 소유주가 재검사 기간 내에 재검사를 신청하여 적합 판정을 받아야 정밀검사를 받은 것으로 한다.

② 정밀검사 기간 내에 정밀검사를 신청한 경우 재검사 기간은 부적합 판정을 받은 날부터 정밀검사 기간 만료 후 5일 이내이다.

③ 검사 결과 부적합 판정을 받은 자동차의 소유자가 재검사 기간 내에 재검사를 신청하지 아니하거나 재검사를 신청하여 적합 판정을 받지 아니한 경우에는 정밀 검사를 받지 아니한 것으로 본다.

④ 정밀검사 유효기간 연장을 위해서는 자동차등록증과 자동차 성능시험 결과표를 지정검사소에 제출하여하 한다.

108. 운행자동차의 전 · 후 축중이 각각 1850kgf, 2250kgf 일 때 주제동 장치의 각축 제동력의 합은 몇 kgf 이상 필요한가?(단, 최고속도가 매시 80킬로미터 이상이고, 차량총중량이 차량중량의 1.2배의 경우)

① 2050kgf ② 2460kgf ③ 2870kgf ④ 3280kgf

109. 자동차 계기판의 속도가 70km/h에서 시험을 했을 경우 안전시준에 적합한 시험기의 속도 범위에 해당되는 것은?

① 63.00 ~ 80.50km/h ② 59.50 ~ 63.00km/h
③ 56.00 ~ 77.78km/h ④ 63.00 ~ 77.78km/h

110. 운행차 정기검사 시 경적소음 측정 방법으로 맞는 것은?

① 자동차의 원동기가 공회전상태에서 측정

② 경음기를 3초 동안 작동시켜 최저소음도 측정

③ 경음기를 5초 동안 작동시켜 최대소음도 측정

④ 경음기가 2개 이상이 장치된 경우에는 1개만 작동시켜 측정

111. 제동시험기의 정밀도에 대한 검사기준 중 허용오차 범위로 옳은 것은?

① 좌 · 우 제동력 지시 : ±15% 이내

② 좌 · 우 합계 제동력 지시 : ±5% 이내

③ 좌 · 우 차이 제동력 지시 : ±5% 이내

④ 중량 설정 지시 : ±10% 이내

112. 전조등의 광도가 18000 cd 인 자동차를 10m 전방에서 측정하였을 경우의 조도는?

① 160 lx ② 180 lx ③ 200 lx ④ 220 lx

113. 다음과 같은 제원을 가진 차량의 제동거리는?

[제 원]

- 차량중량(kgf) : 6380(전축중 : 2580, 후축중 : 3800)
- 승차정원 : 55명
- 최고속도 : 75km/h
- 제동초속도 : 30km/h
- 회전부분 상당중량 : 5%
- 제동력(kgf) : 전좌 1000, 전우 950, 후좌 1400, 후우 1250

① 5.16m ② 50.25m ③ 38.25m ④ 3.825m

114. 차량중량 1060kgf, 전축중 560kgf, 후축중 480kgf 인 운행 자동차의 주차제동장치 제동능력은?

① 424kgf 이하 ② 232kgf 이상 ③ 192kgf 이하 ④ 212kgf 이상

115. 20001년 11월 제작되어 운행 중인 휘발유를 사용하는 승용자동차의 일산화탄소 측정 결과 2.2% 일 경우 정기검사 결과 설명으로 옳은 것은?

① 허용기준이 1.0% 이하이므로 부적합

② 허용기준이 1.2% 이하이므로 부적합

③ 허용기준이 2.5% 이하이므로 적합

④ 허용기준이 4.5% 이하이므로 적합

116. 배출가스 정밀검사에서 경유 자동차의 엔진 최고출력을 측정하여 표준상태로 보정하려고 한다. 이 때 대기온도가 영하 10도이고 대기압력이 95kPa 이라면 대기계수는?(단, 과급기가 부착되지 않은 일반엔진이다.)

① 0.85 ② 0.95 ③ 1.25 ④ 1.35

117. 기계·기구의 정밀도 검사기준 및 검사방법에서 속도계 시험기의 구성 부품에 해당되지 않는 것은?

① 롤러 ② 속도계 지시계

③ 바퀴이탈 방지장치 ④ 포텐쇼 미터

118. 기계·기구의 정밀도 검사 대상, 방법 및 기준 중 제동시험기의 차량 중량 설정은 100kgf 이상에서 하중을 몇 회 이상 변화시키면서 측정하는 가?

① 2회 ② 3회 ③ 4회 ④ 5회

제5장 자동차 및 자동차부품의 성능과 기준에 관한 규칙

1. 자동차 및 자동차부품의 성능과 기준에 관한 규칙에서 용어의 정의가 잘못된 것은?

① "윤중"이라 함은 자동차가 수평 상태에 있을 때 1개의 바퀴가 수직으로 지면을 누르는 중량을 말한다.

② "축중"이라 함은 자동차가 수평 상태에 있을 때 1개의 차축에 연결된 모든 바퀴의 윤중을 합한 것은 말한다.

③ "접지부분"이라 함은 적정 공기압 상태에서 타이어가 지면과 접촉되는 부분을 말한다.

④ "조향기둥"이라 함은 핸들축을 둘러싸고 있는 내장 및 외장 부분을 말한다.

2. 자동차의 축중은 몇 톤을 넘지 않아야 하는 가?

① 25톤 ② 20톤 ③ 10톤 ④ 5톤

3. 자동차의 안전도를 위해 공차상태의 자동차는 좌우로 기울인 상태에서 몇 도까지에서 전복되지 아니하여야 안전기준에 적합한 것으로 보는 가?

① 35o ② 37o ③ 40o ④ 45o

4. 입석을 허용하고 있는 자동차에서 1인이 차지하는 너비는 얼마 이상이어야 하는 가?

① 0.12m2 ② 0.14m2 ③ 0.16m2 ④ 0.18m2

5. 축간거리: L, 오버행: C라고 했을 때 각 자동차의 오버행은 틀리게 표시한 것은?

① 소형자동차 = $\frac{C}{L} \leq \frac{11}{20}$ ② 밴형화물자동차 = $\frac{C}{L} \leq \frac{2}{3}$

③ 승합자동차 = $\frac{C}{L} \leq \frac{1}{3}$ ④ 기타자동차 = $\frac{C}{L} \leq \frac{1}{2}$

6. 소형자동차의 차체 오버행은 오버행(C) 대 축간거리(L)의 비는 얼마의 허용한도이내 여야 하는 가?

① 2/3 ② 1/2 ③ 11/20 ④ 3/5

7. 자동차의 안전도를 위해 공차상태의 자동차는 좌우로 기울인 상태에서 몇 도까지에서 전복하지 아니하여야 안전기준에 적합한 것으로 보는가? 단, 차량총중량이 차량중량보다 1.2배 크다.

① 25 ② 35 ③ 40 ④ 45

8. 밴형 화물자동차에서 차체 오버행의 허용한도로 적합한 것은?

① C/L≦11/20 ② C/L≦2/3 ③ C/L≦1/2 ④ C/L≦3/5

9. 뒤차축 중심과 하대 내측 길이 중심과의 수평거리는?

① 하대옵셋 ② 바닥 높이 ③ 오버행 ④ 윤거

10. 자동차 공기압 타이어의 요철형 무늬 깊이는 안전기준상 최소한 몇 mm이상 유지하여야 하는 가?

① 1.6 ② 2.2 ③ 2.8 ④ 3.4

11. 자동차의 차실 안에 축전지를 설치할 때 옳은 것은?

① 적당한 곳에 설치한다. ② 축전지를 고정하지 않아도 된다.
③ 축전지를 절연물로 덮어 씌운다. ④ 축전지를 비절연 물질로 덮어둔다.

12. 자동차의 뒤오버행 모드이다. 바르지 않는 것은?

① 축거의 1/2이하=일반자동차
② 축거의 11/20이하=경형 및 소형자동차
③ 축거의 11/20이하=냉동탑으로 구조 변경한 자동차
④ 축거의 2/3이하=승합 자동차 및 화물이 차체 밖으로 나오게 할 우려가 없는 자동차

13. 자동차 안전기준에 관한 규칙에서 정하고 있는 어린이용 좌석의 크기는?

① 가로, 세로 각각 20cm이상 ② 가로, 세로 각각 27cm이상

③ 가로, 세로 각각 32cm이상 ④ 가로, 세로 각각 40cm이상

14 무한궤도를 장착한 자동차의 접지압력은 무한궤도 1㎠당 몇 kgf를 초과하지 않아야 하는 가?

① 3kgf ② 6kgf ③ 9kgf ④ 12kgf

15. 공차 시 적재함 중심에서 후차축 중심까지의 거리를 무엇이라고 하는 가?

① 윤거 ② 축중 ③ 오버행 ④ 오프셋

16. 최저지상고 측정은 기준면과 자동차 중앙부분의 최하부와의 거리를 측정한다. 이 경우 중앙부분이란 차륜내측너비의 몇 퍼센트를 포함하는 너비로서 차량중심선에 좌우가 대칭되는 너비를 말하는 가?

① 50 ② 60 ③ 80 ④ 90

17. 콘크리트 믹서와 탱크차의 하대오프셋은 다음 중 어느 것인 가?

① 믹서나 탱크의 최선단에서 후차축간의 거리

② 자동차의 중심과 후차축간의 거리

③ 체적중심에서 후차축 중심간의 수평 거리

④ 믹서나 탱크의 최후단과 후차축간의 거리

18. 차량중량 12000kgf, 승차정원 65명인 고속버스에서 원동기 출력은 최소 몇 마력(PS)이상 되어야 하는 가?

① 125PS ② 150PS ③ 162PS ④ 216PS

19. 조향바퀴 옆 미끄러짐이 1m 주행시 좌우방향으로 얼마이내이어야 하는 가?

① 5 m ② 5 mm ③ 3 m ④ 3 mm

20. 화물 자동차의 총중량이 19995kgf일 때 엔진의 출력(PS)은 얼마 이상 되어야 하는 가?

① 99.9 ② 199.95 ③ 399.9 ④ 699.82

21. 자동차 조향핸들의 유격은 당해 자동차의 조향핸들 지름의 몇 %이내이어야 하는 가?

① 10.5% ② 12.5% ③ 15.5% ④ 18.5%

22. 제동등의 광도 기준으로 적합한 것은?

① 1등당 광도기준은 40cd 이상 420cd 이하일 것
② 1등당 광도기준은 2cd 이상 25cd 이하일 것
③ 1등당 광도기준은 25cd 이상 160cd 이하일 것
④ 1등당 광도기준은 150cd 이상 300cd이하일 것

23. 번호등 검사에서 안전기준에 부적합한 경우는?

① 차폭등과 별도로 소등할 수 없는 구조일 것
② 전조등과 별도로 소등할 수 없는 구조일 것
③ 등광색은 등색 또는 담황색
④ 등록번호판 숫자 위의 조도가 8룩스 이상일 것

24. 고압가스를 운반하는 자동차의 고압가스 운송용기는 그 용기의 뒤쪽 끝이 차체의 뒷 범퍼 안쪽으로 얼마이상의 간격을 두고 설치하여야 하는 가?

① 30cm ② 25cm ③ 20cm ④ 15cm

25. 차체 바로 앞에 있는 장애물을 확인할 수 있는 장치를 설치하게 할 수 있는 자동차는?

① 차량총중량 8톤 이상, 최대적재량 5톤 이상, 승차정원 16인 이상
② 차량총중량 10톤 이상, 최대적재량 8톤 이상, 승차정원 16인 이상
③ 차량총중량 10톤 이상, 최대적재량 8톤 이상, 승차정원 35인 이상
④ 승차정원에 상관없이 차량총중량 10톤 이상, 최대적재량 8톤 이상의 화물자동차

26. 견인자동차보다 피견인자동차의 폭이 넓을 때 견인자동차의 최외측으로부터 얼마까지 돌출할 수 있는 가?

① 100mm ② 150mm ③ 300mm ④ 500mm

27. 특수자동차 등 국토해양부장관이 당해 자동차의 제작 특성 상 필요하다고 정하는 자동차의 최소회전반경으로 옳은 것은?

① 12m 이내 ② 15.5m 이내 ③ 13m 이내 ④ 27m 이내

28. 자동차에 LPG 연료를 사용하는 경우 가스용기 및 용기밸브는 차체 최외측 면으로부터 얼마 이상 간격을 두고 설치하여야 하는가?

① 500mm ② 450mm ③ 300mm ④ 200nn

29. 어린이운송용 승합자동차의 색상으로 옳은 것은?

① 적색 ② 황색 ③ 백색 ④ 주황색

30. 연료 탱크의 주입구 및 가스 배출구는 노출된 전기단자 및 전기개폐기로 부터 몇 ㎜이상 떨어져 있어야 되는가?

① 300㎜ ② 400㎜ ③ 500㎜ ④ 200㎜

31. 어린이 운송용 승합자동차 표시등에 관한 사항으로 틀린것은?

① 점멸횟수는 분당 60회 이상 120회 이하이다.

② 앞면과 뒷면에 설치하며 적색등은 바깥쪽 또는 호색등은 안쪽에 설치한다.

③ 각 표시등의 발광면적은 120㎠이상이다.

④ 도로에 정지하려고 하거나 출발하려고 할 때 적색표시등이 점멸된다.

32. 탱크로리를 설치하고 운행하는 자동차의 탱크 내부에는몇 L 마다 3.2㎜이상의 강철판 칸막이를 설치하여야 하는가?

① 1000L 이하 ② 2000L 이하 ③ 3000L 이하 ④ 4000L 이하

33. LPG사용 규제에 의해 LPG를 연료로 사용할 수 없는 자동차는?

① 일반 화물자동차 ② 어린이 운송용 승합자동차
③ 사업용 승용자동차 ④ 외형이 승용자동차와 유사한 밴형 화물자동차

34. 소형 자동차의 조향 바퀴 윤하중의 합은 차량 총중량 및 차량중량의 얼마 이상이어야 하는가?

① 20% 이상 ② 18% 이상 ③ 25% 이상 ④ 30% 이상

35. 긴급자동차 중 황색 경광등을 부착하는 자동차가 아닌 것은?

① 전신, 전화의 수리공사 등 응급작업에 사용되는 자동차
② 전기사업, 가스사업 그밖의 공익사업기관에서 위해 방지를 위한 응급작업에 사용되는 자동차
③ 민방위업무를 수행하는 기관에서 긴급예방 또는 복구를 위한 출동에 사용되는 자동차
④ 교도소 또는 교도기관의 자동차중 도주자의 체포 또는 피수용자의 호송, 경비를 위하여 사용되는 자동차

36. 액화석유가스와 천연가스 등의 기체연료를 연료로 사용하는 자동차의 연료장치 도관으로 적당하지 않은 것은?

① 강관 ② 동관 ③ 내유성 고무관 ④ 주철관

37. LPG 자동차에서 LPG 용기에 부착해야 하는 장치가 아닌것은?

① 용기밸브 및 안전밸브 ② 액면표시장치
③ 전자밸브 ④ 과충전 방지장치

38. 승차장치를 설명한 것 중 틀린 것은?

① 자동차의 승차장치는 승차인이 안전하게 승차할 수 있는 구조이어야 한다.

② 운전자 및 승객이 타는 자동차는 차실을 갖추어야 한다. 소방자동차 등도 이를 준용한다.

③ ②항의 규정에 의한 차실의 유효높이는 대형승합자동차의 경우에는 180cm 이상이어야 한다.

④ 자동차의 차실에는 조명시설 및 환기시설을 갖추어야 하며 원동기의 냉각수, 정류기, 변환기, 변압기, 공기 청정기 등 승객의 안전에 지장을 줄 우려가 있는 장치를 차실안에 설치하여서는 아니 된다.

39. 자동차의 등화장치기준에 적합하지 않는 것은?

① 모든 비상점멸등은 동시에 작동하는 구조이어야 한다.

② 어린이 운송용 승합자동차의 표시등에서 적색표시등은 안쪽에, 황색표시등은 바깥쪽에 설치하되, 차량중심선으로부터 좌·우대칭이 되도록 설치하여야 한다.

③ 자동차의 앞면에는 적색등화, 반사기 또는 방향지시등과 혼동하기 쉬운 점멸하는 등화를 설치하여서는 아니 된다.

④ 방향지시등은 매분 60회 이상 120회 이하의 일정한 주기로 점멸하거나 광도가 증감하는 구조여야 한다.

40. 압축가스 연료 장치 고압부의 배관은 가스 용기의 가스 충전 압력의 몇 배 압력에 견딜 수 있어야 안전하다고 할수 있는가?

① 1.5배 이상　② 1.8배 이상　③ 2배 이상　④ 2.5배 이상

41. 자동차의 방향지시기가 13초 동안에 15회 점멸하였다면 분당 점멸회수는 약 얼마인가?

① 약 16회　② 약 52회　③ 약 56회　④ 약 69회

42. 자동차의 앞면에 안개등을 설치할 경우 1등당 광도는 얼마 이하이어야 하는가?

① 1만 칸델라　② 9000 칸델라

③ 7000 칸델라　④ 5000 칸델라

43. 자동차의 원동기에 대한 안전기준으로 옳지 않은 것은 ?

① 승합자동차 및 화물자동차의 최대 출력을 차량총중량 1톤당 출력이 10마력(PS)이상일 것

② 제작자동차의 전부하 원동기 출력에서 최고 출력의 오차는 ± 2%를 초과하지 아니할 것

③ 양산자동차의 전부하 원동기 출력의 오차는 ± 5%를 초과하지 아니할 것

④ 제작자동차의 전부하 원동기 출력에서 기타 부분 출력의 경우 오차는 ± 5%를 초과하지 아니할 것

44. 자동차 중 경광등을 설치 할 수 있는 자동차가 아닌 것은?

① 도로교통법 제2조 16호 규정에 의한 긴급자동차

② 소방차 및 구급차 등과 동사무소에 운용되는 관용차

③ 소방차 및 구급자동차 등과 지방경찰청장이 지정한 자동차

④ 자동차관리법에 의한 구난형특수자동차 및 노면청소용 자동차

45. 제동등에 대한 설치 기준으로 적합한 것은?

① 주제동장치를 조작할 때에 점등이 되고, 제동조작을 해제할 때까지 지속적으로 점등상태를 유지하여야 한다.

② 등광색은 백색이어야 한다.

③ 1등당 광도는 40cd 이상, 450cd 이하이어야 한다.

④ 다른 등화와 겸용하는 제동등은 제동조작을 할 경우 그 광도가 2배 이상으로 증가하여야 한다.

46. 자동차안전기준에 대한 설명 중 잘못된 것은?

① 어린이용 좌석의 규격은 가로・세로 각각 27cm 이상이어야 한다.

② 통로에 설치하는 접이식 좌석은 30인승 이하의 승합자동차에 한하여 이를 설치할 수 있다. (다만, 안내원용 접이식 좌석은 31인승 이상의 승합자동차에도 설치할 수 있다.)

③ 차실안의 전기단자 및 전기개폐기는 절연물질로 덮어 씌우지 않아도 된다.

④ 고압부분의 도관은 가스용기 충전압력의 1.5배의 압력에 견딜 수 있어야 한다.

47. 다음 중 자동차 안전기준에 의거 자동차의 좌석 안전띠를 설치하여야 하는 자동차에 포함되지 않는 자동차는?

① 화물 자동차 ② 영업용 택시

③ 승차정원 20인의 관광버스 ④ 시내버스

48. 운행기록계를 설치하지 않아도 되는 자동차는?

① 사업용 용달자동차

② 최대적재량 8톤 이상의 일반화물 자동차

③ 쓰레기 운반전용의 화물자동차

④ 긴급자동차

49. 다음 중 자동차의 차실 안에 설치할 수 있는 것은?

① 조명시설 ② 정류기 ③ 변환기 ④ 변압기

50. 차량총중량이 300kgf인 이륜자동차의 원동기 출력은 몇 마력 이상 이어야 하는가? (단, 전기를 동력으로 사용하는 자동차가 아님)

① 1마력 ② 3마력 ③ 6마력 ④ 9마력

51. 운전자의 시계범위 안에 위치한 장치 중 금속표면에서 빛의 반사가 되어서는 안 되는 것은?

① 엔진후드

② 앞면창유리의 창닦이기의 블레이드와 암

③ 차체안의 앞면창유리의 창틀

④ 실내후사경의 프레임 및 지지부

52. 방향지시등은 차체너비의 몇 % 이상의 간격을 두고 설치하여야 하는가?

① 20 ② 30 ③ 50 ④ 70

53. 등화장치에 대한 설치기준으로 틀린 것은?

① 차폭등의 등광색은 백색·황색·호박색으로 하고, 양쪽의 등광색을 동일하게 하여야 한다.

② 번호등의 바로 뒷쪽에서 광원이 직접 보이지 아니하는 구조여야 한다.

③ 번호등의 등록번호표 숫자위의 조도는 어느 부분에서도 5룩스 이상이어야 한다.

④ 후미등의 1등당 광도는 2칸델라 이상 25칸델라 이하이어야 한다.

54. 바퀴잠김방지식 주제동장치를 의무적으로 설치하여야 하는 자동차는?

① 경자동차 ② 승용자동차

③ 소형(경승합제외)승합자동차 ④ 소형 화물자동차

55. 다음 중 공차상태에서 만재하는 것이 아닌 것은?

① 정원 ② 윤활유 ③ 냉각수 ④ 연료

56. 경유연료 사용 자동차의 조속기 봉인방법으로 옳지 않는 것은?

① 납 봉인방법은 3선 이상으로 꼬은 철선과 납덩이를 사용하여 압축봉인하여야 한다. 이 경우 조정나사 등에는재봉인을 위한 구멍을 뚫지 않아도 된다.

② Cap seal 봉인 방법은 조속기 조정나사에 Cap을 사용하여 봉인하여야 한다.

③ 봉인 Cap방법은 조속기 조정나사를 Cap고정 Bolt로 고정하고 Cap을 씌운후 그 표면에 납을 사용하여 봉인 하여야 한다.

④ 용접방법은 조속기 조정나사를 고정시킨 후 환형철판 등으로 용접하여 봉인하여야 한다.

57. 전기장치에 대한 안전기준으로 적합하지 않은 것은?

① 전기배선은 모두 절연물질로 덮어 씌우고 차체에 고정시킬 것.

② 차실안의 전기 개폐기 및 전기 단자는 적절히 절연물질로 덮어 씌울 것.

③ 노출된 전기 개폐기는 연료탱크로부터 300mm 이상 간격을 두고 설치할 것.

④ 축전지는 자동차의 진동 또는 충격 등에 의하여 이완되거나 손상되지 않도록 고정시킬 것.

58. 승합자동차와 화물을 차체 밖으로 나오게 적재할 우려가 없는 자동차의 "뒤 오버행"값으로 옳은 것은?

① 가장 앞의 차축 중심에서 가장 뒤의 차축 중심까지의 수평거리의 20분의 11이하일 것.

② 가장 앞의 차축 중심에서 가장 뒤의 차축 중심까지의 수평거리의 3분의 2이하일 것.

③ 가장 앞의 차축 중심에서 가장 뒤의 차축 중심까지의 수평거리의 3분의 1이하일 것.

④ 가장 앞의 차축 중심에서 가장 뒤의 차축 중심까지의 수평거리의 2분의 1이하일 것.

59. 차체 바로 앞에 있는 장애물을 확인할 수 있는 장치를 설치하게 할 수 있는 자동차는?

① 차량총중량 8톤 이상 모든 자동차

② 최대적재량 3톤 이상 모든 자동차

③ 승차정원 15인 이상 승합자동차

④ 특수자동차

60. 다음은 제동등에 대한 안전기준이다. 틀린 것은?

① 제동등의 등광색은 적색일 것

② 1등당 광도는 40칸델라 이상 420칸델라이하일 것

③ 다른 등화와 겸용하는 경우 제동 조작시 그 광도가 3배 이상으로 증가한 것

④ 등화의 중심점은 차량 중심선을 기준으로 좌우 대칭이 되지 않도록 할 것

61. 자동차(경형자동차 제외)의 3점식 좌석안전띠의 골반부분 부착장치는 얼마의 하중에 10초 이상 견디어야 하는가?

① 2,270kgf　　② 2,620kgf　　③ 2,520kgf　　④ 2,420kgf

62. 자동차 안전기준에 관한 설명 중 틀린 것은?

① 자동차의 길이는 13m(연결자동차의 경우 16.7m)를 초과하여서는 아니된다.

② 자동차의 높이는 4m를 초과하여서는 아니된다.

③ 자동차의 축중은 20톤을 초과하여서는 아니된다.

④ 자동차의 윤중은 5톤을 초과하여서는 아니된다.

63. 자동차의 안전기준에 적합하지 않는 것은?

① 완충장치의 각 부는 갈라지거나 금이 가고 탈락되는 등의 손상이 없어야 한다.

② 차실 외에 설치하는 축전지는 절연물질로 덮어 씌울 것

③ 차실 안의 전기단자 및 전기 개폐기는 적절히 절연물질로 덮어 씌울 것

④ 어린이운송용 승합자동차의 승강구 제1단의 발판 높이는 30센티미터 이하이어야 한다.

64. 원동기 출력시험에서의 측정 항목이 아닌 것은?

① 흡기온도 ② 흡기압력 ③ 배출가스 온도 ④ 배출가스 압력

65. 자동차의 후퇴등에 대한 안전기준으로 맞는 것은?

① 3개 이하로 설치할 것

② 등광색은 백색 또는 황색으로 할 것

③ 주광축은 상향으로 하되, 자동차의 뒤쪽 100m 이내의 지면을 비출 수 있도록 설치할 것

④ 변속장치의 위치에 상관없이 점등되도록 할 곳

66. 최고속도제한장치를 설치하지 않아도 되는 자동차는?

① 총중량 10톤 이상인 운송사업용 시외고속버스

② 총중량 10톤 이상인 운송사업용 전세버스

③ 총중량 10톤 이상인 화물자동차

④ 최대 적재량이 8톤 이상인 특수 자동차

67. 액화석유가스와 천연가스 등의 기체 연료를 사용하는 자동차의 연료장치 중 안전기준에 적합하지 않는 것은?

① 고압부분의 도관은 가스용기 충전압력의 1.5배의 압력에 견딜 수 있을 것
② 중간 차단밸브는 운전자가 운전 중에도 조작할 수 있는 곳에 설치할 것
③ 양 끝이 고정된 도관(내유성 고무관을 제외한다)은 완곡된 형태로 최소한 2m 마다 차체에 고정시킬 것
④ 가스용기는 차체 밖으로부터 공기가 통하는 곳에 설치할 것

68. 자동차의 뒷면에 안개등을 설치할 경우 자동차 안전기준에 관한 규칙에 적합하지 않은 것은?

① 1개를 설치할 경우는 차량 중심선이나 차량 중심선의 왼쪽에 설치할 것
② 1등당 광도는 150칸델라 이상 300칸델라 이하일 것
③ 등광색은 황색일 것
④ 1등당 유효 조광면적은 140제곱센티미터 이하일 것

69. 입석에 대한 기준을 설명한 것으로 옳지 않은 것은?

① 통로의 유효너비는 30센티미터 이상이어야 한다.
② 좌석 전방 40센티미터 부분은 입석 면적에서 제외한다.
③ 입석할 수 있는 자동차에는 손잡이를 설치하여야 한다.
④ 입석할 수 있는 자동차의 차실 안의 유효높이는 180센티미터 이상이어야 한다.

70. 승차정원 15인 초과 승합자동차(대형은 제외)의 승강구 기준에 적합한 것은?

① 유효너비 60cm 이상, 유효높이 160cm 이상
② 유효너비 60cm 이상, 유효높이 180cm 이상
③ 유효너비 40cm 이상, 유효높이 120cm 이상
④ 유효너비 60cm 이상, 유효높이 140cm 이상

71. 자동차안전기준 상 주차제동장치의 제동능력은?

① 경사각 10도 30분 이상의 경사면에서 정지상태를 유지할 수 있을 것
② 경사각 10도 이상의 경사면에서 정지상태를 유지할 수 있을 것
③ 경사각 11도 30분 이상의 경사면에서 정지상태를 유지할 수 있을 것
④ 경사각 1도 이상의 경사면에서 정지상태를 유지할 수 있을 것

72. 후부안전판의 안전기준으로 적합하지 않은 것은?

① 자동차너비의 100퍼센트 미만으로 설치하였다.
② 지상에서의 높이는 55센티미터로 설치하였다.
③ 다른 자동차가 추돌하여도 차체 앞 부분이들어올 우려가 없는 구조의 자동차는 후부안전판을 설치하지 아니할 수 있다.
④ 후부안전판의 양 끝 부분과 자체후부 양 끝 부분과의 간격을 각각 20센티미터로 설치하였다.

73. 자동차의 뒷면 양쪽에는 일정기준에 적합한 제동등을 설치하여야 한다. 기준에 맞지 않는 것은?

① 1등당 광도는 40cd 이상 420cd 이하일 것
② 다른 등화와 겸용하는 제동등은 제동 조작시 광도가 2배 이상 증가할 것
③ 등화의 중심점은 공차상태에서 지상 35cm 이상, 200cm 이하의 높이에 설치할 것
④ 1등당 유효 조광면적은 22cm2 이상일 것

74. 자동차 조향장치 구조의 안전기준으로 적합하지 않은 것은?

① 조향장치의 각부는 조작시에 차대 및 차체 등 자동차의 다른 부분과 접촉되지 아니 할 것
② 조향핸들의 회전조작력과 조향비는 좌우로 현저한 차이가 없을 것
③ 조향기능을 기계적으로 전달하는 부품을 제외한 부품의 고장이 발생한 경우 운전자가 확실히 알 수 있는 경고장치를 갖출 것
④ 조향기능을 기계적으로 전달하는 부품을 제외한 부품의 고장이 발생한 경우에는 조향을 할 수 없어야 할 것.

75. 자동차의 최소회전반경은 몇 m 이내이어야 하는가?

① 4m ② 6m ③ 10m ④ 12m

76. 차량중량 6990kgf, 승차정원 82 명인 버스의 기관 출력은 최소한 몇 마력(PS) 이상이어야 하는가?

① 12.3ps ② 13.3ps ③ 123.2ps ④ 133.3ps

77. 탱크로리 화물자동차 뒷면에 표시하여야 할 사항이 아닌 것은?

① 차량 총중량 ② 최대 적재량 ③ 승차 정원 ④ 적재 물품명

78. 승용자동차 실내에 설치되어 있는 내부 패널의 연소 속도는 얼마 이상을 넘지 않아야 하는가?

① 130mm/min ② 103mm/min ③ 120mm/min ④ 102mm/min

79. 차량중량이 1500kgf, 최대적재량이 2500kgf 인 화물자동차의 원동기 최대출력은 얼마 이상이어야 하는가?

① 39PS 이상 ② 252PS 이상 ③ 30PS 이상 ④ 40PS 이상

80. 4등식 전조등 중 주행빔과 변환빔이 동시에 점등되는 형식인 경우 1등에 대하여 몇 cd 이어야 안전기준에 적합한가?

① 13000 이상 75000cd 미만 ② 14000 이상 75000cd 미만
③ 15000 이상 112500cd 미만 ④ 12000 이상 112500cd 미만

81. 측면보호대의 양쪽 끝과 앞 · 뒷바퀴의 간격은 각각 몇 mm이내이어야 하는가?

① 300mm 이내 ② 400mm 이내 ③ 500mm 이내 ④ 600mm 이내

82. 차량총중량이 12000kgf 인 비사업용 승합자동차의 원동기의 출력은 최소 얼마 이상이어야 하는가?

① 100PS ② 120PS ③ 140PS ④ 500PS

83. 자동차를 48.3km/h의 속도로 고정벽에 충돌시킬 경우 조향기둥과 조향핸들 축 위 끝의 후방 변위량이 자동차 길이 방향으로 몇mm 이하이어야 하는가?

① 127mm ② 138mm ③ 300mm ④ 60mm

84. 자동차의 뒷면에 차량총중량, 최대적재량, 최대적재용적 및 적재물품명을 모두 표시하여야 하는 자동차는?

① 화약류 운반차 ② 특수화물 자동차
③ 탱크로리 자동차 ④ 고속 버스

85. 경유를 사용하는 승합자동차의 차량총중량이 2톤인 경우 원동기 최대출력은 몇 마력(PS) 이상이어야 하는 가?

① 차량중량 1톤당 10마력 ② 차량총중량 1톤당 10마력
③ 차량중량 1톤당 12마력 ④ 차량총중량 1톤당 12마력

86. 승차정원 30인 이상의 승합자동차에 설치하여야 하는 비상구 대용으로 창유리를 사용하고자 하는 경우 창유리의 규격은?

① 유효너비 1200mm 이상, 유효높이 600mm 이상으로 총면적 0.48㎡ 이상
② 유효너비 1200mm 이상, 유효높이 600mm 이상으로 총면적 2.0㎡ 이상
③ 유효너비 1000mm 이상, 유효높이 400mm 이상으로 총면적 1.2㎡ 이상
④ 유효너비 1200mm 이상, 유효높이 400mm 이상으로 총면적 2.0㎡ 이상

87. 자동차의 배기관 개구부가 열려서는 안되는 방향은?

① 왼쪽 또는 아래쪽 ② 오른쪽 또는 위쪽
③ 아래쪽 또는 위쪽 ④ 왼쪽 또는 오른쪽

88. 조향장치의 안전기준에 관한 내용이다. 틀린 것은?

① 조향 핸들 축의 각도 등을 조정할 수 있는 핸들은 조절 후 적절한 잠금장치에 의하여 안전히 고정될 것

② 원동기 및 조향장치에 고장이 발생하지 아니한 경우에는 어떠한 경고신호도 작동하지 아니할 것

③ 조향장치에 에너지를 공급하는 장치는 제동장치에 이를 사용하지 아니할 것

④ 조향장치는 조작 시에 운전자의 옷이나 장신구 등에 걸리지 아니할 것

89. 전조등 주행빔의 검사기준 설명으로 틀린 것은?

① 2등식의 1등당 광도는 1만 5천 cd 이상일 것

② 4등식(주행빔과 변환빔이 동시에 점등되는 구조)의 1등당 광도는 1만 2천 cd 이상일 것

③ 좌측 전조등의 상향 진폭은 전방 10m 거리에서 상향 20cm 이내일 것

④ 좌측 전조등의 좌향 진폭은 전방 10m 거리에서 상향 15cm 이내일 것

90. 자동차 각종 등화의 1등당 광도를 나타낸 것으로 틀린 것은?

① 전조등의 주행빔(2등식) : 15,000~112,500cd

② 후퇴등(수평선 상부) : 80~600cd

③ 차폭등(수평선 상부) : 4~125cd

④ 후미등 : 40~420cd

91. 운행자동차의 주 제동장치 안전기준에 관한 설명 중 틀린 것은?

① 주 제동장치는 모든 바퀴를 동시에 제동하는 구조일 것

② 좌 · 우 바퀴의 제동력의 차이는 당해 축중의 8% 이하일 것

③ 측정 자동차의 공차상태에서 운전자 외 1인이 탑승한 상태일 것

④ 제동력의 복원은 브레이크 페달을 넣을 때는 제동력이 3초 이내에 당해 축중의 20% 이하로 감소할 것

92. 운행자동차의 2등식과 4등식 전조등의 주행빔 1등당 광도 기준으로 안전기준에 적합한 것은?

① 2등식 : 12000cd 이상~112000cd 이하, 4등식 : 15000cd 이상~112500cd 이하

② 2등식 : 15000cd 이상~112000cd 이하, 4등식 : 15000cd 이상~112500cd 이하

③ 2등식 : 12000cd 이상~112500cd 이하, 4등식 : 12000cd 이상~112000cd 이하

④ 2등식 : 15000cd 이상~112500cd 이하, 4등식 : 12000cd 이상~112500cd 이하

93. 자동변속장치의 안전기준으로 적합하지 않은 것은?

① 조종레버가 전진 또는 후진 위치에 있는 경우 원동기가 시동되지 아니 할 것

② 전진변속단수가 2단계이상일 경우, 40km/h 이하의 속도에서 저속변속 단수에서의 원동기 제동효과가 고속변속단수에서의 원동기 제동효과보다 클 것

③ 주차위치가 있는 경우에는 후진위치에 가까운 끝부분에 있을 것

④ 조종레버가 조향기둥에 설치된 경우 조종레버의 조작 방향은 중립위치에서 전진위치로 조작되는 방향이 반시계 방향일 것

94. 최고속도가 80km/h 이상이고 차량 총중량이 차량중량의 1.2배 이하인 자동차의 각 축의 제동력의 합은 차량총중량의 몇 % 이상인가

① 50% ② 60% ③ 20% ④ 80%

95. 방향지시등의 유효 조광면적으로 옳은 것은?

① 앞면 : 1등당 22제곱센티미터 이상

② 뒷면 : 1등당 22제곱센티미터 이상

③ 뒷면 : 1등당 32.5제곱센티미터 이상

④ 앞면 : 1등당 12.5제곱센티미터 이상

96. LPG 가스용기를 설치하여 연료장치 구조변경 검사를 시행하는 경우 가스 배출구는 전기 개폐기로부터 얼마 이상 떨어져 있어야 하는 가?

① 50cm ② 30cm ③ 20cm ④ 10cm

97. 연료장치의 안전기준에 대한 설명 중 틀린 것은?

① 자동차의 움직임에 의하여 연료가 새지 않는 구조일 것

② 연료 주입구는 배기관의 끝으로부터 30cm 이상 떨어져 있을 것

③ 양끝이 고정된 도관은 완곡된 형태로 최소한 1m 마다 차체에 고정시킬 것

④ 압축가스 장치 고압부의 도관은 가스용기 충전압력의 2.5배 압력에 견딜 수 있을 것

98. 관성 제동구조의 주 제동장치(관성제동장치)를 설치할 수 있는 피견인자동차(세미트레일러형 제외)는 차량총중량 몇 톤 이하인가?

① 2.5톤 ② 3.5톤 ③ 5.5톤 ④ 10톤

99. 다음 중 비상구의 설치기준으로 잘못된 것은?

① 비상구의 위치는 차체의 좌측면 뒤쪽 또는 뒷면으로 할 것

② 비상구는 안쪽으로 열리는 구조로 하고 열쇠 기타 특별한 기구를 사용하지 않고도 열 수 있을 것

③ 비상구의 출구에는 단층이 생기지 아니하도록 할 것

④ 비상구의 주위에 있는 좌석은 쉽게 제거할 수 있거나 접을 수 있는 구조일 것

100. 자동차의 차량중량 및 중량분포에 대한 안전기준으로 틀린 것은?

① 승합자동차의 차량총중량은 30톤을 초과해서는 안된다.

② 자동차의 축중은 10톤을 초과해서는 안된다.

③ 소형자동차 조향바퀴의 윤중 합은 차량중량 및 차량총중량에 대하여 각각 30% 이상이어야 한다.

④ 견인자동차의 조향바퀴 윤중의 합은 피견인자동차를 연결한 상태에서 기준에 적합하여야 한다.

101. 제작자동차의 안전기준 확인방법 중 승용자동차의 제동능력 시험조건으로 옳지 않은 것은?

① 시험도로의 차선너비는 2.5m 이내로 한다.

② 제동장치는 어떤 부품도 교환하여서는 안된다.

③ 엔진의 공회전 속도는 제작자의 추천 방법에 따라 조정한다.

④ ABS장치를 갖춘 자동차는 ABS장치가 작동하는 상태로 한다.

102. 자동차 자동변속기의 변속 레버 위치에 대한 설명으로 틀린 것은?

① 중립위치는 전진위치와 후진위치 사이에 있을 것

② 주차위치가 있는 경우에는 후진위치에 가까운 끝부분에 있을 것

③ 조정 레버가 조향 기둥에 설치된 경우 조종레버의 조작방향은 중립위치에서 전진위치로 조작되는 방향은 시계방향일 것

④ 조종 레버가 후진위치에 있는 경우에만 원동기가 시동이 되지 아니할 것

[2] 정답 및 풀이

제1장 자동차 검사 개요

1.④ 2.③ 3.① 4. ④ 5.② 6.② 7.④ 8.③ 9.③ 10.②
11.② 12.④ 13.④ 14.① 15.④ 16.① 17.④ 18.④ 19.② 20.④
21.① 22.① 23.② 24.② 25.③ 26.② 27.③ 28.② 29.② 30.④
31.④ 32.① 33.③ 34.② 35.② 36.① 37.② 38.① 39.① 40.④
41.④ 42.② 43.③ 44.④ 45.④ 46.④ 47.② 48.② 49.④ 50.④
51.④

제2장 자동차의 동일성 확인

1.④ 2.② 3.③ 4.① 5.① 6.① 7.② 8.① 9.② 10.②
11.② 12.③

제3장 제원 측정

1. ③ 2. ① 3.① 4. ①

(풀이) 최대안전경사각도= $\tan^{-1}\frac{B_r}{H} = \tan^{-1}\frac{0.79}{1} = 38.30^o$

5. ① (풀이) tan Θ= 0.05 이므로 Θ=tan−1 0.05= 2.86도≒3도

6.① (풀이) $T_f = L(\frac{1}{\tan\alpha} - \frac{1}{\tan\beta}) = 2.7(\frac{1}{0.5658} - \frac{1}{0.7813}) = 1.315m$ 애커먼 장토 기구의 성립조건을 만족하므로 위식을 적용가능

7. ③ (풀이) tan 30o= 0.577 이므로 약 58% 이다. 8. ② 9.③

10.② (풀이) 조향륜하중분포(%) $= \frac{780}{780+530} \times 100 = 59.5\%$ 11.③

12. ① (풀이) 타이어부하율(%) $= \frac{\text{적차시 전축중}}{\text{다이이 허용하중}\times\text{타이어 갯수}} \times 100$

전륜부하율(%) $= \frac{4745}{2470\times2} \times 100 = 96.05\%$

차량총중량=차량중량+최대적재량+승차정원=6015+8000+65×3=14210(kgf)

적차시 후축중=차량총중량−적차시전축중=14210−4745=9465(kgf)

$$후륜부하율(\%) = \frac{9465}{2470 \times 4} \times 100 = 95.80\%$$

13. ④ (풀이) $V = \frac{\pi d^2}{4} \cdot \ (l + \frac{l_1 + l_2}{3}) = \frac{\pi \cdot \ 0.5^2}{4} \cdot \ (1 + \frac{0.012 + 0.012}{3}) = 0.198m^3$

1m3=1000l이므로 탱크용량=198l

14. ④ 15. ① (풀이) 윤중=축중/타이어수=5300/4=1325kgf

16. ③ (풀이) 조향륜 하중분포(%) $= \frac{조향륜의\ 윤중의\ 합}{차량총중량} \times 100 \ \geq \ 20\%$

공차시 조향륜 하중분포(%) $= \frac{2850}{5200} \times 100 \ = \ 54.8\%$

적차시 조향륜 하중분포(%) $= \frac{4720}{12955} \times 100 \ = \ 36.4\%$

17. ② 18. ② (풀이) $\frac{차량총중량}{차량중량} = \frac{12}{10.5} = 1.14 \leq \ 1.2$,즉 차량총중량이 차량중량의 1.2배이하이므로 최대안전경사각도는 30도

19. ② 20. ④ (풀이) 최소회전반경$(R) = \frac{L}{\sin\alpha} + r = \frac{3}{\sin 30^o} + 0.15 = 6.15m$

21.④

22. ①

(풀이)좌측안정각 $= \tan^{-1}\frac{B_l}{H} = \tan^{-1}\frac{0.71}{0.73} = 44.2^\circ$ 우측안정각 $= \tan^{-1}\frac{B_r}{H} = \tan^{-1}\frac{0.67}{0.73} = 42.5^\circ$

23. ③ 24. ③ 25. ④

26. ② (풀이) 오버행 $= 2200 \times \frac{11}{20} = 1210mm$

27. ④ (풀이) 하대옵셋 $= \frac{8500}{2} - 2250 = 2000mm$

28. ③ (풀이) 공차시 전륜하중분포율 $= \frac{2000}{2000 + 3000} \times 100 = 40\%$

적재시 전륜하중분포율 $= \frac{2500}{2500 + 4000} \times 100 = 38.46\%$

29. ④ (풀이) 좌측 최대안전경사각 $= \tan^{-1}\frac{B_\ell}{H} = \tan^{-1}\frac{0.85}{0.95} = 41.82^\circ$

30. ② (풀이) 접지압력 $= \frac{8750}{4\times 15} = 145.8kgf$

31. ④ (풀이) 내용적 $= \frac{\pi\times 0.4^2}{4}\times 1 = 0.1256m^3 = 125.6l$

32. ① (풀이) 최소회전반경 $= \frac{L}{\sin\alpha} = \frac{2.48}{\sin 31^\circ} = 4.815m$

33. ③ (풀이) 입석인원 $= \frac{1.2\times 5}{0.14} = 42.8 = 42$명

34.② (풀이) W=4500+3500+2×65=8130kgf

35.② (풀이) 입석정원=4.6×1.23/0.14 = 40.4 = 40명

36,② (풀이) R = 2.6/sin30o +0.2 = 5.4m

37.① (풀이) 전축중 $= 860 + \frac{(1200\times 230)+(65\times 5)\times(2380-920)}{2380} = 1175.34kgf$

후축중 $= 540 + \frac{(1200\times 2150)+(65\times 5\times 920)}{2380} = 1749.66kgf$

38.③ (풀이) 최대용량 $= \frac{\text{최대적재량}}{\text{비중}} = \frac{5950kg_f}{0.85} = 7000L$

39.② (풀이) (12−1)×1.5=16.5→16명(소수이하 절사)

40.① (풀이) R= 2.68÷sin30o =5.36m 41.①

42. ② (풀이) 좌측 최대안전각 $= \tan^{-1}\frac{B_\ell}{H} = \tan^{-1}\frac{0.8}{0.5} = 57.99^\circ$

우측 최대안전각 $= \tan^{-1}\frac{B_r}{H} = \tan^{-1}\frac{0.6}{0.5} = 50.19^\circ$

43. ② (풀이) 차량총중량=65×50+1700+2100+6000=13,050(kg)

44. ① (풀이) 최소회전반경$(R) = \frac{L}{\sin\alpha} = \frac{4.45}{\sin 31^o} = 8.64m$

45. ② (풀이)우측 안전경사각 $= \tan^{-1}\frac{B_r}{H} = \tan^{-1}\frac{0.472}{0.65} = 35.99°$

좌측 안전경사각 $= \tan^{-1}\frac{B_l}{H} = \tan^{-1}\frac{0.48}{0.65} = 36.4°$

46. ④ (풀이) 타이어 접지압=8420÷(4×20)=105.25(kg/cm)

47. ② (풀이) 조향륜 하중비율=780÷(780+530)×100=59.5%

48. ① (풀이) 4×1.58÷0.14=45.14명=45명

49. ① (풀이)좌측 안전경사각 $= \tan^{-1}\frac{B_\ell}{H} = \tan^{-1}\frac{0.71}{0.73} = 44.2°$

우측 안전경사각 $= \tan^{-1}\frac{B_r}{H} = \tan^{-1}\frac{0.67}{0.73} = 42.55°$

50. ④

(풀이) 내용적 $= \frac{\pi ab}{4}\times(l+\frac{l_1+l_2}{3}) = \frac{3.14\times1\times2}{4}\times(5+\frac{0.4+0.4}{3}) = 8.2687m^3 = 8268.7l$

51. ④ 52. ①

(풀이) $Os = \frac{\text{하대내측길이}}{2}-(A-B) = \frac{2090}{2}-(1115-50) =- 20mm$

53. ③ (풀이) 좌석정원 $= \frac{\text{좌석의 너비}}{400mm} = \frac{2800mm}{400mm} = 7\text{명}$

54. ② (풀이) 접지압 $= \frac{\text{해당 축중}}{\text{접지폭}\times\text{타이어 갯수}} = \frac{9412kgf}{4\times20cm} = 117.65kgf/cm$

55. ①

56.①

(풀이) 전륜 부하율 $= \frac{\text{적차시 전축중}}{\text{타이어 허용하중}\times\text{타이어 수}} = \frac{4745}{2470\times2}\times100 = 96.05\%$,

차량총중량 $=$ 차량중량 $+$ 최대적재량 $+$ 승차인원 $= 6015+8000+65\times3 = 14210kg_f$

적차시 후축중 $=$ 차량총중량 $-$ 적차시 전축중 $= 14210-4745 = 9465kg_f$

후륜 부하율 $= \frac{\text{적차시 후축중}}{\text{타이어 허용하중}\times\text{타이어 수}} = \frac{9465}{2470\times4}\times100 = 95.80\%$

57.② (풀이) $\frac{최대적재량}{A\times B\times C}=\frac{6000}{4.83\times0.45\times2.22}=1243.47kg_f/m^3=1.24\ t/m^3$

58.④ (풀이) 입석정원 $=\frac{입석면적}{0.14m^2}=\frac{4.2}{0.14}=30$(명)

59.② (풀이) 좌(우)측 안전경사각 $=\tan^{-1}\frac{B_\ell}{H}=\tan^{-1}\frac{0.672}{0.978}=34.49°$

60.③ (풀이) 최대적재량 $=\frac{4.1\times(854\times4-5-1740)}{4.1-0.2}=1756.69(kg_f)$

61.④ (풀이) $R=\frac{L}{\sin\alpha}=\frac{2300}{\sin30°}=4600mm=4.6m$ 62.③ 63.④ 64.① 65.①

66.①

67.③

(풀이)

후륜부하율(%) $=\frac{후축중}{타이어\ 허용하중\times타이어수}\times100=\frac{9640}{2095\times4}\times100=115\%$

68.② (풀이) $R=\frac{L}{\sin\alpha}=\frac{2.65}{\sin30°}=5.3(m)$ 69.① 70.③

71.① (풀이) 하대옵셋 $=\frac{8000}{2}-2000=2000(mm)$ 72.② 73.① 74.② 75.④

76.④ (풀이) 좌측 최대안전경사각 $=\tan^{-1}\frac{B_\ell}{H}=\tan^{-1}\frac{0.84}{0.76}=47.9°$

우측 최대안전경사각 $=\tan^{-1}\frac{B_r}{H}=\tan^{-1}\frac{0.83}{0.76}=47.5°$

77.② (풀이) $V(kg_f)=\frac{\pi ab}{4}\times L\times\gamma=\frac{\pi\times200\times160}{4}\times410\times0.75=7728(kg_f)$

78.② 79.③

80.② (풀이) 차량총중량 $=980+650+2\times65+2000=3760(kg_f)$

$w_r=980+\frac{2\times65\times2300+2000\times300}{2500}=1340(kg_f)$,

$w_f=$ 차량총중량 $-w_r=3760-1340=2420(kg_f)$

81.② 82.① 83. ① (풀이) $\frac{C}{L}\le\frac{1}{2}$이므로 $C=3200\times\frac{1}{2}=1600(mm)$이하

84.② 85.④

86.②

(풀이) $타이어부하율(\%) = \frac{적차시\ 전축중}{타이어\ 허용하중 \times 타이어\ 갯수} \times 100 = \frac{1450}{820 \times 2} \times 100 = 88.4\%$

87.③ (풀이) $R = \frac{L}{\sin\alpha} + r = \frac{3.7}{\sin 36^\circ} + 0.3 = 6.59(m)$

88.③ (풀이) $R = \frac{L}{\sin\alpha} + r = \frac{3.2}{\sin 29^\circ} + 0.1 = 6.7(m)$ 89.④

90.① (풀이) $접지압 = \frac{후축중}{접지폭 \times 타이어\ 갯수} = \frac{6000kgf}{50cm \times 4} = 30(kgf/cm)$ 91.③

92.① (풀이) $O_s = \frac{하대내측길이}{2} - (A-B) = \frac{2200}{2} - (1180-50) = -30(mm)$

93.④ (풀이) $최대적재량 = \frac{2 \times (200 \times 2 - 150 - 8)}{2 - 0.02} = 244.4(kg_f)$

94.① (풀이) $W_r = 642 + \frac{65 \times 2 \times (1.87 - 1.3) + 65 \times 3 \times (1.87 - 0.4)}{1.87} = 835(kg_f)$

95.③

(풀이)

$$V = \frac{\pi \times a \times b}{4} \times (\ell + \frac{\ell_1 + \ell_2}{3}) = \frac{\pi \times 120 \times 200}{4} \times (540 + \frac{(9+9)}{3}) = 10291857cc$$

=10291L, 적재정량=10291×0.785=8078kgf

96.③ (풀이) $타이어부하율(\%) = \frac{전축중}{타이어\ 최대허용하중} \times 100$,

$타이어\ 최대허용하중 = \frac{1800}{90} \times 100 = 2000(kg_f)$,

$타이어부하율(\%) = \frac{1800+400}{2000} \times 100 \fallingdotseq 110(\%)$

97.②

(풀이) $\frac{최대적재량}{A \times B \times C} = \frac{6\,(t)}{4.83 \times 0.45 \times 2.22(m^3)} = 1.24\ t/m^3 \leq 1.5t/m^3$, 부적합

98.① 99.④ (풀이) $최대용량 = \frac{최대적재량}{비중} = \frac{6000}{0.8} = 7500(L)$ 100.③

제4장 자동차 검사 실무

1. ①

(풀이) ①제동력의 합 $= \frac{\text{각축 제동력의 합}}{\text{차량중량}} \times 100 = \frac{80+85+90+75}{705} \times 100 = 46.8\% < 50\%$, 불합격

②후축 제동력 $= \frac{\text{후축 제동력의합}}{\text{후축중}} \times 100 = \frac{90+75}{325} \times 100 = 50.8\% > 20\%$, 합격

③전륜 좌우편차 $= \frac{\text{좌우 제동력의 차}}{\text{전축중}} \times 100 = \frac{85-80}{380} \times 100 = 1.3\% < 8\%$, 합격

④후륜 좌우편차 $= \frac{\text{좌우 제동력의 차}}{\text{후축중}} \times 100 = \frac{90-75}{325} \times 100 = 4.6\% < 8\%$, 합격

2.③ 3.② 4.① (풀이)(1850+2250)×0.5=2050kgf 5.①

6.① (풀이) $\frac{\text{차량총중량}}{\text{차량중량}} = \frac{2665}{2000} = 1.33$배 ≦ 1.5배 이고, 시속 80m/h 미만

$\frac{\text{각축 제동력의합}}{\text{차량중총량}} \geqq 40\%$ 이므로 2665×0.4=1066kgf

7. ③ 8.④ (풀이) 주차제동력은 차량중량의 20%이상, 1000×0.2= 200kgf

9. ③ 10.② (풀이) $lx = \frac{cd}{r^2} = \frac{15000}{10^2} = 150lx$ 11.① 12.④

13.③ (풀이) 1.12×3/10 = 0.336m

14.④ (풀이) 제동력 편차는 축중의 8%, 1850×0.08=148kgf

15.③ 16.①

17.②

(풀이) $S = \frac{V^2}{254} \times \frac{(W+W')}{F} + \frac{V}{3.6} \times t = \frac{50^2}{254} \times \frac{(1080+1080\times1.07)}{190+170+200+160} + \frac{50}{3.6} \times 0.1 = 17.23m$

18. ③ (풀이) $S = \frac{V^2}{254} \times \frac{(W+W')}{F} + \frac{V}{3.6} \times t$, $19 = \frac{50^2}{254} \times \frac{2800}{F}$, F=1450.1kgf

19. ④ (풀이) $L = \frac{Vt}{3.6} = \frac{70\times0.2}{3.6} = 3.9m$

20.②

(풀이)

$$S=\frac{Vt}{3.6}+\frac{V^2}{254}\cdot\frac{(W+W')}{F}=\frac{50\times0.1}{3.6}+\frac{50^2}{254}\cdot\frac{(1000+1000\times0.05)}{720}=15.74m$$

21.④ 22.④ (풀이) $\frac{38+40+36}{3}=38\%$ 23.② 24.① 25.② 26.④ 27.② 28.①

29.① (풀이) $제동거리=\frac{v^2}{2\mu g}=\frac{(\frac{86}{3.6})^2}{2\times0.4\times9.8}=72.79(m)$

30.① 31.① 32.④ 33.② 34.② 35.③ 36.① 37.③ 38.③ 39.③ 40.③ 41.④

42.① 43.① 44.④ 45.③ 46.③ 47.① 48.① 49.③ 50.④

51.④ (풀이) $제동력\ 편차=\frac{좌우\ 제동력차}{해당축중}=\frac{920-800}{2800}\times100=4.3(\%)$

52.④

54.② (풀이) $\frac{차량총중량}{차량중량}=\frac{2185}{380+1480}=1.17배<1.2배$,

$$\frac{각축제동력의\ 합}{차량총중량}=\frac{230+890}{2185}=51.26\%>50\%$$

55.① 56.② 57.② 58.② (풀이) $자동차의\ 속도=\frac{100\times60\times60}{8\times1000}=45(km/h)$

59.② 60.③ 61.③ 62.④ 63.② 64.② (풀이) ASM2525모드 : 차대동력계에서 배출가스 시험중량은 차량중량에 136kgf를 더한 수치로 한다.

65.④ 66.② 67.④ 68.④ 69.② (풀이) $제동력차=\frac{1110-850}{2800}\times100=9.29(\%)$

70.④

71.②

(풀이) $S=\frac{V^2}{254}\times\frac{(W+W')}{F}+\frac{V}{3.6}\times t,\ 22=\frac{50^2}{254}\times\frac{(2000+6\times65+2390\times0.05)}{F}+\frac{50}{3.6}\times0.1$,

F=1198.44

72.② (풀이) $공주거리(L_1)=\frac{V}{3.6}\times t=\frac{50}{3.6}\times0.3=4.17(m)$,

$$제동거리(L_2)=\frac{V^2}{254}\times\frac{W+W'}{F}=\frac{50^2}{254}\times\frac{920+920\times0.05}{600}=15.85(m)$$

정지거리=공주거리+제동거리=4.17+15.85=20.02(m)

73.④ 74.③ 75.② 76.② (풀이) 조도 $= \frac{광원}{거리^2} = \frac{20000}{10^2} = 200(lx)$

77.② (풀이) 제동력의 총합 $= 5000 \times 0.5 = 2500(kg_f)$

78.① 79.② 80.④

81.① (풀이) $\frac{차량총중량}{차량중량} = \frac{1340}{1065} = 1.26$, $\frac{각축\ 제동력의\ 합}{차량중량} \times 100\% \geq 50\%$

모든축의 제동력의 합 $= 1065 \times 0.5 = 532.5(kg_f)$

뒷축 제동력의 합 $= (1065 - 635) \times 0.2 = 86(kg_f)$

82.① 83.① 84.④ (풀이)제동거리 $= \frac{v^2}{2\mu g} = \frac{(\frac{80}{3.6})^2}{2 \times 0.2 \times 9.8} = 126(m)$ 85.④ 86.③

87.③ 88.④ 89.④ 90.② 91.④ 92.② (풀이) 후축제동력=4500×0.2=900(kgf)

93.③

94.① (풀이) 86−2=84dB 95.① 96.② 97.① 98.③

99.② (풀이) $F = mb$에서 $b = \frac{F}{m} = \frac{(2000 + 2500) \times 2}{1500} = 6(m/s^2)$ 100.① 101.③

102.④

103.③ 104.③ 105.② 106.④ 107.④ 108.① (풀이) (1850+2250)×0.5=2050kgf

109.③ (풀이) $\frac{70}{1.25} \sim \frac{70}{0.9} = 56 \sim 77.78km/h$ 110.③ 111.②

112.② (풀이) $lx = \frac{cd}{r^2} = \frac{18000}{10^2} = 180\,lx$

113.①

(풀이) 제동거리$(L_2) = \frac{V^2}{254} \times \frac{W + W'}{F} = \frac{30^2}{254} \times \frac{6380 + 6380 \times 0.05}{4600} = 5.16(m)$

114.④ (풀이) 주차제동능력=차량중량×20%=1060×0.2=212kgf 이상

115.② 116.② 117.④ 118.②

제 5 장 자동차 및 자동차부품의 성능과 기준에 관한 규칙

1.④ 2.③ 3.① 4.② 5.③ 6.③ 7.② 8.② 9.① 10.① 11.③ 12.③ 13.②

14.①

15.④ 16.③ 17.③

18.③ (풀이)차량총중량=12000+65×65=16225kgf,

원동기출력=차량총중량(ton)×10마력(PS)=16.225×10=162.25PS

19.② 20.② (풀이) 최대출력=19.995×10=199.95마력 21.② 22.① 23.③ 24.① 25.① 26.① 27.② 28.④ 29.② 30.④ 31.④ 32.④ 33.④ 34.② 35.④ 36.④ 37.③ 38.② 39.② 40.① 41.④ (풀이) $\frac{15}{13} \times 60 = 69.23$회 42.① 43.④ 44.② 45.① 46.③ 47.④ 48.④ 49.① 50.② 51.② 52.③ 53.③ 54.③ 55.① 56.① 57.③ 58.② 59.① 60.④ 61.① 62.③ 63.② 64.③ 65.② 66.③ 67.③ 68.③ 69.② 70.① 71.③ 72.④ 73.② 74.④ 75.④

76.③

(풀이) 차량총중량 $= \frac{6990 + 65 \times 82}{1000} = 12.32$톤, 엔진출력 $= 12.32 \times 10 = 123.2PS$

77.③ 78.④ 79.④ (풀이) 차량총중량 = 1.5ton + 2.5ton = 4ton, 원동기의 최대출력=4×10=40(PS)이상 80.④ 81.② 82.② (풀이) 12×10=120PS 이상 83.① 84.③ 85.② 86.④ 87.④ 88.③ 89.③ 90.④ 91.③ 92.④ 93.④ 94.① 95.① 96.③ 97.④ 98.② 99.② 100.③ 102.④

자동차 안전기준과 검사

2017년 2월 15일 인쇄
2017년 2월 20일 발행

저 자	주동우, 김덕환 공저
발행인	황 영 하
발행처	도서출판 명진
주 소	서울시 노원구 월계동 469-35
전 화	462-3257
팩 스	462-9428
등 록	2006년 11월 22일 제25100-2012-51호
E-mail	mjbooks1@naver.com
ISBN	978-89-6651-195

정가 20,000원

※ 파본은 교환해 드립니다.

※ 도서출판 명진은 구)진영사 · 포인트의 새 이름입니다.